现代学徒制

——粮食工程专业系列教程

ZHIFENGONG CAOZUO SHIWU

制粉工操作实务

王华志　熊素敏　张自立　主编

中国海洋大学出版社

·青岛·

图书在版编目（CIP）数据

制粉工操作实务 / 王华志，熊素敏，张自立主编
. 一青岛：中国海洋大学出版社，2020.10（2025.2重印）
ISBN 978-7-5670-2609-4

Ⅰ. ①制… Ⅱ. ①王… ②熊… ③张… Ⅲ. ①面粉－粮食加工－技术培训－教材 Ⅳ. ①TS211.4

中国版本图书馆 CIP 数据核字（2020）第 198366 号

出版发行	中国海洋大学出版社		
社　　址	青岛市香港东路 23 号	**邮政编码**	266071
出 版 人	杨立敏		
网　　址	http://pub.ouc.edu.cn		
订购电话	0532－82032573（传真）		
责任编辑	王积庆	**电　　话**	0532－85902349
印　　制	蓬莱利华印刷有限公司		
版　　次	2020 年 12 月第 1 版		
印　　次	2025 年 2 月第 2 次印刷		
成品尺寸	185 mm ×260 mm		
印　　张	20.25		
字　　数	350 千		
印　　数	1 001—1 500		
定　　价	68.00 元		

《制粉工操作实务》编委会

主　编　王华志　熊素敏　张自立

副主编　赵成礼　董相奇

编　委（按姓氏笔画排序）

丁云美　马乃亮　王凤玲

王华志　郭　良

主　审　王道波

前言

PREFACE

山东商务职业学院粮食工程技术专业是山东省现代学徒制和国家现代学徒制的试点专业。近几年,粮食工程技术专业与滨州中裕食品有限公司进行深度合作,实施双元主体育人机制,创新技术技能人才培养模式,对现代学徒制发展进行了有益探索。

制粉工是粮食工程技术专业的主要工种之一。根据人社部和国家粮食与物资储备局新修订的《国家职业技能标准——制粉工》,按照现代学徒制对技术能力和综合素质的要求,我们编写了《制粉工操作实务》教材。

本教材秉持"立德树人""德技并修"的指导思想,以培养学生的综合素质和实践能力为目标,按照"项目""任务"的框架结构进行整体设计,教材内容对接现代企业的新技术、新工艺、新方法,融入《国家职业技能标准——制粉工》,突出现代学徒制课程特色。

本教材按照学习目标→技能要求→相关知识→操作规程的编写思路,由低到高、由简单到复杂、由单机设备操作到整个工艺控制、由生产操作到生产管理,突出知识与技能水平逐级提升、工艺操作与生产管理内容逐步完整的特点,突出实用性和适用性。

参加本教材编写的人员(按项目顺序排列)有熊素敏(项目一、项目三、项目四)、张自立(项目二、项目五、项目六)、王华志(项目七、项目八、项目九)、赵成礼(项目十)、马乃亮(项目十一)、郑凤玉(项目十二)、董相奇(各项目的操作规程)。主审为王道波。

本教材由现代学徒制试点企业滨州中裕食品有限公司的"师傅",山东商务职业学院、滨州市技术学院的专业老师,以及鲁粮集团的技术人员共同编写,在此一并表示感谢。

希望本教材能促进粮食工程技术专业现代学徒制的发展,提高制粉工操作水平,为培养粮工巧匠、粮食行业技术能手尽微薄之力。

本教材也可作为相关技术人员的参考书或培训教材。

由于编者水平有限,经验不足,不足和错误之处在所难免,恳请广大读者提出宝贵意见和建议。

编写组

2019 年 7 月

目录

项目一

小麦制粉基础知识

我国是世界第一小麦生产大国，小麦种植面积在3 000万公顷左右，年产量1.2亿吨左右，约占全国粮食总产量的22%，占世界小麦总产量的17%左右。我国小麦种植已有几千年的历史，品种繁多，分布广泛，主要种植冬小麦和春小麦，前者占90%以上，后者占比不到10%。冬小麦种植于除海南、香港、澳门和台湾以外的我国长城以南所有地区，春小麦主要种植于长城以北以及甘肃、新疆等部分地区。在全国各小麦产区中黄淮海麦区所占比重最大。我国也是小麦消费大国，全国有半数左右的人口以面粉制品为主食，每年的面粉消费量达7 000万吨以上。随着人们消费水平的提高，人们对面制食品的质量、安全要求越来越高。保证面粉质量，其关键在于原料、加工工艺和操作管理等环节的效果控制。

小麦制粉工艺效果与小麦的品种、加工工艺、加工设备、设备的操作、生产管理等因素有关，特别是设备的操作、生产管理影响显著。了解小麦的商品特性和工艺品质，熟悉制粉厂的生产工艺和设备的作用、结构、工作原理和操作规程，掌握工艺和设备操作、维护，严格生产管理，是取得良好小麦加工工艺效果的前提。

任务一　制粉基础知识

【学习目标】

在制粉工职业活动中，掌握和了解相关制粉基础知识，有利于更好地操作设备，保证设备的正常运行，提高工艺效果。

小麦的工艺品质，包括小麦籽粒的形态结构、理化特性和结构力学性质等是影响小麦加工工艺效果的主要因素。小麦品种不同，其籽粒的粒形、强度、内在品质等都不同。了解小麦的分类及其籽粒结构的差异，是合理选择加工设备技术参数的依据，是取得良好工艺效果的保证。

【技能要求】

能鉴别原料小麦和成品面粉的等级。

【相关知识】

一、小麦原料和成品的质量标准

（一）小麦的分类方法

1. 冬麦和春麦

小麦按播种季节，可分为冬麦和春麦两种。冬麦为秋季播种，次年夏季收获，生长期较长，品质较好；春麦为同年春季播种，当年夏或秋两季收获。

2. 白麦和红麦

小麦按麦粒的皮色，分为白麦和红麦两种。白麦的皮层呈白色、乳白色或黄白色，红麦的皮层呈深红色或红褐色。

3. 硬麦和软麦

小麦按麦粒胚乳结构，分为硬麦和软麦两种。硬麦的胚乳结构紧密，呈半透明状，亦称为角质或玻璃质；软麦的胚乳结构疏松，呈石膏状，亦称为粉质。角质部分占本麦粒横截面1/2以上的籽粒为角质粒；而角质部分不足本麦粒横截面1/2的籽粒为粉质粒。我国规定：硬度指数不低于60%的为硬麦，硬度指数不高于45%的为软麦。硬度指数是指在规定条件下（水分、时间等）粉碎小麦样品，留存在筛网上的样品占试样的质量百分数。硬度指数越大，表明小麦硬度越高，反之表明小麦硬度越低。

（二）小麦的分类与质量指标

我国国家标准GB 1351—2008中规定：我国小麦根据皮色和硬度指数分为五类。该标准适用于收购、贮存、运输、加工、销售的商品小麦。

1. 分类

（1）硬质白小麦。种皮为白色或黄白色的麦粒不低于90%，硬度指数不低于60%的小麦。

（2）软质白小麦。种皮为白色或黄白色的麦粒不低于90%，硬度指数不高于45%的小麦。

（3）硬质红小麦。种皮为深红色或红褐色的麦粒不低于90%，硬度指数不低于60%的小麦。

（4）软质红小麦。种皮为深红色或红褐色的麦粒不低于90%，硬度指数不高于45%的小麦。

（5）混合小麦。不符合（1）～（4）条规定的小麦。

2. 质量指标

我国小麦质量指标，主要是以容重、蛋白质和湿面筋含量以及面团稳定时间等定等，分小麦、优质强筋小麦、优质弱筋小麦三类。一般小麦质量指标见表1-1，强筋小麦质量指标见表1-2，弱筋小麦质量指标见表1-3。

表 1-1 小麦质量指标

<table>
<tr><th rowspan="2">等级</th><th rowspan="2">容重
/(g/L)</th><th rowspan="2">不完善粒
/%</th><th colspan="2">杂质 /%</th><th rowspan="2">水分
/%</th><th rowspan="2">色泽
气味</th></tr>
<tr><th>总量</th><th>其中:矿物质</th></tr>
<tr><td>1</td><td>≥790</td><td>≤6.0</td><td rowspan="5">≤1.0</td><td rowspan="5">≤0.5</td><td rowspan="5">≤12.5</td><td rowspan="5">正常</td></tr>
<tr><td>2</td><td>≥770</td><td>≤6.0</td></tr>
<tr><td>3</td><td>≥750</td><td>≤8.0</td></tr>
<tr><td>4</td><td>≥730</td><td>≤8.0</td></tr>
<tr><td>5</td><td>≥710</td><td>≤10.0</td></tr>
</table>

注:水分含量大于表中规定的小麦的收购,按国家有关规定执行。

表 1-2 强筋小麦质量指标

<table>
<tr><th colspan="3" rowspan="2">项目</th><th colspan="2">指标</th></tr>
<tr><th>一等</th><th>二等</th></tr>
<tr><td rowspan="8">籽粒</td><td colspan="2">容重 /(g/L)</td><td colspan="2">≥770</td></tr>
<tr><td colspan="2">水分 /%</td><td colspan="2">≤12.5</td></tr>
<tr><td colspan="2">不完善粒 /%</td><td colspan="2">≤6.0</td></tr>
<tr><td rowspan="2">杂质 /%</td><td>总量</td><td colspan="2">≤1.0</td></tr>
<tr><td>矿物质</td><td colspan="2">≤0.5</td></tr>
<tr><td colspan="2">色泽、气味</td><td colspan="2">正常</td></tr>
<tr><td colspan="2">降落数值 /s</td><td colspan="2">≥300</td></tr>
<tr><td colspan="2">粗蛋白质 /%(干基)</td><td>≥15.0</td><td>≥14.0</td></tr>
<tr><td rowspan="3">小麦粉</td><td colspan="2">湿面筋 /%(14%水分基)</td><td>≥35.0</td><td>≥32.0</td></tr>
<tr><td colspan="2">面团稳定时间 /min</td><td>≥10.0</td><td>≥7.0</td></tr>
<tr><td colspan="2">烘焙品质评分值</td><td colspan="2">≥80</td></tr>
</table>

表 1-3 弱筋小麦质量指标

<table>
<tr><th colspan="3">项目</th><th>指标</th></tr>
<tr><td rowspan="8">籽粒</td><td colspan="2">容重 /(g/L)</td><td>≥750</td></tr>
<tr><td colspan="2">水分 /%</td><td>≤12.5</td></tr>
<tr><td colspan="2">不完善粒 /%</td><td>≤6.0</td></tr>
<tr><td rowspan="2">杂质 /%</td><td>总量</td><td>≤1.0</td></tr>
<tr><td>矿物质</td><td>≤0.5</td></tr>
<tr><td colspan="2">色泽、气味</td><td>正常</td></tr>
<tr><td colspan="2">降落数值 /s</td><td>≥300</td></tr>
<tr><td colspan="2">粗蛋白质 /%(干基)</td><td>≤11.5</td></tr>
</table>

续表

项目		指标
小麦粉	湿面筋/%（14%水分基）	≤22.0
	面团稳定时间/min	≤2.5

注：① 各类小麦按容重分为五等，低于五等的为等外小麦。
② 小麦赤霉病粒最大允许含量为4.0%，单粒赤霉病按不完善粒归属。
③ 使用有皮磨、心磨系统的制粉设备制备检验用小麦粉。出粉率应控制在60%～65%，灰分值应不大于0.65%（以干基计）。制成的小麦粉应充分混匀后装入聚乙烯袋或其他干燥密封容器内放置至少一周时间，待小麦粉品质趋于稳定后，方可进行粉质试验和烘焙试验。
④ 降落数值、粗蛋白质含量、湿面筋含量、面团稳定时间及烘焙品质评分值等，必须达到表1-2和表1-3中规定的指标，其中有一项不合格者，不作为强（弱）筋小麦。

小麦的质量标准见GB 1351—2008《小麦》、GB/T 17892—1999《优质小麦强筋小麦》、GB/T 17893—1999《优质小麦弱筋小麦》。

3. 中国好粮油小麦标准

国家粮食局于2017年9月15日发布了适用于中国好粮油的国产食用单品种商品小麦标准LS/T 3109—2017《中国好粮油小麦》。具体标准如表1-4、表1-5所示。

表1-4 中国好粮油小麦基本质量指标要求

项目	杂质含量/%	不完善粒含量/%	水分含量/%	降落数值/s	色泽气味	一致性/%
指标要求	≤1.0	≤6.0	≤12.5	≥200	正常	≥95

表1-5 中国好粮油小麦定等指标和声称指标要求

项目	类别	强筋硬麦		中筋小麦				低筋软麦	
				面条小麦		硬式馒头小麦	软式馒头小麦		
	等级	一等	二等	一等	二等	—	—	一等	二等
定等指标	食品评分值[1]≥	90	80	90	80	80	80	90	80
	硬度指数	≥65		—		—	—	≤35	≤45
	湿面筋含量/%	≥30		≥25		≥26	24～28	≤22	≤25
	面筋指数	≥90	≥85	—		≥60	—	—	—
	容重/(g/L)	≥790	≥750	≥770	≥750	≥770	≥750	≥750	≥730
声称指标[2,3]	面片光泽稳定性	—	—	+	+	—	—	—	—
	粉质吸水率/%	+		+		+	+	—	
	粉质形成时间/min	+		+		+	+	—	
	粉质稳定时间/min	+	+	+		+	+	—	
	最大拉伸阻力/EU	+	+	—		—	—	—	—
	延展性/mm	+	+	+		+	—	—	—
	吹泡P值/mm H_2O	—		—		—		—	+
	吹泡L值/mm	—		—		—		—	+

注1：优质强筋硬麦和优质低筋软麦分别用面包和海绵蛋糕做食品评分。
注2："+"须标注检验结果。
注3："—"不作要求。
声称指标是指符合营养标签（GB 28050—2011）上的所有指标、执行标准等。

（三）小麦粉成品的分类

1. 等级小麦粉

在制粉过程中，按照小麦粉的加工精度，利用各系统生产出的面粉，按照一定的等级标准，进行粉流配粉，得到质量不同的等级面粉，为等级小麦粉。

2. 高低筋小麦粉

利用高筋小麦（高面筋质小麦），通过一定的制粉工艺生产出高面筋质的小麦粉，为高筋小麦粉；同样利用低筋小麦（低面筋质小麦），采取相应的制粉工艺生产出一定质量的低面筋质的小麦粉，为低筋小麦粉。

3. 专用小麦粉

采用品质较好的优质小麦，依据不同用途面粉质量品质的要求，采取合理的小麦搭配，通过清理、制粉和配粉，得到具有一定质量指标并能满足制品和食品工艺特性和食用效果要求的专一用途面粉，为专用小麦粉。

（四）小麦粉的质量标准

1. 等级小麦粉的质量标准

等级小麦粉又称为通用小麦粉，在其质量标准中主要规定了九项指标要求，等级指标及其他质量指标见表 1-6。所涉及质量指标主要为小麦粉的加工精度指标和贮藏性能指标。其中灰分和粉色指标以及粗细度指标，主要反映面粉中存有麸皮的含量，体现的是面粉的加工精度；含砂量和磁性金属物表示面粉中外来无机杂质的含量，反映了小麦清理的效率；水分反映面粉是否有利于贮藏；脂肪酸值以及气味口味则反映面粉品质是否变劣；对面粉的品质指标湿面筋含量则没有过细的要求。

等级小麦粉的分类是根据加工精度，具体指标为灰分含量来区分的，详见 GB/T 1355—86。其主要分为特制一等、特制二等、标准粉和普通粉，各等级面粉的其他指标基本相同。

表 1-6 等级小麦粉质量标准

等级	加工精度	灰分 /%（以干物计）	粗细度 /%	面筋质 /%（以湿基计）	含砂量 /%	磁性金属物 /（g/kg）	水分 /%	脂肪酸值 /（mg/100 g）（以湿基计）	气味口味
特制一等	按实物标准样品对照检验粉色麸星	≤0.70	全部通过 CB36 号筛，留存在 CB42 号筛的不超过 10.0	≥26.0	≤0.02	≤0.003	≤14.0	≤80	正常
特制二等	同上	≤0.85	全部通过 CB30 号筛，留存在 CB36 号筛的不超过 10.0	≥25.0	≤0.02	≤0.003	≤14.0	≤80	正常
标准粉	同上	≤1.10	全部通过 CQ20 号筛，留存在 CB30 号筛的不超过 20.0	≥24.0	≤0.02	≤0.003	≤13.5	≤80	正常
普通粉	同上	≤1.40	全部通过 CQ20 号筛	≥22.0	≤0.02	≤0.003	≤13.5	≤80	正常

2. 高低筋小麦粉的质量标准

（1）高筋小麦粉质量标准。为适用于硬质小麦的加工，并提供作为生产面包等高面筋食品使用的高筋小麦粉，我国于 1988 年制定了高筋小麦质量标准。高筋小麦粉以面筋质含量和灰分分等，等级指标及其他质量指标见表1-7，检验粉色、麸星的标准样品按照GB/T 1355—86《小麦粉》中规定制发的实物标准样品。其中，一等高筋小麦粉对应特制一等小麦粉标准样品，二等高筋小麦粉对应特制二等小麦粉标准样品，见GB/T 8607—88《高筋小麦粉》。

表1-7 高筋小麦粉质量标准

指标等级	1	2
面筋质/%（以湿基计）	≥30.0	
蛋白质/%（以干基计）	≥12.2	
灰分/%（以干基计）	≤0.70	≤0.85
粉色，麸星	按实物标准样品对照检验	
粗细度/%	全部通过CB36号筛，留存在CB42号筛的不超过10.0	
	全部通过CB30号筛，留存在CB36号筛的不超过10.0	
含砂量/%	≤0.02	
磁性金属物/(g/kg)	≤0.003	
水分/%	≤14.5	
脂肪酸值/(mg/100 g)(以湿基计)	≤80	
气味、口味	正常	

（2）低筋小麦粉质量标准。为适用于软质小麦的加工，并提供作为生产饼干、糕点等低面筋食品使用的低筋小麦粉，我国制定了低筋小麦粉质量标准。低筋小麦粉以面筋质含量和灰分分等，等级指标及其他质量指标见表1-8。检验粉色、麸星的样品标准按照GB/T 1355—86《小麦粉》中规定制发的实物样品标准实行。其中，一等低筋小麦粉对应特制一等小麦粉标准样品，二等低筋小麦粉对应特制二等小麦粉标准样品，详见GB/T 8608—88《低筋小麦粉》。

表1-8 低筋小麦粉质量标准

指标等级	一级	二级
面筋质/%	<24.0	
蛋白质/%（以干基计）	≤10.0	
灰分/%（以干基计）	≤0.60	≤0.80
粉色、麸星	按实物标准样品对照检验	
粗细度/%	全部通过CB36号筛，留存在CB42号筛的不超过10.0	全部通过CB30号筛，留存在CB36号筛的不超过10.0
含砂量/%	≤0.02	
磁性金属物/(g/kg)	≤0.003	
水分/%	≤14.0	
脂肪酸值/(mg/100 g)(以湿基计)	≤80	
气味、口味	正常	

3. 专用小麦粉质量标准

专用面粉是根据面粉所要加工的面制食品种类来分类的。根据专用粉市场需求，我国在1993年制定了我国专用粉质量标准。具体分为面包、面条、馒头、饺子、酥性饼干、发酵饼干、蛋糕、酥性糕点和自发粉九种专用粉，其质量指标见表1-9～表1-18。每一种专用面粉按灰分含量、湿面筋含量、稳定时间以及降落数值分为两个等级。专用粉的贮藏性能指标以及含砂量、磁性金属物指标与等级小麦粉相应的质量指标相同，灰分指标至少要达到特一粉以上水平，品质指标则比等级小麦粉要求严格，见LS/T 3201—1993《面包用小麦粉》、LS/T 3202—1993《面条用小麦粉》、LS/T 3203—1993《饺子用小麦粉》、LS/T 3204—1993《馒头用小麦粉》、LS/T3205—1993《发酵饼干用小麦粉》、LS/T 3206—1993《酥性饼干用小麦粉》、LS/T 3207—1993《蛋糕用小麦粉》、LS/T 3208—1993《糕点用小麦粉》、LS/T 3209—1993《自发小麦粉》、LS/T 3210—1993《小麦胚（胚片、胚粉）》。

表1-9 面包粉质量指标

面包粉 LS/T 3201—1993			
项目		精制级	普通级
水分/%		≤14.5	
灰分/%（以干基计）		≤0.60	≤0.75
粗细度/%	CB30号筛通过率	全通	
	CB36号筛留存	≤15.0	
湿面筋/%		≥33%	≥30%
粉质曲线稳定时间/min		≥10	≥7
降落数值/s		250～350	

表1-10 面条粉质量指标

面条粉 LS/T 3202—1993			
项目		精制级	普通级
水分/%		≤14.5	
灰分/%（以干基计）		≤0.55	≤0.70
粗细度/%	CB30号筛通过率	全通	
	CB36号筛留存	≤10.0	
湿面筋/%		≥28	≥26
粉质曲线稳定时间/min		≥4.0	≥3.0
降落数值/s		≥200	

表 1-11　饺子粉质量指标

饺子粉 LS/T 3203—1993			
项目		精制级	普通级
水分 /%		≤14.5	
灰分 /%（以干基计）		≤0.55	≤0.70
粗细度 /%	CB30 号筛通过率	全通	
	CB36 号筛留存	≤10.0	
湿面筋 /%		28～32	
粉质曲线稳定时间 /min		≥3.5	
降落数值 /s		≥200	

表 1-12　馒头粉质量标准

馒头粉 LS/T 3204—1993		
项目	精制级	普通级
水分 /%	≤14.0	
灰分 /%（以干基计）	≤0.55	≤0.70
粗细度 /%	全通 CB36 号筛	
湿面筋 /%	25.0—30.0	
粉质曲线稳定时间 /min	≥3.0	
降落数值 /s	≥250	

表 1-13　发酵饼干粉质量标准

发酵饼干粉 LS/T 3205—1993			
项目		精制级	普通级
水分 /%		≤14.0	
灰分 /%（以干基计）		≤0.55	≤0.70
粗细度 /%	CB36 号筛通过率	全通	
	CB42 号筛留存	≤10.0	
湿面筋 /%		24～30	
粉质曲线稳定时间 /min		≤3.5	
降落数值 /s		250～350	

表 1-14　酥性饼干粉质量标准

酥性饼干粉 LS/T 3206—1993		
项目	精制级	普通级
水分	≤14.0	
灰分 /%（以干基计）	≤0.55	≤0.70%

续表

酥性饼干粉 LS/T 3206—1993			
粗细度/%	CB36 号筛通过率	全通	
	CB42 号筛留存	≤10.0	
湿面筋/%		22～26	
粉质曲线稳定时间/min		≤2.5	≤3.5
降落数值/s		≤150	

表 1-15 蛋糕粉质量标准

蛋糕粉 LS/T3207—1993		
项目	精制级	普通级
水分/%	≤14.0	
灰分/%（以干基计）	≤0.53	≤0.65
粗细度/%	全通 CB42 号筛	
湿面筋/%	≤22	≤24
粉质曲线稳定时间/min	≤1.5	≤2.0
降落数值/s	≤250	

表 1-16 糕点粉质量标准

糕点粉 LS/T 3208—1993			
项目		精制级	普通级
水分/%		≤14.0	
灰分/%（以干基计）		≤0.55	≤0.70
粗细度/%	CB36 号筛通过率	全通	
	CB42 号筛留存	≤10.0	
湿面筋/%		≤22	≤24
粉质曲线稳定时间/min		≤1.5	≤2.0
降落数值/s		≥160	

表 1-17 自发小麦粉质量标准

项目	指标	项目	指标
水分/%	≤14.0	混合均匀度/%	变异系数≤7.0
酸度/(碱液 ml/10g 粮食)	0～4	馒头比容/(ml/g)	≥1.7
保质期	≥三个月		

1. 术语：自发小麦粉是一种以小麦粉为原料，添加食用疏松剂，不需要发酵便可以制作馒头(包子、花卷)以及蛋糕等膨松食品的方便食料。
2. 原料：所用原料应符合 GB1335 中“特制一等粉”的规定。
3. 食品添加剂：应符合 GB2760 的规定，粗细度应全通 CQ20 号筛。
4. 感官指标：白色粉状；无霉变和结块；气味正常，无异味和异嗅。
5. 理化指标：自发粉 LS/T 10144—93。

表 1-18　小麦胚质量标准

小麦胚（胚片、胚粉）LS/T3210—1993			
1. 分等：			
等级	灰分 /%（干基）	产品分类	粗细度 /%
一等	≤4.6	片状	片状
		粗粒	全通 JQ20 号筛，JQ23 号筛留存不超过 10
		粉状	全通 CB36 号筛，CB42 号筛留存不超过 10
二等	≤5.2	片状	片状
		粗粒	全通 JQ20 号筛，JQ23 号筛留存不超过 10
		粉状	全通 CB30 号筛，CB36 号筛留存不超过 10
三等	≤5.8	片状	片状
		粗粒	全通 JQ20 号筛，JQ23 号筛留存不超过 10
		粉状	全通 JQ20 号筛，CB30 号筛留存不超过 20

2. 质量标准：				
等级	粗蛋白质 /%	水分 /%	脂肪酸值 /（mg/100g）（湿基）	气味与口味
一等	≥28	≤4.0	≤140	正常
二等	≥25	≤4.0	≤140	正常
三等	≥22	≤4.0	≤140	正常
3. 保质期：袋装产品 6～8 月份 ≥1 个月；其他月份 ≥2 个月。				

专用面粉质量指标除了对精度指标和贮藏指标作了同样要求之外，更注重面粉品质指标的要求，对湿面筋含量、稳定时间、降落数值以及食品制品品质评分作了严格的规定。这些品质指标的制定使小麦面粉不局限于加工精度，而且要与面制食品的最终质量联系起来，这就使面粉生产有的放矢，让优质的面制食品有了原料的保证。

4. 中国好粮油小麦粉标准

国家粮食局于 2017 年 9 月 15 日发布了适用于以国产小麦为主要原料加工而成的中国好粮油的食用商品小麦粉标准 LS/T 3248—2017《中国好粮油小麦粉》。具体见表 1-19。

表 1-19　中国好粮油小麦粉质量标准

指标类别	质量指标		优质强筋小麦粉		优质中筋小麦粉	优质低筋小麦粉	
			一级	二级		一级	二级
基本指标	含砂量 /%	≤	0.01				
	磁性金属物 /（g/kg）	≤	0.002				
	水分含量 /%	≤	14.5				
	降落数值 /s	≥	200				
	色泽气味		正常				

续表

指标类别	质量指标	优质强筋小麦粉		优质中筋小麦粉	优质低筋小麦粉	
		一级	二级		一级	二级
定等指标	湿面筋含量/%	≥35	≥30	≥26	≤22	≤25
	面筋指数/%	≥90	≥85	≥70	+	+
声称指标[1]	食品评分值[2]	+	+	+	+	+
	灰分/%	+	+	+	+	+
	面片光泽稳定性	—	—	+	—	—
	粉质吸水率/%	+	+	+	+	+
	粉质稳定时间/min	+	+	+	—	—
	最大拉伸阻力/EU	+	+	+	—	—
	延展性/mm	+	+	+	—	—
	吹泡P值/mm H_2O	—	—	—	+	+
	吹泡L值/mm	—	—	—	+	+

注1:"+"须标注检验结果。
注2:"—"不作要求。
注3:优质强筋小麦粉、优质中筋小麦粉和优质低筋小麦粉分别用面包、饺子和海绵蛋糕做食品评分。

二、制粉的基本知识

(一)小麦的籽粒结构

小麦籽粒形状近似于椭圆形或卵球状,顶部有一簇茸毛,通常称为麦毛;小麦的腹部有一沟槽,称之为腹沟。小麦籽粒由皮层、胚乳、胚三部分组成。其结构如图1-1所示。

1. 皮层

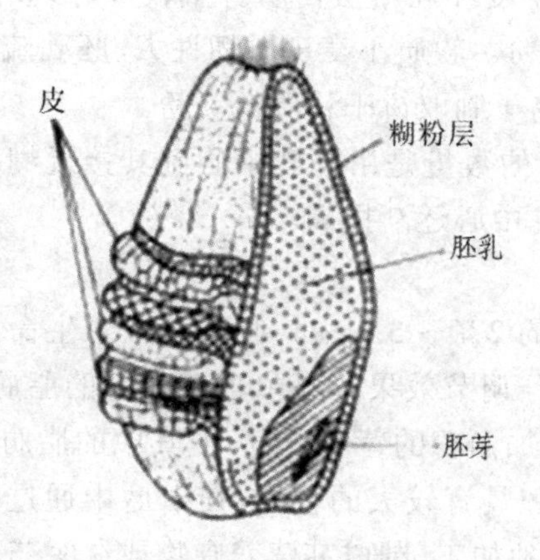

图1-1 小麦籽粒结构

小麦皮层亦称麦皮,其质量占整粒小麦的14.5%~18.5%。按其组织结构分为六层,由外及里依次为表皮、外果皮、内果皮、种皮、珠心层、糊粉层。外五层统称为外皮层,因含粗纤维较多,口感粗糙,人体难以消化吸收,应尽量避免将其磨入面粉中。小麦皮层的最内层为糊粉层，亦称外胚乳或内皮层。

表皮：为皮层的最外层，表面角质化，呈稻杆似的黄色，细胞为长形、纵向排列。

外果皮：小麦籽粒的第二层皮，颜色比表皮黄，细胞比表皮短。

内果皮：小麦籽粒的第三层皮，是一层横向排列的细胞，在籽粒不成熟时呈青色，成熟后无色。

以上三层总称为果皮，果皮占麦粒质量的3%～5%，吸水后易刮去。

种皮：即小麦籽粒的第四层皮，细胞呈斜长形，并含有色素，它决定了小麦的色泽，也称小麦色素层。

珠心层：是一层极薄的皮层，为小麦的第五层皮，细胞结构不很明显，其与种皮结合紧密，不宜分开，在50 ℃下不易透水。

种皮和珠心层占小麦籽粒质量的2.5%～3%。

糊粉层：为小麦皮层的最里边一层，即小麦的第六层皮，其重量占皮层重量的40%～50%。糊粉层营养丰富，粗纤维含量较外皮层少，且灰分较高，在磨制低等级粉时，为提高出粉率可将其磨入，但磨制高等级粉时，则不宜磨入。

种皮、珠心层及糊粉层统称为种皮。种皮可作为膳食纤维，内含烷基间苯二酚等多种营养成分，可用于生产全麦粉，有一定的利用价值。

2. 胚乳

胚乳占小麦质量的78%～84%，含有大量的淀粉和一定数量的蛋白质，易于人体消化吸收，是制粉过程中重要的提取部分。胚乳的含量越多，出粉率就越高；胚乳中蛋白质（面筋质）的数量和质量，是直接影响面粉品质和制品效果的决定因素；胚乳中细胞结构的紧密程度不同，呈角质和粉质的程度也不同，形成了小麦的硬质小麦、软质小麦之分。硬质小麦在制粉过程中可得到数量较多的麦渣和麦心，在制品流动性好、易筛理，而胚乳较易从皮层上刮净。硬质小麦胚乳中蛋白质含量较多，形成面筋的数量多，一般品质较好，适于制取高等级的高筋粉。软质小麦皮层韧性大，胚乳疏松，在制粉过程中易研磨成粉，由于其面筋质含量低，易于制取饼干粉等低筋粉。

在小麦籽粒中，面筋质的数量是由胚乳中心到其接近糊粉层逐渐增加，面筋质的质量（品质）则由糊粉层向胚乳中心逐渐提高。

3. 胚

胚的含量占麦粒质量的2%～3.9%。胚是麦粒中生命活动最强的部分，完善健康的胚可使小麦获得好的水分调节效果。胚中含有大量的脂肪和较多的蛋白质、糖、维生素等，若将其磨入面粉可增加面粉的营养成分，但其中的脂肪容易酸败变质变黄，而影响面粉的色泽和储存。因麦胚具有较大的韧性，在研磨中通过挤压可将其压扁成片状，使单独提取成为可能，从而单独加工，制成高营养食物或在医药、化工、饲料等行业使用。

（二）小麦的基本特性

小麦品质主要包括加工品质、食用品质、营养品质、卫生品质等。各品质间既存在区别，又互相联系。品质的优劣通过品质指标反映出来，如出粉率、粉色、灰分含量、容重、千粒重等反映加工品质；面筋的数量与质量、烘烤试验、面包体积、评分、纹理等反映食用品质；营养物质的含量、消化吸收率、蛋白质效价、生物价等反映营养品质；有毒物质、有毒微生物、重金属污染等反映卫生品质。在此我们主要介绍与小麦加工品质有关的物理品质和化学品质。

1. 小麦的物理品质

（1）小麦籽粒形状与大小。小麦籽粒呈椭球状或卵球状，横截面近似心形，其大小用粒度（长、宽、厚）表示。我国普通小麦的粒度范围，见表1-20。

表1-20 小麦的粒度范围

粒度	长度/mm	宽度/mm	厚度/mm
范围	4.5～8.0	2.2～4.0	2.1～3.7
平均	6.2±0.5	3.2±0.3	2.9±0.3

了解小麦粒度，即可较准确地选配小麦清理设备的筛孔形状与规格。一般认为，大粒麦比小粒麦的表面积比例少；长度与宽（厚）度差越小，其皮层含量越小，出粉率则越高。

（2）麦粒均匀度。麦粒均匀度通常用两相邻分级筛面上留存的小麦比例表示。一般认为留存在两相邻筛面上的数量在80%以上者为均匀；70%～80%为一般；低于70%为较差。

均匀度好的小麦，有利于清理、水分调节和制粉。对均匀度较差的小麦，最好按粒度分级清理，将大、小粒小麦分别清理和进行水分调节，然后分别研磨制粉，这样可获得较理想的制粉效果。

（3）麦粒色泽与气味。正常的麦粒有一种特有的颜色、光泽与气味。受小麦生长条件、成熟程度、储存时间与环境、赤霉病菌、霉变、受潮、发芽等因素影响，麦粒颜色和气味可能会发生异常。对于色泽和气味变化比较大的小麦，应视其情况，单独处理或按一定比例搭配加工，以保证面粉质量和制粉效果。

（4）容重与千粒重。小麦的容重（kg/m^3或g/L）是评定小麦品质的主要指标，为世界各国普遍采用。容重的大小受籽粒形状、饱满程度、表面状态、水分、含杂等因素影响。小麦的水分增加，将导致容重下降。小麦的含杂量也影响其容重，轻杂质使容重降低，重杂质使容重增加，容重愈大，质量愈好，在其他条件相同的情况下，出粉率愈高。我国小麦容重一般为680～820 g/L。

千粒重是指一千粒小麦的质量（g）。在同样条件下，千粒重大说明小麦饱满、充实、粒大，胚乳比例高。为避免水分影响，在标明千粒重的同时，应注明水分或用干物质表示。我国小麦千粒重一般在19 g～61.3 g之间，平均值为35.69 g。

（5）散落性与自动分级性。将一管状筒竖立在平面上，筒内装满小麦，然后将筒向上提起，小麦自筒内流出，自然形成一个圆锥形麦堆。麦堆斜面与水平面的夹角称自然坡角（或称静止角）。该角的大小表示该批小麦的散落性好坏，其大小受籽粒表面状态、粒形、水分、含杂等因素的影响。我国小麦的自然坡角一般为23°～38°。该角愈大，散落性愈差，在小麦的清理过程中，容易造成设备与管道的堵塞或仓底结拱。

散粒小麦群体在流动或振动过程中，相对密度小、体积大、表面粗糙的浮在上层；而比重大、体积小、表面光滑的沉到下层，这种现象称为自动分级。物料的自动分级被用于小麦和在制品的筛理除杂和分级，但也会造成散装麦仓中的小麦质量不均衡的情况出现。

物料在工作面上形成自动分级的条件为：物料颗粒之间需产生相对运动；适宜的料层厚度；足够的分级时间。

（6）小麦的悬浮速度。把麦粒置于垂直管道内，自下而上通入气流，当麦粒重力等于气流作用力时，麦粒在管道内处于悬浮状态，此时的气流速度称为该小麦的悬浮速度。

了解小麦及其在制品、各种杂质的悬浮速度，便于小麦的除杂和在制品的分级。

（7）小麦的空隙度和导热性。粮堆的体积由小麦籽粒体积和籽粒空隙体积组成。空隙体积占粮堆总体积的百分比称为粮堆的空隙度。该值越大，粮堆内热量向外散发快，有利于粮食的安全保管。空隙大小受粮粒形状、杂质性质与含量、贮存条件等因素的影响，小麦空隙度一般为40%左右。

小麦具有传递热量的性能，称为小麦的导热性。小麦是热的不良导体，在密闭状态下，粮堆空隙度越大，热的传导越慢；而水分越高，热传导越快。因此，在进行小麦的接收储存时，应充分考虑小麦的水分与储存时间，确保小麦的安全储存。

（8）不完善粒。虫蚀粒、病斑粒（赤霉病粒、黑胚粒）、生霉粒、破损粒、生芽粒等均为不完善粒，都是一些品质较差的小麦籽粒，这些籽粒虽还有一些利用价值，但原料中若含有较多不完善粒时，对面粉的质量、产量、出粉率等主要指标将产生不利影响。

（9）小麦的结构力学特性。小麦在研磨时，受到磨辊的压力、剪力和切力作用所产生的抵抗破碎的能力，称为小麦的结构力学性质。该性质与小麦的组织结构（角质率和硬度）有关，它直接影响小麦的吸湿性、粉碎能耗、磨辊参数配备、筛理效率和出粉率等。

不同类型的小麦及其组成部分的结构力学性质有较大的差别。皮层的抗破坏力比胚乳大得多，麦粒及各部分的水分不同，所需的破坏力也不同。麦粒与胚乳的抗破坏力是随水分的增高而降低，而皮层的抗破坏力则随水分的增加而增大。小麦制粉正是利用了这些力学特性，对小麦进行适宜的水分调节，使皮层的抗破坏能力增加，麦粒及胚乳的抗破坏能力降低，从而有利于皮层与胚乳的分离。在保持皮层完整的前提下，使用较小的动力，将胚乳磨细成粉。由此可知，控制入磨小麦的水分，是保证面粉质量和降低动力消耗的关键。

2. 小麦的化学品质

（1）水分。小麦水分是面粉水分的来源，小麦水分的高低不仅直接影响面粉的水分指标，而且与制粉工艺指标密切相关。水分高，胚乳难以剥刮，流动性和散落性差，物料的流动和筛理困难。水分低，胚乳不易破碎，皮层易碎，面粉质量差。生产中控制和掌握适宜的入磨小麦水分是制粉操作的首要前提。

（2）淀粉。淀粉是小麦的主要化学成分，全部集中在胚乳中，是制粉过程需提取的部分。温度超过60 ℃时，淀粉会糊化。若遇到水汽凝结现象时，糊化的淀粉会堵筛孔或结块影响物料流动。

（3）蛋白质。小麦中含有多种蛋白质，比例较大的是麦胶蛋白、麦谷蛋白、麦清蛋白和麦球蛋白。其中麦胶蛋白和麦谷蛋白构成面筋质。小麦糊粉层和胚中的蛋白质含量较高，但都不能形成面筋质。面筋是小麦蛋白独有的特性，其数量与质量是衡量面粉品质的重要指标。国产小麦的蛋白质含量平均在13%左右，粗蛋白可高达20%，低的仅为9%。一般认为粗蛋白含量大于16%的为高蛋白小麦；12%～16%的为中蛋白小麦；低于12%的为低蛋白小麦。

硬麦的蛋白质含量高且质量好，软麦则相反。同时，软麦蛋白质主要集中在胚乳的外层，硬麦分布则较均匀。小麦发芽、受热、受冻、虫蚀、霉变时，其面筋质的数量和质量都将大大降低。在生产中应严格控制研磨温度，使物料温度不超过60 ℃，否则会造成蛋白质变性，影响面粉品质。

（4）脂肪。小麦的脂肪主要存在于胚中，含量约为14%，而胚乳的脂肪含量仅为0.6%。因脂肪容易酸败变质，且影响粉色，所以在磨制高等级粉时，应尽量避免将麦胚磨入粉中。

（5）灰分。灰分是指小麦及小麦产品经充分燃烧后剩下的矿物质。小麦各组成部分的灰分分布极不均匀，皮层最高，胚乳最低。灰分是衡量面粉质量的重要指标之一，面粉精度越高，灰分含量越低。

（6）纤维素。纤维素是人体不能消化吸收的糖类。若混入面粉，不仅影响粉色，而且影响面粉的食用品质。小麦的纤维素主要存在于皮层，胚乳中含量极少。因此，粉中纤维素的含量是评定面粉质量的重要指标。

（7）降落数值。降落数值反映小麦中α-淀粉酶的活性。发芽小麦中α-淀粉酶的活性增加，面粉的筋力下降，用此制成的面包纹理变粗、面包心发黏。一般新小麦降落数值为300～350 s，少量发芽时为200 s左右，严重发芽时为70～100 s。

任务二　小麦含杂及除杂原理

【学习目标】

通过学习和训练，了解小麦含杂类型，熟悉小麦与杂质物理特性的差异，理解常用除杂原理与方法。

【技能要求】

能感官判断杂质类型。

【相关知识】

一、小麦含杂的类型

小麦从收获到制粉前的各种环节中，会不可避免地混入各种杂质。这些杂质若不清除，不仅影响面粉质量，而且容易引起生产事故，因此，在制粉前必须进行小麦的除杂。

小麦中杂质的组成较为复杂，通常可按以下形式分类：

1. 按化学成分区分为无机杂质、有机杂质

(1) 无机杂质:包括砂石、泥块、灰尘、煤渣、玻璃、金属物等无机物。

(2) 有机杂质:包括各类植物的根、茎、叶及除小麦外各类植物的种子、鼠粪虫尸、绳带纸屑及无食用价值的变质麦粒。

在这两类杂质中,无机杂质及不可食用的有机杂质统称为尘芥杂质,除小麦外各种谷物的种子称为异种粮粒,异种粮粒与无食用价值的麦粒又统称为粮谷杂质。

2. 按粒度区分为大杂、小杂及并肩杂

大杂质的粒度较小麦大,不能通过 Φ6 mm 筛孔;能通过 Φ2 mm 左右筛孔的杂质称为小杂;并肩杂质的粒度与小麦相仿。

3. 按悬浮速度及密度区分为轻杂、重杂

悬浮速度及密度大于小麦的杂质称为重杂,反之称为轻杂。有些杂质的悬浮速度与小麦相仿,其中大部分也是并肩杂质。

4. 以杂质的存在状态区分为黏附类杂质、混杂类杂质

黏附在小麦表面及麦沟中的各类杂质称为黏附类杂质;原料中与麦粒没有粘连的杂质为混杂类杂质。小麦中的杂质按其具体成分和性质可分为两大类,即尘芥杂质和粮谷杂质。

二、小麦与杂质的物理特性

小麦中的杂质虽然种类很多,但在物理特性方面都与小麦存在某些不同的差异,利用小麦与杂质的外形特征和重度特性的不同,选择相应的清理设备使其分离,小麦与杂质的物理特性见表 1-21。

三、小麦除杂原理

1. 小麦和杂质的粒度差别(筛选)

根据小麦和杂质的外形大小,利用小麦的宽度和厚度,选择筛孔的形状和大小,分离比小麦大的和小的杂质,如麦杆、麦穗、麻绳、泥块、石块等比小麦大的杂质和细砂、泥土、碎麦等比小麦小的杂质。采用筛选设备完成。

2. 小麦和杂质的重度差别(去石)

根据小麦和杂质的重度不同,通过振动和风选的作用或水中淘洗的方法分离与小麦大小并肩并比小麦重度大的杂质,如石子、金属物、煤块等比小麦重度大的杂质。采用重力分选设备完成。

3. 小麦和杂质的悬浮速度的差别(风选)

根据小麦和杂质的悬浮速度差异,利用吸风分离的原理除去比小麦轻的杂质,如麦壳、麦糠、细灰等。采用风选设备完成。

表 1-21 小麦与杂质的物理特性

名称	平均大小 / mm			悬浮速度 /（m/s）	容重 /（g/l）	重度 /（kg/m³）	千粒重 /g
	长	宽	厚				
小麦	6.5	3.5	3	10	750	1.33	30
大麦	11	3.5	3	9	650	1.23	34
燕麦	12	3	2.5	8	555	1.20	25
玉米	9	8	6	12	750	1.86	250
豌豆		6	5.5	15	800	1.4	150
荞麦	6	4	3	8.5	600	1.2	21
荞子	4	3	2.5	6.5～8.5	637	1.24	15
雀麦	7	2.2	1.8			0.35	7
砂石				9 以上	1267	2.55	
麦壳	9	3.4	2.4	1～2.5	187	0.74	
麦皮及胚				0.5～1.5	322	0.90	
碎麦	2～3	1.2～2.6	1～1.8	5～9	640	1.36	

4. 小麦和杂质形状与长度的差别(精选)

根据小麦和杂质的外形形状上的差异，利用一定大小的袋孔将小麦中的短粒和长粒杂质分去，或利用倾斜的螺旋工作面上产生滚动和滑动所受的离心力的不同，将小麦中的圆形杂质分离，如豌豆、荞子、大麦、燕麦、麦秸等。采用精选设备完成。

5. 小麦和杂质的导磁性的差别(磁选)

根据小麦和杂质的导磁性的不同，利用永久性磁铁除去小麦中的金属性物质，如铁块、铁钉、螺丝等。常采用磁选设备完成。

6. 小麦和杂质的强度的差别(打麦)

根据小麦和杂质的强度不同，利用打击、摩擦、刷理的原理将小麦表面或腹沟内的杂质分离，如泥快、煤渣、麦皮、麦毛、麦灰等。采用表面清理设备完成。

7. 小麦和杂质的色泽的差别(色选)

根据小麦和杂质的色泽不同，通过使用光学设备，根据物料颜色的差异对异色颗粒进行自动分选。常采用光电一体化的色选机完成。

四、小麦除杂效率

小麦的除杂效率是指采用各种不同的除杂设备，利用相应的除杂原理，清除小麦中杂质的程度。除杂效率除流量有一定影响外，还应考虑下脚内含完好麦粒的多少，其下脚内含完好麦粒越少，其清理效果越好。另外，毛麦内含杂程度对清理效果也有直接影响。

任务三　输送设备

【学习目标】

通过学习和训练，了解各种输送设备基本结构，熟悉输送设备的基本操作，能对输送设备进行日常维护。

【技能要求】

能操作和维护输送设备。

【相关知识】

一、斗式提升机

（一）斗式提升机的主要结构

斗式提升机是主要的原料垂直提升设备，其基本结构见图 1-2（a）。

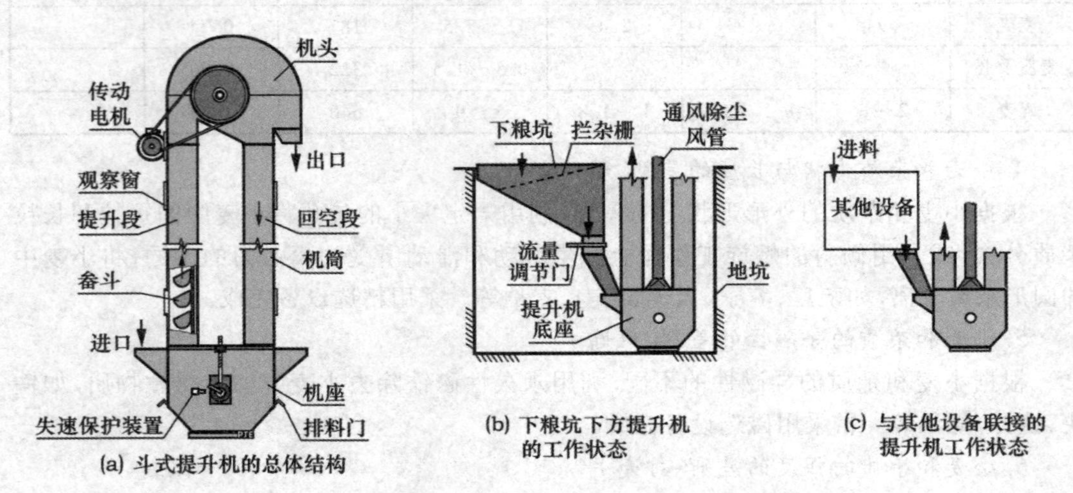

图 1-2　斗式提升机的基本结构

由机座上的进口进料，由机头下方的出口出料。斗式提升机的主要输送装置为安装在畚斗带上的多个畚斗，畚斗带由装置在机头侧面的电机传动，沿机筒上下循环运动。

随畚斗带一起运动的畚斗在机座内装载物料后，沿提升段机筒垂直上升至机头后，将斗内物料卸入出口，空畚斗沿回空段机筒返回至机座重新装料。

畚斗带由头轮驱动，由底轮张紧。物料在机座中装入畚斗，用装满系数来表达其装满的程度，同一台设备，畚斗的装满系数越大，输送量越大。

畚斗的装置形式与常用类型见图 1-2（b）。

畚斗是用螺栓装置在皮带上。一般沿畚斗带均匀装置。无底畚斗为五至十只一组，每组最下一只为有底畚斗。

输送小麦一般采用深型畚斗或无底畚斗，输送量较大，运动速度较高；由于物料的输送密度较高，无底畚斗提升机的输送能力较强。

输送粉料时应采用浅型畚斗，卸料的效果较好，相应输送能力较弱。

流量过大或机座内积料过多，将使畚斗带打滑甚至停滞，造成设备堵塞或其他事故，此时底轮转速下降或停转。为防止这类现象出现，在提升机机座上，可安装底轮失速保护装置，如图 1-2（c）所示。

正常工作时，装置在底轮轴上的感应片每隔一定时间经过一次接近开关，接近开关将此信号送至控制系统；当底轮转速下降甚至停转时，感应片经过接近开关的间隔时间延长，控制系统检测到后，即可预警、报警或停止提升机运行。

在平时维护、清扫提升机底座时，须注意保护感应片，接近开关不受损伤，不产生位移。

（二）斗式提升机的基本操作

1. 畚斗带的安装

将机头盖打开或将机筒打开后，可安装提升机的畚斗带。

2. 进料的方式

输送小麦的提升机常用顺向进料方式，这样装满系数较高，较易达到较高的输送产量；若因需要，也可采用逆向进料的方式，这样畚斗的装满系数较低，输送能力有所下降。在操作提升机时须注意这方面的影响。

3. 设备的启动与进料

斗式提升机在启动前须开启通风除尘设备，再检查提升机机座内是否有积料，应将积料清除后在空载状态下启动提升机，待设备运转正常后才可进料。

4. 设备运行中的操作

运行过程中，应该使提升机的工作流量不大于设备的额定输送量，若输送流量较大，畚斗升至顶端后，斗内的物料不能卸净，未卸净的物料将通过回空段机筒落下，形成回流。若进料流量过大，还可能使机座中积料，导致畚斗带及机座中的皮带轮被卡住。如果发生堵塞而没有及时停机，可能造成传动电机损坏，甚至因机件之间的过度摩擦而引发火灾。

（1）下粮坑提升机的操作。在工作过程中，应通过调节下粮坑下方的流量调节料门，如图 1-2（b）所示，使提升机的输送流量符合要求，由观察窗查看回空段机筒内部，运行中不应有明显的物料回流。

工作中应经常检查下料斗中的拦杂栅，当积有较多杂质时应及时清理。杂质堆积过多，将堵塞拦杂栅，可能导致原料的进料流量下降。

这类提升机一般安装在地坑中，应经常对机座周围的散落物料进行清理，以保持地坑中的清洁。

（2）与其他设备联接的提升机的操作。对于与其他设备联接的提升机，其输送流量一般由前方的设备控制，如图 1-2（c）所示。若发现流量过大时，应及时与前方操作人员联系。

（3）防堵、排堵的操作。一旦底座积料发生堵塞，应及时停止提升机的运行并打开排料门清除机座内积料。对于没有安装防止畚斗带反向运动装置（止逆装置）的提升机，一旦在工作过程中停车，提升段的物料将倒回至底座内，使清除积料的工作量加大。

若在提升机的底座带轮轴上安装有失速保护装置，一旦因堵塞停转，保护装置将报警并自行停止提升机运行。

5. 设备的停机

正常情况下，提升机应先停止进料，待空车运行一段时间，畚斗内的物料卸净后方可停车。提升机停机后，应使有关通风除尘设备再运行数分钟，通过吸风以消除机内的扬尘。

停车后应检查机座内的积料情况，如有明显积料应及时清理。

（三）斗式提升机的维护要点

1. 转速的稳定性

斗式提升机的输送能力与其头轮的转速有关，转速较高时输送能力较强。正常工作时，须保证头轮的工作转速稳定。因此，应定期检查头轮的传动皮带是否正常，若打滑须及时张紧；经常检查传动电机控制设备的工作状态，防止电机单相运行而导致转速下降。

2. 畚斗带的张紧

畚斗皮带有一定的弹性，在工作过程中会逐渐拉长。若提升机运行时，通过观察窗看到畚斗带晃动较大、跑偏、擦边时或工作流量正常时底轮的转速不稳，则说明畚斗带须张紧。

调节张紧装置时，不能调得过紧，否则动耗将增大。

一般情况下，可通过机座上的底轮张紧机构，对称拧下机座两侧的张紧螺栓，可在一定的范围内张紧畚斗带；若发现底轮已降到较低位置，畚斗将刮到机座底时皮带仍未张紧，就须将底轮轴重新上升到较高位置，再打开机头盖，采用绞棍升起皮带后，通过剪短皮带的方式收紧畚斗带。有的提升机可打开机筒，采用专门的工具对畚斗带进行张紧。

生产过程中若机内有异常响动，应立即查明原因，并及时排除隐患，严重时应停车。异常响动的原因可能是畚斗带跑偏碰壁、畚斗带松弛摆动使畚斗碰壁、畚斗螺栓松动脱落等。

二、胶带输送机

（一）胶带输送机的基本结构

胶带输送机常用于原料的水平或小倾角输送，原料接收过程中主要使用输送方向不变的固定式胶带输送机，其基本结构如图 1-3 所示。

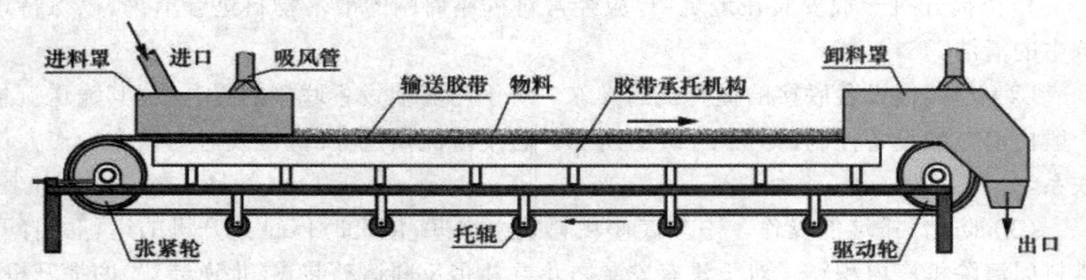

图 1-3 胶带式输送机的基本结构

胶带是工作过程中接触物料的主要工作部件。

承载运送物料的胶带由电机传动的驱动轮拖动，驱动轮的转向一般不变，如下粮坑与提升机之间的带式输送机，其进料口与卸料口的位置不变，物料的输送方向不变。胶带由承托机构支承与定向，常见的承托机构有托辊类型与气垫类型两种。

物料由进料罩导入胶带上面，物料随胶带一起运动至卸料罩，经出口排出。

（二）胶带输送机的常见类型

1. 原料输送

原料输送中常见的有托辊胶带输送机与气垫胶带输送机，其结构见图 1-4。

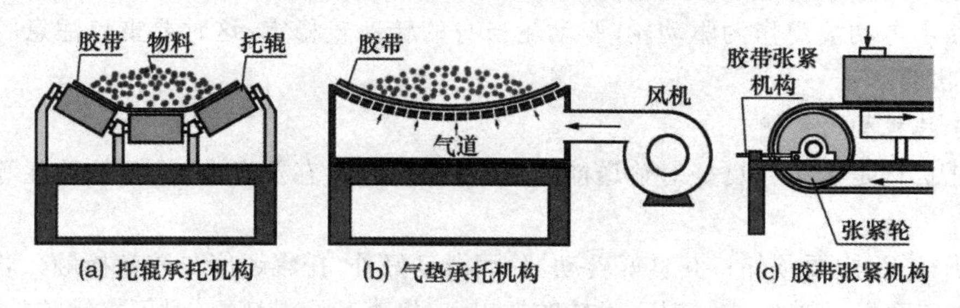

图 1-4 胶带输送机的主要结构

采用托辊承托输送小麦时，三个托辊使胶带呈槽形，输送量大且物料较难溢撒。

气垫式胶带输送机是一种较新型的设备，由于气垫的作用，胶带的运动阻力较小，受力均衡，无需润滑，胶带的工作寿命较长。

2. 袋装面粉输送

输送袋装面粉的输送机与输送原粮的胶带输送机主要有以下区别。

（1）胶带宽多为 400 mm 米，胶带芯线层多为 3 ～ 6 层。

（2）托辊多为单支撑平直托辊，对于短距离输送设备也可不设托辊，而采用金属板作为滑动件来支撑胶带。

（3）输送带线速度较低，多控制在 0.8 m/s 以内。

（4）单机输送较长，一般与成品仓的长度有关。

（5）在进料段两侧都设挡板。

（三）胶带输送机的基本操作

1. 设备的启动与进料

开启通风设备后，再启动胶带输送机。胶带输送机一般应空载启动，若采用气垫式胶带输送机可带料启动。

2. 设备运行中的操作

胶带输送机的物料流量应不大于设备额定的输送量，流量若过大，胶带上堆积的物料过高将溢出。输送量大小的把握，以输送过程中，胶带上的堆积的物料不溢不撒为原则。

工作过程中，若出口发生堵塞，就及时停机，待排除堵塞后再启动设备继续输送。

3. 设备的停车

一般情况下应待胶带上的物料卸空后再停机，如有必要可带料短时停机。停机数分钟后可停止有关通风除尘设备的运行。

(四) 胶带输送机的维护要点

1. 带速的稳定性

胶带式输送机的输送量与其带速成正比。胶带的带速主要与驱动轮的转速、托辊的润滑状态或气垫的状态、胶带的张紧程度等因素有关。要使胶带以稳定的速度运动，除做好承托机构的维护外，还需经常检查驱动轮的传动情况、传动电机的工作状态。

若使用电动滚筒作为驱动轮，驱动轮自身的转速较稳定，这时要重点注意胶带的张紧、承托状态。

2. 承托机构的维护

承托机构是否工作良好对输送能力、胶带的工作状态及寿命、设备的动耗等影响较大。

对于托辊，主要须保持其良好转动，除润滑良好外，托辊还应与胶带接触。若不转动将加剧胶带磨损、增加动耗。对于不转的托辊，应检查其润滑情况，对不接触胶带的托辊，应适当调高位置。若发现胶带出现跑偏现象，应检查托辊的位置是否正确。

气垫式承托机构中没有运动部件，维护的重点是使气道及气孔保持通畅，使风机的工作状态良好。胶带在运行过程中不得跑偏而使气孔外露。停机后应注意检查胶带与气道之间是否有积料，如有积料应及时清理，否则很容易造成气孔的堵塞。

3. 胶带的张紧

胶带有一定的弹性，工作过程中会逐渐伸长，当胶带出现晃动加剧、不稳定地跑偏等现象时，就须对胶带进行张紧操作。如图1-4(c)所示为较小型输送机的张紧机构，调节时应特别注意张紧轮的两侧对称张紧，否则胶带容易出现跑偏故障。

若胶带过长，就须裁剪去多余的部分，裁剪时应注意裁剪口与胶带边必须垂直，否则胶带很易跑偏。

4. 袋装面粉胶带输送机应用中注意事项

(1) 输送面粉袋多为固定式输送机，都架空安装，一定要设置操作人员通道，以便及时排除故障。

(2) 输送面粉袋的胶带输送机胶带接头尽量用盖板或搭板接头连接，避免皮带扣连接，以防挂破、摔破面袋，抛撒面粉。

(3) 胶带输送机的电器部分一定要安装在合适位置，应避免安装在粉尘较多的地段，以防着火等不安全事故发生。

三、螺旋输送机

(一) 螺旋输送机的基本结构

螺旋输送机简称为绞龙，常用于原料的水平或小倾角输送，其基本结构与图1-5所示。

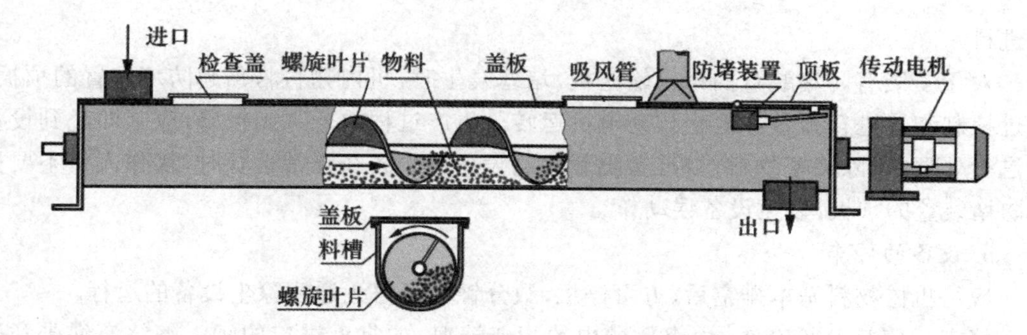

图 1-5 螺旋输送机的基本结构

螺旋输送机的主要工作部件为装置有螺旋叶片的轴，叶片轴在电机的驱动下按规定的方向转动。物料由进口落入料槽中后，在转动的螺旋叶片的推动下，沿料槽底部轴向运动，被推至出口落下，以完成输送。

收集平筛各出粉口排出面粉的螺旋输送机常称为粉绞龙。

绞龙的主要工作机构是螺旋叶片轴，一般采用满面式叶片，也可采用桨叶式叶片。满面式叶片输送量较大，桨叶式叶片输送量较小，但具有更好的搅拌混合作用，同时，还可以通过调节叶片的安装角度改变物料的输送速度。螺旋叶片形式如图 1-6 所示。

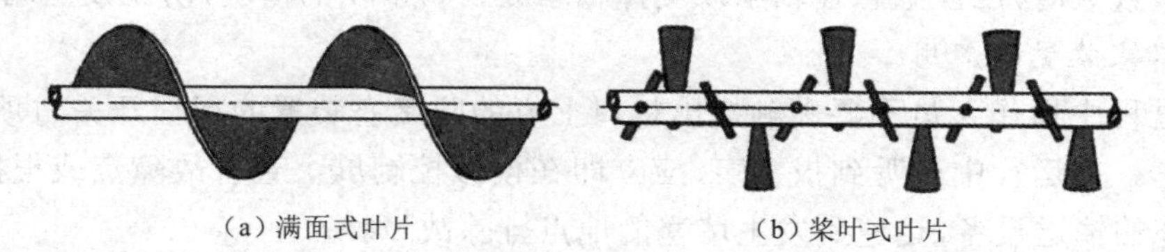

（a）满面式叶片　（b）桨叶式叶片

图 1-6 螺旋叶片形式

绞龙输送距离较长时，为了避免螺旋轴弯曲，每隔 2 m 左右应设置中间悬挂轴承。输送面粉时，由于面粉的流动性较差，较易引起堵塞，在绞龙出口上方可装溢流报警开关。

（二）螺旋输送机的基本操作

1. 设备的启动与进料

先开启有关的通风设备，通过吸风管对输送机进行吸风；打开盖板查看料槽内的积料情况，若积料较多时，启动电机后须待积料基本排空后，再进料。

2. 设备运行中的操作

运行过程中，须经常检查料槽内物料的状态，防止输送流量过大而造成电机过载。流量正常时，被输送的物料一般不得淹没主轴。若发现流量过大，应及时通知前方设备的操作人员。

运行过程中，若出口被堵，机内物料不能排出，将在机槽内形成堵塞，若不及时停机，电机可能因过载或卡死而烧坏，因此对于手动操作的螺旋输送机，一旦出现堵塞应马上停机，并立即对出口进行检查清理，排除堵塞的物料，待机内积料基本排空后，再重新启动进料。

对于安装有防堵装置的螺旋输送机，堵塞发生时，机内物料将顶起防堵装置的顶板，通过控制装置进行报警并停止传动电机运转。生产过程中若听到报警，应立即赶到设备旁进行处理，排除堵塞物料，以准备重新启动设备。设备在正常运行时，操作人员不要揭开防堵装置的顶板，以免设备误动作。

3. 设备的停车

应待机内物料基本排空后，方可停机，数分钟后可停止通风除尘设备的运行。

停车后应打开检查盖，检查料槽内的积料情况，如靠近进口的轴上缠绕有绳带类杂质，应及时清理。

（三）螺旋输送机的维护要点

开车前应先检查螺旋输送机料槽内有无堵塞，特别是悬挂轴承处，如有堵塞，应清除后空车启动。

1. 输送量的监控

运行过程中，主要应经常查看机槽内物料的装满程度，正常时应能看到设备的主轴，若主轴被物料淹没，说明输送的流量过大，应及时对前方流量控制设备进行调整。

输送量较大时，应注意悬挂轴承或支撑轴承处物料堆积的情况，防止发生堵塞。

2. 防堵塞装置的应用

工作过程中操作人员不要去触摸出料口上方的防堵塞装置的行程开关与顶板，以免引起误动作。在运行中若听到报警声，应立即在模拟控制屏上查看故障点或根据报警位置判断堵塞的输送设备，迅速到发生堵塞的地点排除故障。

在启动螺旋输送机前也应检查防堵顶板是否盖好。

特殊情况下，应先用手按下行程开关上的连杆并保持住，再打开出口上方的顶板，并及时通知控制室以防发生误报。

如遇堵塞，严禁用手或其他工具到机壳内掏取物料。粉绞龙堵塞时，可到后续提升机底座处进行排堵，问题严重时应立即停车处理。

3. 异常响声

生产中若发生叶片擦壳、震动等引起噪声加大、阻力增加，使输送量减小、电耗增加，应立即停车查明原因。叶片擦壳一般是由于螺旋轴弯曲、悬挂轴承损坏等原因。震动过大通常是由于轴承与机壳联结的螺钉松动、螺旋轴弯曲等原因。

4. 轴承的维护

螺旋输送机两端的轴承一般为滚珠轴承，承载能力较强，应按要求定期更换润滑脂。

悬挂轴承或支撑轴承一般采用滑动轴承，目前常采用含油尼龙滑动轴承，不需经常加油。若采用普通的铜瓦滑动轴承，则须经常检查其润滑情况，加注润滑油时一般应少量多次，加油量不可过多，以免油流下造成物料黏结、污染或堵塞。

螺旋输送机在正常工作时，必须将料槽内物料输送完毕后，方可关车停止运转。

四、刮板输送机

（一）刮板输送机的总体结构

刮板输送机常用于原料的水平或小倾角输送，其基本结构如图 1-7 所示。

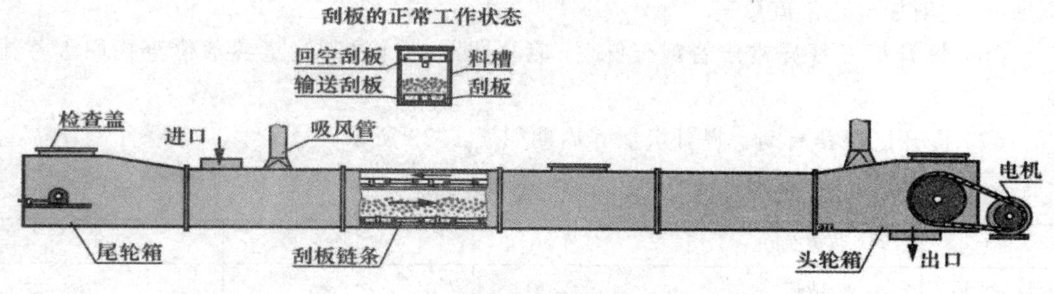

图 1-7 刮板输送机的基本结构

刮板输送机的主要工作部件为刮板链。刮板链装置在头轮箱与尾轮箱的链轮上，由头轮的链轮驱动。物料经进口落入料槽内，由位于料槽底部的刮板链拖送至出口。卸料后的刮板链由料槽上部返回尾轮箱。因料槽内的物料一般会埋没刮板链，故这种设备也称为埋刮板输送机。

（二）刮板输送机的基本操作

1. 设备的启动与进料

先开启通风设备，通过吸风管对输送机进行吸风；打开检查盖查看料槽内的积料情况，启动电机，待积料基本排空后再进料。

2. 设备运行中的操作

运行过程中，须经常检查料槽内物料的状态，防止输送流量过大造成电机过载。流量正常时，料槽中的物料层表面一般不得接触位于料槽上部的回空刮板链。若发现流量过大，应及时通知前方设备操作人员。

3. 设备的停车

应待机内物料基本排空后，方可停机，数分钟后可停止有关通风除尘设备的运行。

停车后应检查料槽内的积料情况，如链条上缠绕有绳带类杂质，应及时清理。

（三）刮板输送机的维护

在使用刮板输送机时，主要应防止进料流量过大，引起输送机过载；或较大型的杂质混入输送机，造成卡堵事故而发生断链故障。

刮板输送机一般不用作输送粉状物料。

【操作规程】

一、斗式提升机

（1）提升机安装机箱联接处应加密封垫，以防灰尘外溢。

（2）提升机初安装时，机头、机座、机箱的中心线，应力求在同一铅垂线上，安装好后应立即定位，以防止其产生移位。

（3）提升机新皮带在安装前必须进行预拉伸 24 小时。

（4）启动电机前，应确保提升机内无物料。

（5）提升机空车运转 1 ～ 3 分钟，确保无异常、无异声后，再进行投料；投料时，应由小到大，逐渐加至正常流量。

（6）提升机发现异常声音或气味时，应立即断料、停机，检查各部位查找原因并排除。

（7）提升机保养周期。提升机保养周期如表 1-22 所示。

表 1-22　提升机保养

部位	每班维护	每月	每 3 个月	每年
设备表面	清扫	—	—	—
电机	清扫表面及检查温度	—	检查接线端子	拆下清洗更换新油脂
减速电机	清扫表面及检查温度	—	加适量减速机油	拆开清洗所有部件更换新油脂
三角带	检查	调整张紧	—	—
滚筒轴承	检查	加油	—	拆下清洗更换新油脂
牵引带	—	—	检查并张紧	—
变速轴轴承	—	加油	—	拆下清洗更换新油脂
畚斗	—	检查磨损情况	检查是否需更换新畚斗	—

二、气垫输送机

（1）气垫输送机工作时，由于风机气压的作用，输送带呈悬浮状态运转，摩擦力减小，驱动装置带动皮带沿直线向前运动。

（2）气垫输送机试车前应检查皮带上及风机内是否有异物，如果有，及时清理干净。

（3）启动气垫输送机风机前检查气室的密封性是否良好。

（4）启动气垫输送机时先开风机使胶带浮起后，再开气垫输送机，停机时相反。

（5）气垫输送机开机后试转数分钟，方可开始均匀喂料、输送，加料不应猛加猛减。

（6）气垫输送机各部位油孔要注油，尾轮调节螺杆保持清洁，要经常检查。

（7）气垫输送机每班操作工要对托辊、滚筒进行检查，发现转动不灵活或不转的托辊应及时修理或更换。

（8）气垫输送机每月对输送带表面磨损和剥落情况及时修补，保持清洁。

（9）气垫输送机所有托辊和滚筒轴承每半年进行检修一次，风机电机和传动减速机、减速器每年拆下清洗、保养一次。

三、螺旋输送机

（1）绞龙壳组装时要求直线度和水平度误差每米长度不大于 1 mm，全长不超过 3 mm。横向不水平度允许误差为宽度的 1/500，机壳内壁与螺旋叶片间的间隔应相等，允许误差为 2 mm。

(2) 绞龙悬挂轴承应安装在联接轴的中点,需牢固的吊装于联接轴。

(3) 绞龙空载试车时,轴承温升不应超过 20 ℃,负载试车时,轴承温升不应超过 30 ℃,否则说明安装不当,有卡位或润滑不良情况,应排除后才能运行。

(4) 进入绞龙的物料,不得含有大块、结块物料或纤维性杂质。

(5) 开车前应先检查绞龙机槽内有无堵料,如有堵塞应先清除后启动。

(6) 利用停机间隙,清除黏附在绞龙螺旋叶片、料槽内壁或悬挂轴承上的粘着物。

(7) 如发现绞龙悬挂轴承的轴衬磨损应及时调整。每半月操作工检查一次磨损情况。

(8) 每班检查绞龙联接轴的螺栓、轴承与机壳的联接螺栓是否松动。

(9) 每半月操作工检查一次绞龙螺旋叶片的磨损情况,发现磨损严重应及时修补或更换。

(10) 输送机盖板上必须粘有密封垫,以防灰尘外溢,每月检查一次密封垫情况。

(11) 绞龙悬挂轴承每半个月检查一次,每 5 天加润滑油一次。

(12) 绞龙电机每班清扫表面及检查温度,每 3 个月检查接线端子,每年拆洗更换新油脂。

(13) 绞龙减速电机每班清扫表面及检查温度,每 3 个月加注适量的减速机油。

(14) 绞龙三角带每班观察运行情况,每月检查并调整张紧。

(15) 绞龙变速轴承每月加油,每年拆下清洗并更换润滑脂。

(16) 绞龙轴承每 3 个月加油,每年拆下清洗并更换润滑脂。

(17) 绞龙联轴器每 3 个月检查柱销磨损情况。

四、刮板输送机

1. 空载运转

完成输送机各部分安装工作后,即可进行空载运转试验。开车前应做如下工作。

(1) 所有轴承、传动部件和减速器内应有足够的润滑油;

(2) 检查和清除输送机机槽内部遗留的工具、铁件或其他杂物;

(3) 全面检查输送机各部分是否完好未损,刮板链条松紧度是否合适。

当上述各项工作做好后,先手动盘车,观察刮板链条是否与壳体卡碰和跑偏,当无问题后,可接通电源,点动开车,如运转正常,即可进行空载运转。空载运转时,在头节、尾节和中间节各主要部位,应设有专人观察刮板链条和驱动部分的运转情况。如发现问题应及时停车。当空载运转 2 h 后,运转情况良好,可进行负载运转试验。

2. 负载运转

空载运转正常后,即可加料进行负载试验。首先空载启动,待运转正常时,逐渐加料,力求加料均匀,不得骤然大量加料,以防堵塞或过载。加料口应设有篦子格网,以防大块物料或铁块混入机槽中。试运转时应做好原始记录,其中包括空载和负载运转时的电压、电流、功率、刮板链条运行速度等,并查对与设计要求是否吻合。

3. 操作

(1) 每次启动后,应先空载运转一定时间,待设备运转正常后方可加料,应保持加料均匀,不得大量突增或过载运行。

(2) 如无特殊情况,不得负载停车。一般应在停止加料后,待机槽内物料基本卸空时再停车。如满载运输时发生紧急停车后再启动,必须先点动操作或适量排除机槽内的物料。

(3) 若有数台输送机组合成一条流水线,启动时应先开动最后一台,然后逐台往前开动,停车顺序应与启动顺序相反;也可采取电器联锁控制。

(4) 操作人员应经常检查机器各部件,特别是刮板链条驱动装置应保证完好无损状态。一旦发现有残缺损伤的机件(如刮板严重变形或脱落、链条的开口销脱落、导轨严重磨损等),应及时修复或更换。

(5) 运行过程中应严防铁件、大块硬物、杂物等混入输送机内,以免损伤设备或造成其他事故。

4. 维修和保养

(1) 注意保持所有轴承和驱动部分良好润滑,埋刮板输送机各部位的润滑见表1-23,但应注意刮板链条、头轮、尾轮等部件不得涂抹润滑油。

(2) 埋刮板输送机在一般情况下,一季度小修一次,半年中修一次,两年大修一次。大修时埋刮板输送机的全部零件都应拆除清理,更换磨损零件。减速电机按其产品的技术要求进行维护和修理。

表 1-23 埋刮板输送机各部位的润滑

润滑部位名称	润滑材料	润滑周期	润滑方法
各传动轴承	耐水润滑脂	500 h	用注油器或涂抹
拉紧装置调节螺杆	耐水润滑脂	800 h	涂抹
齿轮减速器	10 号汽车机油	6月	倾注
电动机	耐水润滑脂	6月	涂抹

任务四 制粉工艺基本知识

【学习目标】

通过学习和训练,了解各制粉工序和工艺组成,熟悉制粉工艺的操作要求。

【技能要求】

制粉各工序效果评定的方法。

【相关知识】

一、研磨的任务和研磨效果

小麦经清理后为净麦,净麦即为不含各类杂质的具有一定水分要求的小麦。制粉就是将净麦加工成成品面粉,净麦和成品面粉之间的各类分级产品均为在制品。小麦及在制品的研磨是制粉工艺中最重要的环节，直接影响整个制粉流程的工艺效果。

(一) 研磨的任务和要求

研磨的任务是将麦粒剥开，从麸片上刮下胚乳，并将胚乳磨成具有一定细度的面粉。在逐道研磨筛分制粉工艺中，每道研磨设备应选择合理研磨力度，在破碎胚乳的同时，保持皮层的完整，以提取品质较好的面粉；同时与筛理设备配合，研磨作用的强弱还将控制各类制品的分类状态，影响后续设备的工作流量。因此，对每一道研磨设备的研磨效果都应有相应的要求。

(二) 研磨效果

在制粉工艺中，主要有研磨和筛理两部分组成，研磨一般分皮磨研磨、心磨研磨、渣磨研磨、尾磨研磨四个系统，分别采用齿辊和光辊两种类型。齿辊即为在磨辊表面有一定齿型的表面参数，称磨辊表面技术参数，分别为齿数、斜度、角度（前角和后角或锋角和钝角）；光辊是指磨辊表面不含齿型的磨辊，但要求光棍表面要有一定的粗糙度，并有一定的中凸度。粗糙度是增加研磨物料在研磨区域内的摩擦阻力，防止物料打滑；中凸度是调整磨辊在研磨过程中的热涨冷缩产生的表面变化。磨粉机的研磨效果是在制粉工艺中对各道磨粉机的研磨程度的评价，通常以剥刮率、取粉率或粒度曲线进行评定。

剥刮率是指物料经某道皮磨研磨后的破碎程度，由相对剥刮率和绝对剥刮率之分，在日常生产管理中，常采用相对剥刮率。

取粉率是指物料经某道研磨后，物料中含粉的程度，分为相对取粉率和绝对取粉率。常以相对取粉率衡量心磨的研磨效果。

二、筛理与清粉

(一) 筛理与筛理效果

筛理是在制品研磨后的分级工序，筛理一般由高方平筛完成，高方平筛内主要由筛格和筛面格组成，筛面格的种类是在制品分级的主要因素。

1. 筛面的种类

制粉过程中的筛理工作是由筛面格完成的，按照筛面的筛理任务不同，可分为粗筛、分级筛、细筛、粉筛四种类型。

2. 在制品的分类

在制粉过程中，凡含有胚乳而需要继续研磨的物料（中间产品），称为在制品。小麦经过磨粉机研磨后的混合物，粒度相差悬殊，依靠平筛的不同筛面，除筛出成品（面粉）外，还将混合物分成麸片、麸屑、麦渣、粗麦心、细麦心、粗粉等。

3. 筛理的目的

筛理的目的是从磨下物中筛出面粉，将在制品按粒度分级。在制粉过程中，各道筛理设备若不能将磨下物中的面粉及时提出，将使后续设备负荷增大、产量降低、动耗增加、研磨效率下降；若对磨下物中各类在制品不按设计要求进行分级，就可能使后续各系统流量分配不平衡。

4. 筛理效果的评定

在实际生产中,通常以筛理效果来评价筛理程度的好坏,采用筛上物中残留应筛下物的数量,即未筛净对筛理效果进行评定。

(二)清粉与清粉效果

清粉是制粉工艺中的关键工序,磨制高等级面粉时,清粉是至关重要的关键环节。清粉的目的是将在制品粒度相近、质量不同的混合物料(皮、渣、心),利用其悬浮速度上的差异,采取风选和筛选结合的原理,对物料按粒度和质量进行分级,通过清粉可分出纯净的麦心、麦渣、皮层和麸屑,分别进入前路心磨系统、渣磨系统、细皮磨系统和尾磨系统分别进行处理。

清粉是通过清粉机来完成的,清粉机是由机体、筛体、传动和吸风系统组成的,筛体可分为两仓、三层筛面或二层筛面,每仓的每层筛面分四段,筛面的宽度可分 46 mm、49 mm、50 mm、60 mm 和 75 mm 几种规格。

清粉机的筛理是由不同筛号的筛面格来完成的。筛格筛号的配置是由工艺要求确定的,原则上每仓各层由进料端向出料端筛号逐步放稀,每段不同层次由上向下筛号逐步加密。

清粉机有多个出料口,从进料口端的筛下物出口开始至上层筛面的筛上物出料端出口止,排出的物料其胚乳的纯度依次降低,而物料的灰分依次增加。

清粉机的清粉效果评定,一般采用筛下物出口物料与进口物料的灰分降低率和筛下物的筛出率来评定,灰分降低率和筛出率越高,说明清粉效果就越好。

三、制粉工艺与设备

(一)小麦清理工艺与设备

小麦从收获到入库,不可避免地会混入不同种类的有机和无机杂质。利用小麦与杂质的外形尺寸、物理结构特性的差异,有效地将其分离,起到清理的效果,即为小麦清理。小麦清理工艺就是按照原料性质要求,利用不同的清理设备,按照一定的工艺顺序,合理的将设备组合起来,形成科学、完善的工艺路线。小麦清理工艺一般可分为小麦预清理、毛麦清理、光麦清理三个工段,如图 1-8 所示。

1. 小麦预清理(原粮接收—毛麦仓)

小麦预清理也叫初清,就是将接收后入仓的小麦,利用相应的清理设备,将其中的大杂、轻杂分离出去,然后存入储存仓中。常用的设备有圆筒初清筛和振动筛。

2. 毛麦清理工艺(毛麦仓—润麦仓)

毛麦清理是将预清理入仓的小麦,通过筛选、风选、分级去石、表面清理、精选和磁选等工序,除去小麦中的大、中、小和轻重杂质,并经过水分调节,改变小麦的结构力学特性,以达到除杂调质的目的。

3. 光麦清理(润麦仓—入磨)

光麦清理又称净麦清理,是将加水润麦后的小麦通过相应的清理设备,最大限度的

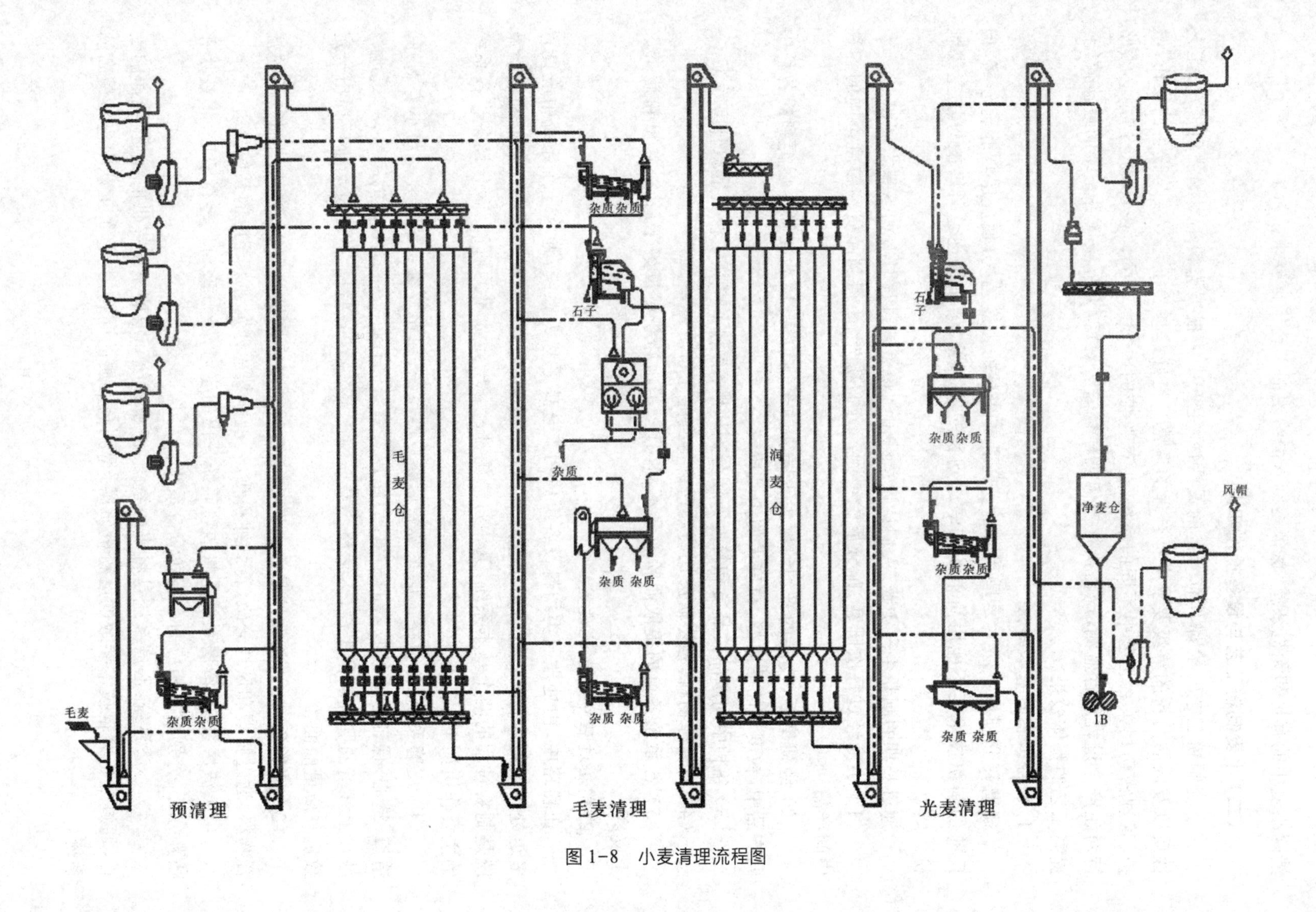
毛麦
杂质杂质
预清理
毛麦仓
杂质杂质
石子
杂质
杂质 杂质
杂质 杂质
毛麦清理
润麦仓
石子
杂质杂质
杂质杂质
杂质 杂质
光麦清理
净麦仓
风帽
1B

图 1-8 小麦清理流程图

清除小麦中的有机和无机杂质，保证达到入磨净麦的工艺指标要求。

（二）小麦制粉工艺与设备操作知识

小麦制粉工艺一般都具有一定的灵活性，生产中应根据原粮小麦的品质情况、工艺性质以及成品面粉的等级要求进行合理的调整。良好的制粉工艺效果与设备的操作、维护、管理密切相关。工艺中不同的系统，生产监控的内容也不同。在日常生产中必须坚持对生产全过程进行监测，严格执行操作规程有关的规定，充分发挥各系统的最佳效能，提高工艺的整体效果。

1. 制粉工艺的基本知识

研磨筛分制粉方法主要是利用小麦胚乳与皮层的强度差别，使皮层与胚乳分离，但目前的制粉技术还不能用简单的方法达到目的，须采取分系统逐道研磨的方法完成制粉。

通过长期的制粉生产实践，人们认识总结出制粉工艺过程具有如下基本规律：

（1）小麦经过每次研磨、筛分后除得到部分面粉外，还得到品质和粒度不同的各种中间产品。

（2）经研磨后，皮层的平均粒度大于胚乳的平均粒度，因此在筛分后得到的各种中间产品中，粒度小的品质好，粒度大的则品质较差。

（3）各种中间产品按品质和粒度不同分别研磨，有利于提高面粉质量和研磨效果。

（4）同一种物料，强烈研磨比缓和研磨得到的面粉质量差。

（5）各系统各道的提取面粉质量不同，且一般前路粉质量好于后路，心磨粉质量好于皮磨。

2. 制粉过程中的系统设置

在粉路中，由处理同类物料设备组成的工艺体系称为系统，通常一个系统中应设置多道处理设备。制粉过程一般设置皮磨、心磨、渣磨、尾磨和清粉等系统。皮磨和心磨系统是制粉过程的两个基本系统，其中每一道都配备一定数量的研磨、筛分设备。各系统的主要作用如下。

（1）皮磨系统：分前路皮磨系统和后路皮磨系统，前路皮磨系统主要是将小麦剥开，造渣、造心，保证各系统物料的平衡；后路皮磨系统的任务是保证麸片的完整，有效地将麸片上残留的胚乳剥刮干净，为后路心磨提供一定数量的物料。各道皮磨都应提出一定数量与质量的面粉。

（2）清粉系统：清粉系统是将前路皮磨和后路皮磨提供的麦心、麦渣和细麸屑的混合物料，通过筛理和风选分级，得到纯粉粒、麦渣和麸片分别进入相应的系统处理。

（3）渣磨系统：渣磨系统是将清粉系统分出的麦渣，通过磨粉机轻微研磨，将麸片和胚乳分开，分别进入相应的心磨和清粉系统。

（4）心磨系统：心磨系统是将皮磨系统、清粉系统和渣磨系统提供的优质、纯净的麦心，通过配备磨辊技术参数的磨粉机研磨，得到高品质的面粉，是整个工艺中出粉最高的系统。

（5）尾磨系统：尾磨系统是将心磨系统分出的细麸屑和连带胚乳的细渣，通过磨粉机研磨，分离出小麸片中的麦心，并保证小麸片完整。

3. 小麦制粉工艺和设备的操作要求

（1）工艺效果的要求。对每批原粮或原粮有波动时，应对小麦的品种、工艺性质、水分、含杂及净麦质量，进行定时检测并作好记录，定期对各清理设备的工艺效果及主要工作参数进行测试，检测数据必须整理存档，作为设备维修和调试的依据。

净麦的纯度若不符合要求，应对含杂进行测定分析，找出残留杂质的种类及形态特征，以便有针对性地检查、调整相关清理设备。

（2）工艺过程的要求。① 日常生产中基本操作的内容应根据设备的操作要求，结合原粮情况，对每台设备进行经常性观察、维护及调整，保持良好的运行状态和工艺效果。

② 各工序间流量的相对稳定和平衡是提高产量、节能降耗的先决条件，也是保持设备良好运行的基本条件。

各工序间流量的平衡是相对的，必要时可在各工序之间或设备上方设置一定容量的料仓或料斗，使其在一定时间内保持流量稳定。

项目二

原　料

原料小麦在入磨以前需经过各工序进行清理，将小麦中的各种杂质分离出去，同时进行调质处理，使之符合入磨净麦的质量要求，为提高高质量面粉的出率打下良好的基础。

任务一　原料接收

【学习目标】

通过学习和训练，了解小麦制粉的常用原料类型，了解常用原料接收、初清设备的基本结构与工作过程、原料的接收过程，熟悉常见原料小麦的识别方法，会启动与停止常用初清设备，并能进行操作，进行日常的维护与调整。

【技能要求】

（1）能识别原粮类型，感官判断原粮指标。

（2）能开、停原料接收和初清设备。

（3）能按质量分类存放原料。

（4）能操作和维护初清设备。

【相关知识】

一、原料的类型与识别

（一）常见原料小麦的形态

小麦籽粒的形态见图 2-1（a）。小麦主要由皮层、胚乳与麦胚三部分组成，制粉的主要目的是将三者分离，并将胚乳磨细成为产品面粉。小麦表面存在麦沟，较易黏附杂质。

（二）原料小麦的基本识别方法

1. 红麦与白麦的区别

可按小麦的皮色将其区分为红麦与白麦，如图 2-1（b）所示，其中红麦的皮色为红褐色，皮色并非纯红色；白麦的皮色大多为黄白色，有个别品种为白色。一般情况下，直接观察比较麦粒的皮色就可区别白麦与红麦。

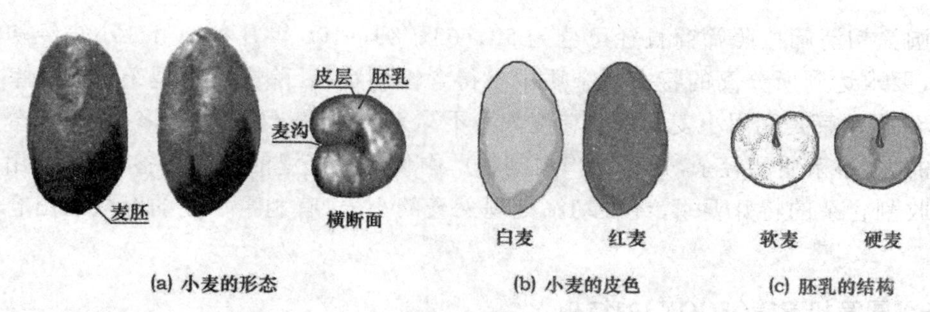

图 2-1 小麦的形态

由于在面粉生产过程中，不可避免有少量的麦皮混入面粉中，因此，在同样的生产条件下，采用白麦加工的产品粉色较好。

2. 软麦与硬麦的区别

根据小麦胚乳的结构，可将小麦分为软麦与硬麦，其断面的情况如图 2-1（c）所示，其中软麦的胚乳呈粉质，硬麦的胚乳呈角质。从外观上看，软麦的皮下泛白色；硬麦呈半透明状。一般情况下，将小麦粒横向切开，比较其断面的情况可区别硬麦与软麦，较熟练时可直接通过观察比较麦粒的外表来进行区别。

硬麦的蛋白质含量一般比软麦高，其胚乳的品质也有较大的区别，因此可分别用来生产不同品质的面粉，以适应不同食品制作的需要。

（三）原料小麦品质的常用感官检查方法

饱满、粒大的小麦容重数值一般较大，放在手上感觉较有份量；反之原料中不完善粒较多时，其容重值一般较低。

原料水分过高时，小麦易结团、表面发黏。原料水分较低时，流动性好，物料表面也较干燥。

为有针对性地对原料中的杂质进行清除，对原料中所含杂质的预先检查也很重要。一般情况下，手捧原料观察，若可见到若干杂质，原料的含杂量可能较高；若手掌中粘有一层泥沙，则原料中的小杂含量较高。含轻小杂较多的原料，进料时灰尘较大。

还可以使用检验用的选筛筛出原料中的小杂，进行较细致地检查，了解小杂的大致数量与成分。常用的选筛如图 2-2 所示，一般用来选小杂的选筛采用 $\Phi 2.5$ mm 的筛孔。当筛出的小杂中颗粒状的泥沙较多时，应加强原料清理工序中筛选设备除小杂的作用；若小杂中以轻杂为主，则应注意对风选设备的操作。

图 2-2 选筛

二、原料初清设备

原粮接收的筛理设备也称初清筛理设备，常用的有圆筒初清筛、振动筛。圆筒初清筛是一种用途很广的预清理筛选设备，它可以有效地分离各种大杂质，例如草杆、石块、砖块、绳子、木片等，以便物料顺利通过其他设备并进行运送，防止大杂对设备造成故障损坏。圆筛初清筛按照筛筒直径可分为50、63、80、100等几种型号。小麦经初清筛清理后，要求达到所分离的特大型杂质中不得含饱满粮粒，除去特大型杂质的效率要达到100%；振动筛是利用小麦和杂质粒度大小不同来清理的一种筛选设备，它可以分离出小麦中的大、小杂质和轻杂，是目前国内制粉厂中使用最广泛的筛选设备，特别适用于目前机械收割含杂的特殊要求，经振动筛处理入仓的小麦，有利于小麦的存放和出仓小麦的搭配。

（一）圆筒初清筛（TCQY）的结构

圆筒初清筛的基本结构见图2-3。

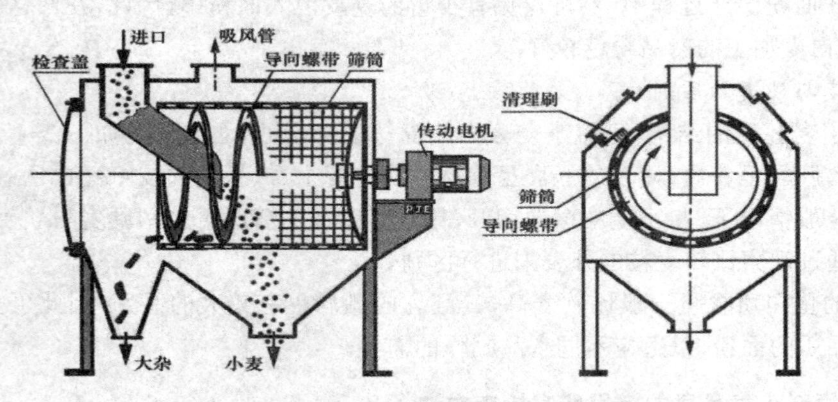

图2-3　圆筒初清筛的基本结构

圆筒初清筛的主要工作部件为筛筒，筛孔较大，孔边长一般为20 mm左右。工作时筛筒由减速电机传动慢速转动；原料由进口落入筛筒，即穿过筛孔经出口排出；原料中的大杂质留在筛筒内，在随筛筒一起转动的导向螺带的引导下，落入杂质出口排出。

（二）圆筒初清筛的基本操作

1. 设备的启动与进料

先开启有关的通风设备，通过吸风管对初清筛进行吸风；启动电机，检查设备空转正常后再进料。

2. 设备运行中的操作

注意原料的接收流量不得超过初清筛的额定处理量。应防止设备的出口发生堵塞，一旦机内堵料，将卡住筛筒导致电机损坏。

3. 设备的停车

先断料，设备排空后停机数分钟才可停止通风除尘设备的运行。

（三）圆筒初清筛的维护

为防止绳带类杂质、块状大杂堵塞筛孔，应定期对筛面进行检查与清理。

定期检查筛筒清理刷的状态，因磨损可能导致刷毛不能接触筛面，应及时对清理刷的工作位置进行调整，使筛筒运转时清理刷能保持清刷筛面，可刷下随筛筒转上来的杂质。必要时应更换清理刷。

导向螺带表面若较粗糙，将很易缠挂绳带类杂质，必要时可将较粗糙的地方打磨光滑。

（四）初清筛选设备的维护

振动筛与平面回转振动筛也可用于初清，用于初清时维护的重点是除大杂筛面。若工作过程中处理流量较大，除大杂筛面上的小麦覆盖面积已明显大于筛面的一半时，应改用筛孔较大的筛面。若筛面上的物料流动状态不佳，应考虑调大筛体的振幅或增大筛体的振动频率。

原料中若含绳带类杂质较多，不宜采用平面回转筛来进行初清。对已在使用的此类设备，须经常检查除大杂筛面的情况，及时清理缠挂在筛面上的绳带杂质，以免其在筛面上结团而堵塞设备。

三、原料接收贮存的方法

原粮接收贮存的基本方法见图 2-4。

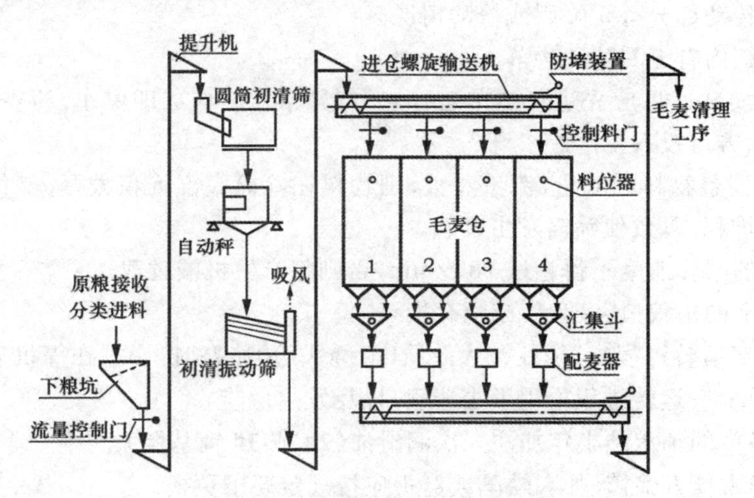

图 2-4 原料的接收与贮存

原料经具有拦杂栅的下粮坑进入提升机，由初清筛除大杂，自动秤进行计量，有条件的工厂一般还设置一道振动筛进一步初清，或先将初清计量后的原料送入较大型的原料仓贮存，再根据需要选择原料送入毛麦仓。

初清、计量后的原料，经提升机、螺旋输送机送至毛麦仓。设置毛麦仓的重要原因就是贮存当前的生产原料，为了便于原料的搭配，一般须设置多个毛麦仓。

麦仓中分类存放制粉车间近期生产所用的原料。由于要求各类原料须按指定的比例进行搭配生产，因此，不同类型的原料必须分类送入不同的毛麦仓中，并根据原料比例的大小安排所占用的仓数，如 1、2、3 号仓存放大比例原料，4 号仓存放小比例原料。一般情况下进仓的输送路线只有一条，为便于管理，每次只进一个仓，进完要求的物料量后再换仓。

通常在毛麦仓的上部仓壁与下方汇集斗上安装有料位器，有物料接触料位器时，料位器即向控制室发出对应信号。通过仓中的料位器可清楚地了解生产过程中各毛麦仓是满仓还是空仓。

在毛麦仓的进料过程中，各仓的进料情况也可通过仓中的料位器来大致了解，也可以通过自动秤的累计数值来确定。在原料的进仓过程中，改变指定原料所进麦仓的操作称为换仓，一般采用毛麦仓上的控制料门来进行换仓操作。控制料门有手动、气动与电动等类型，气动与电动控制门一般在车间的控制室中进行控制。

毛麦仓前各类设备的工作流量均由下料斗下方的流量控制门控制。在操作控制门时，须兼顾各类设备的处理流量。

【操作规程】

圆筒初清筛的操作规程如下。

（1）本机安装在水泥基础或楼板上，筛体的前端应留下足够的空间保证筛筒的拆装，安装时以机架顶面为基准，校正后固定好地脚螺栓。

（2）安装电器，应符合设备电机要求。

（3）检查传动部分有无障碍或松动情况。

（4）检查筛内有无其他杂物落入。

（5）设备安装好后应先进行空车运行，如有异常情况应立即停车，检查故障发生原因，一切正常后方可投入生产。

（6）正确调整物料的流量，流量过大，则物料在筛筒底部堆积太厚，筛体过重，可能导致进一步的堆积，以致使筛筒发生过载。

（7）筛体的回转速度不得超过 18 r/min，否则将产生机械过载。

（8）筛体上的出粮口、大杂口应配有接斗。

（9）设备在运转过程中，筛孔被大杂质（麻绳头等）堵塞时，必须在停机后，用铁钩将其清理，千万不要在运转过程中用手去清理，以免发生危险。

（10）设备中的轴承须半年加注一次润滑油（2# 或 3# 锂基脂）。

（11）要经常检查筛筒，如有缺陷或磨损应按规定要求更换。

（12）检查各螺栓是否有松动，若有松动请拧紧。

任务二　原料筛选

【学习目标】

通过学习和训练，了解筛选与风选设备的结构与工作过程，熟悉筛选设备的基本操作方法，会启动与停止常用清理筛选设备，并能对进料状态和工艺进行调节，进行日常的维护与调整以及故障排除。

【技能要求】

（1）能清理筛选设备的筛面，正确调节进料状态。

（2）能判断筛选质量，调整设备筛体工作参数。

（3）能排除筛选及配套风选设备的故障。

（4）能正确操作配套的风选设备。

【相关知识】

一、筛选设备的结构

(一)振动筛

振动筛是利用小麦和杂质粒度大小不同来清理的一种筛选设备,它可以分离出小麦中的大、小和轻杂质,是目前国内制粉厂中使用最广泛的筛选设备之一,振动筛借助小麦和杂质在粒度、重度、表面粗糙度等物理性质上的差异,利用表面配有合适形状的筛孔且做往复运动的筛面,使物料在筛面上向下滑动并分层,使比小麦大的杂质留在第一层筛面上,比小麦小的杂质穿过第二层筛面的筛孔,达到小麦与杂质分离的目的。振动筛配备垂直吸风道或循环风选器时还可较好地清除小麦中的轻杂。一般用于小麦初清和毛麦清理的第一道筛选。

振动筛外形与基本结构如图 2-5 所示。

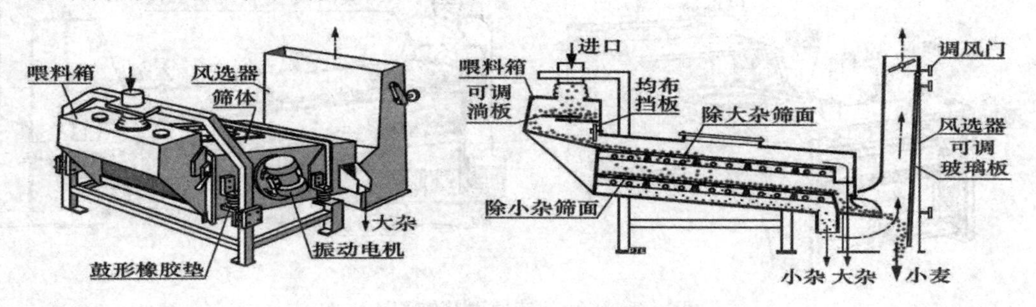

图 2-5 振动筛的基本结构

筛体内安装有两层倾斜的清理筛面,上层筛面为除大杂筛面,一般采用 $\Phi7$～8 mm 筛孔,下层筛面为除小杂筛面,一般采用 $\Phi2$～2.5 mm 筛孔、正三角 3.0～3.2 mm 和金属编制网 2.2 mm × 2.2 mm。振动筛通常垂直吸风道配合使用。振动筛的筛体采用四个鼓形空心橡胶垫(也称为橡胶弹簧)支撑,在分别安装在筛体两侧的两台振动电机的驱动下,产生一定频率的振动,使物料在筛体内能保持良好的流动性,在筛面上可形成较好的自动分级。

原料由进口先进入随筛体一起振动的喂料箱,在淌板的缓冲作用与挡板的均料作用下,均匀地进入上层筛面,其筛上物为大杂,流入大杂出口排出,筛下物为小麦,进入除小杂筛面;经过下层筛面时,小杂质是筛下物,经小杂出口排出,小麦沿下层筛面进入风选器。

小麦由振动的筛面均匀地喂入风选器后,由下至上的气流穿透物料层,将物料中的轻杂质带起,经风选器的垂直风道带走,轻杂由风网中专门的除尘器收集。

振动筛按筛面宽度可分为 60 mm、80 mm、100 mm、125 mm、150 mm、180 mm 等几种规格。

小麦经振动筛清理后,要求达到除大型杂质效率要求达到 100%;除小杂质若用在头道筛选,要求效率大于 65%,若用在二道筛选,要求效率大于 50%;除轻杂效率要大于 70%;所分离出来的大、小、轻杂中不得含饱满粮粒。

（二）平面回转振动筛

平面回转筛是利用小麦和杂质粒度大小不同来清理小麦的一种筛选设备，它可以清理小麦中的大杂和小杂。平面回转筛借助小麦和杂质在粒度、比重和表面粗糙度等方面的差异，利用配有合适筛孔且做平面圆运动的筛面，使物料在筛面上形成相对运动，并充分运动分层，需要穿孔的物料穿孔，从而达到分离的目的。平面回转筛一般采用二层筛面清理，具有产量高，清理中小杂效果好的特点，可与垂直吸风道配套使用，这样构成二次吸风，除尘效果更佳，所以该机应用于小麦制粉厂的第二道及以后的筛选。

平面回转筛按筛面宽度可分为 40、63、80、100、125、150 和 180 等几种型号。

小麦经平面回转筛清理后，要求达到除大杂效率大于 50%；除小杂效率要大于 60%；除轻杂效率要大于 60%；大、小、轻杂中含饱满粮粒百分率要小于 1%。

平面回转振动筛外形及基本结构见图 2-6 所示。

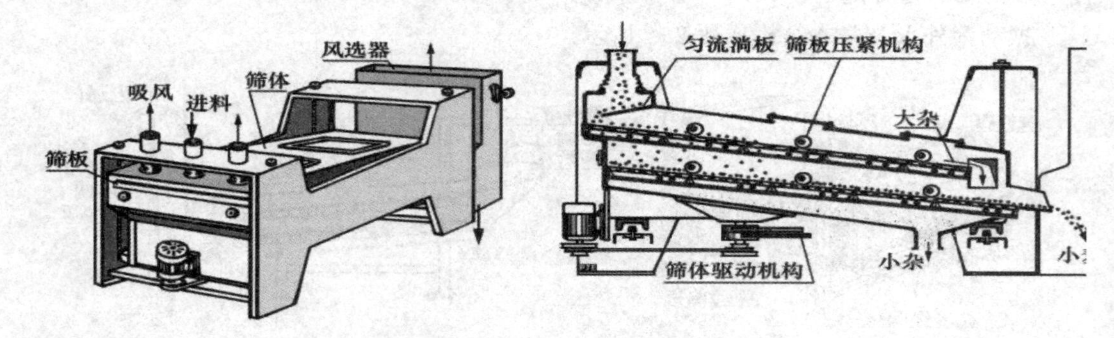

图 2-6　平面回转振动筛的基本结构

筛体采用四根钢丝绳吊挂在机架上，由底部的驱动机构驱动，筛体主要做平面回转运动。由于物料在筛面上的运动轨迹较长且不断地改变运动方向，物料在筛面上的自动分级较好，物料接触筛孔的机会较多，清除小杂的效果较好。由于运动形式的影响，筛上物料中若有绳带类杂质，可能会在筛面上缠绕成团，易引起设备堵塞。

（三）平面旋振筛

旋振筛可清除原料中粒度不同于小麦的大杂质与小杂质，其基本结构见图 2-7 所示。

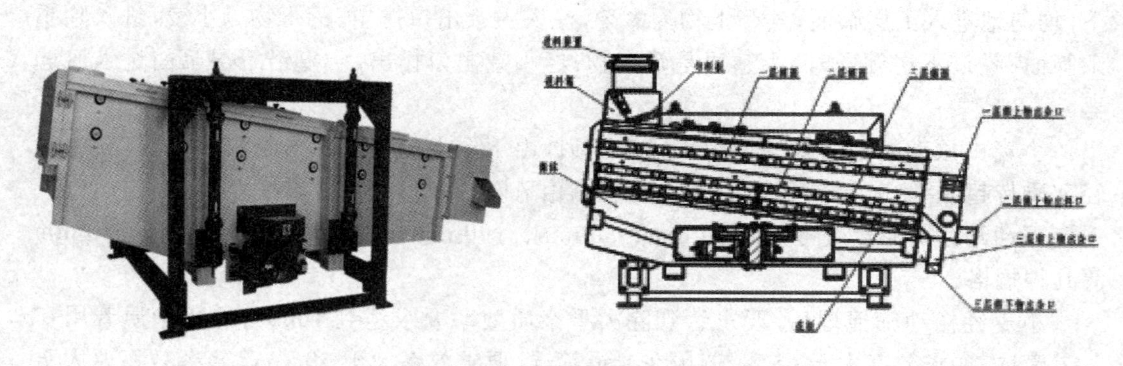

图 2-7　平面旋振筛的基本结构

旋振筛主要由机架、筛体、出料箱、偏心驱动装置、电动机和万向节悬挂吊杆几部分组成。

处在该机器筛体中心的偏心驱动装置可使整个筛体做纯平面回转运动，从而保证整个筛面获得相同的筛分效果。由于此机器偏心传动无齿轮箱，所以减少了润滑和故障点，此机器振动频率设置为 300 r/min，通常的回转筛振动频率设置为 150 ～ 180 r/min。高频率的旋转振动使得筛分效率、筛分质量、产量得到大幅度提高。

（四）组合筛

组合筛包括预清理（风选）和筛选两部分，外形图和原理图见图 2-8 所示，型号见表 2-1 所示。

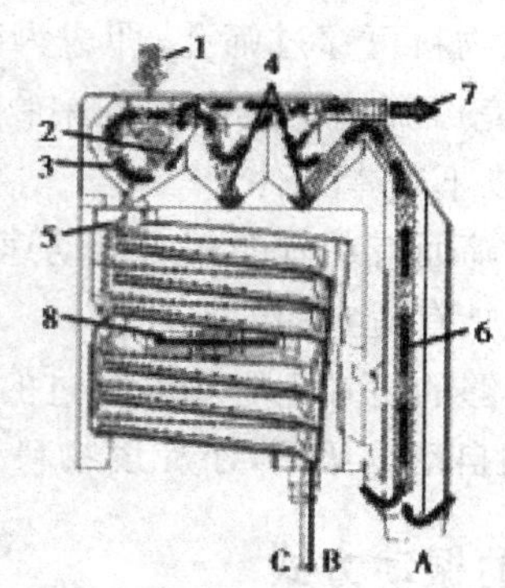

1. 喂料；2. 进料调节闸板；3. 进料口吸风；4. 卸料绞龙；5. 物料进筛面分配器；6. 垂直吸风道；7. 主吸风口连接；8. 筛箱体驱动装置；A 主物料（1 级颗粒）；B 小杂（2 级颗粒）；C 大杂

图 2-8　组合筛的基本结构

待清理物料通过进料口进入料槽。带有配重块的料槽把物料均匀分布到设备的整个宽度上，可确保即使是湿粮也可无故障进料。物料被上升气流吹散，糠屑和轻杂被气流带走。在此处轻杂被风选，并通过卸料口排出机器。风选预清理过后的物料直接进入初筛分物料分配器。被风选的物料直接进入主筛进一步筛理。

二、筛选的基本原理

物料在筛面上的工作状态如图 2-9。常用筛选设备的筛面倾角一般都为 8° ～ 10°，筛面静止时物料不流动，要使物料得到筛选并产生流动，筛面须按一定的要求产生振动。

图 2-9（a）为振动筛，筛面做纵向的直线往复运动，当筛面的振动达到要求时，可使物料在筛面上产生往复式下滑的运动，这时物料在筛面的运动轨迹的长度将超过筛面的长度，能通过较多的筛孔，得到较多的筛选机会。

图 2-9（b）为平面回转筛，筛面做水平面回转运动，当筛体的振动达到要求时，可使物料在筛面上产生近似螺旋线的下滑运动，运动轨迹更长，也能获得较好的筛选效果。

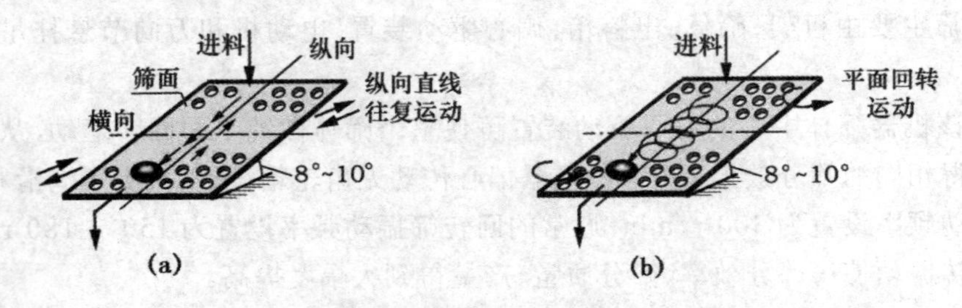

图 2-9　筛选的工作状态

均匀分布一定形状、尺寸筛孔的工作面称为筛面，是筛选设备的主要工作部件。多数设备的筛面为平面，少数设备的筛面为圆筒形，亦称为筛筒。当原料流过筛面时，相对筛孔粒度较小的物料可穿过筛孔，即成为筛下物；相对粒度较大的物料沿筛面流下，即成为筛上物，由此完成筛选。生产过程中物料是以一定的流量通过筛面的，要实现筛选的目的，就须具备以下基本条件。

（1）物料与筛面有适宜的相对运动速度。

（2）筛面上具有适宜的料层厚度。

（3）具备足够的适宜指定物料穿过的筛孔。

形成良好的自动分级后，小粒度物料下沉，充分接触筛面，有利于提高筛选效率。

三、筛体的振动方式

（一）振动筛的振动方式

振动筛的振动方式如图 2-10（a）所示。筛体由四个鼓形空心橡胶垫支撑（也称为橡胶弹簧）。停车时推动一下筛体可以产生振动，这种振动称为自由振动。设备启动后，安装在筛体两侧的两台振动电机相向转动，共同驱动筛体产生直线往复振动，这种振动称为受迫振动，受迫振动的运动状态较稳定。

在振动状态下，可观察到振动筛体上任意点的运动轨迹为一条直线状的虚影，由直尺测量筛体上指定点虚影的直线长度，其值的二分之一即为筛体的振幅。如量得筛体上某选定点运动的虚影长度为 12 mm，筛体的振幅就为 6 mm。

筛体的振幅大小与筛体的振动频率是决定筛上物料运动状态的两个关键因素，振幅

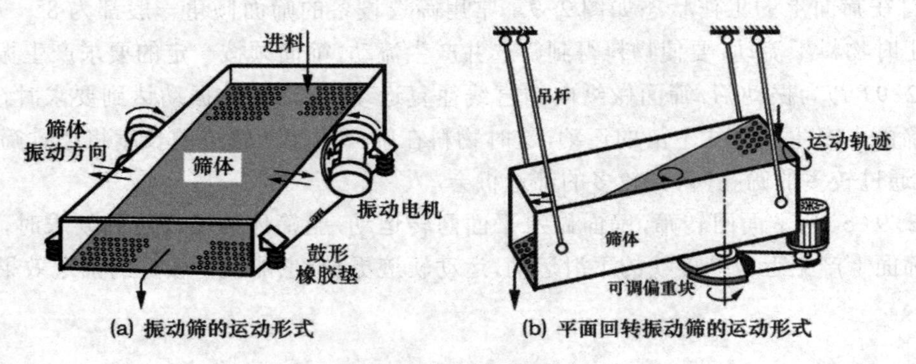

图 2-10　常见筛选设备的振动方式

越大或振动频率越高，筛上物料的运动越剧烈。振动筛的振动频率与振动电机的转速同步，因此要调节筛上物料的运动状态，主要由改变筛体的振幅来实现。调节振动电机的偏重块可改变振动筛体的振幅。

（二）平面回转振动筛的振动方式

平面回转振动筛的振动方式如图 2-10（b）所示。筛体采用四根钢丝绳吊挂，能产生良好的自由振动。工作时，在安装在筛底的可调偏重块的驱动下，在水平面上产生回转振动，也是受迫振动。平面回转筛传动电机的电源被切断后，筛体须较长时间才能静止下来，这个过程中，筛体可能出现共振现象，产生较大的振幅，因此平面回转筛的筛体下方，通常都装置有限振装置，以保护设备。

振幅的大小也可直接量得，如某选定点运动形成的虚影为圆，其直径为 16 mm，筛面此处的振幅就为 8 mm。偏重轮靠进料端安装，因此筛体的进料端的运动轨迹为椭圆、中段为圆、出料端近似直线往复运动；筛面纵向的振幅均相同，而横向的振幅是进料端大、出料端小。

调节偏重块可在一定范围内调节筛体的振幅；调节传动带的工作位置可改变筛体的振动频率。

四、筛体振幅的调节

（一）振动筛的振幅调节

1. 振动电机的基本结构

常用振动电机的外形与偏重块的装置形式如图 2-11（a）所示。振动电机一般在轴的两端装置两对偏重块，偏重块由紧固螺栓固定在电机轴端，旋松螺栓后可进行偏重块的调节。

两块偏重块重叠得越多，相应筛体的振幅就越大，如图 2-11（c）所示。

2. 振动电机的调节方法与要点

为使筛体的运动轨迹对称正常，对振动电机的调节必须符合要求，在维护振动电机

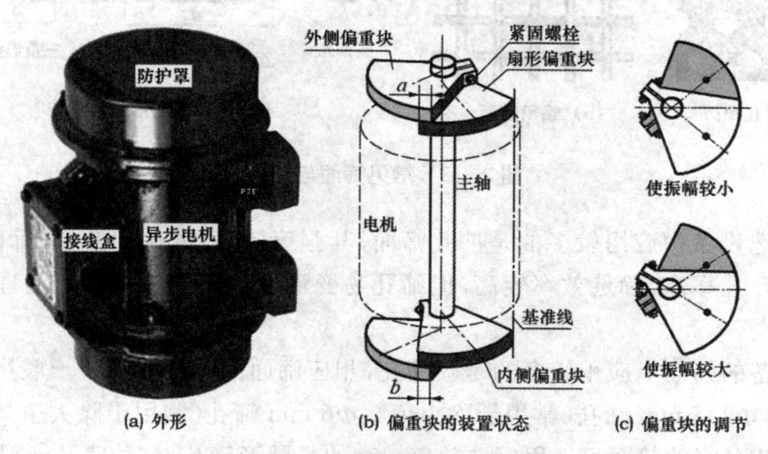

图 2-11 振动电机的结构与调节

或调节偏重块后，必须对两端的偏重块进行校正，要求如图 2-11（b）所示。两端偏重块重叠的长度 a 与 b 必须相等，同一侧偏重块上的基准线必须与电机的轴线平行。通常调节时，作为基准的内侧两偏重块不要松动，只放松调节外侧两偏重块，这样就只要保证两对偏重块的重叠长度 $a = b$ 即可。有的振动电机的内侧偏重块与电机轴之间采用键联接，这样更有利于提升调节的准确性。

振动筛两侧的两台振动电机的偏重块重叠长度应相等，两电机的主轴线必须平行。

一般情况下，同一台筛选设备的两台振动电机的型号应完全一样，同厂制造，工作时转向相反。

（二）平面回转振动筛的振幅与振动频率的调节

平面回转振动筛的振动机构如图 2-12 所示。

因为只有一对偏重块，不考虑对称的问题，调节的难度较小。调节的基本方法与作用类似振动筛，两偏重块重叠得越多，筛体的振幅越大。

由于电机与偏重轮之间的传动采用塔形轮，改变V形带的位置，即可分三档选择筛体的振动频率。

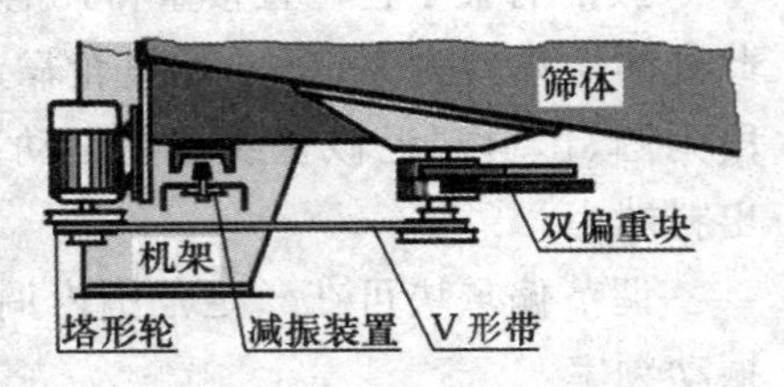

图 2-12　平转筛的振动机构

（三）平面旋振筛的振幅与振动频率的调节

平面旋振筛的振幅调节方法与平面回转振动筛相同，回转振动频率为 300 r/min。

五、筛选设备筛面的选择

（一）常用筛面与筛孔

筛选设备常用的筛面与筛孔见图 2-13 所示。

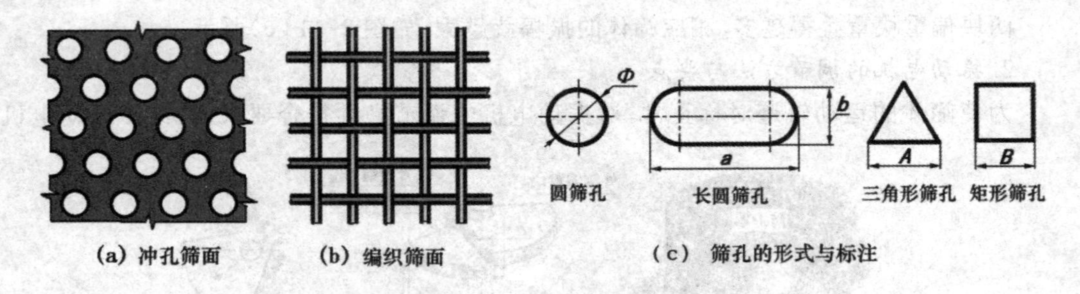

图 2-13　常见筛面与筛孔

目前筛选设备中应用较多的是冲孔筛面，其强度较高，耐用性较好，筛面较易装置。编织筛面的开孔率高，筛选效率较高，但筛孔易变形、较难安装，目前在清理用筛选设备中应用较少。

筛选设备的筛面上应用较多的是圆筛孔，相应筛面的强度较高。一般用其直径大小进行标注，如 Φ2. 5 mm 筛孔（常用于除小杂）、Φ6 mm 筛孔（常用于除大杂）等。

除大杂或分级的筛面可选用筛选效率较高的长圆形筛孔，这种筛孔一般用其宽度 ×

长度来进行标注，如重力分级去石机使用的分级筛面可选用 6 mm × 20 mm 长圆筛孔。使用这种筛孔，物料易穿过筛孔，但分选精度不高。

除小杂筛面还可以选用三角形孔，其一般用边长进行标注。采用这种筛孔易筛下一些不规则的小杂，但使用这种筛孔的筛面强度不高，筛孔的尖角处易开裂。

一般来说，根据小麦与杂质在宽度方面的的不同，可选择圆形筛孔，根据小麦与杂质在厚度方面的不同，可选择长方形筛孔。

圆筒初清筛采用矩形筛孔，边长一般为 20 mm 左右。

(二) 筛孔的选择

筛孔的大小主要是根据指定的筛下物粒度大小来确定，同时参考物料的流量大小与筛选的要求来进行调整。

用于清理流程中除大杂的筛孔一般为 Φ6 mm，若工作过程筛上物料覆盖筛面长度的 1/2 以上，应酌情更换较大筛孔的筛面，用于清理毛麦时可放大至 Φ8 mm。

工作过程中须根据原料情况进行调整的一般为除小杂筛孔。当原料中小杂的含量较高或小麦的粒度较大时，可更换较大筛孔的除小杂筛面，如将 Φ2. 2 mm 换为 Φ2. 5 mm。除小杂筛孔一般情况下不宜 ≥ Φ3 mm，否则下脚中小粒小麦将过多。

为可靠起见，在更换筛面之前，应采用拟用筛孔的检验筛面，在筛面上放置约 20 mm 厚的相关原料，采用与对应筛选设备类似的运动形式进行模拟筛选试验，筛理20秒左右，观察试验结果，以确定合适的筛孔。

六、筛选设备的基本操作

(一) 设备的启动与进料

先启动风选器的相关风机，再启动振动机构的电机，观察筛体运动正常后，方可进料。

若是刚停机的设备，一般须等筛体完全静止后才能重新启动，特别是平面回转振动筛，不得在筛体还在摆动时重新启动设备，这样可能使筛体产生较大振幅而导致设备被撞坏。

(二) 设备的基本操作

1. 筛选效果的检查

在运行过程中，小麦应在除大杂筛面的前半段全部穿过筛面，落入除小杂筛面上。

接取进机物料与出机物料进行比较，物料中的杂质特别是小杂质应明显减少；工作过程中，设备的小杂出口应当有小杂质连续排出。在工作过程中若无小杂排出，应及时向生产管理部门反映。

2. 进料状态的检查与调整

正常状态时，筛面上的物料沿横向应该是均匀分布的，若分布不匀、筛面两侧的物料厚度不对称，就称为走单边。物料走单边对筛选效果有影响。

振动筛出现走单边的现象时，一般是喂料机的挡板未调节好，应在设备停机时，放下喂料箱，对淌板与挡板分别进行调整。

3. 筛面的清理

除小杂的筛孔较易被杂质堵塞，若发现除小杂的效果明显变差时，一般是较多筛孔被堵塞。通常应在停机时对筛面进行清理。

对于振动筛，放下喂料箱或打开筛面压紧装置后可抽出筛面，采用钢丝刷可将堵塞筛孔的杂质刷去。对于平面回转振动筛，应旋松筛面两侧的压紧装置后，抽出筛面进行清理。

除大杂筛面的筛孔若被杂物堵塞，物料将难以穿过筛面，容易导致小麦流过筛面进入大杂出口；进入除小杂筛面的物料位置下移，也会影响到除小杂的效果。透过筛体上方的观察窗可看到上层筛面的工作状态，如有需要，可打开观察窗，采用金属刷清刷筛面；若堵塞较厉害，也可放下喂料箱抽出筛面进行清理。

清理筛面时不得采用重物直接敲击，若使筛面变形将对筛选效果、物料的流动造成明显的影响。

4. 配套风选器的基本操作方法

风选器的操作主要是根据风选的效果调节风门。风选的大致状态可透过玻板进行观察，开大风门，将使风选器中的上升气流速度加大，一般可使较轻的杂质脱离料层升起来，由风选器吸风口进入风网，但在风网的除尘器收集的下脚（杂质）中，不应有完整的麦粒。

（三）筛面倾角的调节

筛面的倾角调节是由改变筛体的装置角度来实现的，如图 2-14 所示。

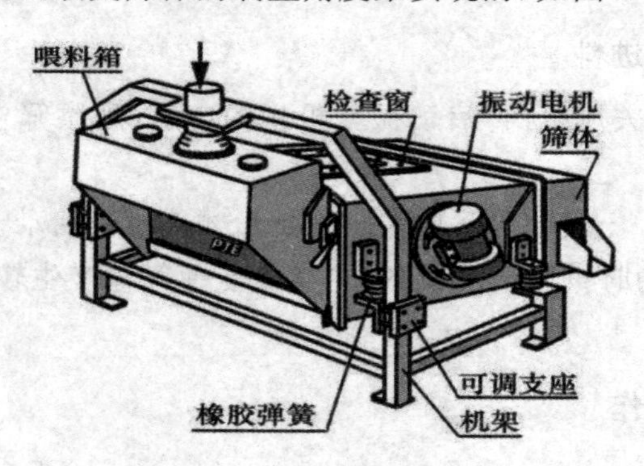

图 2-14　振动筛倾角的调节

在停机时，先采用手拉葫芦或千斤顶略抬起筛体进料端，再松开可调支座上的坚固螺栓，升起或放下筛体即可改变筛面的倾角，调整好后在旋紧螺栓前，须检查并仔细调整筛体的横向水平。

当振动筛的进料流量较大时，可适当调大筛面的倾角，以提高物料的流速，防止设备堵塞，但物料的流速过高时，接触筛面的时间缩短，筛选效率将受影响。相应进机物料含杂较多而流量偏小时，可考虑调小筛面倾角，这样可增加物料的筛选时间，提高筛选效率。由此可看出，筛选设备的工作流量偏小为宜。

七、筛选设备的维护保养

（一）振动机构的保养

振动机构保养的重点是振动电机与鼓形橡胶垫（橡胶弹簧）。

振动电机须定期清洗轴承，更换润滑脂。在拆卸振动电机时，两端偏重块在轴上的安装位置必须事先做好标记，方便再安装。若须将电机从筛体上拆卸下来清洗，电机在设备上的安装位置也须事先做好标记。

支撑振动筛体的四个鼓形橡胶垫具有一定的弹性，使筛体能沿任意方向产生自由振动，这种特性为振动筛的筛体产生振动及振动方向可在一定范围内调节提供了基础。因胶垫的性质所决定，在筛体振动较小时，胶垫弹性良好；而振动筛停车时若出现较大的振幅，胶垫却会产生较大的阻尼作用，对较大振幅进行吸收与限制，以保护设备，而此时胶垫也可能受到损伤。

鼓形胶垫为易损件，工作一段时间后，鼓形橡胶垫可能老化、变形或开裂，若出现这种情况，一般须进行全部更换，至少应同时更换设备前端或后端平行的两只鼓形橡胶垫。更换完后须检查筛面横向的水平情况，若不水平须对鼓形橡胶垫进行调整或更换。

（二）筛面的保养

筛面保养的要点是保持筛孔的通畅与平整。为保持筛孔通畅，除须经常清刷筛面疏通筛孔外，还须定期检查维护筛面下的清理橡胶球。橡胶球的装置形式如图 2-15 所示。

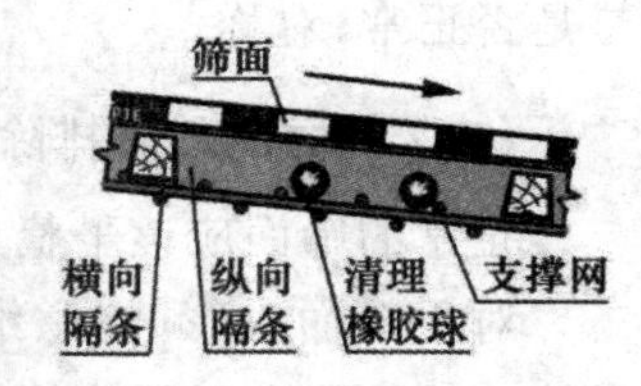

图 2-15 橡胶球的装置形式

正常的橡胶球是高弹力型的，工作中在隔条、支撑网与筛面之间弹跳碰撞，起清理筛孔中堵塞物的作用。清理球若磨损或失去弹性，就须卸开筛面进行更换。

（三）喂料机构的保养

在检查的同时，还应检查喂料机构的状态，特别是淌板与挡板是否松动、变形，可能有物料冲击的位置的挡板出现磨损情况，必要时应予以更换。

停机时也须经常检查清理缠挂在喂料箱内的绳带杂物。

八、常见故障的排除

（一）筛体振动状态的检查与调整

一般可通过筛体上装置的振动指示牌来观测筛体的运动参数。如不正常须有针对性地进行调整。振动指示牌的装置形式见图 2-16（a）；在不工作时，振动指示牌的常见形式如图 2-16（b）。

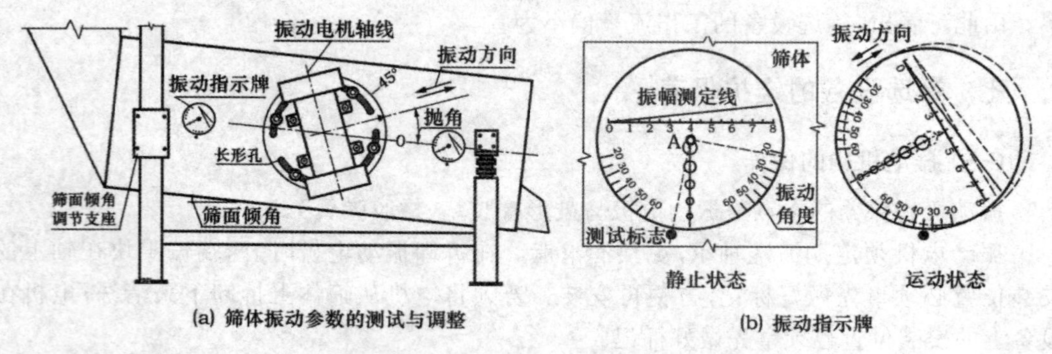

图 2-16　筛体振动状态的指示与调节

圆形的指示牌由其中心的螺钉(图 2-16 中 A)装置在筛体上,用手推动可转动指示牌。通过指示牌可测出筛体的振幅、抛角。处于运动状态时,旋动指示牌,使其中的几个圆圈在一条直线上,在振幅指示线产生的虚影中,直线与斜线交点对应的刻度就为筛体的振幅,如图中为 5 mm;测试标志对应的角度值为抛角,如图中为 35°。

正常情况下,筛体两侧的振幅与抛角应一致,整个筛体平衡地做直线往复运动。

若两侧振幅不一致,应重点检查两侧振动电机的偏重块的装置状态是否一致,其次应检查鼓形橡胶垫是否有破损、物料是否走单边。

若两侧抛角不一致,应重点检查两侧振动电机的轴线是否平行,其次检查鼓形橡胶垫是否正常、对称。

(二)筛面的故障排除

正常的筛面应该平整,筛孔通畅。筛面下方放置的橡胶球应活动自如。

对于筛面,必须注意维护时不能用铁制工具敲击,若造成较大变形后很难重新恢复平整。对于少许不平整的筛面,可垫在工作台上用木锤或橡胶锤进行整形。

对于被堵塞的筛孔,日常生产中采用钢丝刷清理;对于经常堵塞的部位,应注意检查清理弹力橡球是否已磨损,筛面下方的支撑木条是否完好、橡胶球的支撑网是否塌陷。

(三)进料状态失常的调整

如若发现喂料箱内积料过多、筛面上物料走单边时,应对进料装置进行检查。

若进料溜管装置不当时,喂料状态较难进行调节,如图 2-17(a)所示。当物料沿溜管斜冲入喂料箱的一端,单靠均布挡板也难使物料均匀分布,容易造成物料走单边;若将挡板的间隙调小,会造成喂料箱内积料过多。长期进料冲偏,流速过高,还很容易造成喂料箱中的淌板、挡板缺损,造成进料状态失常。解决进料冲偏问题较好的方法是设置缓冲接头,如图 2-17(b)所示。物料经接头缓冲后,垂直地落入喂料箱中部,均布挡板也较好调节,较易达到均匀进料的要求。

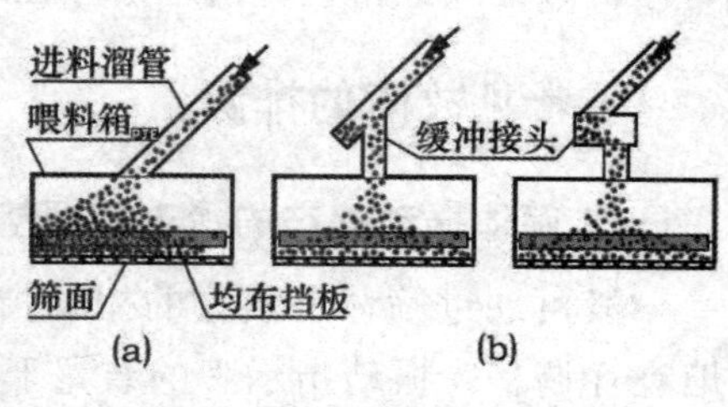

图 2-17　进料状态的控制

九、风选器的原理与应用

（一）风选器的基本原理

小麦清理工艺中采用的风选设备均是与清理设备配套使用，常用的风选设备有垂直吸风道、自循环吸风分离器。垂直吸风道一般与振动筛和平面回转筛配套使用，自循环吸风分离器主要用在打麦机之后，最好用在毛麦清理工段的打麦机之后，用于分离打下的麦壳，也可同振动筛、平面回转筛配套使用。

风选器的基本原理见图 2-18（a），其工作部分主要分为分离区与稳定区。

进入风选器的物料由喂料装置送入分离区，主要气流穿透料层，将悬浮速度较低的轻小杂质带入稳定区（风道）中，由于气流穿透料层时，速度不够稳定，可能将少数麦粒也带上来。稳定区中气流较稳定，可对气流带上来的物料再进行分选，较重的麦粒可掉下，较轻的杂质被气流带入风网中，由除尘器收集。

通过分离区的物料应尽可能水平，以利于上升气流穿透。为保证主要气流的除杂效果，应尽量减小次要气流及由喂料口混入的气流对主要气流的影响。

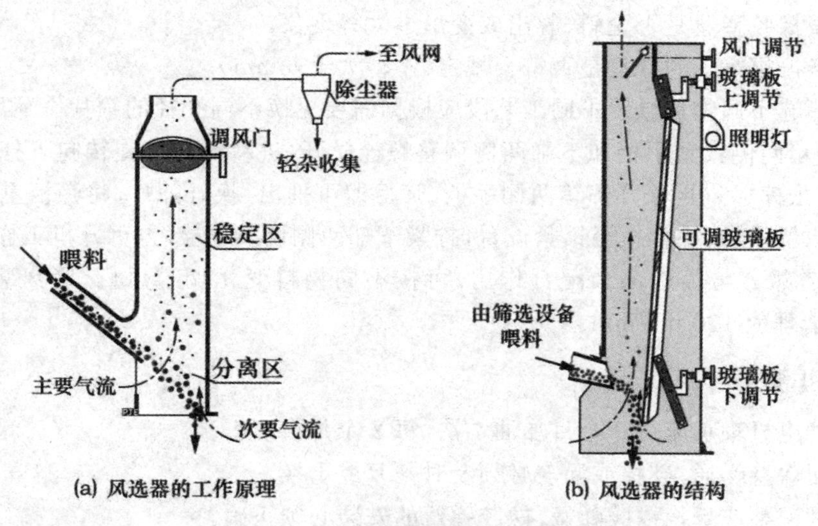

图 2-18 垂直风道风选器的原理与主要结构

（二）风选器的应用

目前常用的风选器为垂直风道风选器与循环气流风选器，垂直风道风选器须与另设的通风风网配套运行，循环气流风选器自带通风机与除尘器，可独立运行，而两者吸风道的结构与操作方法基本相同。垂直风道风选器的结构见图 2-18（b）。

调节风门控制设备的总吸风量，为保证工艺效果，以除尘器收集物中无完整麦粒为前提，应尽可能开大风门，以尽可能多地清除轻小杂质。

应注意关联筛选设备出口的密闭状态，并通过玻板的下调节旋钮调整玻璃板的下段位置，使物料接触到玻璃板后再落下，这样才可保证主要气流的风量。

若发现物料通过稳定区时速度较慢，部分轻小杂质又重新掉下，这说明风道上段的风速过低，应通过玻璃板的上调节旋钮，适当推进玻璃板的上段，使稳定区上段的风速提高；若发现带上来的小麦也很快被吸走，就应将玻璃板的上段适当调出，使稳定区的风速下降。

若与风选器相联的筛选设备的筛面上存在物料走单边的问题，就会使风选设备的进料状态出问题，进料多的的一边将带杂流下；进料少的一边风速高，可能将完整麦粒带走。

【操作规程】

一、振动筛

（一）使用要求

（1）检查筛格的安装情况及清理球的放置，每小格 3 ～ 5 个。

（2）检查振动电机的旋转方向，两台振动电机必须同时反方向运行。

（3）两台电机开关带有互锁装置，必须同时启动或同时关闭。

（4）检查橡胶弹簧是否歪斜、脱出或变形过大等现象。

（5）检查振幅盘上的行程是否符合规定（不得大于 6 mm）。

（6）对筛选不同物料以及不同工艺段应根据需要更换不同孔径的筛片。筛片更换方法：先将进料箱两侧锁紧手柄和下部两侧调整螺栓松开，进料箱即可旋转向下打开（进料箱要轻放、防止摔坏），再松开筛箱两侧手柄，筛柜即可抽出，换好筛片，将筛柜重新推入，进料箱恢复原位，锁紧手柄扳至锁紧位置，拧紧下部两侧调节螺栓，方可开机工作。

（7）风选部分与筛选部分配合作用，可按不同物料变化调节风门，吸风量初清应 16 m^3/min，清理应 120 m^3/min。

（二）维护要求

（1）振动电机轴承应每 3 个月加油 1 次，每 8 个月换油 1 次。

（2）筛面保持畅通，破损或漏麦必须及时修复或更换。

（3）及时调整或更换橡胶弹簧，橡胶弹簧的安装必须正确。

（4）及时清理吸风管道缠绕物。

（5）检查所有固定用手柄、螺栓是否拧紧，锁紧手柄应处于锁紧位置。

二、平面回转筛

（一）安装调试操作步骤与注意事项

（1）机器在安装前，首先必须参照装箱单检查零部件是否齐全和损坏。

（2）一定要参照安装图进行安装，其中支承机架一定要水平安装在基础上，基础必须具有足够的刚度和强度，来支撑平面回转筛的全部动负荷以及静负荷。

（3）可利用筛箱耳轴吊运筛机，不可直接挂在激振器上吊运整个筛子。

（4）安装筛机时，应确保筛箱与料斗、料槽等一类非运动件之间保持最小 75 mm

间隙。

(5) 设备安装后，筛面左右保持水平，否则可在油丝绳座与支承件间进行调整油丝绳长度。

(6) 平面回转筛驱动方向定为：站在给料端，面对物料流动方向，观察电机位置，左手方为左向驱动，右手方为右向驱动。

(7) 确保V形带张力有充分的调整量。

(8) 试车前必须用手（或其他方法）转动筛体，筛体转动灵活，无卡阻现象时，方可开动机器。

(9) 安装调整结束后，应进行不少于2小时空载试运转，要求运转平稳，无异常噪音，轴承最高温度不超过75 ℃。

(二) 操作规程

平面回转筛设备应有稳定的基础。操作与安装有着密切关系。

(1) 平面回转筛出厂前已将筛网装妥，使用过程中的平面回转筛筛网更换可根据需求自己更换。平面回转筛筛体必须在完全静止的状态下，才能启动。

(2) 平面回转筛开机前，应先检查平面回转筛各压紧螺栓的紧固程度，及平面回转筛各料口的位置是否与接料器对正，并观察电机是否能正常转动及油丝绳受力平衡，筛体运动有无阻碍，检查各层筛网是否压紧。

(3) 当平面回转筛接入电气控制箱之前，应首先对电气控制进行检查。线路接通后观察电机旋转方向是否是顺时针方向（备注：否则应改变相序），运转是否正常，有无异常噪声。

(4) 调节筛体偏心块的相位角，以适应各种物料筛分情况。

(5) 平面回转筛一般用于净麦清理工段：上层筛网配置为4 mm × 25 mm；下层配置为直径2.5 mm。

三、平面旋振筛

(一) 安装调试操作步骤与注意事项

(1) 将该机器放到坚固和平整的基础上。

(2) 该机器安装时机架要平整，最好用水平尺进行调整。如果允许的话，在机器与基础之间可以采用减震垫。

(3) 机器的振动部分与其周围固定的结构之间应留有足够的间隙。该筛体要求有一定空间以允许其在回转轨道上自由摆动。因此在筛体周围应留出150 mm的水平间隙，以保证筛体不会与任何固定物体发生碰撞。

(4) 传动带的张紧力是非常重要的，V形皮带传动在开车时是紧的，但在运行一段时间后要进行检查，如果皮带较松，用张紧螺杆将电动机张紧。

(5) 为了确保安全，整个传动装置、防护皮带罩组件要拧紧，在皮带进行适当的张紧之后，必须把所有电动机螺栓拧紧，这其中包括铰链轴螺栓和张紧螺杆。

（6）用一根带绝缘橡胶的电缆连接到电动机上。此电缆要留出 60 cm 的余量，由于电动机与筛体一起运动，一定要确保接线盒内的所有接线是牢固的，要防止接线端子连接的松动。必须把延时装置接到起动和停止的控制电路上，确保再起动之前大约 2 分钟的延迟时间，使筛体完全处于停止状态，也就是说只有筛体完全停止后才能再次起动。

（7）机器的正常运转、万向节悬挂吊杆寿命的延长和对支撑结构最小的振动都要求四根悬挂吊杆有相等的悬挂负荷。

（二）操作规程

1. 开车之前的准备

在开车之前要润滑 U 形联轴节（万向联轴节），确保筛体和机架上没有任何杂物，所有安全装置都已装好。一台新的机器在初始运行期间肯有较大的摩擦力，从而引起较高的耗电量，这些是正常的，尤其是冬天更为明显，这种较大的内部摩擦力将使机器部件很快松动，因此在初始运行 3 个月后，要将各传动部件紧固一次。

2. 停车

一旦停电，在再次起动机器之前，必须使机器处于完全静止状态，以防止再起动造成事故。筛子的回转速度是由制造厂决定的，在没有得到制造厂通知的情况下，绝不能调整旋转速度。

3. 操作与使用

在开车前进行了必须的检查后，即可以启动机器，机器启动后空载运行 10 分钟，无任何异常杂音即可加载运行，加载时要逐渐增加产量，直至达到额定产量为止。由于本机结构坚固，传动简单，所有操作和使用容易掌握，无须专门培训。

4. 维护与保养

此机器的维护与保养必须经培训的人员进行。

当维护与保养机器时，必须切断电源，在去掉传动保护之前，要确保机器不能再转动，如果不按以上要求操作，将造成人员伤害和财产损失。

对机器进行维护与保养步骤如下：

由于机器有很少的运动部件和坚固耐用的机体结构，所以不太需要维护。

（1）对主轴承的维护。由于偏心驱动装置是装在一个坚固的钢板箱体内，由两套大型深沟球轴承支承偏心块轴承座，轴承预加了润滑脂，轴承为密封结构，拆开密封盖，即可填充新的润滑脂，填充一次润滑脂可以保证两年无需润滑。

（2）对万向节悬挂装置的维护。带滚针轴承的万向联轴节悬挂吊杆将使机器无故障运行，机器每运行 400 小时或每两周对万向节润滑一次。

（3）对皮带传动装置的维护。皮带传动装置由一级减速皮带传动构成，使用一根联组窄 V 形带将电动机带轮与偏心主传动带轮连在一起。对这种皮带轮传动应定时检查它们的张紧力和对中情况。

（4）对螺栓的紧固。定期检查所有螺栓是否上紧，在初始运行半小时后检查所有螺栓，而且此后每运行三个月检查一次，一定要确保主传动组件上的所有螺栓按要求的力矩值紧固。

对电机使用的螺栓及销轴要定期进行检查，在安装之后运行 4～8 小时重新上紧，每运行 3 个月进行校验。

（5）对筛网及筛框的维护。本机器的筛网是由不锈钢丝编织而成，筛框是由中空型钢焊接而成筛框格子中装有橡胶清理球，用来清理筛网。筛网放在筛框上，筛网通过两侧的拉紧裙板张紧在筛框表面上。筛网两侧的边缘放到裙板的强力钩内，通过筛体侧板上的螺栓拉紧筛网。

（6）定期检查橡胶垫片，当发现裂痕或变硬时及时更换。定期检查筛网和磨损情况，如果筛网磨损严重时，应更换新的筛网，以保证筛分质量和效率。

任务三　原料去石

【学习目标】

通过学习和训练，了解去石设备的基本结构与工作过程，熟悉去石机的基本操作方法，会启动与停止去石机，并能对去石设备进行调节，去石设备日常的维护与调整，根据生产的要求，处理去石设备的常见故障。

【技能要求】

（1）能正确地启动、停止设备。

（2）能判断去石机的工艺效果。

（3）能调整精选室气流。

（4）能根据原粮含石情况调整去石机工作参数。

（5）能排除去石机故障。

【相关知识】

一、去石机的作用与基本结构

因粒度不同于小麦的大杂、小杂可采用较简单的筛选清除，因此，在筛选、风选设备处理原料之后，去石机的主要除杂对象是粒度与小麦相似的杂质，这类杂质称为并肩杂，其中主要为并肩石与并肩泥块；因并肩石较重，清除这类杂质的效率较高。

去石机有吹式、吸式及循环式三类，目前工厂中使用的去石机多为吸式结构，一般由外接风网提供去石所需的气流；循环式去石机自带吸风设备，风机与相关的风管、除尘器与去石机自成一体，但其工作原理与主要工作机构与普通吸式去石机相同。

（一）吸式去石机

吸式去石机的外形与基本结构见图 2-19。

去石机的筛体由支撑弹簧与带有弹性的撑杆支撑，由双振动电机驱动，沿特定的倾斜方向产生振动。筛面上方是吸风罩，由通风网络经调节风门对筛体进行吸风，气流经筛孔由下至上穿透料层，使筛面上的小麦呈半悬浮状态。物料经带有弹簧压力门的喂料机构进入去石筛面，在上升气流与筛面振动的共同影响下，较重的并肩石贴在筛面上，沿

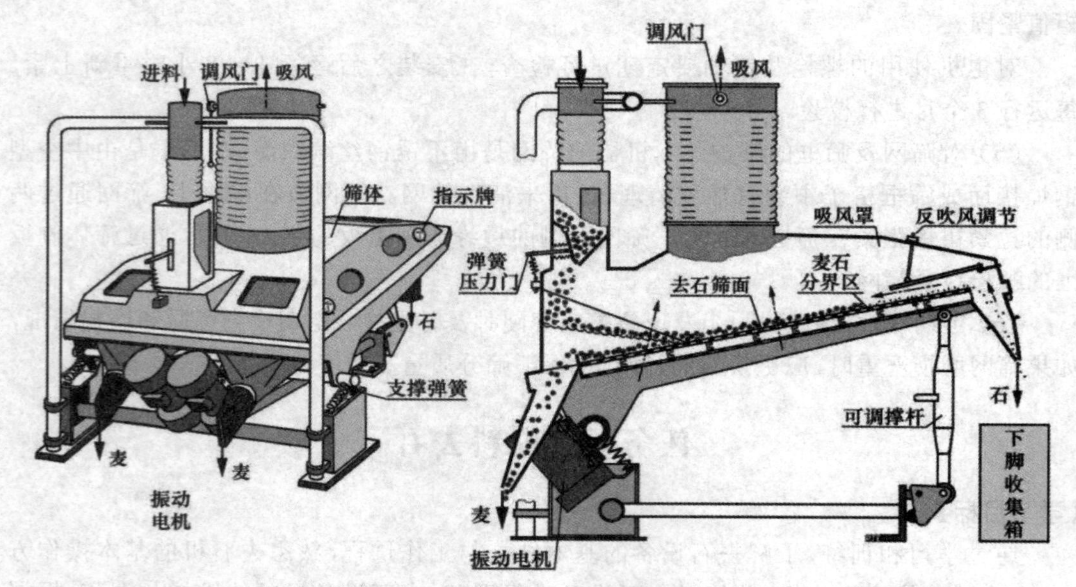

图 2-19　吸式去石机的基本结构

筛面上行，由筛面上端的出石口排出，通常排入出石口下方专门的下脚箱中；处于半悬浮状态的小麦沿筛面向下流动，经筛面下端的小麦出口排出。

（二）分级去石机

分级去石机也是目前应用较多的去石机，由于具有分级的作用，设备的适应能力较强，工艺效果较好，其外形与基本结构见图 2-20。

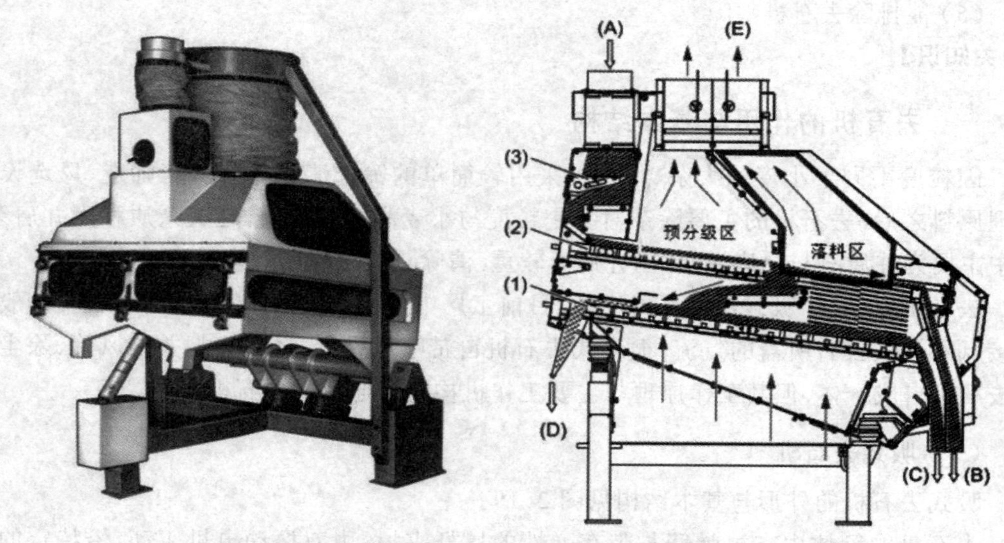

A：物料进口；B：轻物料出口；；C：重物料出口；D：石子出口；E：吸风口

（1）下层筛面；（2）上层筛面；（3）匀料机构

图 2-20　分级去石机的基本结构

分级去石机的上层筛面为分级筛面，筛孔较大，物料在该筛面上按轻重粒形成分级，带有并肩石的重粒落入下层去石筛面进行去石；轻粒沿上层筛面流下。

去石筛面的工作原理、设备的运动状态及基本操作方法与吸式去石机相同。

二、去石机的工作原理

（一）去石机的工作状态

去石机的一般工作状态如图 2-21（a）所示，小麦与石子分选的原理如图 2-21（b）所示。

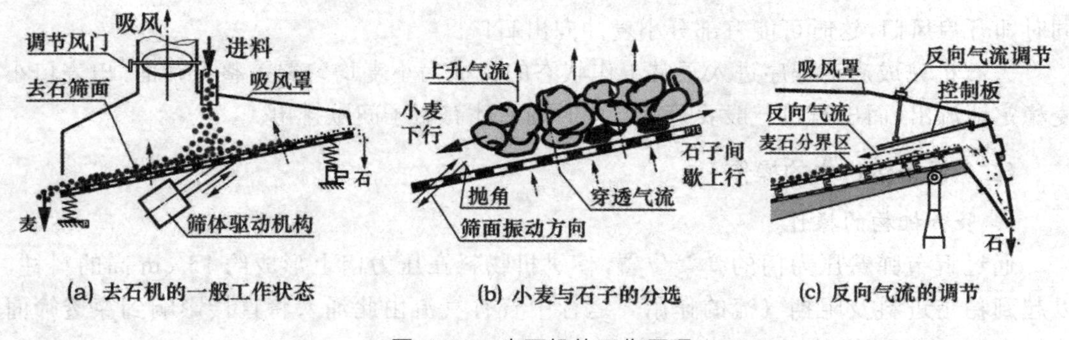

图 2-21 去石机的工作原理

筛体在驱动装置的推动下产生振动，振动的形式为直线往复振动，振动方向是倾斜的，振动方向与筛面的夹角称为抛角。去石机筛体虽然也是在振动，但振动的方向与筛选设备不同，去石机筛面产生振动的主要目的之一是要使筛面上的石子沿筛面上行。去石机对筛面运动的要求较高，对筛面的振动频率、振幅、筛面的倾角及抛角等工作参数都有一定的要求，不能随意改变，这是紧贴筛面的石子能够沿筛面上行的基本条件。

筛面的振动也有利筛上物料的流动与分级，运动使物料较松散从而有利于气流的均匀穿透。

（二）去石机吸风的作用

对去石机的吸风使得气流由下至上穿过筛面与物料层，通过调节风门，使得穿透物料层气流的速度略等于小麦的悬浮速度，使小麦在筛面上处于半悬浮状态，在筛面振动的共同影响下，向下流动到小麦出口排出。穿透气流的速度由风门控制，风门越关小，穿透气流速度越低，紧贴筛面的物料越多。

由于被控制的穿透气流速度不大于小麦的悬浮速度，不能使并肩石悬浮，故石子仍紧贴在筛面，保持间歇向上运动的姿态。

上端筛面的下方也有气流穿过筛面流入，这部分气流与出石口流入的小股气流合并后，在反向气流控制板的引导下，逆并肩石的流向吹过筛面，这股气流就称为反向气流。反向气流在控制板的引导下流经筛面时，可将随石子上行的小麦吹回，对即将排出的下脚进行二次分选。调节控制板的上下位置，可改变反向气流的方向与速度，即可改变分选的效果。

三、去石机的基本操作

（一）设备的启动与进料

为防止启动过程中过多的小麦涌入出石口及去石机尽快地进入正常工作状态，去石机须按一定的程序来进行启动。

启动前关闭调节风门，先启动对去石机吸风的风机。采用手动控制时，启动去石机的振动电机后，开始进料，物料进入筛面后再慢慢开大风门，待物料将筛面全盖满后，将风门调到正常工作位置。采用集中控制时，为简化启动过程，先启动去石机电机，进料的同时即开启风门，这时可能有部分小麦冲向出石口。

去石机完成启动程序进入正常工作状态的特征为小麦均匀覆盖整个筛面，出麦口小麦稳定地流出，而出石口一般要等待一段时间后才有石子间歇排出。

（二）设备运行中的操作

1. 喂料机构的操作

通过调节弹簧压力门的弹簧位置，使进机物料在压力门上形成约 15 cm 高的料柱，以起到稳定进料及阻挡气流的作用。运行中若有气流由此涌入将直接影响到穿透筛面的气流，影响去石机的正常工作。

2. 筛面上物料与下脚的正常状态

正常工作时，物料在筛面上应分布均匀，料层厚度为 2 cm 左右，在上升气流的作用下，处于微沸腾状态。在去石筛面上端，小麦与即将排出的石子应形成一条明显的麦石界线。

工作中去石机的出石口应有石子断续地排出。若较长时间不排石或较多的小麦随并肩杂一起流出都为不正常现象。排出的石子中若含有小麦，称为下脚含粮。去石机正常工作时允许有少量的下脚含粮，这样可得到较高的去石效率；下脚中的少量小麦由下脚整理工序提取。为尽量减少原料的损耗及不使下脚整理的工作量过大，下脚含粮比例不得过高。

（三）去石机工作效果的一般检查

1. 杂质的检查

在生产过程中，一般是通过出石口的物料状态来初步检查去石机的工作效果，通常采用目视方式检查。若出石口有石子、泥块等杂质断续流出，其中含粮粒较少，则可认为该去石机的工作状态基本正常。

若工艺较完善、有下脚整理工序时，可允许下脚中含有适量麦粒，这样可提取较多的杂质。若没有下脚整理手段，则应尽量减少下脚中的粮粒。

下脚的情况可反映设备的工作状态，若下脚中只有粒度较大的并肩石块，就说明去石机的风门可能开得过大或反向气流速度过大；通过调节，下脚中含有粒度较小的并肩杂特别是有并肩泥块时，说明去石机工作效果较好，这时下脚中可能存在少量较饱满的麦粒。

2. 小麦的粗略检查

生产过程中，一般可通过目视检查出机小麦，正常时在其中应很难找到并肩石。

若要对去石机的工艺效果作出较准确评价，就须对设备的进机、出机物料进行工艺测定。

（四）设备工作状态的控制

1. 主吸风量的控制

主吸风量主要由调节风门来控制，调节的依据主要是筛上物料的运动状态。筛上物料的正常状态应是微沸腾状态。若是剧烈沸腾状态，则说明风量过大，较小的石子也会离开筛面，去石效率会下降；若没有沸腾状，说明风量过小，出石口会有较多的小麦排出。

工作过程中，若发现下脚中含粮数量较多时，在检查风门、反向气流后，应检查筛面与风网的工作状况及去石筛面筛孔的堵塞情况，若较多的筛孔被堵塞，将造成上升气流减小，紧贴筛面的物料增多。同时还应检查去石机前方筛选设备的除小杂效果。风网中风机的转速下降、布筒除尘器被堵塞、风管漏风等原因都将导致去石机的吸风量下降。

2. 反向气流的调节

调节反向气流的作用主要是为了控制下脚中的含粮数量。正常状态时，在反向气流控制板前若干厘米处应有一条较清晰的麦石分界区，下脚中有少量的完整麦粒为宜，这样可清除较多的并肩杂，以保持较高的除石效率。

若麦石分界区不清楚、下脚中含有较多的麦粒，原因之一是反向气流较弱，应通过调节，适当降下控制板，提高反向气流速度；若石子上行困难，下脚过于干净，原因之一可能是反向气流过强，可适当调高控制板。

（五）去石机筛面倾角的调节

去石机的工作流量偏小时，筛面上料层厚度过薄，易被气流吹穿，造成气流分布不匀，影响去石效果。可通过筛体下方的可调撑杆适当调小筛面的倾角，使筛上物料下滑的流速减慢，料层厚度加大。

适当调小筛面倾角，也可增加出石口的排出量，提高去石效率。

（六）去石机筛体工作运动参数的检查与调节

对去石机的振动电机进行拆洗维护、特别是更换电机后，有必要检查去石机筛体的运动状态是否符合要求，通常可采用综合试验的方法：选择若干个大螺帽，平行放置在无料的去石机筛面下端，空车启动后，各螺帽可平行稳定地向上移动，则说明去石机筛体的各运动参数正常。

若在综合试验中出现不正常现象，如不能正常上行，则应观察筛体两侧的振动指示牌，比较两侧的振幅与抛角，相应检查两台振动电机的偏重块装置状态、两电机的轴线是否平行位置是否对称。

为保证设备较易调节，当要求更换电机时，应同时更换两台相同型号同厂生产的振动电机为宜。

若在综合试验中发现筛面中部的螺帽不能上行，则应检查筛面的张紧程度，筛面中部是否松弛。

（七）重力分级去石机去石筛面流量的控制

由于重力分级去石机具有两层筛面，上层筛面是分级筛面，一般情况下是由三段筛面组成，其中两段采用 6 mm × 20 mm 长圆筛孔，一段采用 Φ8 mm 筛孔。分级筛面的筛下物即去石筛面的筛上物，通过分级筛面的物料越多，去石筛面上的料层就越厚。

若处理流量偏大，去石筛面上料层过厚时，可将一段或两段采用 6 mm × 20 mm 长圆筛孔的分级筛面更换为 Φ8 mm 筛孔的筛面；若去石筛面上料层过薄时，可将 Φ8 mm 筛孔的分级筛面换为 6 mm × 20 mm 长圆筛孔的筛面。

（八）设备的停车

去石机的停车操作应视停车的要求而定。

若是生产过程中的短暂停机，应该在物料基本盖满筛面时停止振动电机运转，关闭风门但不关停相关风网的风机，这样在设备再次进料后，可简化设备的启动操作，减少涌入出石口的小麦数量。

若是较长时间的停机，则断料前应更换出石口的收集箱，承接断料后由出石口涌出的小麦，以便另行处理；断料后，待筛面上基本走空后停止振动电机，数分钟后停止相关风网的风机。

去石机停车后，应检查去石筛面筛孔的堵塞情况。若发现筛孔堵塞，应放空物料停机后，打开观察门进行清刷。检查清除进料门、风门上缠挂的杂物。将下脚收集箱中的下脚倒入指点地点，交由下脚整理工序处理。

四、去石机常见故障的排除

（一）下脚含粮较多

若下脚含粮过多，应重点检查吸风的问题，主要检查风门刻度、筛孔是否堵塞，风网的设备是否正常，反向气流调节是否适当等。将风门开大后筛上物料的运动状态仍有问题，应测定设备的吸风量是否符合要求，若总风量偏小，则应检查风管是否有漏风、风机工作状态、布筒除尘器的状态等。

（二）去石效果较差

去石机的工作效果如果较差，一般情况下大多为筛面的运动状态有问题，不能使紧贴筛面的并肩杂稳定地上行。

去石效果较差时，应重点检查筛面的工作状态，可采用螺帽进行综合测试；由振动指示牌对照检查两侧的振幅与抛角是否合理、对称，如有问题则进行相应的调节。

如振幅大小不符合要求时，应对称调节两台振动电机的偏重块。

若筛体两侧振幅不一致时，应检查两振动电机的偏重块装置是否对称适当。

若筛体的运动轨迹不规则，在工作中有扭动的现象，应着重检查两振动电机的轴线是否平行、偏重块装置是否对称、支撑弹簧是否损坏或失效。

特别是在振动电机维护、更换以后，应重点检查电机的偏重块装置、轴线的对称性。两振动电机也必须型号规格相同，制造厂家最好相同。

（三）进料装置工作效果不理想

若进料门上方无积料、进料口漏风，应检查压力门是否完好无损、动作是否灵活，弹簧压力门的拉簧是否完好。

若因物料的冲击而使压力门出现破损，一般情况下是由于平时操作时压力门的压力过小，门上没有形成所要求的料柱，物料长时间直接冲出在料门上，使料门缺损。出现这种情况通常是弹簧压力门的弹簧过松、失效或脱落所致。在修补或更换进料门的同时，还必须检查或更换压力门的弹簧。

进料压力门被卡死、动作失灵而使料门不能关闭，也会导致压力门失效。

【操作规程】

一、去石机操作规程

（1）物料由上部进料口进入机器，在到达上层筛的第一段之前，通过调整料箱中的淌料挡板，使料流均匀地散布在筛面上，通过筛体振动和气流的综合作用，根据物料比重的不同使物料分级，夹有砂石、泥块的重质流穿过第一层筛孔而落到下层筛面上进行去石工作。

（2）第一道去石机或第二层筛面无匀风板的去石机，每 5 天清理一次。其他去石机每半月应清理一次筛面，保持筛孔畅通。

（3）去石机编织筛网应均匀牢固地张紧在筛框上，不应有凸凹不平。必须保证去石筛面的粗糙度，筛面光滑不利于去石。

（4）去石机每班检查电机的温度，电机轴承每年更换一次润滑脂。

（5）去石机经常检查手柄、手把、手轮、电器螺栓是否松动，要特别注意拧紧振动电机，禁止筛面或电机有二次振动。

（6）去石机一组弹簧支撑有一根损坏，应同时更换一组弹簧。

（7）去石机停机时，喂料一停，立即关停机器停止吸风，以防石子在机中积累。

（8）去石机电机不能启动应检查：接触器或热继电器、电源缺相、振动电机故障等。

（9）去石机开机后有不正常声响应检查：筛框在机内未装紧、紧固螺栓松动、机内有异物等。

（10）去石机筛面斜度一般为 7°，通过调整进料端下面的支撑的高度调整筛面斜度。斜度越小，石子越易排出，但从去石口排出的小麦数量会增多，此时要加大吸风量。

（11）去石机的振幅在 4～5 mm 之间，一般情况为 4.5 mm。通过调整振动电机内的平衡块来调振幅，注意两台电机高度一致，且调整后锁紧。

（12）去石机出石口排出的石子中应含有少量麦子，一般掌握第一道去石机石子中几乎不含麦粒。第二道去石机石子中含麦粒少于 10%，净麦去石机排出的石子与排出的麦粒比例不大于 1∶5。

（13）去石机风量如何调节：松开机上调节风量的蝶形风门手柄，通过调节该手柄的开启度，改变风量的大小，风量是否合适，以筛面上物料是否悬浮为准。

（14）各道去石机除并肩石的效率应 ≥ 95%，除并肩泥块效率 ≥ 60%。

二、比重分级去石机筛面的清理

去石机筛面清理时注意事项：

（1）清理前注意事项：清理前必须确认设备开关是否能正常使用；清理时去石机必须是停止并且静止状态；负荷开关必须关闭，上锁。

（2）清理方法：用扳手逆时针松开压紧螺栓，逐层逐段抽出筛面，清理上面的铁丝等较大的杂物，用钢丝刷和气管清理筛孔里镶入小石子及碎麦粒。

清理完毕装回筛面，注意：安装时筛框槽内不要有麦子及石子，螺栓孔内不得有麦子及石子。

（3）清理后注意事项：清理完毕清点工具是否齐全；现场清除物品，用袋子收集起来。

收拾好现场地面，做好设备上的卫生工作。

给负荷开关复位，点动试机，试机时观察筛面是否有震动，如震动则说明没有压紧。

清理频率：一清，每月清理一遍。二清，每一个半月清理一遍。

任务四　原料表面清理

【学习目标】

通过学习和训练，了解表面清理设备的基本结构与工作过程，熟悉设备的基本操作方法，会启动与停止常用表面清理设备，能对表面清理设备进行参数工艺调节，进行日常的维护与调整，处理表面清理设备的常见故障。

【技能要求】

（1）能开停表面清理设备。

（2）能判定表面清理设备工艺效果并进行调节。

（3）能维护和调整表面清理设备。

（4）能排除表面清理设备故障。

【相关知识】

一、表面清理设备的基本结构与工作过程

（一）打麦机

原料小麦表面可能黏附有泥沙等杂质，此类杂质在小麦进入磨粉前须清除，以免这些杂质混入面粉之中。这种工艺手段称为表面清理，打麦机是小麦表面清理的主要设备。卧式打麦机的外形及基本结构见图 2-22 所示。

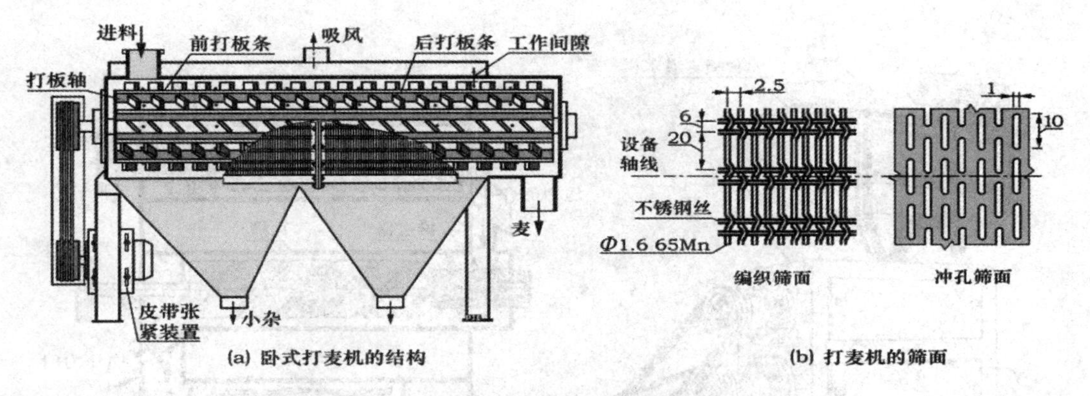

图 2-22 卧式打麦机的主要工作机构

卧式打麦机的主要工作机构为打板轴，轴上对称装有多条打板条，打板轴外包围着筛筒。

打麦的同时部分麦皮被擦落，有利提高面粉的精度；与小麦粒度近似的泥块被击碎，有利除杂。

打板在打击小麦的同时，还推动小麦沿轴线运动，使之由出口排出。

打板轴的转速越高，打击作用越强，表面清理效果越明显，产生的碎麦也可能较多。

因与运动的小麦粒之间产生一定的碰撞、摩擦作用，表面具有一定粗糙度的筛面也有一定的辅助清理作用。

因打麦机对物料的作用较强烈，工作过程中设备内将产生大量灰尘，为防止对生产环境产生污染，打麦机的吸风尤为重要。

工作中打板转子在筛筒内以一定的转速旋转，与轴线具有一定夹角的打板叶在推进小麦向出口移动的同时，对小麦产生直接的打击作用；打板的旋转也带动物料沿筛面运动，对物料产生一定的作用，使小麦与筛面之间、麦粒之间产生一定强度的摩擦作用。这些作用综合起来即形成对小麦的表面清理作用。

（二）碾麦机

碾麦机主要是通过碾削作用对小麦的表面进行清理。在碾削过程中，可较彻底地将小麦表面黏附的杂质碾去，还可碾去部分小麦皮层，对提高入磨小麦的纯度有好处。碾麦机的结构见图 2-23 所示。

碾麦室主要由碾麦辊和瓦筛合起来的筛筒、推进器与压力门等组成。碾麦辊为碳化硅磨料（也称为金刚砂）烧结而成，表面坚硬粗糙，简称为砂辊。瓦筛上均布 1. 2 mm × 1. 2 mm 长孔。刷麦室主要由刷麦辊、瓦筛、推进器等组成。刷麦辊为铸铁制成，简称为铁辊。

小麦先经喷雾着水，并由着水机搅拌使水分分布均匀。湿润皮层的麦粒进入头道碾麦室，被推进器送到砂辊与瓦筛之间，砂辊表面的螺旋槽也起一定的推进作用。由于砂辊、推进器的推动及出口可调压力门的阻滞作用，机内形成较大的压力，使麦粒在翻滚推进的同时，紧贴高速旋转的砂辊面，粗糙的辊面直接对麦粒进行碾削。较大的压力也使

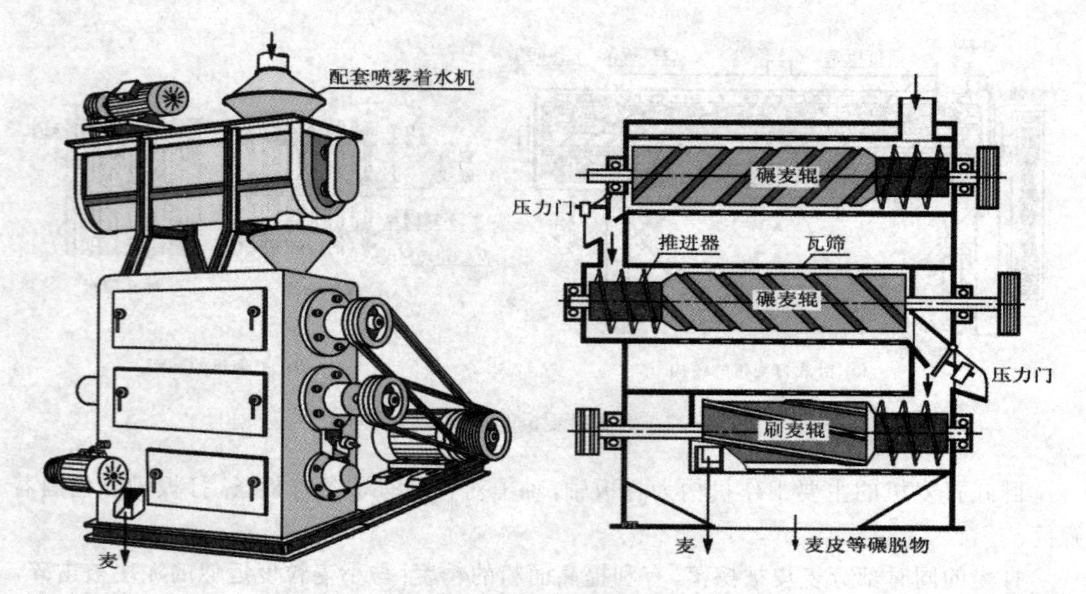

图 2-23 碾麦机的基本结构

麦粒与瓦筛、麦粒与麦粒之间紧贴、摩擦，导致麦皮被擦离，部分脱下的麦皮经瓦筛筛孔排出。小麦经压力门排出后再进入第二道碾麦室处理。经两道碾麦后，小麦进入刷麦室，将黏附在表面的麦皮擦去

常见的碾麦工艺过程如图 2-24 所示：

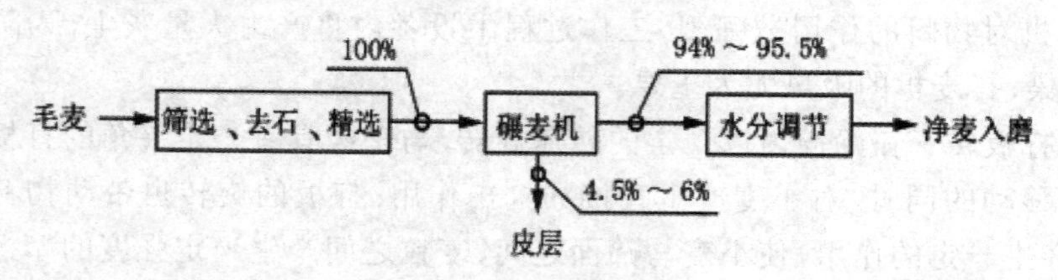

图 2-24 碾麦工艺过程

使用碾麦机后，可不必再用打麦机对小麦进行处理。

入机小麦需先喷雾着水，加水量一般为0.6%左右，但不得超过1%。加水少则麦粒、皮层脆性较大，碾麦时容易将小麦碾碎，皮层与胚乳粘连较紧，碾麦效果差；若加水过多则易发生黏结和堵塞。

进机流量的大小需符合要求，流量过大时设备负荷过重，碾麦效果差。

二、表面清理设备的操作与维护

（一）设备的启动与进料

对于打麦机，启动前应先检查设备内是否积料，打板叶轮是否转动灵活，积料较多时不能启动。一般应先启动相关的通风设备，再空车启动打麦设备，待设备运转正常后，开始进料。待设备出麦口正常排料、打板轴运转正常、电机工作电流正常，则说明启动完毕；

若出麦口排料不畅、打板轴运转困难、电机工作电流较大时，应立即断料、停机进行检查，以防止设备被堵死。

碾麦机与喷雾着水机都需空机启动。

碾麦机的各个出口压力门均需调到较小压力(将压铊向内推到头)。设备空转正常后进料，同时开始喷雾着水，并暂用容器接住刚出机的物料。根据碾麦机出口麦粒的碾削状态，逐步调节第一道碾麦室、第二道碾麦室出口压力门的压力。在调节过程中，应注意观察电机的工作电流，不应过载。待其正常运行后，将容器内的物料回机重碾。

(二) 打麦设备运行中的操作

打麦机在运行过程中，一般可通过进、出机物料的对照来粗略评价打麦机的工艺效果，正常时，出机小麦较进机时应光滑一些，麦毛明显减少，表面没有黏结的泥沙，碎麦有所增加。

打板轴的转速须稳定，故应经常检查传动皮带的张紧程度，以保证稳定的传动效率，使打麦效果稳定。

打麦机工作流量较大时，传动电机的负荷也随之上升，通过观察电机的工作电流可了解打麦机的负载情况。

若打麦机在运行时出现不正常的振动，应及时检查其打击机构是否因磨损、松动等原因产生偏重现象。

(三) 碾麦设备运行中的操作

碾麦机与喷雾着水机都需空机启动。

碾麦机的各个出口压力门均需调到较小压力(将压铊向内推到头)。设备空转正常后进料，同时开始喷雾着水，并暂用容器接住刚出机的物料。根据碾麦机出口麦粒的碾削状态，逐步调节第一道碾麦室、第二道碾麦室出口压力门的压力。在调节过程中，应注意观察电机的工作电流，不应过载。待其正常运行后，将容器内的物料回机重碾。

停机前先停喷雾着水机，再断料，待机内无料排出时才能停机。

(四) 设备的停车

打麦设备停车前先断料，待机内积料排空后，停止设备运行，数分钟后停止相关通风设备运行。设备停机后应检查机内的积料情况、小杂斗及出口是否排空、筛筒是否完好。

碾麦机停机前先停喷雾着水机，再断料，待机内无料排出时才能停机。

(五) 卧式打麦机调整维护

打板的转速是重要的工作参数，其转速高低决定打击的力度与效果。选择较高工作转速时可称之为重打，相反称为轻打。采用重打时表面清理效果好但可能产生较多的碎麦，因此通常是处理水分调节后的原料时，才采用重打。

因工作过程中打板与物料之间有较剧烈的摩擦，打板在工作过程中将逐渐被磨损，打击与推进能力下降，且越靠进料端的打板磨损越快。须定期检查打板的磨损情况，若其形状已明显改变则须进行更换。在同一台打麦机中，已使用过一段时间的前、后打板条不能互换，前打板条的有效面积不能比后打板条大。若前段采用新打板而后段采用旧打板，将使前段推送能力强于后段，导致设备发生堵塞。

卧式打麦机的筛板有三种类型，分别为编织筛面、冲孔筛板与栅栏型筛面。采用钢丝编织筛面时对物料的摩擦作用较强、效果较好，但成本较高。栅栏型为较新型的筛面，采用不锈钢条焊接而成，主要由梯形截面钢条组成，使筛孔内小外大不易堵塞，具有较高的强度，有一定的粗糙度，有利加强对小麦的摩擦作用。

目前较多的卧式打麦机采用经表面硬化处理的冲孔筛面。须经常检查筛面的状态，特别是原料中大杂质较多时，应加强前方除杂设备的管理，防止大、硬杂物混入打麦机而损坏打麦机筛面。

更换打麦机筛筒时应注意筛面的圆整度，以使打板与筛面之间的工作间隙均衡，间隙若不均衡，间隙小的地方筛面易破损，且可能产生较多的碎麦。

三、表面清理效果的基本判断

对于表面清理设备，除应定期对表面清理设备的工艺效果进行测定，测定其灰分降低率、碎麦增量外，在日常生产中，应经常接取进、出机物料进行检查，对工艺效果进行粗略的评估。

常采用的方法主要为：进机、出机物料的对照检查，观察麦粒表面的变化情况；查看出机物料中小杂质的含量，正常情况下，出机物料中的小杂质较多时，打麦设备的工艺效果较好。

如通过比较打麦机的进、出机物料，发现小杂含量明显增加而碎麦增加不多，出机物料比进料物料表面较光滑、麦毛明显减少，就说明打麦机的工作效果较理想；若碎麦、小杂的含量都明显增加，则说明设备的打击作用过强，原料损耗较大；若进出机小麦的表面没有明显变化，碎麦、小杂也无明显增加，则说明打麦机的打击作用过弱。

经碾麦机处理后，麦皮的碾除率为4.5%～6%，相应可取得较好的表面清理效果。使用碾麦机后，可不必再用打麦机对小麦进行处理。

四、打麦机的常见故障及排除

（一）设备发生堵塞

打麦机的工作流量过大时设备较易堵塞，因此必须注意毛麦仓、润麦仓下配麦器的工作状态及流量调节的数据是否正常。卧式打麦机的打板若磨损过度也易造成堵塞事故。

小麦水分过高或润麦时间不足导致物料流动性较差，也易使卧式打麦机发生堵塞。

（二）转速的稳定性不好

打麦机打板轴的传动稳定性很重要，因传动带过松打滑常会引起转速不稳，直接影响打麦效果。若看到传动带晃动幅度过大、有胶臭气味、电机工作电流出现不正常的波动时，应及时检查皮带的张紧程度。

卧式打麦机须停机进行张紧，先应松开电机的机座紧固螺栓，故操作时须注意电机的带轮与打麦机的带轮对齐；立式打麦机的张紧操作可在设备运行时进行，通过调节张紧手轮即可完成。

若V形带使用时间较长磨损过度，应及时更换，以保证较高的传动效率。

（三）筛板的检查与保护

正常情况下，打麦机的筛板较难损坏，但如果打麦机的工作间隙过小或间隙很不均匀、原料中经常混入大型硬质杂物，就较易造成筛面的损坏。因此在装配设备时，应注意检查打板与筛面间隙的均衡，必要时应对打板进行调整或对筛面进行整形；工作过程中，必须注意打麦机前方筛选设备除大杂、磁选设备除铁杂的效果。

筛孔堵塞虽对打麦效果无直接影响，但除下的小杂将全部留存在小麦中，加重后续筛选、风选设备的负担。应经常检查筛孔的通畅情况，必要时应进行有效地疏通。

（四）打麦效果较差

如果设备的打麦效果较差，除工作流量过大外，较常见的原因为工作机构过度磨损所致，有必要时应检查一下工作间隙是否合理，打麦机的工作转速是否合理。若工作间隙较大时可适当调小。

可用转速表检查打板轴的工作转速，卧式打麦机用于重打时转速一般应为1 000～1 200 r/min，轻打时为800～1 000 r/min；立式打麦机用于重打时转速一般应为500～600 r/min，轻打时为400～500 r/min。

五、碾麦机的常见故障及排除

设备在运行过程中，应密切注意碾麦辊传动电机的工作电流、出机麦粒的表面状态，若碾削程度达不到要求，可在电机不过载的前提下适当加大压力门的压力；若电机负载电流已达到额定值，就只能适当减小进机流量后，再酌情加大出口压力门的压力。

碾麦机常见故障与排除：碾麦机糊筛。碾麦机在运行过程中，由于碾麦室内小麦着水不均匀，造成麦皮水分过高，致使筛孔排料不畅，导致糊筛堵塞。可能的原因是麦流不均匀导致被碾小麦吸水失衡，应调整稳定小麦流量；微量加水器控制不好，水不能形成雾状，麦皮表面受湿程度差，应提高水分雾化效果；产生的碎麦过多，应调整碾麦辊与瓦筛的间距。

【操作规程】

打麦机操作规程如下。

（1）打麦机更换打板时注意整个旋转系统的平衡问题，必须成对对称更换。

（2）打麦机原则上下脚料中不应含有完整麦子，若每小时超过25 g，应立即修补。

（3）打麦机破碎率超过要求范围，应采取下列措施：

① 增加流量。

② 降低转速。

③ 改变打板角度，减少物料在机内的滞留时间。

④ 加大转子打板与筛筒的工作间隙。

(4) 打麦机运转中若机器噪声增加,或有异声出现,应停止设备,拆开检查。

(5) 打麦机发现筛网破损应及时修补或更换,注意打板角度与安装位置,打板不能单根更换,应全部或对角更换.

(6) 打麦机主轴轴承每季度加注一次润滑脂, 9 至 12 个月清洗后,重新加注一次润滑脂,电机轴承在大修时更换润滑脂,采用 3 号锂基脂。每旬检查传动三角带的松紧。操作工每班至少检查一次筛网破损情况。

(7) 小麦进入打麦机前须加装磁选装置,杜绝铁钉、螺栓、螺母等金属异物进入机内,损伤筛面和打板。

(8) 注意打麦机皮带轮的磨损情况,防止因损坏、老化等情况使打麦机转速下降,从而影响打麦效果。

(9) 更换打麦机打板时注意:

① 螺栓必须紧固,防止松动或脱落,损伤打板和筛面。

② 必须对称更换,更换 4 根、8 根或全部,注意打板的平衡必须做动静平衡检验,防止振动而使打麦机损坏。

(10) 更换打麦机新筛网后要注意:筛网的四边处及穿螺钉处,必须用棉纱或腻子堵严,防止漏麦。

(11) 检查打麦机筛网是否漏完整麦粒,应从打麦机的下脚料中检查,不能仅仅凭眼看筛网不漏。

任务五　原料磁选

【学习目标】

通过学习和训练,了解磁选设备的基本结构与工作过程,熟悉常用磁选设备的基本操作方法,会启动与停止常用原料磁选设备,能对设备的进料状态进行简单的调节,对常用磁选设备进行日常的维护与调整。

【技能要求】

(1) 能保持进入磁选设备流量均匀。

(2) 能定期清除金属杂质。

(3) 能鉴别永久磁铁磁力大小。

(4) 能更换磁铁。

【相关知识】

一、磁选设备的结构与基本原理

磁选设备的除杂对象是铁质杂质,主要的手段是采用具有一定磁感应强度的永磁体来吸住铁杂质。在清理过程中清除原料中的铁质杂质,主要目的是保护工厂的工艺设备,特别是对物料作用较强烈的设备,如打麦机、磨粉机等,除净原料中铁杂也可有效地降低面粉中金属粉末的数量。为保证面粉的纯度,产品面粉出厂前还须经过专门的磁选。

（一）永磁滚筒

永磁滚筒的外形及基本结构如图2-25所示，永磁滚筒是一种除杂效率较高的磁选设备。永磁滚筒的主要工作机构为一只合金滚筒，为非铁磁材料制成；滚筒内设置有静止的永磁体，其具有较强的磁感应强度，可透过合金滚筒吸住经过滚筒表面的铁杂质。

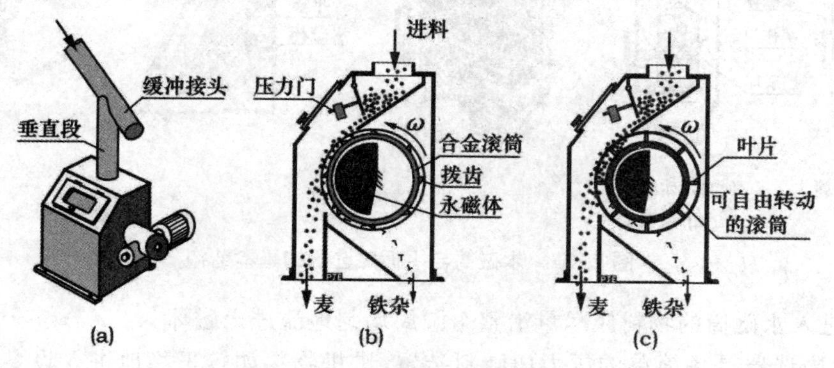

图2-25 永磁滚筒的基本结构

工作时滚筒慢速转动，具有自排杂功能。目前有两种不同传动形式的永磁滚筒，一种如图2-25（a），由电机通过减速器传动滚筒；另一种是无动力形式，如图2-25（c），滚筒可以自由转动，设备运行时由进机物料冲击滚筒上的叶片，带动滚筒转动。

小麦通过压力门喂料机构进入机内，如图2-26所示，重锤式压力门是一种较常用的喂料机构。

通过调节压力门的重锤，压力门适当地阻滞物料，使物料在料斗内堆积到适宜的高度，展开后以均匀薄层的状态流过滚筒表面经出口流出。

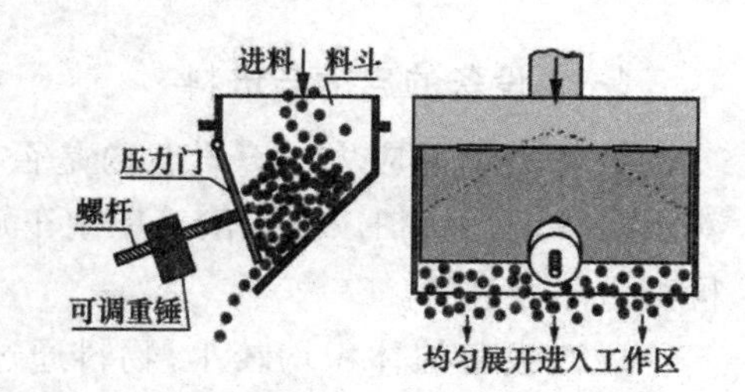

图2-26 重锤式压力门的结构与作用

铁杂质由内置的永磁体吸住，随滚筒转至铁杂出口上方后，脱离磁场后在重力的影响而落入排杂口，以实现自行排杂的功能。

在有动力的永磁滚筒的滚筒表面，设置拨齿的主要目的是阻止铁杂相对滚筒表面滑动，使被吸住的铁杂尽快排下。

（二）永磁筒与平板磁选器

永磁筒与平板磁选器的基本结构见图2-27所示，两种设备均为无动力设备。

物料由进口进入设备内，流经永磁体时，原料中的铁杂质被具有一定磁感应强度的永磁体吸住，停留在永磁体的表面上，小麦经出口流出。永磁筒的永磁体表面还设有挡杂环，在被吸住的铁杂较少时，可挡住铁杂不被物料冲走。

这两类设备均不能自行排杂，需定期清理永磁体上吸附的铁杂质。

永磁筒没有专门的喂料机构，其进料状态完全由进料管控制，小麦应垂直落入设备顶部平面上，堆积的物料既可引导物料向四周展开，又可缓冲落下物料的冲击；进料状态

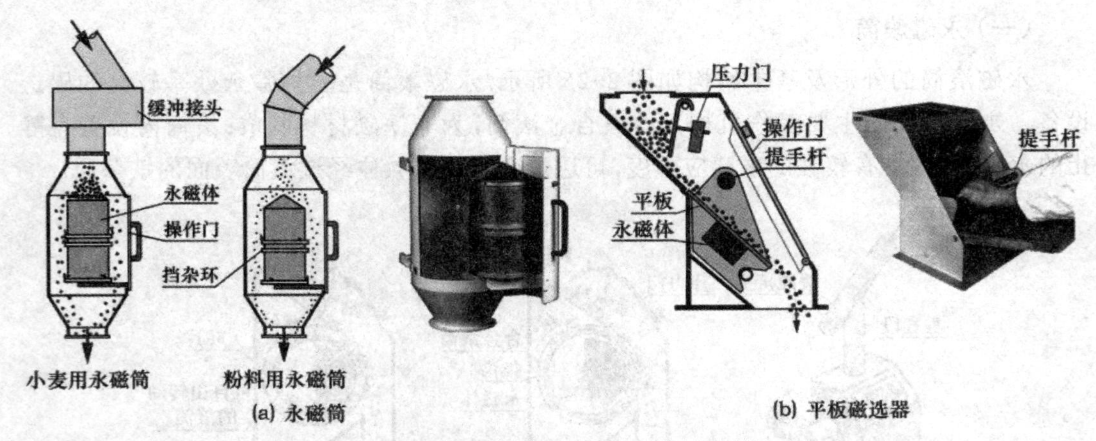

图 2-27 永磁筒与平板磁选器的基本结构

正常时，进入永磁筒的物料应尽量沿整个圆周均匀地流过永磁体。

平板磁选器具备简单的压力门喂料装置，进机物料如较平稳地进入设备，可使物料以薄层的状态流过平板，以得到有效地磁选。

对于这些喂料机构较简单的设备，均应注意稳定进料的问题，必要时应在进料管中采用缓冲接头，以减缓流下物料的冲击。

二、磁选设备的基本操作

（一）设备的启动与进料

设备启动前应先检查设备内是否积料，永磁体上吸附的铁杂是否已清理，必要时应对永磁体进行清扫。永磁滚筒应空车启动，设备运转正常后再进料；永磁筒、平板磁选器检查后即可进料。

磁选设备的体积均较小，物料通过时产生的灰尘也较少，因此这类设备一般均采用密闭的方式防尘，不另采用风机对其进行吸风，启动这类设备时不必考虑风网。

（二）设备运行中的操作

磁选设备的进料机构均较简单，设备运行时须注意检查进料状态，应注意使物料垂直稳定地进入机内。对于永磁滚筒与平板磁选器，注意根据物料进入磁选工作面的状态来调节压力门的重锤位置。

对于永磁筒与平板磁选器，可在任意时间对永磁体进行清理。打开永磁筒的门，磁体随门移出，即可清扫永磁体上吸附的铁杂。打开平板磁选器的操作门，握住提手上提，可取出永磁体进行清理。这类设备的永磁体一般在每个生产班至少应清理一次。

（三）设备的停车

对于永磁滚筒应先断料再停机，停机后对滚筒表面进行清扫，防止粉尘在筒面板结而影响除杂效果；清理永磁滚筒已提出的铁杂质，这类杂质一般作工业垃圾处理，不得与其他设备的下脚相混。

生产线停止运行，永磁筒与平板磁选器断料后，应对磁选工作面进行检查与清扫，较彻底地清扫永磁体上吸附的铁杂，不应将被吸住的铁杂留到日后清理。

三、磁选设备的维护

（一）永磁体的维护与更换

磁选设备的主要工作机件为永磁体，永磁体通常都为静止装置，大多都为脆性材料制成，不能承受较剧烈的撞击或高温。

磁选设备的除杂效率与永磁体的磁感应强度有直接关系，若永磁体的磁感应强度下降，即磁性消失，吸不住铁杂，设备将失去除杂作用。

永磁体的磁感应强度一般是较稳定的，保养较好时可长期使用，但因制造质量、外界不利条件等因素的影响，其磁性也可能逐渐下降。在生产过程中，可另外选用类似扁钢的材料，定期采用吸铁的方式来粗略检查永磁体的磁性。

若发现永磁体的磁性明显下降，应卸下永磁体送至磁性材料厂进行充磁或更换原厂生产的新永磁体。

（二）永磁滚筒的维护

日常生产中，须注意保持合金滚筒表面的光洁，应经常进行清扫。

对于电机传动的永磁滚筒，在工作过程中，须注意防止小麦出口被堵塞，因设备体积较小，一旦排料不畅，堵塞的物料将很快卡死滚筒，处理不及时就将导致电机或传动装置损坏。因正常时电机的负荷很轻，可要求电器管理人员将其控制电路中保护电器的设置值适当调低，以提高保护动作的灵敏度。

应经常检查进料压力门是否灵活完好，重锤的位置是否适当。若发现压力门已明显磨损不能有效阻挡进料的冲击，应及时更换，并着重检查进料管的安装角度、进料的缓冲是否有问题。若发现铁杂出口有较多小麦排出，应检查进料状态，一般是由于压力门失效，导致进机物料冲击速度过大，物料因碰撞而弹入出杂口。

（三）永磁筒与平板磁选器的维护

这类设备日常维护较多的是定时对永磁体表面的清理。清理时只能采用刷帚进行清扫，不能用重物敲击，永磁体一旦破损，其吸铁能力将明显下降。在对设备进行维修时，若须使用焊接操作，必须注意在不影响永磁体的前提下进行，或将永磁体卸下后再进行。

对这类设备的进料机构也应经常检查维护，如有破损、进料状态不符合要求，应及时检查物料的进料状态，缓冲接头是否有效或损坏。

任务六　原料精选

【学习目标】

通过学习和训练，了解精选设备的基本结构与工作过程，熟悉常用精选设备的基本操作方法，会启动与关停常用原料精选设备，能对精选设备进行工艺调节，处理精选设备的常见故障，进行日常的维护与调整。

【技能要求】

（1）能开停精选设备。

（2）能判断精选和色选效果。

（3）能对进料和工艺进行调节。

（4）能维护和保养精选设备。

（5）能排除精选设备故障。

【相关知识】

一、精选设备的结构与工作过程

（一）精选的目的

精选设备的除杂对象为长粒杂质（如大麦、燕麦等）及圆形杂质（如荞子、草籽等）。这类杂质虽可食用，但其色泽较深、品质较差，混入面粉中后对粉质有一定的影响，因此生产较高等级面粉时，对原料一般要进行精选。大麦、荞子与小麦的形态如图 2-28 所示。

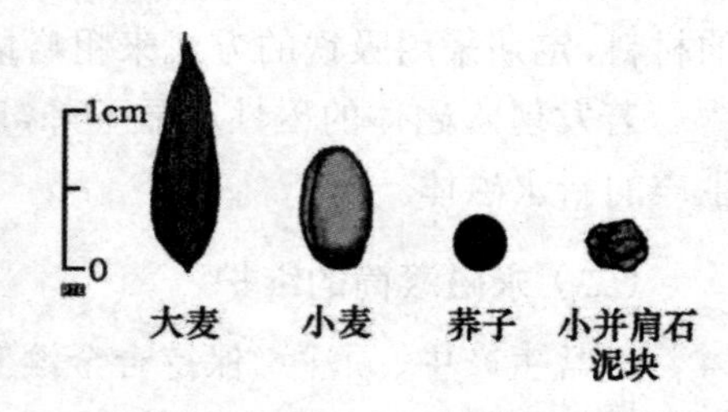

图 2-28　小麦与常见精选对象的形态

由图 2-28 我们可以看到，大麦比小麦长，荞子较小麦短，根据这类差别来进行精选，还可除去粒度与荞子类似的小并肩杂质。

（二）袋孔精选机

1. 碟片滚筒组合精选机

碟片滚筒组合精选机工作面上均布一定大小的凹孔，称为袋孔。碟片滚筒组合精选机外形与工作过程见图 2-29。

具有袋孔的工作面是根据物料的长度不同来进行分选的，碟片与滚筒的工作面上都均分布有一定大小的袋孔。碟片为圆环形，两侧的工作面为平面，工作时碟片在物料中转动。滚筒为筒形，工作面为圆筒的内表面，工作时物料流过圆筒内。

处理物料时，工作面接触物料，能装入袋孔中带走提出的籽粒为物料中的较短粒（简称为短粒），留下的是较长粒（简称为长粒）。采用较大袋孔时，提出小麦留下大麦，此时小麦为短粒。采用较小袋孔时，提出荞子留下小麦，此时荞子为短粒而小麦为长粒。

设备的工作过程见图 2-29（b），碟片分选的流量较大，宜用来对物料进行分级。滚筒分选得较精细，宜用来在物料中提取杂质，故一般采用这两种装置组合设备。由碟片组将物料按粒度进行分级，其作用简称为分级。由滚筒对分级后的物料进行针对性的处理，其作用简称为除杂。

精选机共选出四种物料，其中小袋孔碟片分出的小麦为主流，流量较大。滚筒提取的大麦、荞子作为下脚。通过调节，滚筒可分出较纯净的较长粒与较短粒小麦，并入主流物料中。

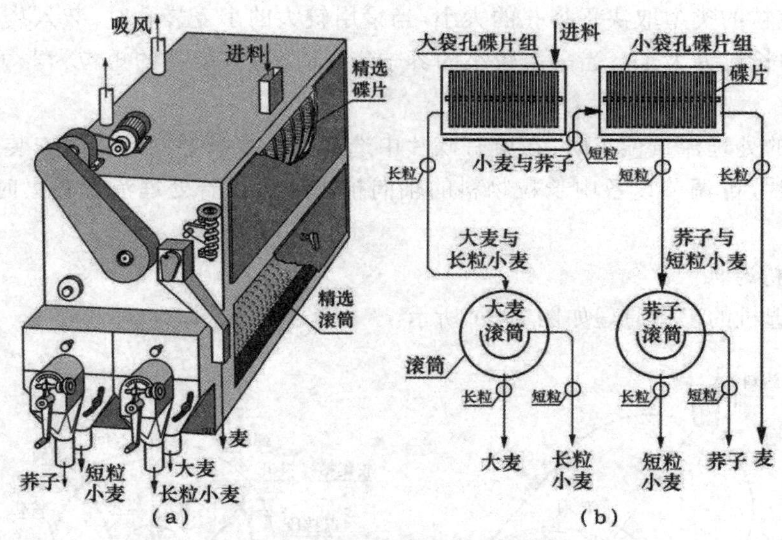

图 2-29　碟片滚筒组合精选机外形与工作过程

2. 碟片精选机

碟片与碟片组的正常工作原理如图 2-30 所示。

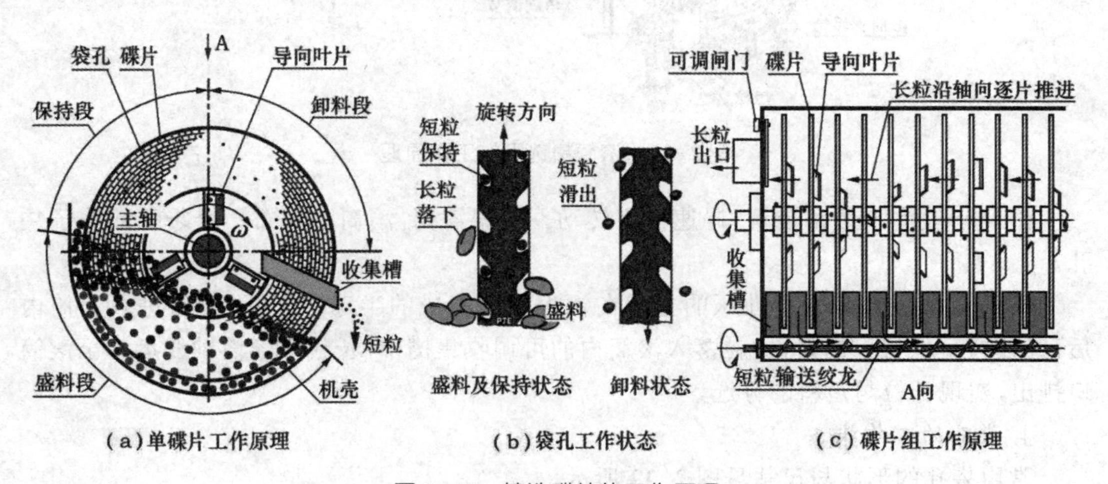

图 2-30　精选碟片的工作原理

碟片必须垂直装置。工作过程中，碟片以较低的转速稳速转动，且不能承受振动。

物料进入碟片精选机后，主要是在盛料段接触袋孔，因袋孔具有一定的深度，物料嵌入后被带出物料层即失去外部的承托，较长粒掉出，较短粒将留在孔内通过保持段。因袋孔具有一定的朝向，随着碟片的旋转至卸料段时，孔口朝下，孔中的短粒将掉入收集槽，从而实现长粒与短粒的分选。

碟片通常是成组共轴装置，碟片间的物料由碟片幅条上的导向叶片沿轴向推进，同时逐片接触具有袋孔的工作面接受分选，直至长粒出口排出。各碟片选出的短粒可由输送绞龙收集或由斗收集排出。

长粒、短粒的类型取决于袋孔的大小，当采用较大的小麦袋孔时，装入袋孔的短粒为小麦，留下的长粒为大麦。当采用较小的荞子袋孔时，装入袋孔的短粒为荞子，留下的长粒为小麦。

若设备的处理流量偏小时，在所有碟片中选择改变少量导向叶片的安装方向或增减少量导向叶片，可调节设备中长粒物料的轴向推进速度。若处理流量较大时，不可如此调节。

3. 滚筒精选机

滚筒精选机的工作原理如图 2-31 所示。

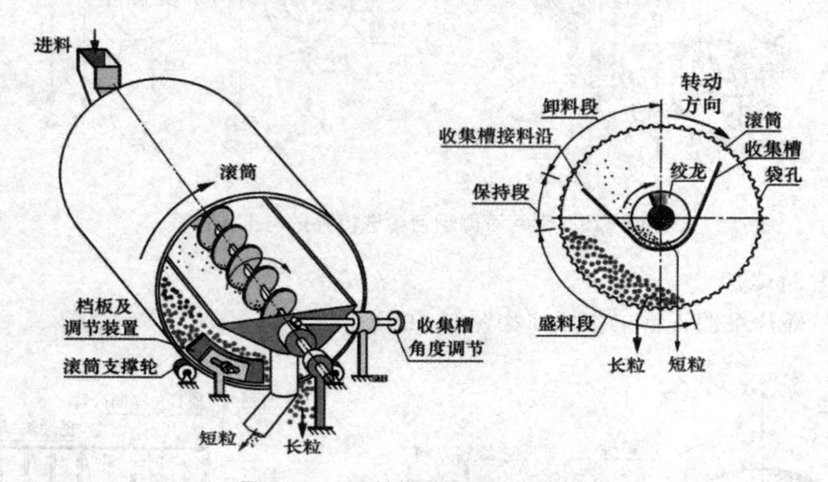

图 2-31　滚筒精选机的工作原理

滚筒一般为小倾角装置，慢速稳定转动。根据需要，滚筒上均布小麦袋孔或荞子袋孔。

滚筒上的袋孔是采用冲压的方式在钢板上加工成的半球形凹孔，物料进入滚筒内后，经盛料－保持－卸料，短粒落入滚筒内的可调收集槽中，长粒沿滚筒轴线运动至滚筒口排出，实现长粒与短料的分选。

4. 袋孔的工作状态

常用袋孔的形状与尺寸见图 2-32 所示。

碟片工作面上袋孔的形状较复杂，因此碟片须采用特殊的方法浇铸而成，制造成本也较高。若因需要，碟片可单片更换，但较麻烦。滚筒则须整个进行更换，因此滚筒精选机的维修成本相对较高。

因工作过程中，碟片与滚筒都须与物料产生摩擦，袋孔逆运动方向的孔边较易磨损，如碟片袋孔上凹进的边缘，如图 2-32（a）中所示，袋孔的这个边缘起承托物料的作用，故可称为承料边。承料边完好，孔中的较短粒才能稳定地保持，若承料边边缘已明显磨损，短粒在袋孔中

（三）螺旋精选机

螺旋精选机又称为抛车，是一种根据物料粒形的不同来进行分选的无动力设备，主

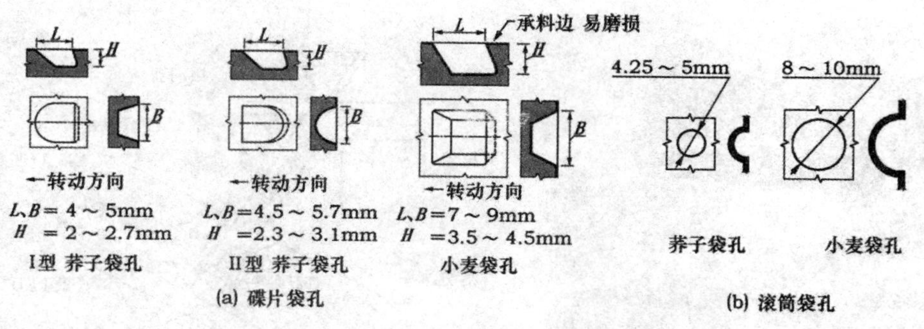

图 2-32 常用精选袋孔的形状与尺寸

要用来清除原料中球状的杂质，这类杂质主要为荞子、碗豆等。螺旋精选机的基本原理与一般结构见图 2-33 所示。

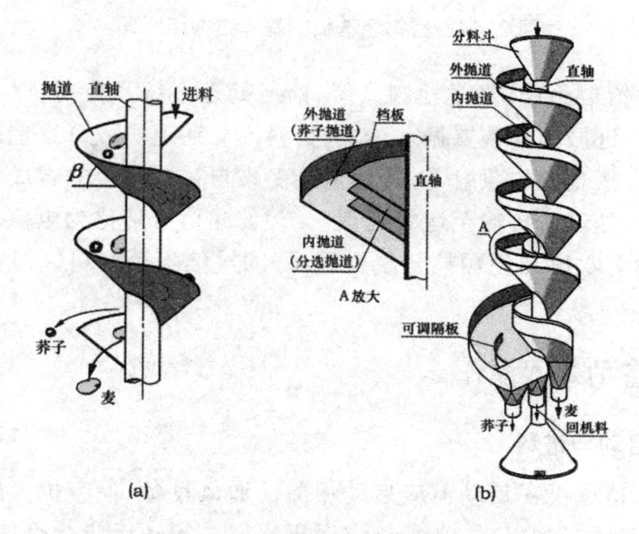

图 2-33 螺旋精选机的基本结构

主要的工作机构为分选抛道（内抛道），小麦与荞子经分料斗进入内抛道后，因小麦的粒形不规则，只能在抛道上滑动，速度较低，将沿螺旋状的抛道稳定下滑至小麦出口。荞子为球状，在抛道上可良好滚动，速度较快，在运动中逐渐加速，可从抛道上沿抛出，落入外抛道。分别收集内抛道流下的小麦与抛出的荞子，即可实现从物料出提取荞子。

偶尔落入外抛道的小麦沿外抛道下滑的速度仍低于荞子，主要在外抛道的内侧运动，因此在外抛道的下端设置有可调隔板，改变其位置，可对外抛道上的物料进行二次分选，提出的小麦荞子混合物一般作回机处理。

（四）色选机

谷物色选机是根据物料颜色不同进行自动分选的高科技光电一体化的机械设备。谷物色选机通过使用光学设备根据物料颜色的差异，通过气路系统对颗粒物料中的异色颗粒进行自动分选，其基本原理与一般结构如图 2-34 所示。

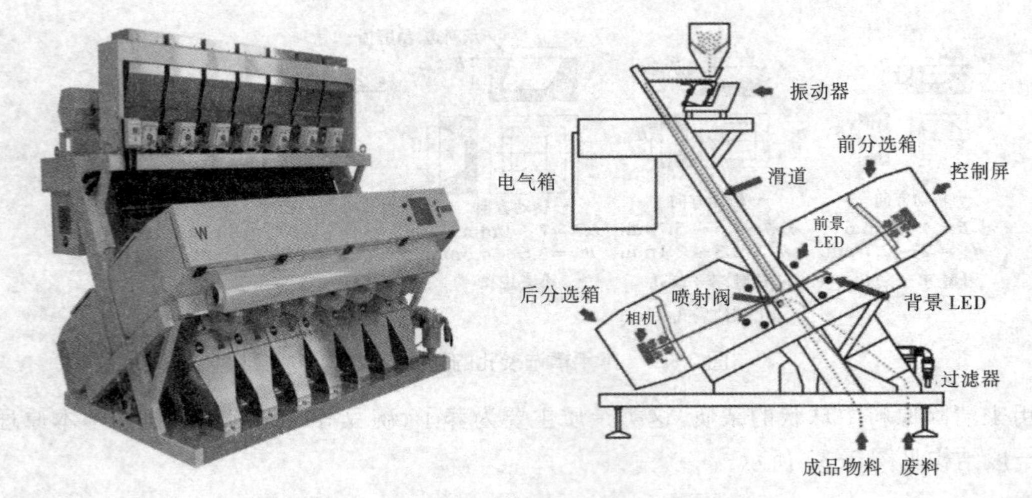

图 2-34　谷物色选机的基本结构和原理

色选机主要由给料系统、光学检测系统、信号处理系统和分离执行系统组成。物料从料斗进入机器，通过振动器装置振动，被选物料沿着通道进入分选室的观察区，从传感器和背景板间穿过，在光源的照射下，传感器接受来自被选物料的合成光信号，使系统产生输出信号，并放大处理后传输至运算处理系统，使光信号转化为电信号，由控制系统发出指令驱动阀门喷射吹出异色颗粒至废料区，好的继续下至好料区，达到分选异色粒的效果。

二、精选设备的基本操作

（一）设备的启动与进料

碟片滚筒组合精选机在启动前应启动相关的通风设备，检查机内的积料情况，再启动精选机，机内若有较多物料时，必须排空后再进料。启动后应检查精选机各出口的排料情况，观察机内物料流动状态，若发现出口排料不畅、机内物料流动有阻塞现象时，应立即断料检查。

对于螺旋精选机，进料前须检查抛道上的积料情况，如有积料应清理干净后再进料。

对于色选机，开机时，按屏幕附近的开启按钮。屏幕另一侧的绿色指示灯随即亮起，机器照明装置照亮，同时屏幕显示“启动”过程（此过程不得中断），控制屏停留在主屏幕。打开空气截止阀。作为启动过程的一部分，机器将进行自校准。在校准过程中，擦拭器运行且物料喂入（机器可能开始和停止喂料数次）。机器经过校准后，物料喂入并开始分选。在正常分选过程中，振动器会不时停止喂料，此时机器将再次校准。

（二）精选机运行中的操作

设备运行过程中，应经常接取设备出口的物料，用目视检查的方法来粗略判断精选效果。一般在日常生产过程中，主要检查精选设备提出的大麦、荞子等下脚，其中不应含有较多的小麦。

碟片滚筒组合精选机的工作流量若过大，设备很容易发生堵塞，流量偏小，则工作状态较好。因此在运行过程中，应经常检查碟片组与滚筒内的物料堆积状态，若积料较多，应及时通知前方流量控制人员对工作流量进行调节。

螺旋精选机抛道上的物料应是单粒单层状态，若流量较大，将直接影响精选效果。应经常检查多抛道上的流量是否均匀，若不均匀，应及时检查进料斗的分料效果。在工作过程中，若某个内抛道没有物料抛出，则可能是流量过大或因分料不匀使得抛道上料层过厚，导致荞子无法抛出，也可能是因分料不匀造成部分抛道上无料。对于螺旋精选机，控制好进料状态对设备的工作效果影响很大。

色选机运行过程中应根据实际生产的流量、对成品粮粒的要求以及异色粒的带出比情况，适当的对色选机的精度和振动器的流量进行微调。

（三）设备的停机

对于组合精选机，停机前须先断料，打开操作门检查机内状态，待机内物料基本排空后再停机，停机后须打开操作门检查机内的积料情况，若停机时间较长时，应打开底门放空积料。检查袋孔工作面的状态，对工作面进行清扫，清除袋孔中的尘土泥沙。工作面清扫完数分钟后关停通风设备。

螺旋精选机断料后，应对分料斗、抛道进行清扫，清除进料口、内外抛道上的物料尘杂，防止抛道上的积尘结块，抛道若不光滑，对工作效果影响很大。

色选机停机时，如需停止喂料，按喂料区（右）并切换为关闭，按屏幕右上角的关闭按钮，切断机器的气源。

三、精选设备的维护

（一）碟片精选机的维护

工作过程中袋孔会逐渐磨损，孔形会有所改变，而处理的原料粒度也有所区别。应经常检查各碟片提取短粒的情况，若少数碟片提取的短粒中含有较多长粒时，应通过调节收集槽或加入挡板，将不符合要求的物料重新送回机内。若大部分碟片的工作均不正常，应考虑对碟片进行更换。

保持袋孔的正常形状很重要，工作中难免会有泥沙、尘土沉积在袋孔中，应定期对碟片的工作面进行认真地检查与清扫，彻底地清除袋孔中的杂物。

（二）滚筒精选机的维护

由于是卧式设备，精选滚筒一般处理流量都较小，若流量过大，容易造成短粒中混入长粒甚至引起筒内堵塞。流量较小一般对保证精选效果有利。不能随便改变滚筒的工作转速，若转速较高可能导致大量长粒混入短粒之中。

可根据提取短粒的状态对收集槽的角度进行调节，若通过调节使收集槽的接料沿抬高，滚筒提取短粒的数量将下降，短粒中可能混入的长粒减少。调节时应以短粒中基本不含长粒为前提，尽量调低收集槽的接料沿，以提取尽量多的短粒，提高设备的效率。

通过调节挡板的位置可改变物料在筒内停留的时间，挡板阻拦的面积越大，物料停留的时间越长，提取的短粒相对增多。

因滚筒为卧式设备，滚筒内很易沉积物料与杂物，因此对滚筒内须经常进行检查与清扫，以保护滚筒上袋孔的正常工作形态。

（三）螺旋精选机的维护

螺旋精选机在正常工作时，各层分选抛道上的物料流量应均衡相等，抛道上的物料应处于单粒单层状态，小麦沿抛道稳定地滑下，荞子应抛出而不被麦流夹持。要达到这个目的，设备顶部的进料分料斗必须保持正常的均匀分流作用。

螺旋精选机各抛道面必须是光滑、无杂物沉积，否则应及时进行清理。

工作过程中应检查荞子是否有小麦及回机物料中是否有较多的荞子，如有必要应适当移动可调挡板的位置，消除物料互混的现象。

（四）色选机的维护

色选机具有 1 ～ 7 个溜槽，可以给 1 ～ 7 个分选模块喂料。在最简单的设置中，所有模块一起运行。但是也可以将这些溜槽分为两个或三个分区（初选、复选、三选），每个分区均可单独处理。这样可以用复选分区色选初选分区的分选产物，用三选分区选复选分区的产物。每个模块均有自己的溜槽和振动器。每个模块可能有两个相机（前后相机）。每个模块均包含一组喷阀。每个模块均有自己的接料斗。

色选机可以设置深色分选和浅色分选，深色分选是剔除比正常物料颜色深的缺陷物料，浅色分选是剔除比正常物料颜色浅的缺陷物料。

当物料处理量很大时，通过机器的物料量很大，物料容易重叠。机器无法区分重叠的物料，将无法提高缺陷喷射效果。

为了正确分选物料，设备必须能够清楚观察物料。这需要分选室前后窗口保持无尘、无油脂。此功能通过清灰刷实现。对于特定的粉状或含油脂物料，清灰频率需要达到每五分钟一次，但对于大多数物料，通常只需 15 或 20 分钟清灰一次。

色选机气源必须使用无油无水的空气压缩机，并配置分水过滤器，使室温保持在 0℃以上。否则，可能会造成空压机和过滤器滤芯和管道的冻结，这样不仅会堵塞空气的流动，还会导致过滤器漏气，严重的话可能会损坏过滤元件。机器配备的前级过滤器，安装时应尽量远离空压机，这样才能保证过滤器的功能能够充分发挥出来。如果发现色选机上的压力表显示气压有明显下降（超过 0.1 MPa），应及时更换前级过滤器上的滤芯，绝不能将滤芯拿掉，否则会严重影响并损坏后级精密过滤器中的过滤元件。

在对灰尘较大的物料进行色选时，必须配备吸尘管路，以避免封闭的机体内灰尘量过大，影响色选效果。保证色选机在色选时的吸尘风量为 45 m^3/min 左右。

四、精选下脚的识别与精选效果的判断

（一）精选设备下脚的识别

大麦、小麦与荞子除在长度上有明显的区别外，通过其颜色也较好识别，大麦较小麦细，颜色较深，荞子为球状，皮色为黑色或深棕色。

(二) 精选设备工作效果的粗略判断

设备工作正常时,精选机提取的大麦、荞子中完整小麦的数量应较少。

若下脚中含有较多的完整麦粒,应及时对精选机的袋孔状态、收集槽的工作位置、挡板的位置等进行检查。

袋孔精选机提取的荞子类杂质中会含有少量的碎麦、小粒的砂石或小并肩泥块。清除砂石、小并肩泥块对其他除杂设备有一定的辅助作用。

五、袋孔类精选机的常见故障及排除

目前常用的精选设备为碟片滚筒组合精选机,该设备由四个工作单元组合而成,操作的重点是须注意各单元之间流量的协调及相互配合。组合精选机的工艺结构如图 2-35 所示。

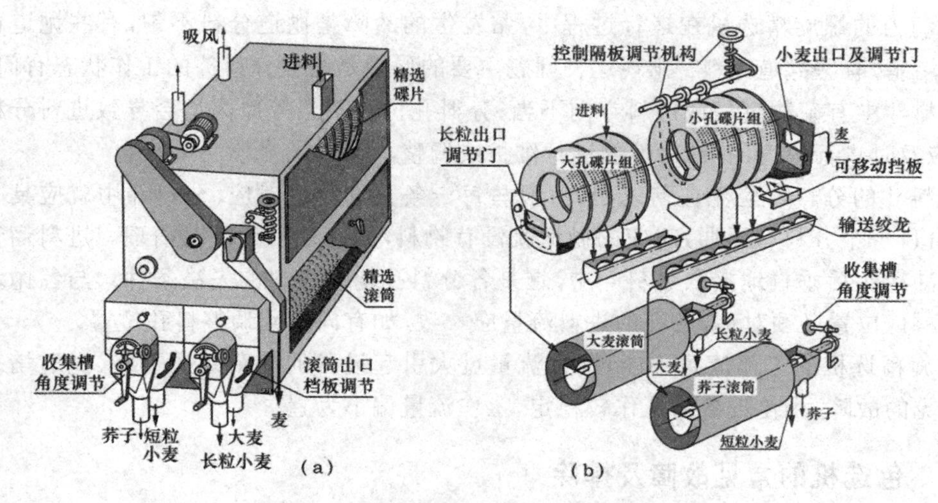

图 2-35 碟片滚筒组合精选机的工艺调整

这种设备较常见的故障是生产过程中发生堵塞,而原因则是多方面的。

(一) 工作流量偏大

这种设备的设计处理量为 8 ~ 10 t/h,当处理流量达到这个数值时,设备的操作必须十分精细,流量分配稍有不当,就将造成有关工作单元的堵塞,因此,一般情况下工作流量不应超过 8 t/h,宜偏小为好。流量若过大,则设备较难操作,工作过程中,大袋孔碟片组中的物料上沿不应超过主轴所在的水平面。

注意碟片中导向叶片的磨损情况,若导向叶片明显磨损,其推进能力将下降,碟片组的处理流量稍大也易使设备堵塞。

(二) 流量的分配不当

由于两个碟片组均为分级单元,如何分配物料都关系到后续单元的流量大小。盲目进行调节而引起滚筒发生堵塞是生产中常发生的问题。两组碟片中各控制门、板的操作都对物料流量的分配有影响,操作时须注意后续设备的工作效果、流量大小的均衡。

大孔碟片组长粒出口的调节门可控制本碟片组中物料的料位，门往上调，物料位上升，碟片组选出的较短粒流量增大，相应小孔碟片组及后续荞子滚筒的工作流量增大，而大麦滚筒的工作流量下降。相反将长粒出口门下调，长粒排出量加大，则大麦滚筒的流量将增加，设备堵塞的可能性加大。

若小孔碟片组中的控制隔板下降、小麦出口的调节门下调，荞子滚筒的工作流量将减少。

若荞子滚筒的流量过大时，短时间内可用挡板将碟片选出的物料挡回、降低小麦出口调节门，小麦出口流量加大，减少送往荞子滚筒的物料，但这样做将降低荞子的提取率，因此还是应该从控制进机流量及改变大孔碟片组的分流状态着手来解决问题。

六、螺旋精选机的常见故障及排除

无动力的螺旋精选机在运行过程中，常发生的故障是抛道分料不匀，有些抛道料多而发生堵塞，有些抛道无料。出现这种问题主要的原因是进料分料斗的工作状态有问题，进料分料斗中有杂物沉积或进料方向不当、分料孔位置不当等原因均会导致进料分料不均匀，应及时进行检查，有针对性的进行维护或调整。

进料斗的分料口应无任何遮挡，一般与每一条分选抛道对应，分料斗中就应具有一个分料口，一个分料口不通，对应的抛道就没有物料，如有杂物须及时清理。进料溜管应通过缓冲接头后垂直地接入进料斗中，这是各分料孔均匀进料的先决条件。与各抛道对应的分料口位置必须对称，各孔的进料流量应一致，如有问题应调整料孔位置。

螺旋精选机的工作流量不能过大，流量过大引起设备的除杂效果下降、抛道堵塞也是较常见的故障，为使设备的工作较稳定，工作流量偏小为宜。

七、色选机的常见故障及排除

色选机在生产中出现异响，主要原因是异色粒含量高、灵敏度设置特别高，应降低灵敏度设置。

出现电磁阀动作频繁，主要原因是分选室玻璃上有大量灰尘、背景板没有调整好，应清理干净，重新调整。

色选机溜槽跳料，主要原因是溜槽有划痕，小麦的湿度过大，造成溜槽被灰尘粘上，流料不畅，应更换溜槽、清理溜槽。

电磁阀不动作，主要原因是阀内线圈断裂、气阀供电电源插头与电磁阀插座接触不好、供气气压不足或很低、气阀内有异物或水份，应更换气阀或气阀线圈，紧固接插件，检查气路，注意排水。

色选机两侧分选效果不好，主要原因是色选机两侧下料量可能较大、无杆气缸清灰不到位造成两侧分选室玻璃灰尘较多。

如果出现基本不色选，则可能是灵敏度设置较低、色选机气压供气不足，造成分选量比较小。

色选机生产中如果经常停机，可能的原因是供气气压不足、清灰时间间隔过短造成。

【操作规程】

一、色选机

（一）启动

开启按钮，打开空气截止阀。作为启动过程的一部分，机器将进行自校准。在校准过程中，擦拭器运行且物料喂入（机器可能开始和停止喂料数次）。

机器经过校准后，物料喂入并开始分选。在正常分选过程中，振动器会不时停止喂料，此时机器将再次校准。

（二）控制屏

控制屏将在 2 分钟左右完成启动顺序并停留在工作屏幕。针对任务自动进行设置背景。

（三）故障通知

完成初始测试和校准后，应出现一个提示框，框中显示 OK ，位于工作屏幕底部的故障信息按钮可呈现以下三种状态：

（1）如果出现新故障，则显示闪烁的 ! 图标。

（2）如果未排除日志中的故障，则显示静止的 ! 图标。

（3） OK 表示不存在故障。

（四）停机

如需停止喂料，按屏幕右上角的关闭按钮。切断机器的气源。

二、碟片滚筒精选机

（1）开车前应检查机内有无异物，各联接部位有无松动现象，试机前，必须拆下三角带，确认减速机转向正确后，才能装上三角带接通电源，进行空车运转应无异响声，并注意滚筒旋转方向必须与机壳和刻度盘上的箭头方向相符。

（2）空车运转正常后方可投料，在运转中流量应均匀，不得超过额定产量。

（3）停车前应先停止进料，待机内物料排空后方可停车。

（4）刻度盘上的扇形方向与机内绞龙槽相对应。操作时在观察出料口处分离效果的同时可用调整刻度盘的方法来改变绞龙槽接料边的位置，绞龙槽接料边越高，落入绞龙中的物料越少。当清除圆杂时，若下脚含粮较多，应将槽升高；若粮中含圆杂较多，应将槽下降。绞龙槽调整后，出料口的物料要经 5 ～ 10 分钟以后才会达到新的稳定状态，看出调整效果。分离效果稳定后要拧紧手轮轴以防绞龙槽位置变动而影响分离效果。

（5）主轴应运转灵活，不得有卡死或呆滞现象。

（6）机器如噪音增加，电流急剧上升甚至出现堵塞或停机现象，应立即停机检查，排除故障，滚筒内的堵料在排除前不允许强行启动精选机。

项目三

水分调节

任务一 水分调节的原理

【学习目标】

通过学习和训练，了解常见水分调节的工艺过程，理解常用水分调节设备的工作结构与工作原理，能对常用水分调节设备进行日常的维护与调整。

【技能要求】

能进行小麦水分调节的操作。

【相关知识】

一、小麦水分调节的基本原理

（一）水分调节的基本方法

小麦水分调节又称调质处理，俗称润麦。将适量的水加入原料小麦中并将其密闭存放一定时间，通过水的作用明显改善小麦工艺品质的方法称为小麦的水分调节。在小麦中加水称为着水，将着水后的小麦置入专门的仓中密闭存放一定时间称为润麦。

小麦的着水量必须适当，这样可使其工艺性质调整到最佳状态。润麦必须有一定的时间，才能使水分在原料小麦中分布均衡。

（二）小麦水分调节的作用

通过水分调节使小麦中的游离水增加以后，一方面小麦的皮层吸水后，其韧性增强，另一方面胚乳中的淀粉颗粒吸水后，其结构变得疏松，结构力下降，这两种相反的变化使得皮层和胚乳的结合力降低，使得粘连强度下降，有利于皮层与胚乳的分离，对研磨筛分方法的制粉十分有利，胚乳的结构力下降将有利于研磨，胚乳易破碎且动耗低；皮层不容易破碎，使得研磨筛分中，麸皮不容易混入面粉中，有利于提高产品的精度。因此对原料进行水分调节后，面粉的色泽、质量较好，出粉率较高。

(三)小麦水分调节的类型及工艺效果

小麦水分调节的方法主要有室温水分调节与加温水分调节两类,目前室温水分调节方法应用较多。

1. 室温水分调节

在常温条件下进行水分调节的工艺方法称为室温水分调节,也可称为常温水分调节。室温水分调节又分为一次着水工艺与两次着水工艺。在一般情况下,小麦通过一次着水与润麦即可达到要求,这就是一次着水工艺。

因产品要求或原料情况的不同,需先后分两次对原料进行着水润麦。该工艺方法即两次着水工艺:

经毛麦清理后的小麦→第一次着水→第一次润麦→第二次着水→第二次润麦→光麦清理→制粉。

对于蛋白质含量高、胚乳硬度大、结构特别紧密的小麦,水分渗透的速度很慢,可进行三次着水和润麦,三次着水润麦较少见。

2. 加温水分调节

将水温或原料温度提高到室温以上再进行水分调节的工艺方法称为加温水分调节。加温水分调节不但可以加快水分调节的速度,并可在一定程度上改善面粉的焙烤性质。

因加温水分调节耗能较高,我国只有少数高寒地区在冬季采用。

二、水分调节的常用工艺方法

目前较常采用的水分调节方法为一次着水方法,其工艺过程见图3-1。

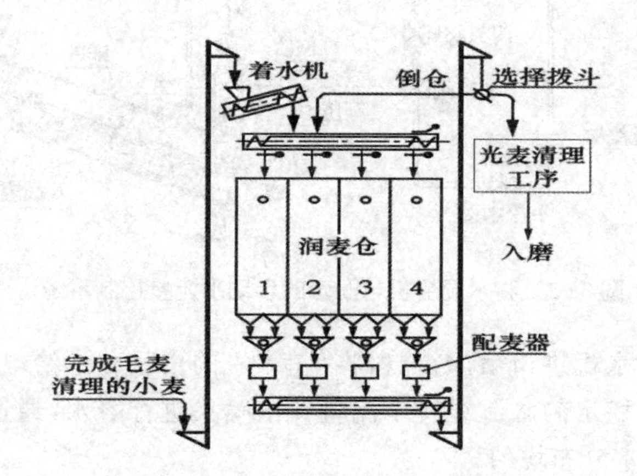

图3-1 水分调节的工艺过程

一般采用着水机对小麦进行着水,着水量与原料的性质及制粉的要求有关。润麦通常在润麦仓中完成,润麦的时间与原料的种类、着水量及气候有关。

工厂中润麦仓的总仓容一般至少应等于该厂一天的小麦处理量。

水分调节后的小麦称为光麦,经清理后可入磨制粉。

任务二　水分调节的设备

【学习目标】

通过学习和训练，了解常见水分调节的工作结构与工作原理，能对常用水分调节设备进行日常的维护与调整。

【技能要求】

能进行水分调节设备的操作。

【相关知识】

小麦水分调节设备主要包括各种着水机、润麦仓及小麦温度调节设备。着水机的主要工作任务是将适量的水加入小麦中，并通过搅拌使水在原料中基本分布均匀。常用的着水机有着水混合机、强力着水机及雾化着水机。加温水分调节有专用的小麦升温器等设备。

一、着水混合机

着水混合机与配套的手动水流量控制系统如图 3-2 所示。着水混合机的机槽向上倾斜，内部采用浆叶式搅拌机构，使机内的物料在向上推送的同时可得到较充分的搅拌。

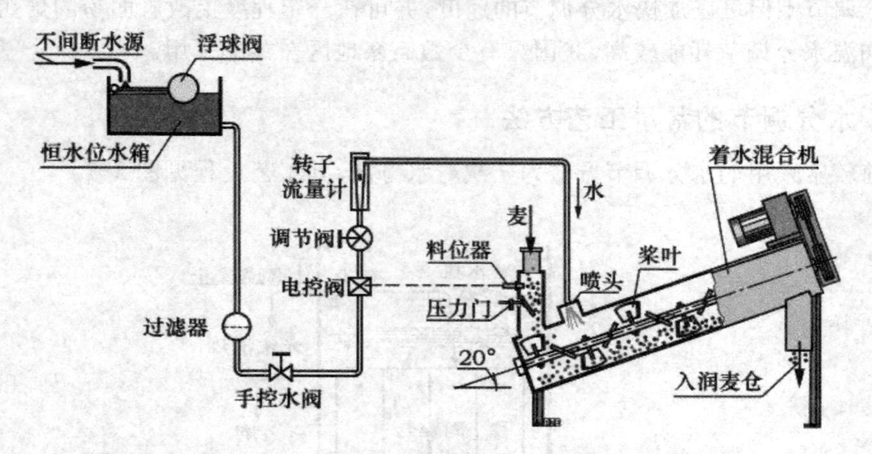

图 3-2　着水混合机与配套的手动水流量控制系统

原料小麦进入着水机进口后，料位器将“有料”的信号传递给电控水阀，水阀打开，来自恒水位水箱压力稳定的水流经转子流量计由喷头进行着水，通过搅拌，水在通过着水机的麦粒表面上基本分布均匀。

水流量的大小由调节阀控制，小麦流量一定，水流量越大，着水量越大，小麦的水分增加越多。水流量的大小可由转子流量计观测。水流量应与生产管理部门提出的数据保持一致。

通过调节进料压力门，使进料口内存积适量的小麦，以使料位器工作稳定。断料时，料位器断开电控水阀，中止着水。

着水机应空车启动，随后打开手控水阀，准备着水。待设备运转正常后进料，料位器测到物料，着水机自动开始着水。

着水机停机时，先关闭手控水阀随即断料，待机内积料排空后停机。检查机内积料积水情况并进行处理。

二、双轴桨叶着水机

双轴桨叶着水机的结构与工作原理如图 3-3 所示。

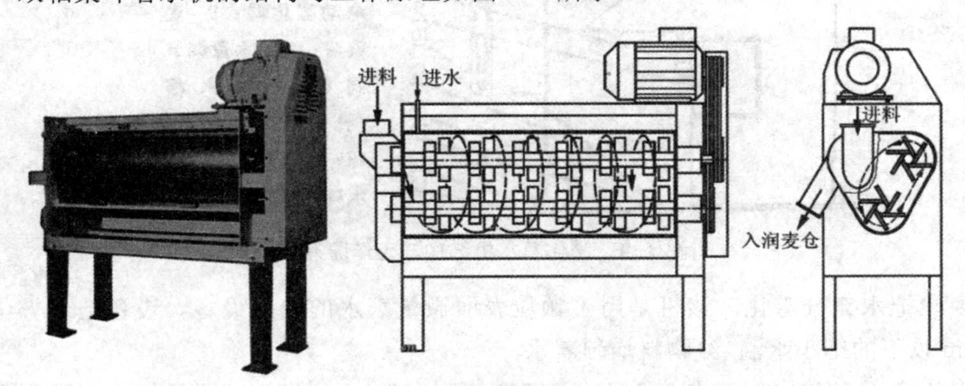

图 3-3 双轴桨叶着水机结构与工作原理

小麦从前面的进料口进入设备后，与进水口提供的水混合，被转子上的打板带动，沿壳体运动，受到两根打板轴的强烈混合作用，使水分均匀分布并有效地渗入麦粒中，物料被缓慢向前输送。着水量可达 7%。搅拌过程中物料的破碎率较低。

转子打板和壳体板易磨损，因此必须定期检查其磨损情况，在打板长度磨损 20 mm，即打板和壳体之间的间隙为 30 mm 时，必须更换打板。更换打板时，应成对更换或全部更换，以保持动平衡，减少振动。只有在无负载的状态下，才能接通或断开着水机的电源。物料量和水量必须尽可能均匀地补给。为卸料完全，在切断电源前，让机器在无物料的情况下运行几分钟。操作过程中，定期检查机器是否有异常的噪音。如有不正常的噪音，须立即停机，查明原因并排除。

三、雾化着水机

雾化着水机的结构如图 3-4 所示，主要由进料管、调节手柄、均料环、分料盘、控制柜、玻璃转子流量计、电动雾化器、集料斗、出料口、排水口等组成。

物料从进料管落入均料环，在均料环与分料盘的共同作用下，沿分料盘上表面均匀流向四周，并在分料盘的下方形成环状均匀物料流；水通过玻璃转子流量计，经管道流入电动雾化器内，电动雾化器把水雾化成 10 ~ 100 μm 的细小雾状水滴，散布到机体内，与物料相遇着水。着水后的小麦经集料斗卸出机体外，多余的水通过空水槽（孔）与物料分离，经排水管排出体外。

该机采用先进电动离心雾化技术，克服压力喷雾喷嘴磨损快、喷孔易堵塞、工作不可靠等缺点。使设备工作平稳、可靠、对水质适应性强，雾化效果好，物料着水均匀。设备在常压下工作，不需配备空压机，安装方便。

微量着水是粮食加工中的一道重要工序。微量着水量虽少，但着水均匀性要求高。

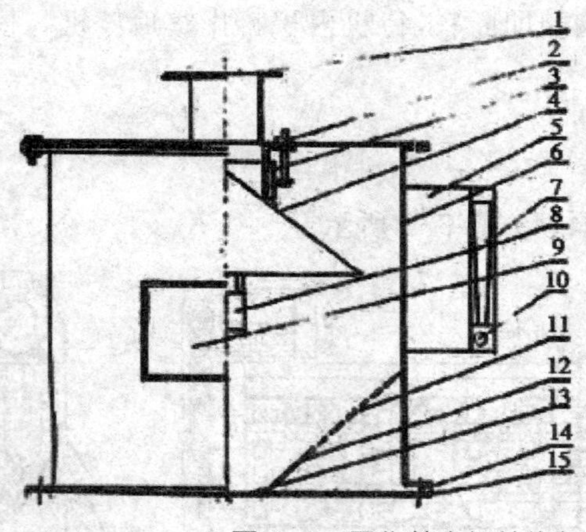

图 3-4　雾化着水机结构与工作原理

这就要求把水充分雾化。该机是用于颗粒表面微量着水的专用设备。设备把水雾化成 100 μm 以下的细小水滴，给物料均匀着水。

在小麦入磨前均匀着水 0.3%～0.5%，润麦 30 min 左右，在不增加小麦胚乳含水量的前提下，提高小麦皮层的含水量，增加其韧性，提高皮层纤维素抗机械破坏的能力，使小麦在研磨过程中保持麸皮完整，减少面粉中麸星，降低面粉灰分，提高成品质量。

五、润麦仓

（一）润麦仓结构特点

在小麦清理中，须对小麦进行加水，加水后要保证小麦内部水分的平衡，需要一定的润麦时间，以保证润麦效果，因此必须设置润麦仓。润麦仓一般采用方仓，方仓的出口有两种形式，即单出口和多出口。单出口容易造成物料的自动分级，形成流量和质量的不稳定，而多出口最为合理，能保证物料流量和质量的一致性。一般情况下，润麦仓应保证 30 h 的储存量，一个生产线至少要有 3 个润麦仓。

润麦仓的润麦时间是根据原料小麦的性质确定的，一般情况下，加工软质小麦时，加水量较少，润麦时间在 16～24 h；而加工硬质小麦时，加水量较大，润麦时间可在 24～36 h。

在生产过程中，一般配置多个润麦仓，常见为 4～6 个。生产过程中，润麦仓逐仓进料，先进仓的小麦达到要求的润麦时间后即可开仓放料。因此在生产过程中，各润麦仓应轮流进、出料，周转使用。

由于对小麦的润麦时间有一定的要求，进入同一仓中的小麦也应按进仓的先后顺序出仓，即先进先出，因此润麦仓一般采用多出口仓体，以满足这个要求。常见润麦仓的结构如图 3-5 所示。

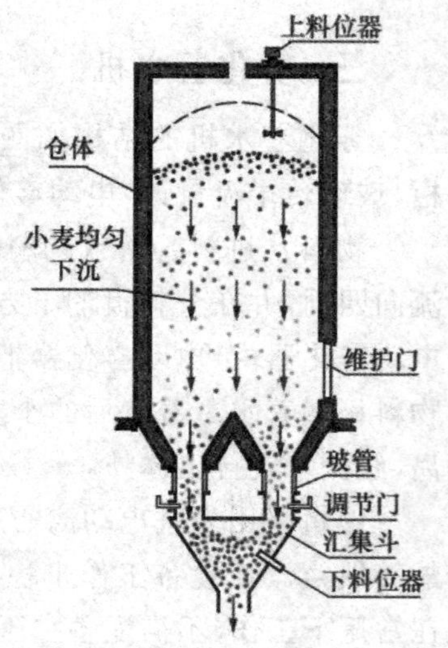

图 3-5　润麦仓的结构

多出口均衡放料，可自下而上地带动整仓小麦均匀下沉，以保证润麦效果。放料时，应通过玻璃管观察，采用调节门控制，使多出口的放料流量保持一致。

由于进仓时品质较差、较轻的小麦易冲向四周，而较饱满的籽粒多集中在仓的中心，放料时整仓小麦均匀下沉，还有利于保证单仓中先后放出小麦的平均品质较稳定一致。

每个仓放空后，应由维护门进入仓内进行检查，仓壁、仓底如有积料，必须及时清理，以保证仓中物料可良好流动。

若因后续设备出现问题，仓中已着水的小麦不能及时处理时，应操作选择拨斗，使仓中小麦放出经输送设备倒入空仓中，使小麦降温除湿，防止原料发热变质。

（二）振动润麦（动态润麦）

由于小麦的特殊结构，室温润麦过程中，水分主要经过胚部、茸毛处进入小麦，因此，润麦所需的时间较长。虽然硬麦和软麦有所差异，较多的工艺都用多种小麦根据配方混合使用，一般情况下，润麦的时间都在 24 小时以上，有些特种小麦的润麦时间在 35 小时以上。

采用振动润麦技术可以增加润麦的均匀性，防止小麦在润麦仓出现结拱和沥水现象，有利于单粒小麦的内部水分分布，可缩短润麦时间。

（三）润麦仓仓容量的确定

根据以上讨论，按多仓润麦的工艺方法，并设进、出仓的流量一致，单个润麦仓的仓容量 W 可为

$$W = \frac{G \cdot t}{Z - 1}$$

式中，W——单个润麦仓的仓容量(t/个)；

G——润麦仓的进出仓流量(t/h)；

t——润麦时间(h)；

Z——一组润麦仓的总仓数(个)。

$(Z - 1)$就为扣去稳定运行过程中一个空置麦仓的仓容量。

为适应原料品种的变化及有利于生产的管理，计算时润麦时间 t 应针对本厂具体情况取大值。若 t 取 24 h，G 为入磨流量，$G \times t$ 即为工厂的小麦日处理量。

考虑到润麦仓的尺寸与厂房建筑的匹配，一般情况下 $W = 20 \sim 60$ 吨 / 个为宜。若根据厂房建筑的尺寸已确定一个润麦仓的仓容量为 W，将上式进行变换，可求出一组润麦仓的总仓数 Z：

$$Z = \frac{G \cdot t}{W} + 1$$

当采用一次着水润麦工艺时，Z 一般为 4～6 个，数量较多时，仓的空置容积相对较小，但仓数过多则使进、出仓输送设备配置较困难。

单个润麦仓的容积可根据求出的 W 及原料的平均容重计算，原料的平均容重一般为 0.73～0.76 t/m^3。

六、净麦仓

在粉路与麦路之间应设置净麦仓，其主要目的是：在麦路与粉路之间起缓冲、衔接作用，保证入磨净麦的流量稳定。通常在净麦仓上方装置雾化着水机，因此雾化后的短时润麦在净麦仓内进行。

净麦仓的仓容量一般不大于对应粉路 1 h 的小麦处理量。

为防止漏斗流的出现，净麦仓的高度应大于其直径或边长，仓下应设置多个出口，一般设置 4 个出口。

雾化着水后的润麦时间一般为 20 ～ 40 min，故称为短时润麦。润麦时间不可过长，否则加入的水被胚乳吸收会使皮层的水分回落。

【操作规程】

一、着水混合机

1. 开机与运行的检查工作

转子的检查：是否有异物存在；用手转动轴（在任何地方都不允许有卡的现象），三角带是否已张紧，是否已调整好；检查动力线绝缘情况。检查旋转方向是否与标识方向一致。

在工作过程中应留意机器上是否发出有规律的异常声响。如果发现有异常声响，应立即停机，请专业人员检查原因，排除故障。

2. 清理工作

着水机须定期清理，以保证设备处理效果；防止筒体生锈；防止积存的小麦发芽。

3. 转子上的的桨叶更换

转子上的桨叶可以在机器上更换，不过每次更换必须全套更换。而不允许只更换其中的一部分桨叶，更换步骤如下：

（1）停机；

（2）将电源开关拉下，同时上锁（拆下三角带）；

（3）旋掉各螺母，取下桨叶；

（4）装上新的桨叶，同时把各螺母拧紧。

注意：新桨叶装上后要注意其扭转角度及螺旋线方向。

4. 轴承的保养

无论在传动装置一侧，还是在卸料口一侧，绞龙轴都支承在自动调心滚子轴承上。调心滚子轴承在工作了约一年后，就得将这些轴承拆下，用煤油清洗，并检查其状况如何。将依然完好的轴承重新装上，并加注新的润滑脂，其加入量为 1/3 ～ 1/2。

5. 润滑计划

表 3-1　润滑计划

润滑周期	构件	润滑剂
按减速电机制造厂规定	减速电机	按电机制造厂规定
每一年	调心滚子轴承	润滑剂

注：调心滚子轴承的润滑也可根据滚子轴承厂家的要求来保养轴承。

6. 三角皮带的保养

着水混合机是由一牢固的三角皮带传动装置传动的。使用的是减速机。可以通过调节减速机地脚的位置来调整三角皮带;调整时必须先松开减速机地脚上的四个螺栓,使减速机移动位置达到所需位置,然后拧紧各螺栓。

说明:更换三角带时应整组更换,绝对不能只更换个别的三角皮带。

二、双轴桨叶着水机

双轴桨叶着水机:

(1) 根据小麦着水情况,选择合适的工作程序(此工作程序事先已由技术人员根据物料情况编制了两个数据,一个用于选择,一个用于校正,操作工不得随便调整)。

(2) 小麦流量一般在 6 ~ 30 t/h,必须严格控制,过低,控制仪将关闭快开阀,不加水,太高,负荷太大,易引起安全事故。水源流量必须保证 0.01 m^3/h 以上,否则将引发缺水报警,机器不能正常工作。

(3) 经常检查测量容器物料流动情况,确保畅通。检查吸风系统是否有效。

(4) 开机前,用手转动确认工作室内无异物。

(5) 经常检查传动皮带松紧程度是否合适。

(6) 未经批准,不得随意进行手动加水操作。

任务三 小麦水分调节工序的控制

【学习目标】

通过学习和训练,了解水分调节的工艺过程,了解常用水分调节设备的调整原理,能根据生产的常见要求,对着水设备进行工艺调节,能处理水分调节设备的常见故障。

【技能要求】

(1) 能根据原料情况进行水分调节。

(2) 能排除水分调节设备的故障。

【相关知识】

一、着水流量的基本计算

(一) 水分调节的工艺过程

水分调节的工艺过程及相关的参数如图 3-6 所示。

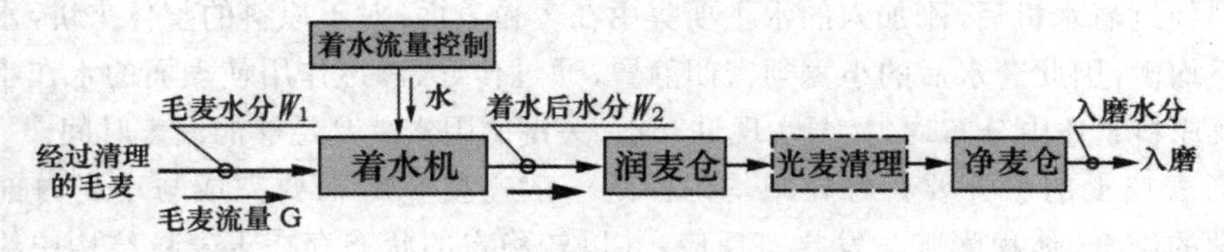

图 3-6 水分调节的工艺过程

着水前小麦的水分称为毛麦水分，用 W_1 表示，毛麦水分一般为11%～13%；着水后小麦的水分为 W_2。

（二）入磨水分的确定

入磨水分是一个重要的工艺指标，即进入第一道磨粉机的净麦的水分，该水分的高低应根据当前生产的具体工艺条件来确定，即与原料的类型、产品的要求、气候情况及制粉工艺流程的操作方法等因素有关，适宜的入磨水分是保证产品产量及质量的一个重要基础。入磨水分一般为15%～17%，具体的数值通常由生产管理部门确定。

针对具体的情况，入磨水分一旦确定以后，在对应条件没有改变之前，入磨水分须保持相对稳定；而相关条件若有变化，入磨水分又须及时进行调整。

（三）着水流量的计算

通过着水机加入原料小麦中的水流量称为着水流量。

小麦着水后，通过润麦、光麦清理过程时水分损耗很低，一般就认为入磨水分的数值等于着水后小麦的水分 W_2。因此，要保证入磨水分符合要求，小麦处于最佳的工艺状态，针对指定的原料着多少水是制粉生产过程中的关键之一，而着水流量就是一个重要的工艺参数。着水流量(kg/h)可由下式计算：

$$\text{着水流量}(\mu)(\text{kg/h}) = \text{毛麦流量}(G) \times \frac{W_2 - W_1}{100 - W_2}$$

式中：毛麦流量的单位与着水流量相同，W_2、W_1 的数值均为百分数。

当采用一次着水润麦时，进入着水机的原料水分即毛麦水分，出机小麦的水分即净麦水分，也为入磨水分。例如：某厂采用一次着水润麦，毛麦流量是8 000 kg/h，毛麦水分为12%，要求的入磨水分为16%，将已知数代入公式计算：

$$\text{着水机的着水流量}(\text{kg/h}) = 8\,000\ (\text{kg/h}) \times \frac{16 - 12}{100 - 16} \approx 381\ (\text{kg/h})$$

通过计算得到着水机的着水流量应为381 kg/h。一般1 kg水的体积为1 L，在这种工作状态下，检测着水机着水流量的转子流量计上的读数应为381 L/h。用这个方法得到的着水流量，即为手动调节着水系统的操作依据，也可作校核自动着水机工作状态的参数。

毛麦流量由毛麦仓下的配麦器控制。

（四）润麦时间的确定

原料经过着水机后，刚加入的水主要集中在麦粒表面，对于原料的整体来讲，水分的分布也不均衡，因此着水后的小麦须密闭静置，通过传导、渗透作用使表面的水在小麦籽粒内部及原料整体中分布均匀，要实现这一点，关键的因素就是足够的润麦时间。

小麦表皮上的水分要在籽粒中均匀渗透一般需要8 h，而要完成与小麦内部物质物理化学的结合、体积膨胀与发热等反应，并以较稳定的状态存在于麦粒结构中约需要12 h，但要通过籽粒之间的传导，实现所有麦粒水分的均衡则需要更多的时间。

当采用一次着水工艺时，润麦时间一般控制在 16 ～ 30 h，当原料中硬麦较多、原料的毛麦水分偏低、气候寒冷干燥时，润麦时间应为 24 ～ 30 h；原料为软麦时，润麦时间可为 16 ～ 24 h。

采用两次着水工艺时，通常第一次着水量大于第二次，一般第一次润麦时间为 20 h 左右，第二次润麦时间为 16 h 左右。

（五）毛麦水分的检测

为在生产过程中及时得到计算着水流量的依据，毛麦水分一般采用快速测定方法测定，如采用电容式水分测定仪，取样测定得到结果只需数分钟，测试的样品小麦一般应在着水机前即毛麦清理工序中接取。

为保证快速水分测定仪所测数据的准确性，应定期由生产检验部门使用标准的水分测量方法，对所用的快速水分测定仪进行校核标定。

二、水分调节设备的常见故障及排除

（一）着水机的常见故障及排除

1. 着水不准确

采用手动着水控制系统时，是否正确采用快速水分测定设备及时准确地得到毛麦水分、毛麦流量是否稳定，是影响着水准确性的主要因素。采用快速测定仪得到毛麦水分数值后，根据已确定的入磨水分、毛麦流量的数值，采用上述计算式即可得到着水流量的数值。以此为据，观察转子流量计并与计算结果对照，及时修正调节着水流量。

要保证毛麦流量的稳定性，应着重检查毛麦配麦器的工作状态，使之工作良好。

若采用自动着水控制系统，可根据测定的毛麦水分、设定的入磨水分及已知的毛麦流量进行计算，得出正确的着水流量值，将此数值与着水机上配置的转子流量计的测试值对照，若有较大误差，应及时向技术管理部门报告。

2. 断料不断水

如果着水机的进料控制装置失灵、断料时电控水阀不动作而继续供水，将造成此故障。应着重检查进料装置中的料位器是否良好，电控水阀是否动作正常。目前常见的故障为电控水阀的阀心因水垢影响而动作失灵，甚至被卡死而导致水阀的电磁铁烧损。因此应注意经常检查维护电控水阀，及时清理其中的水垢。

较老式着水机的进料装置一般采用微动开关控制水阀，微动开关长期工作也可能出现疲劳损坏而失效，使水阀失灵。损坏的微动开关须及时更换。

3. 着水后水分布不匀

着水机工作流量过大或着水机的搅拌不够均匀，均可能导致小麦着水后水分分布不匀。除应控制毛麦流量不超过着水机的额定产量外，还应注意检查着水机的搅拌叶片的推进速度是否过快，必要时可适当调小叶片的夹角或适当增加着水混合机机体的倾角，在着水量较大时应特别注意这个问题。

应注意经常检查着水后湿小麦表面水分的分布情况，一般用手抓一把湿小麦后再放掉，看手掌上的水迹，若水迹的大小、分布均匀，就可粗略地说明湿小麦表面的水分分布基本符合要求。

（二）润麦仓的维护

润麦仓维护的主要目的就是要使仓中的物料在排放时均匀下沉，防止出现仓中心物料下沉而四周物料不动的现象。一般可在有照明的条件下，通过仓顶的观察孔来查看物料表层的小麦在下沉时如何运动来进行判断，必要时可在料面上采用面粉撒几条直线来辅助观察，若在放料过程中，表层小麦没有横向移动、所划直线没有弯曲，就说明仓中物料是均匀下沉，符合要求。否则就须对仓壁、仓斗、仓出口进行检查，仓壁仓斗是否积料，应特别检查多出口仓下各出口的小麦流量是否基本一致。

（三）净麦仓的管理

在生产过程中，应使净麦仓的进料流量（即光麦流量）略大于入磨流量，并在净麦仓仓壁的适当位置上，安装上料位器与下料位器。当物料位达到上料位器时，即通过主控制室停止润麦仓下供料设备的运行，中断光麦清理工序的供料，净麦仓也停止进料；当料位低于下料位器时应启动润麦仓下的供料设备向光麦清理工序供料，净麦仓恢复进料。

由于光麦清理工序在运行过程中有短暂停止给料的情况出现，若该工序中设置有去石机类的设备，应注意断料对它的影响，最好在断料时同步停止其运行，给料时再启动设备。短暂断料对筛选设备与风选设备影响不大，这些设备可不停机。若采用喷雾着水，下料位器在仓中的安装位置不可过低。

项目四

原料搭配与控制

任务一　配料

【学习目标】

通过学习和训练，了解常用的原料搭配的目的与要求，了解常用的原料搭配的工艺方法，了解容积式配麦器的工作状态，理解常用的流量控制设备的工作结构与工作原理，理解流量控制的计算方法，能对容积式配麦器的有关工艺参数进行核算，会根据原料的配方操作与调整配麦设备，了解原料、产品的品质控制知识，理解主要品质指标与工艺、产品质量的关系。

【技能要求】

（1）能按照配比进行配料。

（2）能操作调整配料设备。

【相关知识】

一、原料搭配的目的与要求

不同类型原料的工艺性质存在差异，对制粉工艺及产品质量的影响也有不同。为了达到一定的工艺目的，获得所要求的产品质量，通常会将不同品质的原料进行搭配加工。

（一）搭配的目的

1. 合理利用原料，保证产品质量

将不同类型、不同等级的多批小麦采用适当的比例进行搭配加工，使其性能优势互补，充分利用现有库存原料，生产出符合用户要求的产品，这样既保证了产品的质量，又提高了原料的使用价值与经济价值，降低了生产成本。

2. 使入磨小麦加工性能一致，保证生产过程相对稳定

不同类型和不同等级的小麦在制粉生产过程中，其加工特性不同，得到的中间产品比例不同，要求相应的操作方法与设备的工艺参数选择也不同。若针对原料、产品的情况，按对应的比例进行原料搭配，可使加工原料在一定时期内保持相对稳定。生产过程

中，根据搭配后的原料情况进行相应的操作调整后，即可稳定生产。原料的稳定对于采用自动化控制的制粉厂尤为重要。

3. 保证产品质量的长期稳定

若通过正确的搭配处理，即使是更换了部分原料，也能使制粉生产所采用原料的品质保持相对稳定，产品的品质也可在一定时间内保持稳定，不会因更换原料而造成产品质量频繁地波动。这对原料来源较广泛的工厂来说是一个重要的问题。

（二）搭配的要求

（1）按产品的质量要求，选购相应品质的原料小麦。

（2）工厂的仓储条件需符合生产要求，并严格按原料的不同类型分别存放。若造成互混则无法再进行准确的搭配。

（3）工艺过程中需具备较完善的搭配设施。

（4）针对指定的产品，原料的搭配比例应保持相对稳定。若需调整时，应在完成后续设备的相应调整以后才可更改搭配比例。

（5）具有较完善的试验设备和检验条件。

二、原料搭配与流量控制的基本方法与过程

原料搭配与流量控制的方法见图 4-1 所示。为便于原料搭配的安排，一般应设置 4～6 个毛麦仓，仓的总容量应大于小麦的日处理量；原料的搭配比例与毛麦清理工序的工作流量都由毛麦仓下的配麦器控制。

不同原料须分类安排进仓。例如有 A、B 两种原料，A 原料用量较大，装入 1、2、3 号毛麦仓中，一般情况下，为便于管理与配麦器的操作，这三个仓中的小麦应逐仓先后放出与 4 号仓中放出的 B 小麦搭配。应避免三个仓同时放、同时空的情况出现，这样有利于保持原料品质的稳定性。

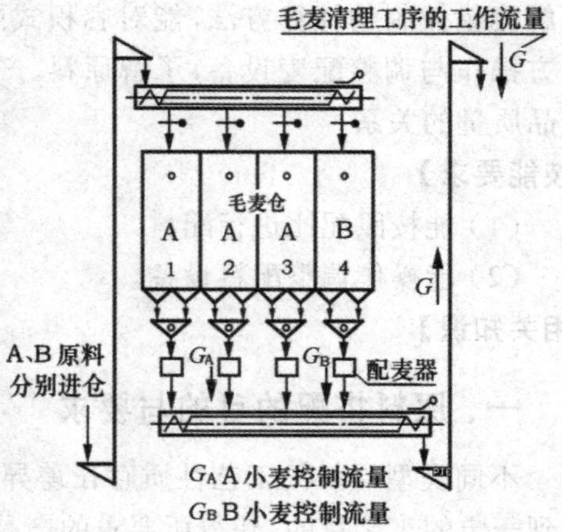

图 4-1 原料搭配与流量控制的方法

根据搭配的要求，配麦器控制的 A、B 小麦的流量之比应该与所要求搭配的比例一致，A、B 小麦的流量 G_A、G_B 之和应等于毛麦工序的工作流量 G。

一个稳定生产的工艺过程，毛麦处理流量一般是较稳定的，不会有较大的变化。而原料的搭配比例却与产品要求、设备状态、气候条件等因素有关。当这些因素有变化时，原料的搭配比例就必须进行调整。但若条件不变，相关原料的搭配比例也必须相对稳定。因此，对于控制流量的设备即各种类型的配麦器来说，应能够对通过设备的小麦流量在一定的范围内进行调节，而一旦工作参数确定后，通过设备的小麦流量就必须保持稳定不变。

有些较小型的制粉厂因受设备条件的限制，毛麦仓下改由手动料门来控制毛麦仓的出料，这样虽然也可以对出仓的小麦流量进行大致的调节、对数种小麦的搭配比例进行粗略的控制，但其流量的稳定性、搭配比例的准确性都较使用配麦器的差。

三、配麦器的基本结构与工作过程

（一）容积式配麦器

常用容积式配麦器的基本结构见图4-2所示，主要工作部件为一只组合叶轮，故也称之为叶轮式配麦器。

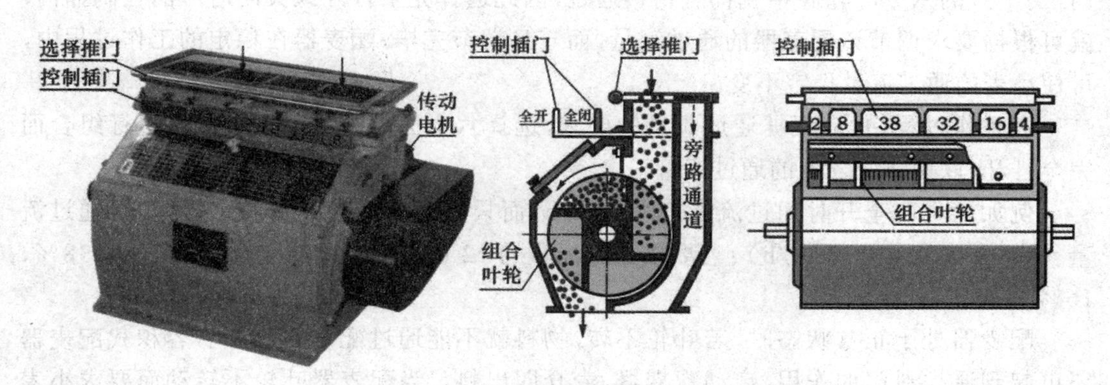

图4-2 容积式配麦器的结构

工作时容积式配麦器的外壳为静止状态，叶轮在电机的驱动下慢速稳定地转动，其上方毛麦仓中的物料由配麦器的进口落入叶轮的空腔中，随叶轮转至出口上方卸下。叶轮的空腔即配麦器的工作容积，工作容积不变时，稳速转动的组合叶轮将使原料小麦以稳定的流量通过配麦器。若因需要改变了叶轮的工作容积，物料通过的流量也会相应改变。

（二）重力式配麦器

重力式配麦器是一种自动化程度较高的控制设备，与容积式配麦器一样，常设置在包括毛麦仓在内的各类麦仓下，对出仓流量进行控制。重力式配麦器有机械式与电子式两种，目前常用的是电子式重力配麦器，其外形与基本原理见图4-3所示。

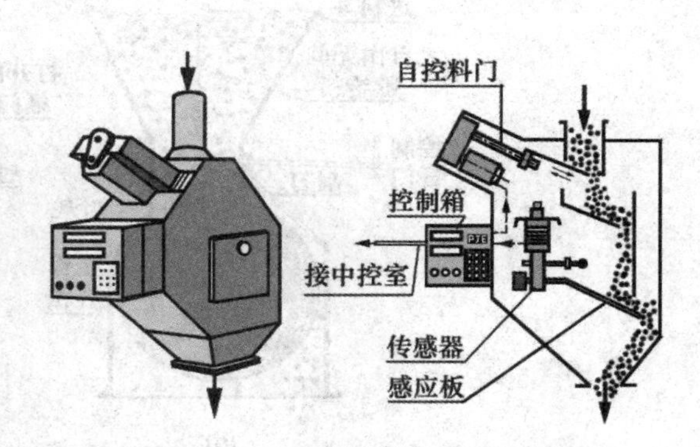

图4-3 重力式配麦器的结构

通过重力式配麦器的流量大小应预先设定。通过设备的物料流量由自控料门控制，物料流下时冲击在感应板上，与感应板联接在一起的传感器将冲击力转换为电信号输入控制箱中的微处理器，处理器将电信号转换为流量数据与设定值进行比较，当流量超过设定值时，则驱动自控料门关小，而流量小于设定值时，则使自动料门开大，因而使实际通过流量与设定值一致。通过配麦器的瞬时流量值与设定值在控制箱上的显示屏与控制室中均可显示出来，有利于生产的管理与操作。

流量的设定值可直接在控制箱上输入，目前一般都是在中心控制室进行设定，再将数据发送至重力配麦器的微处理器中。

四、容积式配麦器的基本操作方法

容积式配麦器的组合叶轮由六个不同空腔容积的叶轮组合而成，各自的空腔容积占总工作容积的百分比分别为2%、8%、38%、32%、16%及4%。完全打开对应的插门，门下方的六个叶轮腔中就都有物料通过，因此选择完全打开或关闭对应的控制插门，就可根据要求调节该配麦器的通过流量，而一旦调节完毕，配麦器在稳定的工作过程中，可使小麦的通过流量稳定不变。

在工作过程中，应根据通过流量的要求，选择六个插门中的若干个插门进行组合而完全打开，以调节配麦器的通过流量。

例如六个门全开时通过流量若为20 t/h，而只打开2%与38%两个插门时，通过流量就为20 × 0.4 = 8（t/h）；若要求通过流量为12 t/h，则须相应完全打开2%、38%、16%与4%等四个插门。

配麦器处于正常状态时，若叶轮不转，物料就不能通过配麦器，因此，容积式配麦器还可起到遥控料门的作用，启动配麦器，麦仓即出料。当配麦器叶轮不转动而要求小麦通过时，手握配麦器上的选择推门向外拉，盖住叶轮的进口，改变配麦器的工作状态，可使物料从旁路通道通过。

五、容积式配麦器的调节原理与要求

（一）容积式配麦器的调节原理

容积式配麦器的工作原理见图4-4所示。

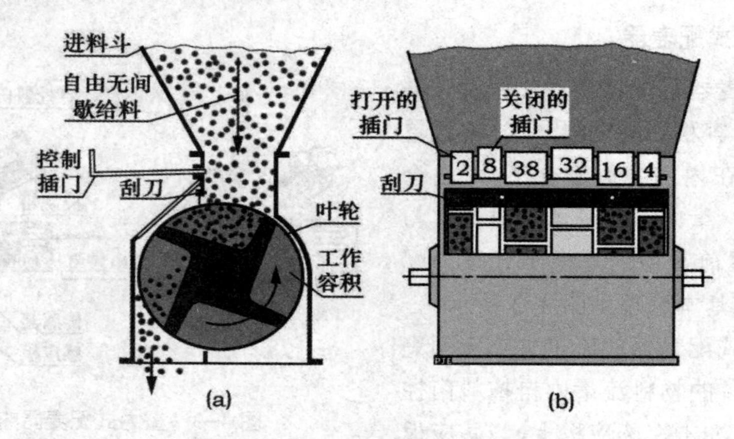

图4-4　容积式配麦器的工作原理

叶轮转一圈，带下的小麦容积为：叶轮的工作容积 × 装满系数；带下小麦的重量为：

小麦的容重 × 工作容积 × 装满系数。经过换算，得出每小时通过配麦器的小麦质量即配麦器的控制流量为：

控制流量(kg/h) = 0.06 × 小麦的容重 × 工作容积 × 装满系数 × 叶轮转速

式中，容重的单位为 g/L，工作容积的单位为 L，装满系数在计算时一般取 0.8，转速的单位为 r/min。

小麦的容重一般为 730 ～ 810 g/L；目前较常用的配麦器采用组合叶轮，6 个共轴叶轮的总工作容积为 17 L。

从式中的关系可看出，控制流量的大小与小麦的容重、工作容积成正比，正常状态下与叶轮的转速也成正比。

目前常用容积式配麦器的转速在工作过程中稳定不变，正常情况下装满系数也能保持稳定，若控制同一种原料，其容重也不变，这样，一般就采用改变工作容积的方式来调节配麦器的控制流量大小。

例：若原料小麦的平均容重为 780 g/L，叶轮的转速为 30 r/min，配麦器 6 个门全开时：

控制流量 = 0.06 × 780 × 17 × 0.8 × 30 = 19 095 (kg/h)

由此可知，这种总工作容积为 17 L 的配麦器以 30 r/min 的转速工作时，一般情况下最大控制流量近 20 t/h。

本例若按图 4-4(b)的方式操作，打开的插门所控制的叶轮容积占总工作容积的 60%，则此时的控制流量就为 20 t/h × 60% = 12 t/h 左右。

(二) 配麦器的工作要求

要使通过容积式配麦器的控制流量稳定，重要的条件就是物料在配麦器的工作容积中的装满系数应稳定，而配麦器的进料、出料、刮刀的维护、插门的操作及配麦器工作转速的大小等因素均对装满系数有影响。

1. 进、出料的要求

容积式配麦器要求进料方式为自由无间歇给料，上方一般直接与仓斗联接，进口料管应不小于配麦器的进口。运行过程中须经常检查进料是否通畅、料管中叶轮内有无堵塞。经常检查、清除叶轮空腔中积存的杂物，以保证配料的准确性。

配麦器的出料应为自由无阻塞出料，下方设备必须具备足够的输送能力，使配麦器排放通畅，以保证叶轮卸料干净。叶轮若卸料不净，将导致原料的实际通过流量下降。

2. 刮刀的维护

在正常状态下，刮刀应紧靠置叶轮，这样才能使叶轮腔内所装小麦的容积保持稳定，以保证流量控制的准确性。应经常检查刮刀与叶轮之间是否贴合，如有磨损，可将刮刀适当下调或进行更换。

3. 插门的操作与维护

操作控制插门时，必须是全关或全开，不能处于半关半开状态。经常检查插门关闭时是否密合，插槽中是否卡料，操作时也须防止插门变形，若造成插门不能完全关闭而造成漏料现象将影响配料精度。

4. 叶轮工作转速的核算

配麦器叶轮的工作转速必须低于该配麦器允许的最高转速，若转速过高，小麦进入叶轮空腔的状态不稳定，叶轮的装满系数不稳定，通过配麦器的原料流量将出现波动，配麦器将失去稳定流量的作用。

一般情况下，应根据指定配麦器所在工作位置可能通过的小麦最大流量来确定配麦器工作转速。

$$\text{叶轮工作转速(r/min)} = \frac{\text{指定位置最大控制流量}}{0.06 \times \text{工作容积} \times \text{小麦最小容重} \times 0.8}$$

式中，指定位置的最大控制流量，对于车间毛麦仓下的配麦器，是指车间毛麦清理工序的工作流量；对于润麦仓下的配麦器，则应略大于小麦的入磨流量。

小麦的最小容重值为对应工厂常年生产原料中最低的小麦容重值，一般取 750～760 g/L。

由此式计算的转速数值即配麦器的核算转速，容积式配麦器应尽量采用此转速运行。

（三）容积式配麦器的操作控制

若配麦器的工作转速等于核算转速值，毛麦仓下一台配麦器的最大控制流量就等于毛麦清理工序的工作流量，毛麦搭配的操作可直接参照控制插门上的比例数值进行操作。

当只处理一种原料时，每次开一台配麦器，一般情况下所有插门全开。

当操作多台配麦器进行原料搭配时，各配麦器打开插门的百分比值应与对应的原料搭配比例对应。

例如采用两种原料进行搭配，搭配比例分别为70%与30%：一台配麦器应打开38%与32%两个插门；另一台配麦器则打开2%、8%、16%、4%四个插门。

若配麦器的转速等于设备允许的最高转速（如 50 r/min），上述控制插门的操作数值均须乘以（核算转速 / 最高转速）的比值。

六、重力式配麦器的应用

重力式配麦器是根据设定的数值来控制原料流量的。目前使用重力式配麦器的工厂一般均采用计算机可编程控制器来对整个工艺过程进行控制，因此，重力式配麦器的流量设定值通常都是在总控制室采用计算机输入。在进行毛麦搭配时，各台配麦器控制的流量与总流量之比应等于对应原料的搭配比例，而总流量须等于毛麦清理工序的工作流量。

在重力式配麦器中，虽然由微处理器控制的自动料门来调节控制进机的物料流量，反应速度快，精度较高，但为了尽量减少设备的损耗、避免料门频繁动作，重力式配麦器的进料要求也与容积式配料器一样，应为自由无间歇进料。若进机流量不稳定，甚至小于配麦器的设定值，通过配麦器的流量也无法保持稳定。

因物料长期冲击感应板，故须定期检查感应板的磨损程度，清理感应板与料门上缠挂的杂物。

任务二　搭配与流量的控制

【学习目标】

通过学习和训练，了解原料搭配流量控制基本方法，掌握原料搭配方案的确定方法。

【技能要求】

（1）能按要求控制搭配流量。

（2）能按要求确定搭配方案。

【相关知识】

一、搭配流量控制的基本方法

流量控制包括对原料流量大小的控制及对原料实际流量的检测计量，需采用相应的流量控制设备和流量检测计量设备。

（一）流量控制的方法与基本原理

一般在毛麦清理工序和光麦清理工序的前端设置流量控制设备，以控制原料的流量大小。

其目的是使后续各类设备的工作流量保持稳定、适当。这是清理工艺效果达到最佳状态的基础。

要达到控制流量的目的，供给流量控制设备的物料就不可间断，且其供料流量在一定范围内大小无限制，这样流量控制设备输出的物料流量才可稳定。根据工艺需要在一定范围内进行调节，将流量控制设备的进口直接与具有一定容量的麦仓出口连接即可实现这样的要求，因此流量控制设备与检测设备通常设置在车间毛麦仓及润麦仓下，如图4-5所示。

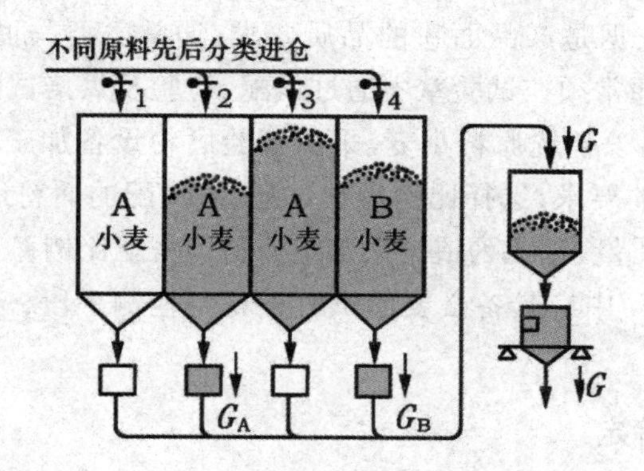

图4-5　流量控制与检测的方法

（二）原料的进仓控制

不同种类的小麦分别存放是实现搭配的前提。由于工厂中搭配毛麦仓的数目一定，而搭配的原料是经常变化的，因此在原料进仓时，应注意合理安排不同原料的进仓顺序、用仓数量；为保证后续生产的稳定性，应控制好原料的进仓流量。

一般应根据指定原料的搭配比例来分配原料用仓，如图 4-5 所示，A 原料比例较大，占用 1 号、2 号、3 号仓。

（三）搭配控制设备的操作

1. 原料的出仓安排

为便于设备和麦仓的操作与管理，存放同类原料的多个麦仓应逐仓放料，相应同类原料的控制设备的工作参数可一致。如图 4-5 所示，三个存放 A 小麦的仓轮流放料，三台对应配麦器的工作参数一致。如图示状态，对于 A 原料，放空 1 号仓后，再放 2 号仓；因 B 原料只占用一个仓，仓下持续放料，参加搭配。

2. 配麦器的调节

仓下配麦器控制流量 G_A、G_B 根据搭配比例的需要进行调节。

通过调节，使 $G_A + G_B$ 之和等于后续工序所要求的工作流量 G，这是流量控制的要求；使 G_A/G、G_B/G 分别等于对应原料的搭配比例，即可实现小麦搭配的要求。

在不进行原料搭配时，仓中为一种原料，但仍须进行流量控制。这种情况下配麦器一般单独运行，并使配麦器的控制流量均等于 G。

3. 配麦器的检测

在运行过程中，应定期采用后续自动秤的检测值对配麦器的控制流量进行校核，若发现问题，应及时对配麦器的工作状态进行检查。自动秤工作在较稳定的状态时，单秤称量时间稳定，生产过程中若发现自动秤的称量时间出现明显的波动，则说明来自配麦器的流量不稳定。

二、搭配方案的确定

（一）原料搭配的依据与要求

原料搭配的主要依据是产品面粉的品质要求，通常主要与面粉制成食品的种类有关，而具体的搭配比例通常须在试验室中通过试配、检验及烘焙试验等手段来确定。

首先根据产品的要求初选原料小麦，采用试验磨粉设备加工少量面粉，根据各原料的品质情况、参照产品的要求，选择比例进行试配，对试配的面粉进行测定并进行烘焙试验，检验其制成食品的质量，以此为依据来确定原料的搭配比例。

为做到这一点，工厂中应具备必要的试验设备与检测手段，应能对原料小麦的主要品质指标进行检测分析。

（二）搭配方案的确定

原料的搭配比例一般从稳定生产与满足产品的要求两个角度来考虑。

以生产通用型面粉为主的制粉厂，小麦搭配一般主要考虑稳定生产及满足产品常规质量要求。在保证产品质量的前提下，各种原料的搭配应综合考虑现有库存及即将购入原料的多少、好次情况，搭配的比例一般与可供使用的各类原料的数量大致对应，从而使生产在较长的一段时间内处于稳定状态，产品的品质也不会出现明显的波动。

产品为通用型面粉时，常以面粉的某个指标作为搭配依据，可考虑采用计算法确定原料搭配比例。

产品以专用面粉为主时，因涉及的因素较多，许多数据需要通过烘焙试验或综合测定才可得到，因此通常采用试验法来得到原料的搭配比例。

1. 计算法

在制定通用小麦粉的搭配方案时，一般首先考虑满足小麦粉的面筋质含量要求，根据各种小麦的库存情况，选择不同面筋质含量的小麦进行搭配。若选用两种原料，计算模型为二元一次方程组，计算表达式如下：

$$\begin{cases} X_1 + X_2 = 1 \\ A_1X_1 + A_2X_2 = A \end{cases}$$

式中，X_1、X_2——两种原料的搭配比例；

A_1、A_2——对应为两种原料的面筋质含量；

A——所要求的入磨小麦面筋质的含量

一般情况下，$A_1 \neq A_2$，且 A 的大小必须在 A_1、A_2 之间才有解。

若采用三种原料时，可综合原料品质、库存等情况考虑。先确定一种原料的比例，将其带入方程式中计算。若采用多种原料、需满足多种要求且要考虑原料的最低成本时，可应用线性规划的方法来求最优解，借助计算机可迅速准确地得到结果。

2. 试验法

当产品为较低档的专用面粉时，可采用几种适当的原料小麦搭配来进行生产。但一般需借助检验设备，采用试验的方法来确定小麦的搭配比例。通常采用试验制粉机组将拟搭配原料制成面粉，再使用粉质仪、降落数值仪等检验设备测出样品的有关曲线与参数，与指定专用粉的典型曲线、参数对照，并对样品进行烘焙试验，以此来选择原料小麦的合理搭配比例。

通常采用 2～3 种小麦进行搭配生产。在无配粉条件的工厂中，这是常用的一种工艺手段。若产品为较高等级的专用面粉，一般应有配粉工序才能生产出合格的产品。但做好原料的搭配，使面粉的基本性质符合要求，仍是专用面粉生产的重要基础。

项目五

清理流程

【学习目标】

通过学习与训练，了解小麦清理流程的基本组合形式，熟悉麦路的流量控制与工艺组合规律，掌握麦路工艺过程的控制规律与方法。

【技能要求】

能解决清理流程中存在的问题；能根据情况调节清理流程；能进行设备检修与设备管理。

【相关知识】

一、清理流程设计的依据

（一）麦路的作用

按净麦的质量要求对原料小麦进行连续处理的生产工艺流程为清理流程，清理流程也叫麦路。清理流程中包括除杂、水分调节和搭配等工序，是制粉生产过程的重要组成部分。该流程所使用设备运行的效果对制粉工艺与产品质量的影响很大。

麦路的作用就是利用各种清理设备较彻底地清除小麦中的各种杂质，使之符合入磨净麦的纯度要求；对原料小麦进行水分调节和搭配，使净麦的工艺品质达到较理想的状态。

在生产中，需合理地将各种工艺设备组合在一起，按一定的顺序对小麦进行处理，才能达到对小麦的处理要求。

（二）麦路设计的依据

1. 入磨净麦的质量标准

毛麦经过清理和调质后，净麦质量应达到以下指标：

（1）尘芥杂质不超过0.2%，其中砂石不超过0.015%，粮谷杂质不超过0.5%，基本不含磁性金属杂质。

（2）入磨水分符合要求。

(3) 小麦搭配比例合理,润麦时间适中,调质理想。

2. 原料品质与含杂情况

麦路中各工序的设置应与原料的性质、含杂情况对应。原料的情况越复杂多变,就要求麦路的适应性越强,工艺手段越完善。

3. 工厂规模

工厂的规模不论大小,都应有较完善的清理流程。一般来说规模越大,清理流程的工艺应当越完善,并有下脚整理工序。

4. 设备条件

选用质量好、效率高的设备组合麦路,既可保证工艺效果,又可减少设备的数量,简化工艺流程,因此,选用时对拟用设备需有较清楚的了解。

5. 其他条件

背景条件、气候、地理条件等对麦路组合也有影响,如改造现有麦路将受到较多条件的限制。在气候寒冷的地区,麦路中需设置小麦升温设备,润麦仓需要有隔热保温措施。

(三) 麦路组合的基本原则和要求

在组合麦路时应遵循下列原则和要求:

(1) 麦路的工艺手段应齐全,工艺顺序应合理。

(2) 应尽量选用先进可靠的标准系列工艺设备,使工艺效果稳定良好。设备的零配件较易置备。设备技术定额的确定要从实际出发,处理能力要留有一定的余量。

(3) 麦路应具有一定的灵活性,以适应原料品质和含杂情况的变化。

(4) 要有完善的通风除尘、防火防爆措施,改善劳动条件,保证安全生产。

(5) 要有完善的水分调节和小麦搭配设施。

(6) 同类型的设备应尽量安排在同一楼层,以便于操作和管理。

(7) 结合厂房建筑条件,设备布局要合理,尽量减少物料的输送环节。

二、麦路图的组成

麦路图常用图形符号见图 5-1。

在麦路图中,通常用中实线表示主流物料的去向,用细实线表示副流及下脚的流向,点画线表示风网管线。为方便阅读,各类设备图形在麦路图中的分布,通常与设备实际分楼层的位置大致对应。

麦路图的布图应匀称,设备的图形大小应适当,应尽量减少无关线条之间的交叉,各种线条不要从设备的图形符号中穿过。

为了表达麦路图与设备选用表的联系,可按流程顺序或拟订的设备分楼层排布顺序对设备图形进行编号,在选用表中按编号注明设备。在其他技术资料中,同一设备的编号应与麦路图一致。

三、小麦清理流程介绍

一般小麦清理工艺流程如图 5-2。

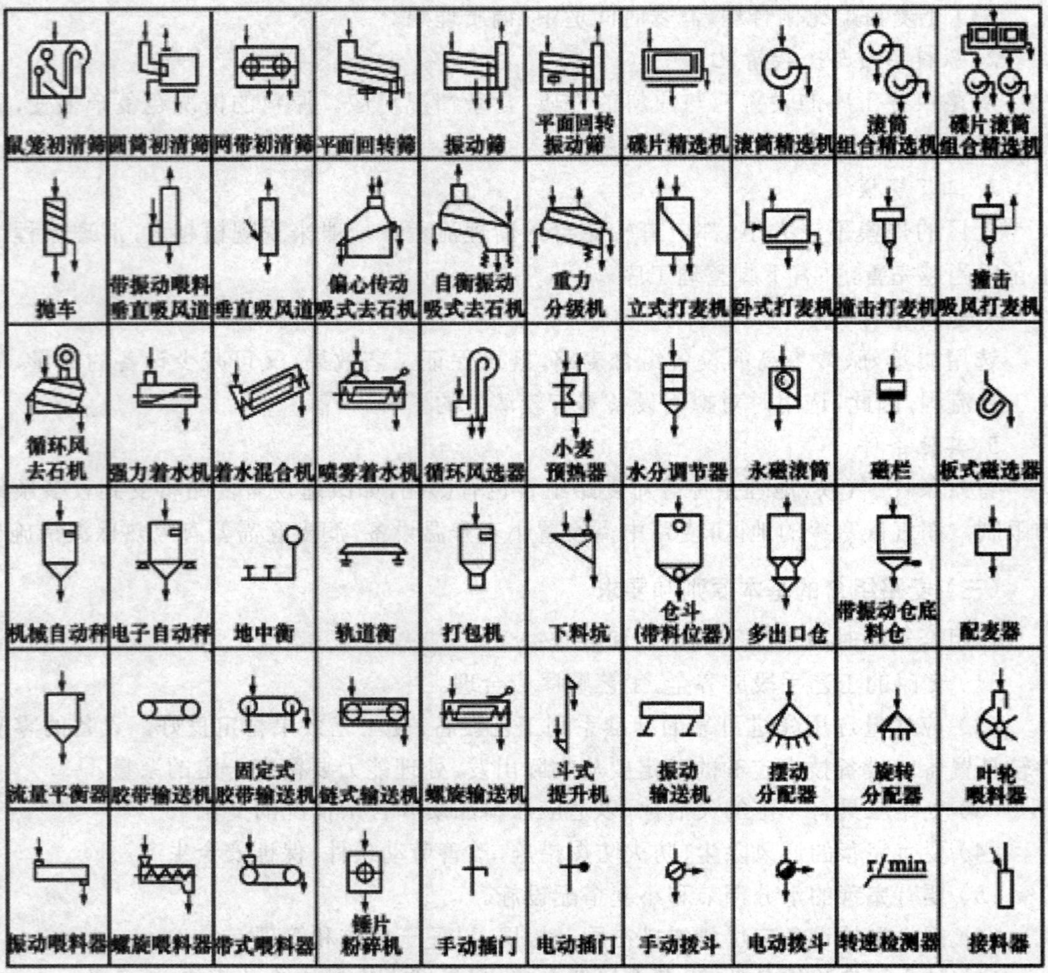

鼠笼初清筛
圆筒初清筛
网带初清筛
平面回转筛
振动筛
平面回转振动筛
碟片精选机
滚筒精选机
滚筒组合精选机
碟片滚筒组合精选机
抛车
带振动喂料垂直吸风道
垂直吸风道
偏心传动吸式去石机
自衡振动吸式去石机
重力分级机
立式打麦机
卧式打麦机
撞击打麦机
撞击吸风打麦机
循环风去石机
强力着水机
着水混合机
喷雾着水机
循环风选器
小麦预热器
水分调节器
永磁滚筒
磁栏
板式磁选器
机械自动秤
电子自动秤
地中衡
轨道衡
打包机
下料坑
仓斗(带料位器)
多出口仓
带振动仓底料仓
配麦器
流量平衡器
胶带输送机
固定式胶带输送机
链式输送机
螺旋输送机
斗式提升机
振动输送机
摆动分配器
旋转分配器
叶轮喂料器
振动喂料器
螺旋喂料器
带式喂料器
锤片粉碎机
手动插门
电动插门
手动拨斗
电动拨斗
r/min
转速检测器
接料器

图 5-1　麦路图常用图形符号

1
2
3
4
5
6
7
8
9
10
11
12
13
14
15
16
17
18
19
20
21

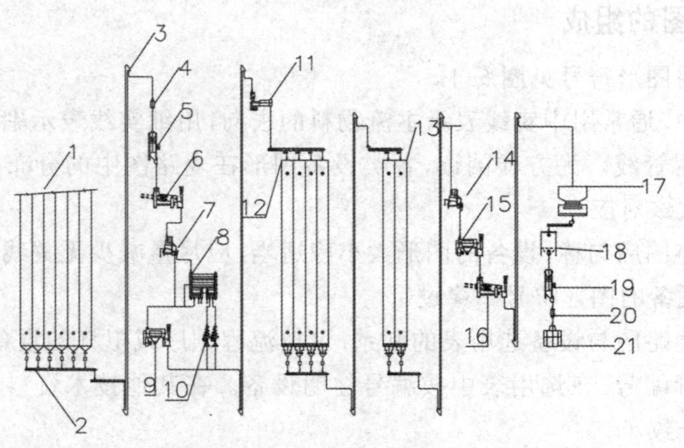

1 毛麦仓；2 绞龙；3 斗式提升机；4 磁选器；5 流量秤；6 振动筛；7 去石机；8 精选机；
9 打麦机；10 荞子抛车；11 强力着水机白开水；12 一次润麦仓；13 二次润麦仓；
14 去石机；15 打麦机；16 振动筛；17 色选机；18 净麦仓；19 流量秤；20 磁选器；21 磨粉机

图 5-2　小麦的清理流程

麦路一般由初清计量、毛麦仓及原料搭配、毛麦清理、水分调节及光麦清理等工序组成。如图示麦路，可称其为三筛两打两去石三磁选的清理工艺。

初清、毛麦清理的第一道设备应为筛选设备；毛麦清理工序须设置去石设备，光麦清理工序中可设置去石机；在毛麦清理工序与光麦清理工序都应设置表面清理设备，一般为打麦机；毛麦清理工序中应设置精选设置；为保护工艺设备，应设置必要的磁选设备。

四、麦路的控制与调整

（一）麦路工作流量的控制

整个麦路各流量控制、检测设备的设置见图 5-3。

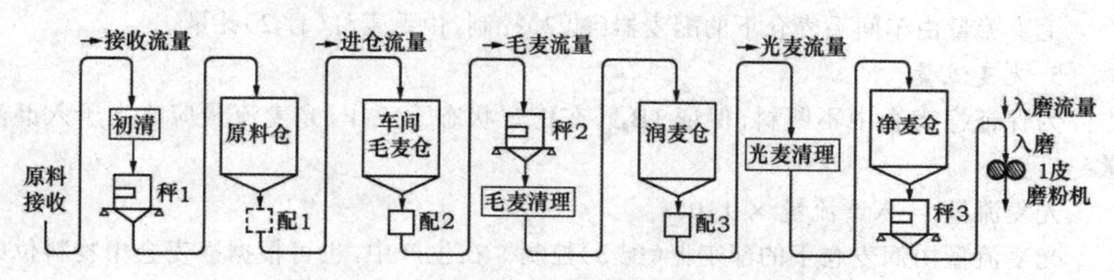

图 5-3 麦路流量的分布及控制检测设备的设置

表明工厂生产规模的重要指标为小麦日处理量，单位为 t/d。

粉路设备的运行机制是 24 h 连续运行，一般情况下，麦路设备的运行时间与粉路相当。

1. 入磨流量

小麦的入磨流量是确定其他流量的基准。

$$入磨流量(t/h) = 日处理量(t/d) \div 24\ (h/d)$$

入磨流量一般由专门处理小麦的磨粉机控制，这个流量也是整个粉路的处理流量。入磨小麦由净麦仓下的自动秤（图中标注为秤 3）进行计量，也可由称量数据得到入磨流量大小。

2. 原料接收流量

原料的接收流量主要与工厂的生产规模有关，一般为 30 ～ 100 t/h，生产规模较大的厂，接收能力较强。接收流量的大小还与原料运输方式有关，包装原料进厂时接收流量偏小且较稳定，散装车送入的，流量偏大且波动较大，工厂的接收能力也较大。

在对原料进行初清后，由自动秤（秤 1）对接收原料进行计量，即可得到流量数据。

3. 进仓流量

进仓流量指从原料仓送入车间毛麦仓的原料流量，其大小一般与入磨流量及进料时间有关。考虑进仓流量的原则是每天须将生产车间一天的处理原料送入车间毛麦仓。一般均安排白天进料，因此每天进料的时间约为 10 h。考虑到更换原料、调节设备等需要占用的时间，故：

进仓流量 ≥ 入磨流量 × 3

进料时间不足10小时的流量应偏大取值。

进仓流量由原料仓下的流量控制设备掌握。可在原料仓下采用配麦器(图中标注配1)控制进仓流量;也有的工厂就采用闸门进行控制,进仓流量的稳定性不如配麦器。

4. 毛麦流量

由于生产过程中,更换原料品种、更换设备零部件、处理设备故障等都需要短时停车,而为了保证润麦效果,在规定时间内必须将足够的小麦送入润麦仓,因此应适当加大毛麦清理的流量:

毛麦流量 = 入磨流量 × 1.2

毛麦流量由车间毛麦仓下的配麦器(配2)控制,由毛麦秤(秤2)计量。

5. 光麦流量

为保证净麦仓中不断料,保证1B磨在稳定状态下工作,光麦流量应略大于入磨流量:

光麦流量 = 入磨流量 × 1.05

光麦流量由润麦仓下的配麦器(配3)控制。在生产中,也可根据净麦仓中物料位的上升速度来对该配麦器进行调节,一般调节至净麦仓在工作过程中其料位缓慢上升为宜,这样可尽量减少因净麦仓满而造成光麦清理设备暂时停机的次数,设备运行较稳定,有利保证其工艺效果,也可防止因光麦流量过小而造成净麦仓空仓,导致1B磨流量不稳甚至断料。

(二)麦路的工艺组合

小麦清理流程一般由原料的接收、原料搭配、毛麦清理、水分调节、光麦清理及下脚处理等工序组成,各工序均由承担相应任务的工艺设备按照一定的规律组合而成。

1. 原料的接收

接收运输工具送入的原料,经初步处理后送入贮存仓,这个过程称为原料的接收。

原料接收的形式与厂型、厂址、运输与包装方式等条件有关。为适应散装与包装原料的接收,一般由一定容积的卸料坑接收从运输工具卸下的原料,再通过具有相应输送能力的输送设备完成转运。原料接收工序的特点是工作流量大且不稳定,设备负荷不均衡。

对于大中型工厂,原料的运输量一般较大,为与运输环节衔接,原料的接收与转运须具备相应能力。当运输工具为散装自卸汽车时,卸料坑应能容下一车散装原料,输送设备的转运能力应不低于50~100 t/h;若运输工具为船或火车时,转运能力应偏大取值。若接收的原料全部为包装形式时,一般为人工进料,但转运能力也应不低于30 t/h。

原料接收时应对原料进行计量。计量设备的位置有两种安排,一是将计量设备放在初清前,一般采用地中衡;二是将计量设备设在初清后入仓前,一般采用电子自动秤。前者可较方便地对接收原料计量,但因原料中的大型杂质未清除,对计量的精度会产生一定的影响,后者计量精度较高。

为保证初清的效果,接收工序中一般设一道初清筛,有条件也可设置两道,第一道可为圆筒初清筛,第二道采用振动筛。由于原料中含尘量大,应配置足够的通风除尘设备。原料若采用包装形式进厂,拆包时难免会有绳带杂质混入原料中,对这类原料不能采用平面回转类型的筛选设备进行初清。

接收工序的一般过程为:接收原料→圆筒初清筛→磁选→(振动筛)→中间仓→自动秤→原料贮存仓。

原料须按品种分类送入贮存仓,根据加工的要求,再选择小麦送入制粉车间的麦路处理。

2. 原料的搭配

原料搭配工序包括车间毛麦仓、配麦器等设备。仓下的配麦器控制原料搭配比例及后续毛麦清理工序的流量。

3. 毛麦清理

毛麦清理工序配置的工作环节较多,通过毛麦清理,应使小麦的纯度接近入磨标准,因此毛麦清理的效果对整个麦路影响较大。

在毛麦清理工序中,一般设置筛选、风选、去石、精选、打麦及磁选等设备。

毛麦清理工序中的第一道清理设备应为带风选的筛选设备,如振动筛或平面回转筛等,除去大部分大、小、轻杂以利后续设备的运行。这一道设备的作用是初清筛不能取代的,且须保证其工作效果。

并肩杂的粒度越大,采用去石机清理的效果就越好,故第一道去石机应设在打麦之前。精选一般设在打麦之前,以减少碎麦对精选效果的影响,若需要设在打麦之后,应注意适当控制打麦机的打击强度。

处理毛麦的打麦机应采用轻打,打后的物料必须采用筛选与风选结合的方式处理,以清除物料中的小杂。在打麦之前至少应设置一道磁选,且宜采用具有自排杂能力的磁选设备。

在第一道筛选设备之前可设置自动秤,对毛麦进行检测计量,秤前应设中间仓。

毛麦清理的一般流程为:车间毛麦仓(流量控制)→(中间仓→计量)→筛选→风选→磁选→去石→(去石)→精选→打麦→筛选→风选→水分调节。

4. 水分调节

水分调节工序一般包括着水机与润麦仓,根据要求,可采用一次着水工艺或二次着水工艺。润麦仓下的配麦器控制光麦清理工序的流量。

5. 光麦清理

为彻底清除原料中的各类杂质,确保入磨麦的纯度,对水分调节后的小麦还应进一步进行清理,麦路的这一部分为光麦清理工序,一般具有打麦、筛选、去石、风选、磁选等环节。

针对光麦的打麦应为重打,打麦后必须设置筛选与风选。在入磨前设置自动秤,可较精确地了解入磨流量,有利于生产的管理。

去石一般应设置在光麦清理的第一道位置。

小麦进净麦仓前可采用喷雾着水。

在入磨前可设置一道磁选，以防铁杂进入磨粉机损坏磨辊或造成更大事故。

光麦清理工序的一般流程为：润麦仓（流量控制）→（去石）→磁选→打麦→筛选→风选→（喷雾着水）→净麦仓→计量→磁选→1皮磨粉机。

6. 下脚处理

下脚处理工序的对象为各类清理设备提取的下脚，下脚的主要成分为杂质，也含有少量的小麦及其他还有利用价值的物料，如异种粮粒、碎麦麦皮等。

大型厂可采用由小型筛选、去石、风选设备组成的流程来处理下脚，中小型厂一般采用单机人工处理。

对从下脚中提取的完整小麦，可送回生产车间。对筛选设备提取的小杂、精选设备选出的粮谷类杂质等，这些还有营养价值的有机杂质主要可用来作饲料。而去石机选出的并肩石、各类筛选设备选出的大型无机杂质、磁选设备选出的铁杂等，这类杂质为工业垃圾，须妥善处理。

7. 各工序设备的协调

当原料情况较复杂时，麦路的组合应较完善，并要求各工序设备的相互配合。

如原料中含有较多的小杂（砂石、泥块）时，应采用除小杂效果较好的平面回转筛，并在前两道选择较大的除小杂筛孔；优先考虑采用袋孔精选机，以发挥其除并肩杂的辅助作用；加强打麦，击碎部分强度较低的杂质。当原料情况较好时，可有选择性地停用一些设备，如第二道去石、精选设备等，但两道打麦必须采用，以发挥其降低原料灰分的综合作用，相应三道筛选设备通常也不停。

五、麦路设计的方法与步骤

（1）根据设计依据，收集有关资料，制订基本方案。

（2）确定基本流程，绘出麦路草图。

（3）计算并确定麦路的主要工艺参数。

（4）选择设备型号规格，计算、确定设备的数量。

（5）合理组合风网并进行风网的初步计算，选择合适的风机。

（6）绘制正式的流程图，编写设计说明书。

六、设计举例

（一）设计依据

（1）原料情况：以国产中等容重以上的小麦为主，来源较广，含杂1.5%左右（其中砂石约0.5%，含有一定量的荞子和大麦），灰分为1.8%，毛麦水分为11%～13%。

（2）成品要求：等级粉粉路，能生产专用面粉。主要产品为特一粉，出粉率70%左右。

（3）生产能力：日处理小麦200 t，三班生产。

（4）设备条件：采用国产设备。

（5）原料由铁路与公路运输，有散装与包装两种形式。原料接收后进立筒库贮存，毛麦搭配，毛麦仓每天一班进料。

（二）主要设计过程

1. 制定基本方案

由于原料情况较复杂，含杂量大且杂质种类多，麦路设计要完善齐全。麦路拟采用三筛、两打、两去石、一精选、三磁选的干法清理工艺；采用室温水分调节，二次着水润麦，润麦时间为 20 ～ 36 h；进行毛麦搭配；毛麦、净麦计量。

2. 确定基本流程并绘制麦路草图

小麦→圆筒初清筛→中间仓→自动秤→振动筛→立筒库→毛麦仓→配麦器→振动筛→去石机→组合精选机→永磁滚筒→卧式打麦机→平面回转振动筛→自动着水机→润麦仓→配麦器→（着水混合机→二次润麦仓→配麦器）→磁选器→去石机→卧式打麦机→平面回转振动筛→（喷雾着水机）→净麦仓→自动秤→磁选器→入磨。

3. 计算麦路的主要工艺参数

计算并确定原料接收流量、毛麦仓进料流量、毛麦流量、光麦流量及入磨流量。

原料的接收流量确定为 100（t/h）

入磨流量：$200 \div 24 = 8.33$（t/h）

毛麦仓进料流量：$8.33 \times 3 \times 1.2 = 30$（t/h）

毛麦流量：$8.33 \times 1.2 = 10$（t/h）

光麦流量：$8.33 \times 1.05 = 8.8$（t/h）

4. 选择设备及其主要工艺参数

根据确定的流程及工作流量，计算并选择各类设备，填写设备选用表，如表 14-1。

表 5-1 麦路设备选用表

序号	名称	型号	数量 / 台	设计产量 /（t/h）	工作流量 /（t/h）	技术参数	动力 /kW	备注
…								
16	配麦器	TPLR30	6	≤25	10	$n = 25$ r/min	0.75 × 6	
17	强力着水机	FZSQ-45	2	≤18	10	$n = 840$ r/min	7.5 × 2	无锡布勒
…								

5. 风网组合与初步计算

根据工艺要求与风网的组合要求，对麦路中的风网进行组合。以风网的组合情况为依据，可根据各吸点的吸风量求出风网的总风量；由设备阻力、除尘器阻力、管网的估算阻力等求出总阻力，从而选择确定风机的型号。

6. 绘制麦路图，编写设计说明书

七、麦路常见问题的处理

在日常生产中，应注意对有关工艺设备进行经常性的检查，发现某台设备工作不正常要及时处理，在有效地避免某些问题的出现。而一旦出现问题后，操作人员也可以做到心中有数，及时解决问题。

1. 面粉中含砂量超标

在原料来源较复杂的地区，含砂量超过国家限定的指标是较常见的问题，应给予足够的重视。

出现问题后，首先，应进行杂质分析，了解毛麦、光麦、净麦中的杂质情况，特别是应检查净麦中残留杂质的情况；其次，应检查当前麦路的工作流量大小、流量的稳定性是否符合要求。

若残留物主要为混杂类型的杂质，应重点检查筛选设备、去石机的运行状态，如筛选设备的筛面是否正常，去石机的去石效果是否符合要求，相关风网是否运行在良好状态等。若为黏附类杂质，则应重点检查打麦机及打后筛选设备的工作状况，如打麦机的工作转速是否正常、打击机构是否已过度磨损，筛选、风选设备的工作效果是否符合要求等。

原料中若含有较多的小并肩泥块时，则应发挥麦路中所有筛选、去石、精选设备的作用，采用综合处理的方式。除应保证筛选、去石设备的工作效果外，还应检查精选设备小袋孔精选装置的工作状态。若处理难度较大，可将前两道筛选设备除小杂筛面的筛孔适当放大，酌情提高打麦机的工作转速以提高其击碎能力。

2. 入磨麦中含有荞子

若采用袋孔类精选机，袋孔过度磨损是常见的问题。流量过大、进机物料含杂过多是引起其过度磨损的主要原因。在使用碟片滚筒组合精选机时，应注意检查分级碟片的工作状态。

既要使原料中的所有荞子都集中到荞子滚筒中处理，又需注意进入滚筒的流量不应过大。

若采用螺旋精选机，在检查抛道状态的同时，应重点检查各分选抛道流量的均衡情况，分选抛道分流不匀是常见的问题。

若原料中含粒度较大的荞子，在使用重力分级机进行分级的麦路中，这些荞子存在于重力分级机分出的重粒中，对重粒也需进行精选。

3. 入磨麦中原料搭配比例不稳定

配麦器、车间毛麦仓的工作状态是重要的影响因素，但较常见的问题是贮存仓中原料的混杂情况。在接收原料送入贮存仓时，若不注意原料的分类单独存放，出现这类问题后一般无有效的解决方法。

车间毛麦仓放料不畅将导致配麦器的进料达不到要求，引起控制流量不稳，搭配失调。

4. 入磨水分不稳定

使用手动着水控制系统时，着水机及着水控制系统的工作状态、毛麦流量的稳定性、原料搭配比例、毛麦水分的测定等因素都对入磨水分的稳定性有影响，其中毛麦流量不稳定是较常见的问题。

采用自动控制着水系统时，着水的稳定性较好，对结构复杂的着水控制系统的维护，是日常生产中需注意的问题。

多出口润麦仓放料是否均匀，对入磨水分的稳定性也有影响。每个出口的流量需基本一致，仓斗内若黏结有物料，也可能堵塞部分出口，使仓中物料的出仓顺序被打乱，从而影响原料中水分的均衡性。

项目六

制粉概述

任务一　制粉原理

【学习目标】

通过学习和训练，了解制粉的基本规律，熟悉制粉工艺系统的设置与作用及工作单元的组成。

【技能要求】

能识别制粉的各个系统。

【相关知识】

一、制粉的基本规律

（一）制粉的概念

研磨筛分制粉方法主要是利用小麦胚乳与皮层的强度差别，通过研磨、筛理、清粉等工序，使皮层与胚乳分离，并将胚乳磨细成粉，但目前的制粉技术还不能用简单的方法达到目的，必须采取分系统逐道研磨的方法来完成制粉。经过对面粉的处理，使其符合制作各种食品的要求。

制粉的关键是如何将胚乳与麦皮、麦胚尽可能完全地分离，但小麦籽粒存在特殊的结构——腹沟，腹沟部分的胚乳与麦皮分离是较困难的。实际生产中，麦皮不可避免地或多或少混入面粉当中，因此，制粉要解决的首要问题是如何保证高的出粉率和小麦粉中较低的麦皮含量。这也是制粉的复杂与困难所在。

不同品种、不同产地的小麦以及小麦籽粒内部不同部位的胚乳，胚乳中的蛋白质含量和质量有差异，所以采用分系统分级提取的面粉质量有差异，可通过搭配混合和添加剂的修饰，生产适合不同食品需求的专用粉。

（二）制粉的基本规律

（1）小麦经过每次研磨、筛分后除得到部分面粉外，还得到品质和粒度不同的各种在制品。

（2）经研磨后的皮层平均粒度大于胚乳的平均粒度。一般情况下，经筛理分级得到的各种在制品，粒度小含皮少，粒度大含皮多。

（3）各种在制品按品质（含麦皮多少）和粒度大小不同分别研磨、筛理，有利于提高优质面粉出率和研磨效果。

（4）同一种物料，缓和研磨比强烈研磨得到的面粉质量好。同一系统前路的物料易于后路的物料好研磨、筛理。

（5）各系统各道提取的面粉质量不同，一般前路粉质量好于后路粉，心磨粉质量好于皮磨粉。

根据制粉的基本规律，小麦制粉方法一般采用分系统逐道研磨筛分品质和粒度不同的物料，轻研细分，逐道提取面粉的过程。

二、制粉工艺系统的设置与作用

粉路中由处理同类物料的各种设备组成的工艺体系称系统。系统的设置一般有：皮磨系统、渣磨系统、心磨系统、尾磨系统，其中皮磨系统和心磨系统是两个基本系统。每一系统都配备一定数量的研磨、筛理设备，组成基本的粉路工作单元。根据粉路的完善程度和面粉的用途等还配备有适宜的清粉系统、重筛系统、面粉处理系统。

皮磨系统（B）：处理物料为含皮层较多的麸片。将麦粒剥开，逐道从麸片上剥刮下麦渣、麦心和粗粉，保持麸片不过分破碎，使胚乳和麦皮最大限度的分离，并得到少量面粉。皮磨系统物料可分为粗、中、细，分别用 Bc、Bz、Bf 表示。

渣磨系统（S）：处理皮磨及其他系统分出的带有麦皮的胚乳颗粒，轻研使麦皮与胚乳分开，从而提取比较纯净的麦心和粗粉送入心磨系统磨制成粉。

心磨系统（M）：将皮磨、渣磨、清粉系统取得的麦心和粗粉在心磨系统逐道研磨，研磨成一定细度的面粉，并把混入的麸屑尽量保持不过分破碎而分离出去。

尾磨系统（T）：主要是用来处理从心磨系统提出的含麸屑多质量较次的麦心，从中提出面粉。

清粉系统（P）：对在皮磨系统和其他系统获得的麦渣、麦心、粗粉进行进一步的提纯分级，使麸屑、连麸粉粒和纯胚乳颗粒分开，分别送往相应的系统处理。

重筛系统（D）：处理前中路皮磨系统因物料分级数量多，各种物料筛理路线短而未筛净高的物料。其作用是筛净面粉并进行物料分级。

面粉处理系统（配粉）：为了满足食品的要求，对面粉进行理化处理。其过程包括面粉的收集、配粉及包装。

三、粉路工作单元

制粉过程包含研磨、筛理、清粉等工序。

研磨是利用机械力量将小麦籽粒剥开，然后从麸片上刮净胚乳，再将胚乳磨成一定细度的小麦粉。常用的研磨设备是辊式磨粉机，辅助研磨设备是松粉机。

筛理是把研磨后的物料混合物按颗粒大小进行分级，并筛出小麦粉。主要的筛理设备是高方平筛，辅助筛理设备有圆筛和打麸机等。

清粉是通过气流和筛理的联合作用，将研磨过程中产生的麦渣和麦心按质量分成麸屑、带皮的胚乳和纯胚乳粒，以实现对物料的提纯。常用的清粉设备为清粉机。

粉路的基本工作单元一般由研磨和筛理设备组成。如图 6-1 所示为一皮（1B）工作单元，1B 研磨设备破碎剥刮物料，1B 筛理设备筛理分级物料，分出的物料送至后续的工作单元进行处理。

多个处理同类物料的研磨筛理工作单元组成系统，如皮磨系统、心磨系统等。每个系统又分道数表示各单元处理物料的先后顺序。

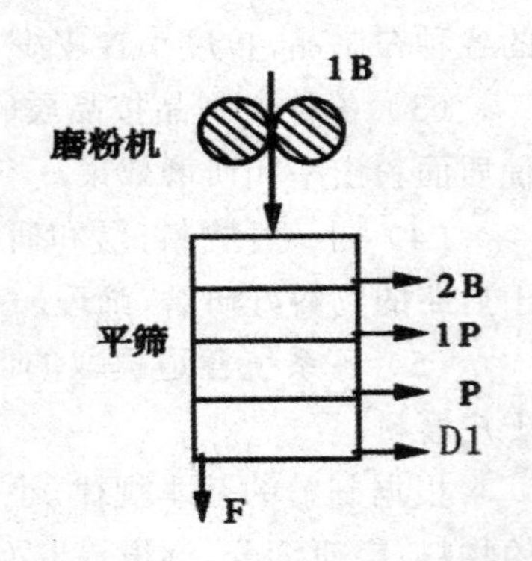

图 6-1　一皮(1B)工作单元示意图

任务二　筛网及在制品的分类

【学习目标】

通过学习和训练，了解筛网的种类与编制方法，熟悉在制品的分类。

【技能要求】

（1）能识别筛网种类。

（2）能识别在制品种类。

（3）能对筛网进行测量。

【相关知识】

一、筛网

筛网是用以物料分级和提取面粉的主要工作部件，筛网的规格、种类及质量直接影响筛理效果。筛网按材料不同可分为金属丝筛网和非金属丝筛网，其纺织方法和筛孔的大小也有所不同。如图 6-2 所示。

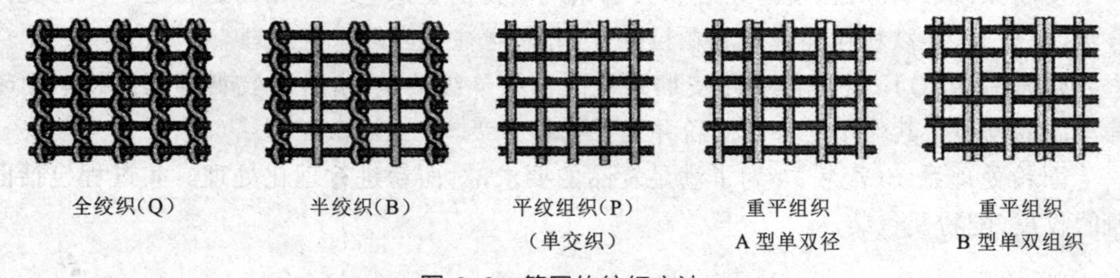

图 6-2　筛网的纺织方法

（一）金属丝筛网

金属丝筛网一般采用平纹组织。通常由镀锌低碳钢丝、软低碳钢丝或不锈钢钢丝制成。金属丝筛网的特点是：强度大、耐磨性好、不会被虫蛀，经久耐用，但金属丝筛网吸湿性差，容易生锈，筛孔易变形。金属丝筛网一般筛孔较大，用来筛理粒度较大的物料。

镀锌低碳钢丝筛网(Z)由于颜色光亮，常被称作白钢丝筛网，多用于粗筛和分级筛。软低碳钢丝筛网(R)由于丝黑而粗，强度大，常被称作黑钢丝筛网，用于刷麸机。习惯常用W表示。如32W是指每英寸筛网长度上有32个筛孔的金属丝筛网。常用的金属丝筛网规格见表6-1。

(二) 非金属丝筛网

非金属丝筛网是指由非金属材料制成的筛网，目前面粉厂使用的非金属丝筛网主要目前面粉厂使用的非金属丝筛网主要有蚕丝筛网(C)、锦纶丝筛网(J)、锦纶丝蚕丝合纤筛网(JC)、涤纶筛网(DM)。一般采用全绞织、半绞织或重平组织。

蚕丝筛网特点：弹性好，具有吸湿性，表面处理后有一定的抗静电能力。但较易磨损，用久后易起毛，价格也较贵。

锦纶丝筛网特点：表面光滑，强度高，耐磨性好，不受虫蛀，价格较低。

锦纶丝与蚕丝合成纤维丝筛网，具有锦纶与蚕丝的共同优点，即耐磨性好，强度高，延伸性小，筛孔清晰等特点，耐磨程度比蚕丝筛网提高50%～100%。在筛格上张紧时，可保证绷装后的筛面张紧不松驰，筛孔不变形，经久耐用。

表6-1 制粉厂常用金属丝筛网规格

筛网型号	孔数/50 mm	筛孔宽度/mm	金属丝直径/mm	筛网规格/W	筛网型号	孔数/50 mm	筛孔宽度/mm	金属丝直径/mm	筛网规格/W
Z20	20	1.95	0.55	10W	Z68	68	0.54	0.2	34W
Z24	24	1.63	0.45	12W	Z72	72	0.49	0.2	36W
Z28	28	1.44	0.35	14W					
Z32	32	1.21	0.35	16W	R68	68	0.46	0.28	34W
Z36	36	1.07	0.3	18W	R72	72	0.41	0.28	36W
Z40	40	0.95	0.3	20W	R76	76	0.41	0.25	38W
Z44	44	0.85	0.28	22W	R80	80	0.38	0.25	40W
Z48	48	0.76	0.28	24W	R84	84	0.38	0.22	42W
Z52	52	0.71	0.25	26W	R88	88	0.35	0.22	44W
Z56	56	0.67	0.22	28W	R92	92	0.32	0.22	46W
Z60	60	0.61	0.22	30W	R96	96	0.32	0.2	48W
Z64	64	0.58	0.2	32W	R100	100	0.30	0.2	50W

非金属丝筛网的规格一般用字母和数字组合表示，用字母GG表示较稀的非金属丝筛网，数字表示一维也纳英寸(相当于1.037 5英寸)长度上的筛孔数目。如50GG表示每一维也纳英寸上有50个筛孔。用××表示粉筛筛绢，前面的数字只是表示筛网的号数，不表示筛孔的数量，数字越大筛绢越密。如10××。国内的表示方法全绞织用Q表示，半绞织用B表示，单绞织用D表示，前面加上筛网材料的符号，蚕丝用C表示，锦纶丝用J表示，后面加上数字表示每1厘米筛网长度上的筛孔数。如CB30表示每厘米长度上

有30个筛孔的蚕丝筛网;JCQ20表示每厘米长度上有20个筛孔的蚕丝锦纶全绞织筛网。全绞织蚕丝筛网的型号见表6-2,半绞织蚕丝筛网型号见表6-3。

表6-2　全绞织蚕丝筛网的型号

新型号	孔数/(个/cm)	孔宽/um	有效筛理面积/%	旧型号	孔数/(个/英寸)	孔宽/um	有效筛理面积/%
CQ7	7	1140	63.71	18GG	18	1132	
CQ8	8	974	60.76	20GG	20	1041	60.57
				22GG	22	922	58.11
CQ9	9	850	58.51	24GG	24	836	57.34
CQ10	10	752	56.49	26GG	26	755	58.14
CQ11	11	676	55.32	28GG	28	704	56.08
				30GG	30	652	55.48
CQ12	12	605	56.62	32GG	32	603	54.17
CQ13	13	548	50.74	34GG	34	567	54.31
				36GG	36	529	53.13
CQ14	14	505	49.88	38GG	38	494	51.69
CQ15	15	466	48.80	40GG	40	463	50.47
CQ16	16	437	48.92	42GG	42	449	51.34
				44GG	44	424	50.28
CQ17	17	408	48.06	46GG	46	403	49.69
CQ18	18	385	47.94	48GG	48	380	48.32
				50GG	50	366	48.90
CQ19	19	358	46.17	52GG	52	346	47.24
CQ20	20	336	45.28	54GG	54	331	47.00
CQ21	21	318	44.66	56GG	56	316	46.10
CQ22	22	302	44.14	58GG	58	303	45.45
				60GG	60	292	43.27
CQ23	23	284	42.73	62GG	62	282	44.69
CQ24	24	270	42.05	64GG	64	273	44.64
CQ25	25	258	41.56	66GG	66	264	44.30
CQ26	26	251	42.46	68GG	68	252	43.54
CQ27	27	242	42.64	70GG	70	246	43.57
CQ28	28	230	41.57				
CQ29	29	227	43.15	72GG	72	225	40.80

表 6-3 半绞织蚕丝筛网的型号

新型号	孔数/(个/cm)	孔宽/um	有效筛理面积/%	旧型号	孔数/(个/英寸)	孔宽/um	有效筛理面积/%
CB30	30	198	35.28	6XX	74	210	37.29
CB33	33	181	35.73	7XX	82	133	38.54
CB36	36	160	33.03	8XX	86	181	37.93
CB39	39	147	32.72	9XX	97	156	34.78
CB42	42	137	33.16	10XX	109	137	35.30
CB46	46	123	32.14	11XX	116	124	31.25
CB50	50	119	35.50	12XX	125	108	29.27
CB54	54	105	32.07	13XX	129	110	30.77
CB58	58	95	30.30	14XX～15XX	139～150	99～78	29.7～26.47
CB62	62	92	32.31	16XX	157	85	27.69

锦纶丝编织的筛网相应的型号JMG，平纹组织，如JMG36筛网，筛面上每厘米12.5个筛孔，孔宽0.55 mm，有效筛理面积47.26%，常用作平筛的分级筛筛面。

锦纶丝筛网的另一种是采用重平组织形式，筛面较薄，筛孔不易堵塞，有效筛理面积较大。其型号为JM，如JM10筛网，按经丝方向为每厘米52孔，纬丝方向为每厘米47孔，孔宽0.132 mm，常用作平筛的粉筛筛面。

表 6-4 常用全绞织筛网

型号	孔数/cm	孔宽/mm	有效筛理面积/%	国际型号	孔数/cm	孔宽/mm	有效筛理面积/%	旧型号	孔宽/um	有效筛理面积/%
JMG12	4.5	1.822	67.25							
JMG14	5.0	1.600	64.00							
JMG15	5.5	1.418	60.82							
JMG16	6.0	1.317	62.44							
JMG18	6.5	1.180	59.63					18GG	1.132	60.76
JMG19	7.0	1.079	57.04	CQ7	7	1.118	61			
JMG20	7.5	1.023	60.02					20GG	1.041	60.57
JMG22	8.0	0.950	57.81	CQ8	8	0.956	58	22GG	0.922	58.14
JMG24	8.5	0.876	55.49	CQ9	9	0.833	56			
JMG26	9.0	0.811	53.26					24GG	0.836	57.34
JMG27	10.	0.750	56.25	CQ10	10	0.737	54	26GG	0.755	58.14
JMG28	10.5	0.702	54.40					28GG	0.704	56.05
JMG30	11.	0.659	52.59	CQ11	11	0.663	53	30GG	0.652	55.48
JMG32	11.5	0.619	50.98	CQ12	12	0.593	50.5	32GG	0.603	54.17

JMG34	12	0.583	49.03							
JMG36	12.5	0.550	47.26	CQ13	13	0.537	48.5	34GG	0.567	54.31
JMG38	14	0.514	51.86	CQ14	14	0.495	48	36GG	0.529	53.13
JMG40	14.4	0.489	50.41					38GG	0.494	51.69
JMG42	15	0.466	49.00	CQ15	15	0.457	47	40GG	0.463	50.47
JMG44	16	0.425	46.24	CQ16	16	0.428	47	42GG	0.449	51.38
JMG45	16.5	0.406	44.89	CQ17	17	0.400	46	44GG	0.424	50.28
								46GG	0.403	49.69
JMG46	17	0.388	43.56					48GG	0.380	48.32
JMG47	17.5	0.371	42.25	CQ18	18	0.377	46	50GG	0.366	48.90
JMG50	18	0.355	40.96	CQ19	19	0.351	44	52GG	0.346	47.24
JMG52	20.5	0.338	47.97	CQ20	20	0.330	43.5	54GG	0.331	47.00
JMG54	21.5	0.315	45.91	CQ21	21	0.312	43	56GG	0.316	46.10
JMG58	22	0.304	44.89	CQ22	22	0.296	42	58GG	0.303	45.45
JMG60	23	0.285	42.91					60GG	0.292	44.27
JMG62	23.5	0.275	41.94	CQ23	23	0.279	41	62GG	0.282	44.69
JMG64	24	0.267	40.96	CQ24	24	0.265	40	64GG	0.273	44.64
JMG66	28.5	0.251	51.17	CQ25	25	0.253	40	66GG	0.264	44.30
JMG68	29	0.245	50.41	CQ26	26	0.246	41	68GG	0.252	43.54
JMG70	29.5	0.239	49.70	CQ27	27	0.237	41	70GG	0.24	43.57
JMG72	30.5	0.227	48.30	CQ28	28	0.226	40	72GG	0.225	40.80
JMG74	32	0.213	46.26	CQ29	29	0.222	41			

表 6-5　常用粉筛筛网

型号	孔 / cm（纬向 / 经向）	孔宽 / mm	有效筛理面积 / %	蚕丝型号	孔 / cm	孔宽 / mm	有效筛理面积 / %	旧型号	孔 / cm	孔宽 /um	有效筛理面积 / %
								6××	29.1	0.210	37.29
JM6	35/37	0.207	55.63	CB30	30	0.207	38	7××	32.3	0.193	33.54
JM7	37/40	0.189	53.03	CB33	33	0.189	38.5	8××	33.9	0.181	37.93
JM8	40/42	0.173	50.34	CB36	36	0.166	35.5				
JM9	42/48	0.152	46.59	CB39	39	0.153	35	9××	38.2	0.158	34.78
JM10	47/52	0.132	42.44	CB42	42	0.142	35.5	10××	42.9	0.137	35.30
				CB46	45	0.128	34	11××	45.7	0.124	31.25
JM11	50/56	0.119	39.39	CB50	50	0.119	35.5	12××	49.2	0.108	29.27
JM12	54/62	0.112	41.33	CB54	54	0.109	35	13××	50.8	0.110	30.77

续表

型号	孔/cm（纬向/经向）	孔宽/mm	有效筛理面积/%	蚕丝型号	孔/cm	孔宽/mm	有效筛理面积/%	旧型号	孔/cm	孔宽/um	有效筛理面积/%
JM3	57/66	0.102	38.58	CB58	58	0.099	33	14××～15××	54.7～59	0.099～0.078	29.70～26.47
JM14	62/68	0.095	38.24	CB62	62	0.095	34	16××	61.8	0.085	27.69

（三）筛网的测量方法

无论筛网是何种材料，使用前应首先测量筛网的规格是否符合要求。粉厂通常测量每厘米（或每英寸）长度上的筛孔数，检查测量方法大体采用三种。

1. 数线法

用直尺或三角板沿筛网的纬线或经线方向上量取 10 mm 宽的一段筛网，然后数一数 10 mm 筛网宽度上有多少根筛丝，即为筛网的筛孔数或称为目数。这种方法简单，但测量较密筛网时会产生误差。

2. 目镜法

目镜见图 6-3，目镜测量时，使图中方格孔的棱边（边长有 1 in 或 0.5 in）与筛网的经纬方向一致，后操作者从圆镜片孔（此镜片是放大镜片）中沿方框一条边的方向数筛孔数，换算成 1 in 长度上的筛孔数。此法简单易行，测量金属筛网时较好，但测量 100 目/in 以上筛网时不易测量。

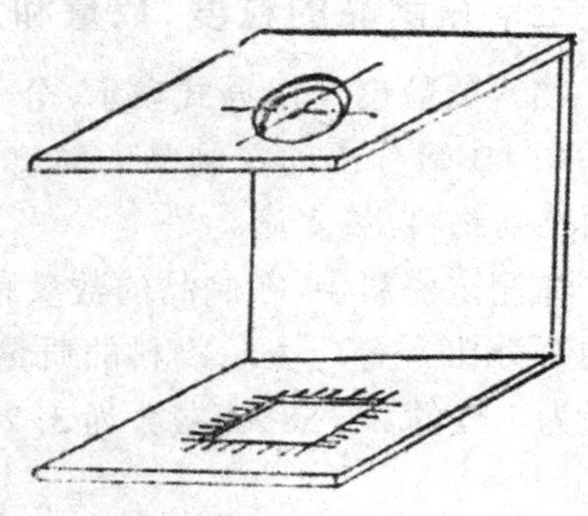

图 6-3 目镜

3. 经纬密度仪测量法

使用方法是将经纬密度仪（如图 6-4）平放在铺平的单层筛网上，筛网底最好垫一层白硬纸，使经纬密度仪的散射中线平行于筛网的纬线，然后从密度仪上可以看到光的干涉现象，此时在经纬密度仪面上产生了如图 6-5 所示的两组双曲线图形，此时图形中开口方向所指经纬密度仪边上刻度即为纬线方向上的筛孔数。同样将经纬密度仪平放在经线方向上可测出筛网经线方向上的筛孔数。

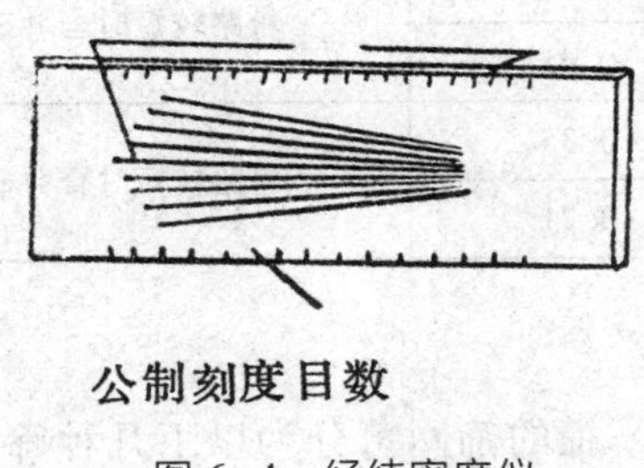

图 6-4 经纬密度仪

开口方向

开口方向

图 6-5 密度镜光的干涉现象

二、在制品的分类

在制品是指制粉过程中各系统分级出来还需研磨筛理的中间物料的总称。小麦经逐道研磨后的物料中含有粒度大小不同的颗粒，采用不同筛孔的筛网按颗粒大小进行分级，提取不同的在制品。

在制品按粒度和品质的不同通常分为以下几种。

（1）麸片：连有胚乳的片状皮层，粒度较大，且随着逐道研磨筛分，其胚乳含量将逐道降低。

（2）麸屑：连有少量胚乳呈碎屑状的皮层，此类物料常混杂在麦渣、麦心之中。

（3）麦渣：连有皮层的大胚乳颗粒。

（4）粗麦心：混有皮层的较大胚乳颗粒。

（5）细麦心：混有少量皮层的较小胚乳颗粒。

（6）粗粉：较纯净的细小胚乳颗粒。

由于制粉厂分级物料都是利用不同大小筛孔的筛网按粒度分级的，因此粉路中所分级的麸片、麦渣、麦心、粗粉等都是各在制品的混合物，只是含某一类物料较多。

三、在制品的粒度、数量和质量的表示

物料的粒度常用分式表示，分子表示物料穿过的筛网号，分母表示物料留存的筛网号。如1B筛分出的在制品的粒度为18W/32W的物料，表示可穿过18W留存在32W筛面上的物料，属麦渣。

在测定资料中，在制品的数量和质量也用分式表示，分子表示物料的数量（占1皮流量的百分比），分母表示物料的质量（灰分）。如2皮分出的麸片21.58/3.75，表示麸片数量为1皮的21.58%，灰分为3.75%。在制品的参考粒度范围见表6-6。

表6-6　在制品的参考粒度范围

名称	粒度			备注
	通过筛网	留存筛网	粒度范围/mm	
前路大麸片	—	12～14W	>1.4	皮磨分粗、细时，分开研磨，不分时合并研磨
前路小麸片	12～14W	18～24W	0.78～1.7	
后路麸片	—	30～36W	>0.6	
麦渣	18～20W	30～32W	0.57～1.0	
粗麦心	30～32W	42～44GG	0.42～0.6	粉路较短时合并研磨
细麦心	42～44GG	54～58GG	0.31～0.45	
硬粗粉	54～58GG	6～7XX	0.19～0.35	粉路较短时合并研磨
软粗粉	6～7XX	9～12XX	0.12～0.21	

四、筛面的分类

使用平筛筛理在制品时，按物料分级的要求，平筛的筛网可分为以下几种筛面。

粗筛：皮磨系统中筛孔较大，从皮磨磨下物料中分出麸片的筛面，一般使用金属丝筛网。

分级筛：将麦渣、麦心按颗粒大小分级的筛面，一般使用细金属丝筛网或CQ筛网。

细筛：属于分级筛范畴，是对粗、细麦心进行分级的筛面，筛孔较小，一般使用 CQ 筛网。

粉筛：筛出面粉的筛面，一般采用 JM 或 CB 型筛网。

通常平筛都由一种到四种筛面组成，平筛中各类筛面的应用与所提取在制品的状态是对应的。1 皮筛筛面分类及在制品状态如图 6-6 所示。

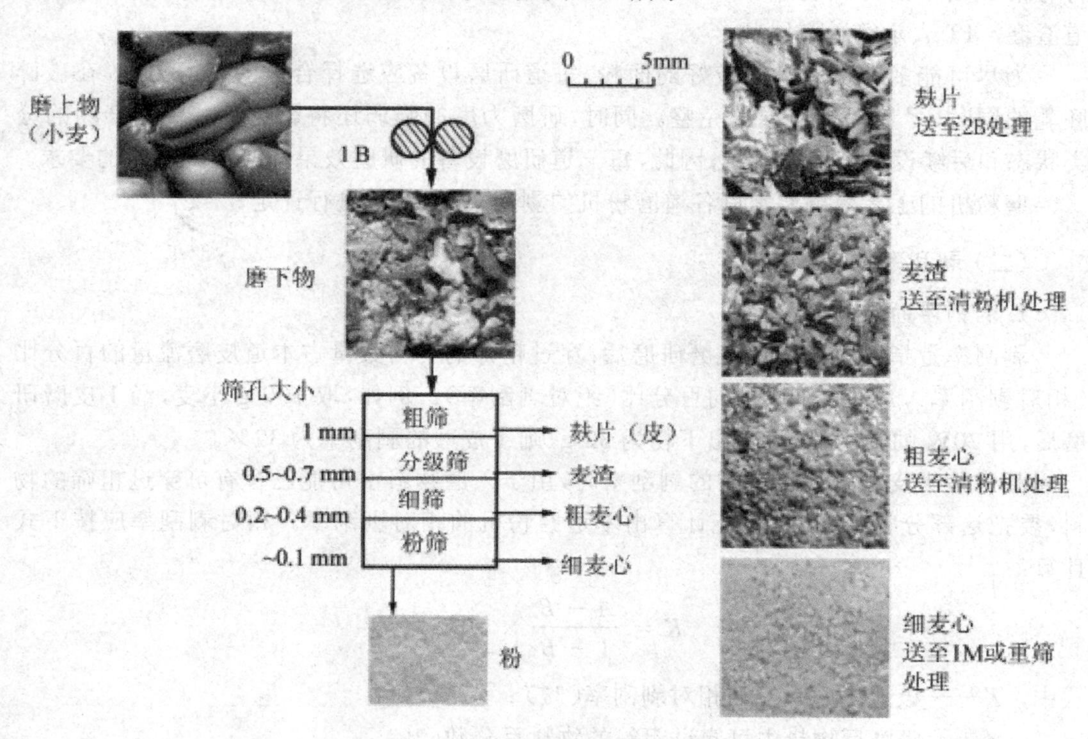

图 6-6 1 皮筛筛面分类及在制品状态

任务三 研磨效果与筛理效率

【学习目标】

通过学习和训练，了解研磨的任务，熟悉剥刮率与取粉率、筛净率与未筛净率，熟悉磨粉机研磨效果和平筛筛理效果的评定方法。

【技能要求】

（1）能测定剥刮率。

（2）能测定未筛净率。

【相关知识】

一、研磨工艺效果的评定

（一）研磨的任务和要求

研磨的任务是将麦粒碾开，从麸片上刮下胚乳，并将胚乳磨成具有一定细度的面粉，同时尽量降低电耗、多出好粉。研磨所用的主要设备是磨粉机。

在现代制粉技术中,为了取得较好的制粉效果,通常采用分系统逐道研磨的方法。研磨系统一般分为皮磨系统(B)、渣磨系统(S)、心磨系统(M)和尾磨系统(T)。不同的系统分别处理不同种类的物料,并完成各自不同的功能。各研磨系统的“道”以在系统符号前加数字的方式表示,如 4B 表示第 4 道皮磨, 3M 表示第 3 道心磨, 2S 表示第 2 道渣磨, 1T 表示第一道尾磨。

为尽可能多地提取品质较好的面粉,每道研磨设备应选择合理的研磨力度,在破碎胚乳的同时,尽量保持皮层的完整。同时,研磨力度的强弱还将影响各种中间产品的分类状态和后续设备的工作流量,因此,每一道研磨设备的研磨效果都应达到相应的要求。

磨粉机的工艺效果通常以各道磨粉机的剥刮率、取粉率进行评定。

(二) 剥刮率

1. 剥刮率的计算

剥刮率是指物料经某道皮磨研磨后,穿过粗筛的物料数量占本道皮磨流量的百分比(相对剥刮率),或占 1B 流量的百分比(绝对剥刮率)。例如,取 100 g 小麦,经 1 皮磨研磨后,用 20W 的筛网筛理,筛出下物为 32 g,则 1 皮磨的剥刮率为 32%。

测定除 1 皮磨的其他皮磨的剥刮率时,由于入磨物料中可能已含有可穿过粗筛的物料,要把这部分物料扣除,才能计算出本道磨粉机的相对剥刮率。相对剥刮率应按下式计算:

$$K = \frac{A - B}{1 - B} \times 100\%$$

式中, K——该道皮磨系统的相对剥刮率(%);

A——研磨后物料中可穿过粗筛的物料百分数(%);

B——研磨前物料中已含有可穿过粗筛的物料百分数(%)。

剥刮率的测定方法,是从皮磨系统的每对磨辊分别取出有代表性(研磨前、研磨后)的物料约 100 g 左右(1 皮磨只取研磨后的物料),不作任何添减后称重,将称好的样品放入已装置规定筛网型号的电动验粉筛中,筛格内放置直径 19 mm 的橡皮球一个,筛理一分钟,然后称量筛下物,计算研磨前、后穿过粗筛的百分数:

A 或 B = 筛下物重量 / 取样重量 × 100%

求出 A 或 B 后,即可计算出剥刮率 K。

例如,取 2B 磨前物料 100 g,筛理后穿过粗筛的物料 4 g;取其磨后物料 100 g,筛理后穿过粗筛的物料 65 g,求其剥刮率。

解:

$$A = 65/100 \times 100\% = 65\%$$

$$B = 4/100 \times 100\% = 4\%$$

$$K = \frac{A - B}{1 - B} \times 100\% = 63.5$$

在正常生产中，为简化测定操作，可不计 B 而直接求 A，这虽不够精确，也能基本反映操作情况。

$$绝对剥刮率 = K \times 本道流量占 1 皮流量的百分比。$$

2. 剥刮率的测定方法

（1）按要求从所测磨粉机研磨前和研磨后的物料中进行取样（1B 磨只取研磨后的物料）和分样，分出研磨前、后的试样各约 100 g。取样、分样方法及对试样的要求如下。

研磨前的物料取样，可打开所测磨粉机的上磨门，用取样器从喂料辊至磨辊间的薄层料帘中，沿整个长度方向均匀取料，然后将物料充分混合在一起，用四分法分样，分出大约 100 g 物料作为研磨前的样品。分样时，将物料倒在光滑平坦的桌面上或玻璃板上，用两块取样板将样品摊成正方形，然后从样品左右两边铲起样品约 10 cm 高，对准中心同时倒落。再换一个方向同样操作（中心点不动），如此反复混合四五次，将样品摊成等厚的正方形。用分样板在样品上画两条对角线，分成四个三角形，取出其中两个对顶三角形的样品。剩下的样品再按上述方法反复分取，直至最后剩下的两个对顶三角形的样品接近所需试样质量为止。

研磨后的物料取样，可打开所测磨粉机的下磨门，用取样斗从研磨后的料流中，沿磨辊整个长度方向均匀取料，然后将物料充分混合，用四分法分样，分出大约 100 g 物料作为研磨后的样品。

（2）用天平准确称量研磨前和研磨后的样品重量，并将数据记录好。

（3）把称重后的样品分别放入配有规定筛号的电动粉筛中，筛格内放 1 个直径 19 mm 的橡皮球，筛理 1 分钟，称量筛下物重量，并记录好数据。

（4）利用上两步的数据计算研磨前、后筛下物的重量占试样的百分率即 A 和 B。

（5）根据剥刮率的计算公式计算出所测磨粉机的相对剥刮率。

在正常生产中，为简化测定操作，可不测定 B，直接用 A 来反映操作情况。

测定皮磨系统剥刮率的筛号一般为 20W。

（三）取粉率

取粉率是指物料经某道系统研磨后，粉筛的筛下物流量占本道进机物料流量的百分比（相对取粉率），或占 1B 流量的百分比（绝对取粉率）。其测定、计算方法与剥刮率类似。

取粉率反映粉路中各出粉部位的出粉流量，也是衡量心磨系统研磨效果的主要指标。

（四）测定用筛网的配备

在测定剥刮率或取粉率时，检验筛通常配备与对应平筛同规格的粗筛或粉筛筛网。但各厂配备的筛网有所不同，为便于厂际间比较，可参考表 6-7 选用筛网。

表 6-7 剥刮率和取粉率测定用筛网

系统	粗筛	粉筛		
		特制一等粉	特制二等粉	标准粉
1B	20W	CB39（9XX）	CB33（7XX）	CQ21（56GG）
2B	24W	CB42（10XX）	CB36（8XX）	CQ23（60GG）
3～4B	28W	CB46（11XX）	CB39（9XX）	CQ29（6XX）
S		CB42（10XX）	CB36（8XX）	CQ23（60GG）
1M		CB39（9XX）	CB33（7XX）	CQ21（56GG）
2M		CB42（10XX）	CB36（8XX）	CQ23（60GG）
3～5M		CB46（11XX）	CB39（9XX）	CQ29（6XX）
6M 以后		CB50（12XX）	CB42（10XX）	

（五）研磨效果对工艺流程的影响

各道磨粉机的操作不但影响自身的研磨效果，还将直接影响后续相关设备的工作流量与物料的品质，特别是位于工艺流程前端的各道磨粉机更是如此。

在一般制粉工艺流程中，1B 磨筛工作单元与后续相关设备的工艺关系如图 6-7 所示。

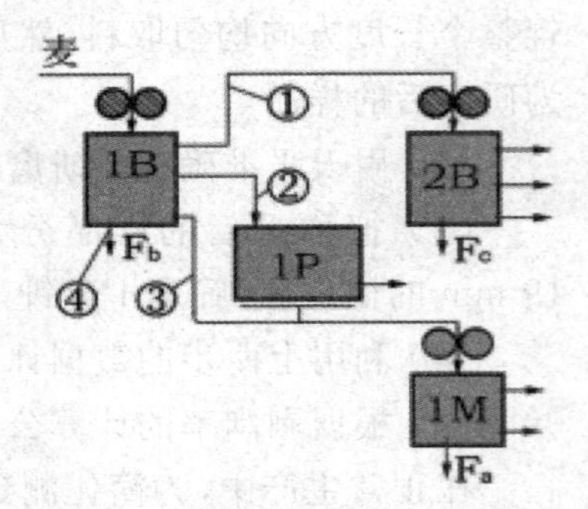

图 6-7 1B 磨筛工作单元与后续相关设备的工艺关系

1B 磨粉机剥刮率的高低将影响 2B、1M 工作单元及清粉机 1P 等后续设备的工作状态。

例如：入磨小麦的流量为 10 t/h，要求 1B 磨的剥刮率为 30%，取粉率为 5%。当 1B 磨的操作符合要求且 1B 平筛的工作状态良好时，送入 2 单元物料 1P 的流量就为 7 t/h，1B 本身提粉④约 0.5 t/h，1B 送入 1P、1M 的物料②③（渣、麦心）流量约为 2.5 t/h。其后续设备一般也是按这个流量选择工作参数，确定工作状态。

若操作出现偏差，1B 的剥刮率发生变化，后续设备的流量与物料品质亦会发生变化，如 1B 磨的剥刮率变为 20%，2B 的流量就会上升为 8 t/h，2B 磨的研磨效果随之改变，其后续设备的流量也将改变，2B 平筛可能发生堵塞；1P 清粉机流量减少，清粉效果将受影响；1M 的工作流量下降，其提取粉 Fa 的流量减少、品质可能下降。如 1B 磨的剥刮率大于要求值，同样也会给粉路带来不利的影响。

二、筛理效率的评定

（一）筛理的目的

筛理的目的为筛粉和分级，首先从各道研磨后的物料中筛出面粉；然后将在制品按粒度大小进行分级，最后分别送往不同的系统处理。

每道系统研磨后的磨下物中或多或少含有已经达到成品要求的面粉，这些面粉要及时提出，否则会增加后续系统设备的负荷，增加动力消耗，另外，随研磨道数的增加，皮层被破碎的机会增大，混入面粉中的麸星数量增多，面粉的质量降低。每道筛理配置不同数量的粉筛，在保证面粉质量的前提下把面粉从混合物料中筛出。

每道研磨后的混合物料中，各物料的粒度大小不同，数量和质量（含麦皮多少）也不同。根据制粉的基本规律，粒度大小不同和质量不同的物料分别进行研磨有利于提高面粉质量，因此，筛理设备配置不同筛孔大小的筛网，把混合物料根据粉路的需要按粒度分为几个等级，分别送往不同的系统进行处理。

（二）筛理效果的评定

制粉厂常用筛上物未筛净率来评价筛理效果的好坏。

测定方法：从设备筛上物出口取样品 100 g 左右，采用配备与筛理设备相同筛号的检验筛（筛格内放 19 mm 的橡皮球一只），筛理 1 分钟（检查粉筛的未筛净率时间为 2 分钟），称取筛下物数量，用下式计算其筛上物未筛净率：

$$\text{筛上物未筛净率} = \frac{\text{筛下物数量}}{\text{样品数量}} \times 100\%$$

评定某一仓平筛的筛理效果时，需分别对该仓中的粗筛、分级筛、细筛及粉筛逐项进行评定。在实际筛理过程中，常用粉筛筛上物未筛净率来评定粉筛的筛理效果。在平筛出口取粉筛筛上物约 100 g 进行检测（方法与上同），可得到其筛上物未筛净率（粉筛筛上物含粉率）。

实际生产中，筛理效率不可能也不需要达到百分之百，因筛上物中允许含有少量的应筛出物将有利于保证筛下物的质量。如筛粉时，筛面上保持一定的料层厚度，保持一定的未筛净率，就能减少麸星穿过筛孔混入面粉的可能，从而保证面粉的质量。

对于粗筛、分级筛要求未筛净率尽量低，正常时应小于 10%。

筛粉时，粉筛筛面上要保持一定的料层厚度，保持一定的未筛净率，可减少麸星穿过筛孔混入面粉的机会，从而保证面粉的质量。若未筛净率过低，则会出现筛枯现象，导致麸星混入面粉，影响面粉质量，故粉筛的未筛净率允许在 5%～25%之间，筛理物料含麸屑少灰分低时取低值。

项目七

研　磨

任务一　研磨的工作原理

【学习目标】

通过学习和训练，了解研磨的工作原理，熟悉磨粉机的一般结构。

【技能要求】

能识别制粉的各个系统。

【相关知识】

利用机械作用将小麦剥开，把胚乳从皮层上逐道剥刮下来，并把胚乳磨细成粉，这个过程称为研磨。研磨是制粉工艺过程中最重要的环节，研磨效果的好坏将直接影响成品质量、出粉率、产量、电耗、成本等各项经济技术指标。

在逐道研磨筛分制粉工艺中，每道研磨设备应选择合理的研磨力度，在破碎胚乳的同时，尽量保持皮层的完整。与筛理设备配合，研磨作用的强弱还可控制各类在制品的分类状态及后续设备的工作流量，因此，对每一道研磨设备的研磨效果都应有相应的要求。

现代制粉厂常用的研磨机械为辊式磨粉机，同时以撞击机、松粉机作为辅助研磨设备。

一、研磨的工作原理

辊式磨粉机的工作原理是利用一对相向差速转动的等径圆柱形磨辊，对经过研磨区物料进行剪切、挤压、搓撕等综合作用，使物料逐步破碎。

辊式磨粉机的主要工作机构是磨辊，其中一只转速较高的磨辊称为快辊，另一只转速较慢的磨辊称为慢辊，快、慢辊的转速之比称为速比。两辊同时接触物料的工作区称为研磨区，由喂料机构将物料均匀地送入研磨区，研磨前的物料称为磨上物，研磨后的物料称为磨下物。如图 7-1 所示。

物料落入研磨区且两辊恰好同时接触物料时，两辊夹住物料(图 7-2)，并开始对物

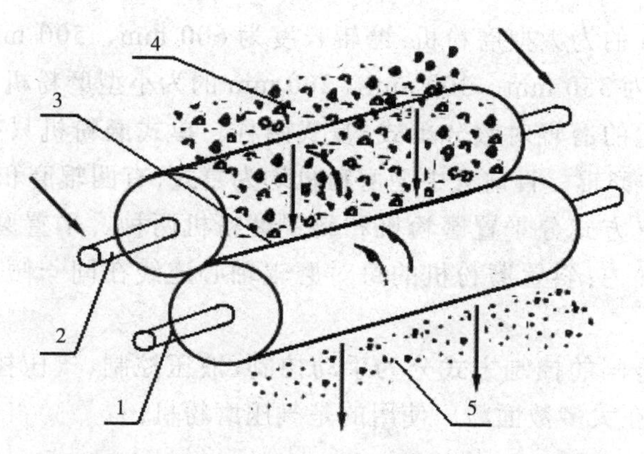

1. 快辊；2. 慢辊；3. 研磨区；4. 磨上物；5. 磨下物

图 7-1 磨粉机的工作状态

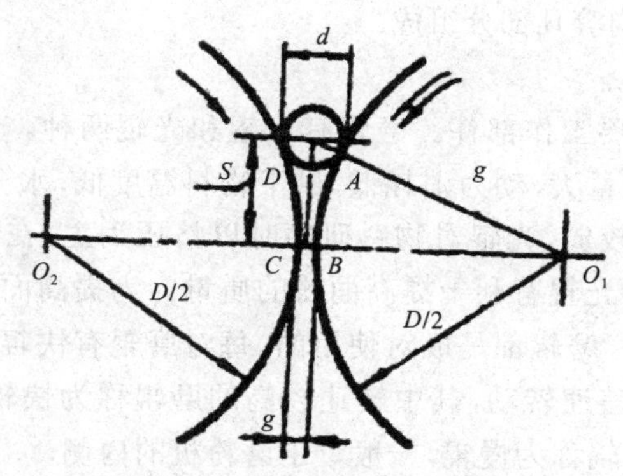

D—磨辊直径；d—物料粒度（粒径）；g—轧距

图 7-2 磨辊研磨区

料进行破碎剥刮，此时物料所处的位置（A 点、D 点）称为起轧点。此后，物料所处的两辊间距越来越小，最后到达最小间距处（两辊中心连线上两磨辊表面之间的交点，B 点、C 点），此处称为轧点，两轧点之间的距离 BC（两辊中心连线上两磨辊表面之间的距离）为轧距。经过轧点后，物料不再受到研磨。起轧点与轧点之间的距离（弧长 AB）称为研磨区长度。

物料进入研磨区后，在两辊的夹持下以一定的速度向下运动，由于两辊的速差较大，快辊速度较高，使物料紧贴快辊的一侧加速较大，而慢辊速度较低，则对物料紧贴慢辊的一侧加速较小，相对快辊近似起阻滞作用。这样物料和两个磨辊之间都产生了相对运动，产生对物料的剪切、挤压、搓撕作用，使物料逐渐破碎，从皮层上将胚乳刮离并磨细成粉。

二、辊式磨粉机

（一）磨粉机的分类

目前使用的磨粉机种类较多，需按不同的分类方法进行分类。

（1）按磨辊长度不同分为大、中、小型三种。磨辊长度为 1 500 mm、1 250 mm、

1 000 mm、800 mm 的为大型磨粉机；磨辊长度为 600 mm、500 mm、400 mm 的为中型磨粉机；磨辊长度为 350 mm、300 mm、200 mm 的为小型磨粉机。

（2）按机内装置的磨辊对数分单式、复式两种。单式磨粉机只有一对磨辊，复式磨粉机有两对及以上的磨辊。目前大中型磨粉机均为复式，有四辊磨和八辊磨两种。

（3）按磨辊布置方式分平置磨粉机和斜置磨粉机两种。平置磨粉机的每对磨辊轴心连线在同一水平面内；斜置磨粉机的每对磨辊轴心连线在同一倾斜面内，其倾斜角为 20° ~ 45°。

（4）按磨辊离合闸的控制方式分为手动控制、液压控制、气压控制三种。小型磨粉机为手动磨粉机，现在大多数面粉厂使用的是气压磨粉机。

（二）磨粉机的一般结构

磨粉机的种类虽多，但其基本结构大致相同，一般由磨辊、喂料机构、轧距调节机构、磨辊清理机构及传动机构等几部分组成。

1. 磨辊

磨辊是磨粉机的主要工作部件。磨辊有齿辊和光辊两种。齿辊的特点是对物料的剥刮破碎能力强，处理流量大，动力消耗低，磨下物料温度低，水分损耗少，磨后物料松散易筛理。光辊作用力则较弱，光辊对物料研磨时以挤压为主，在粉碎胚乳的同时不易使麸皮过度破碎，所以使用光辊有利于提高面粉的质量。为提高面粉质量，一般在心磨、渣磨和尾磨系统使用光辊。磨辊都是成对使用的，每对磨辊有快辊、慢辊之分，工作时两个等径的圆柱形磨辊相向差速转动，其中转速较高的磨辊称为快辊，一般位于磨粉机的外侧，另一只转速较低的磨辊称为慢辊，一般位于磨粉机的内侧。

磨粉机启动后，快、慢辊以一定转速转动，空转不喂料，此时两辊间距较大，明显大于研磨时的轧距，称为等待状态；喂料辊喂料、快慢辊研磨物料时，称为工作状态。快、慢辊靠拢，进入研磨工作状态的过程称为合闸（亦称进辊），此时喂料辊转动喂料，物料喂入研磨区域进行研磨；快、慢辊脱离研磨工作状态，回到等待状态的过程称为离闸（亦称退辊），此时喂料辊停止喂料。

设备刚启动时，磨粉机处于等待状态，由于设备故障或因某种原因来料中断时，必须使磨辊离闸回到等待状态。在正常情况下，磨粉机均处于连续研磨工作状态。

磨辊的转速较高，承受的工作压力大，因此要求辊面有一定的强度、韧性、耐磨性，同时还要具有良好的导热性。

2. 喂料机构

喂料机构是磨粉机的重要组成部分，由进料筒、喂料辊、喂料活门和有关控制及传动机构组成。大、中型磨粉机的喂料辊均采用双辊，位于内侧的喂料辊称为内辊（定量辊），其作用是松散物料和配合喂料活门控制送入磨辊间物料的流量。位于外侧的喂料辊称为外辊（分流辊），转速较快，能将物料分布成更薄的流层，并具有一定的降落速度，准确地送入研磨区域。不喂料时磨辊离闸，喂料辊停转。喂料辊运转喂料，磨辊合闸。内、外两喂料辊的转动方向一致，均为顺着本侧入磨物料的流动方向，但不同系统的磨粉机喂料辊的转速和技术参数不完全相同。喂料辊的上方有一个能上下活动的喂料活门，喂料活门的安装位置有两种：一种是一皮磨、心磨和渣磨在定量辊上方，另一种是二皮磨及后续各道皮磨在分流辊上方。调节喂料活门与喂料辊之间的给料间隙，可控制入磨流量。喂料活门的开启程度可自动调节，亦可手动调节。

喂料机构的主要作用如下。

（1）控制入机流量，并能根据来料多少，在一定范围内自动调节入机流量，保持研磨的连续性。

（2）使物料均匀地分布在研磨区域的整个长度上，保证整体磨辊长度均处于研磨工作状态，充分发挥磨辊的作用。

（3）将物料准确地喂入研磨区域，提高研磨效果。

（4）与磨辊的离合闸动作联锁，喂料时合闸，离闸时停止喂料。

3. 轧距调节机构

轧距调节机构是调节磨粉机研磨效果的主要操作机构，其主要作用如下。

（1）配合完成磨辊的合、离闸动作。

（2）能准确地调整磨辊的轧距，以改变对物料的研磨程度。

（3）正常工作中，若有硬物进入研磨区，能允许其通过并迅速恢复正常工作，以保护磨辊及设备。

快辊的位置通常是固定的，调节轧距与离合闸都是改变慢辊的位置，以改变其与快辊的距离。

4. 传动机构

传动机构通常有两部分：一部分是给磨辊、喂料辊传递动力，一般采用皮带传动；另一部分设置在快、慢辊之间，保持两辊间准确、稳定的传动比，这部分称为差速传动机构。目前，差速传动机构的传动形式有齿轮传动、双面圆弧同步齿型带传动和齿楔带传动等。齿楔带是一种新型传动方式，能适应中心距的变化要求，噪声低、震动小，且不会跑偏。

5. 磨辊清理机构

磨辊清理机构的作用是清理磨辊表面的黏附物，保持磨辊表面的正常状态，保证研磨效果。该机构装置在磨辊的下方，贴近磨辊表面，使用刷帚（刷帚应用于齿辊）或刮刀（刮刀应用于光辊），清除黏附在磨辊表面的粉层，保证磨辊正常研磨。

6. 吸风装置

磨粉机吸风装置的作用一是吸除磨辊工作时产生的热量和水汽，提高筛理设备的筛理效率；二是降低磨辊温度，降低料温，提高其使用寿命和研磨效果；三是避免机内粉尘外扬，改善工作环境；四是消除“泵气”，有利于提升喂料效果。

7. 气动控制系统

喂料机构和轧距调节机构控制系统的作用是通过自动喂料和自动离合闸，实现磨粉机操作的自动化。

任务二 磨粉机

【学习目标】

通过学习和训练，了解磨粉机的结构与工作原理，理解各部分结构的作用。

【技能要求】

能进行磨粉机各部分结构的操作。

【相关知识】

一、磨粉机总体结构

磨粉机是面粉厂的主要设备，磨粉机的研磨效果对制粉生产起着决定性的作用，掌握磨粉机的结构与工作原理是合理操作磨粉机、取得较好研磨效果的前提和基础。磨粉机主要由磨辊、喂料机构、轧距调节机构、磨辊清理机构和传动机构等组成。设备的外形如图 7-3 所示。设备的侧面结构与内部结构示意图见图 7-4。

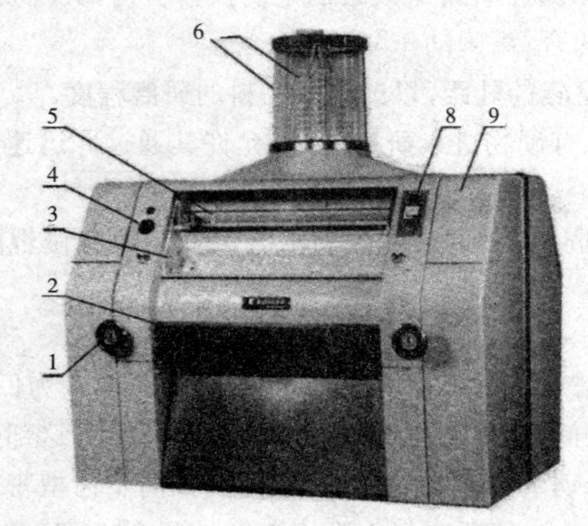

1. 轧距调节手轮；2. 磨膛门；3. 有机玻璃观察门；4. 气动控制板；5. 喂料活门；6. 进料筒；7. 进料传感板；8. 电源控制板；9. 侧面罩壳

图 7-3 磨粉机的外形

二、喂料机构

（一）喂料机构的控制

磨粉机研磨效果的好坏，喂料是关键之一。不同控制方式的磨粉机，喂料机构的结构不完全一样，但其基本作用是相同的，主要有手动、液压、气压和电动控制等。目前，气压控制是使用最多的控制方式。气压磨粉机喂料控制系统的结构及工作原理如图 7-5 所示。

当物料进入进料筒，筒内的积料达到一定高度时，进料筒内堆积的物料压力迫使料位传感板下降，通过绞支板、绞支轴转动使转臂克服弹簧的拉力逆时针方向摆出，转臂的摆出将压住机控换向阀，机控换向阀内的阀心发生动作，使控制气源进入伺服气缸的后端，伺服气缸内活塞的两面的受力大小发生变化，使伺服气缸的活塞外移，活塞杆伸出，

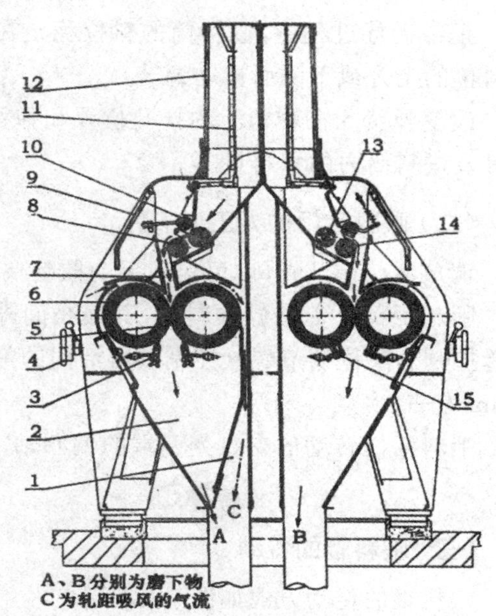

（右图的左半部分是装有光辊的磨粉机；右图的右半部分是装有齿辊的磨粉机）

1. 轧距吸风装置；2. 磨膛；3. 磨辊清理刮刀；4. 轧距调节手轮；5. 慢辊；6. 快辊；
7. 喂料通道；8. 喂料辊；9. 有机玻璃观察门；10. 喂料活门；11. 料位传感板；
12. 进料筒；13. 喂料绞龙；14. 喂料辊；15. 磨辊清理刷

图 7-4 磨粉机的侧面结构与内部结构示意图

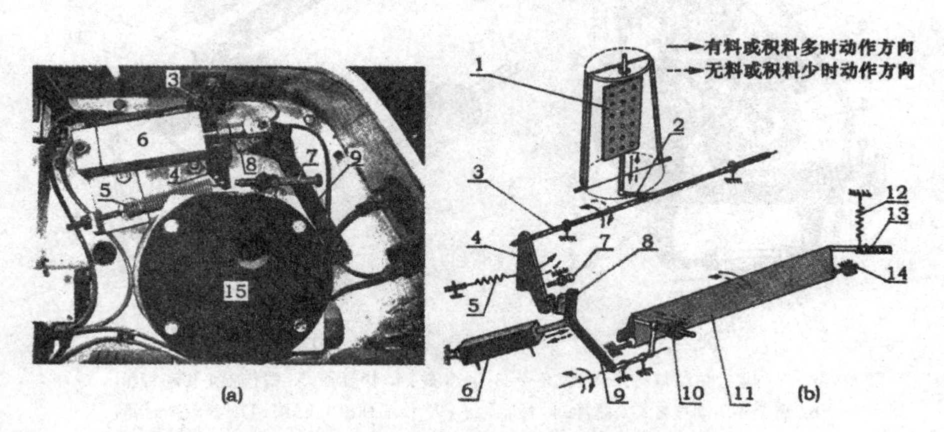

1. 料位传感板；2. 铰支板；3. 铰支轴；4. 转臂；5. 可调弹簧；6. 伺服气缸；
7. 限位调节螺栓；8. 机控换向阀；9. 杠杆；10. 活门调节螺母；11. 喂料活门；
12. 弹簧；13. 拉杆；14. 喂料活门偏心轴；15. 喂料辊传动齿轮变速箱

图 7-5 气压控制的喂料机构的结构

通过杠杆克服弹簧的阻力带动喂料活门上抬，增大喂料活门与喂料辊之间的间隙。喂料门开启，同时喂料辊转动开始喂料。

若进料筒内料位过低或无料时，弹簧将拉着转臂使其退回到起始位置，机控换向阀内的气路发生变化，控制气源消失，伺服气缸的活塞杆缩回，通过杠杆的传递和弹簧的拉力带动喂料活门下压，使喂料门关闭。同时喂料辊停止转动。

正常运行过程中，进料筒的料位稳定在一定范围内，喂料活门开启的大小随进料筒内料位的上升或下降而自动调节。

改变弹簧 5 在转臂上的挂孔位置和弹簧在拉杆上的挂孔位置，可调节系统动作的灵敏度及进料筒内的积料量。

（二）喂料活门的人工调节

调节活门调节螺母，可实现手动控制喂料活门开启的大小，手动调节喂料流量。

喂料活门不能接触喂料辊，其最小间隙，皮磨为 1mm，心磨为 0. 3 mm，由活门调节螺母控制。限位调节螺栓控制喂料活门的最大给料间隙，皮磨一般为 6 mm 左右，心磨为 2 mm 左右。

喂料活门转动的支点为两端的偏心轴，可使喂料活门沿整个喂料辊长度的间隙均匀一致。

（三）喂料辊的传动

喂料辊的传动方式如图 7-6 所示。

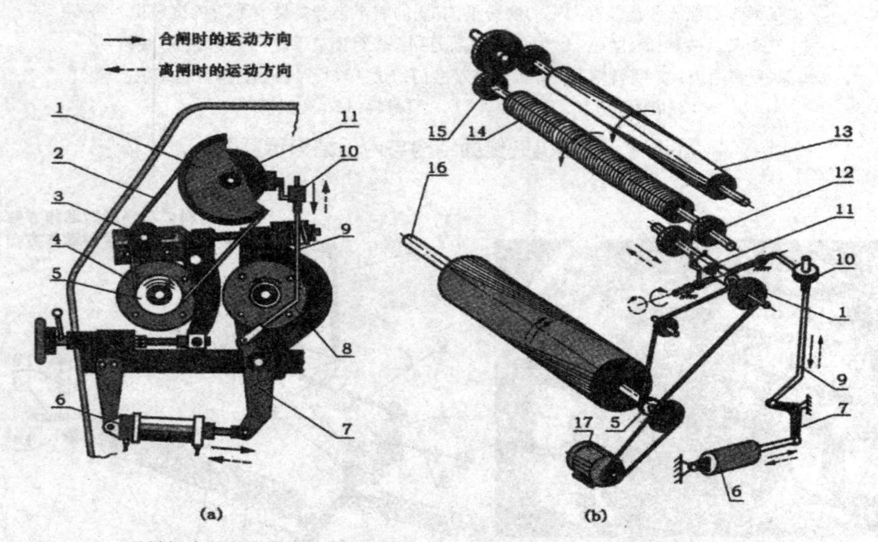

1. 喂料辊大传动带轮；2. 窄三角带；3. 张紧轮；4. 快辊轴；5. 喂料辊小传动带轮；6. 离合闸驱动气缸；7. 曲臂；8. 慢辊轴承；9. 传动杆；10. 压帽；11. 齿轮离合器；12. 外辊传动齿轮；13. 内辊；14. 外；15. 内外辊传动齿轮；16. 快辊；17. 传动电机

图 7-6 喂料辊的传动

喂料辊的小传动带轮固定在快辊轴上，随快辊转动而转动，通过窄三角带带动喂料辊大传动带轮转动，齿轮离合器轴转动，转速降低。齿轮离合器的啮合通过传动杆的上升或下降来控制。

当进料筒内积料达到要求时，气动控制系统工作，离合闸驱动气缸的活塞杆伸出，曲臂转动带动固定在其上的传动杆下降，使齿轮离合器啮合。齿轮离合器啮合，带动喂料辊的外辊转动，再由另一端的内外辊传动齿轮带动内辊转动。同时相关系统动作，喂料活门开启，开始喂料。随后，离合闸驱动气缸的活塞杆伸出到位，磨辊合闸，进入研磨状态。当进料筒内积料较少或无料时，气动控制系统发生变化，离合闸驱动气缸的活塞杆缩回，磨辊离闸。曲臂带动传动杆上升，齿轮离合器退出啮合，喂料辊停转，停止喂料。

由于各道磨粉机所研磨物料的粒度、性质不同，喂料辊应配置不同的转速。通过选择不同直径的喂料辊传动带轮、喂料辊两端不同传动比的齿轮，可得到不同的喂料辊转速。各道磨粉机喂料辊的参考转速见表 7-1。

表 7-1 喂料辊的参考转速(单位：r/min)

名称	1B	2B	3B～5B	1S	1M、2M	3M、4M	5M、6M	7M、8M
外辊	73	117	119	170	170	170	160	152
内辊	102	85	85	87	87	71	71	71

喂料辊的转速有固定和可调两种。固定转速如图 7-7 所示，各传动轮直径是固定的，所以转速是不可调的，物料流量的调节只能通过调节喂料活门的开启程度来实现。可调转速常用的有两种：一种是换挡调速，换挡时必须断开气源，使喂料辊停止转动。换挡调速可灵活地调节喂料量，一般不再频频调节喂料活门。另一种方法是无级调速，喂料辊无需磨辊带动，而是由无级调速电机直接带动喂料辊的前辊，来料增加时，电机转速自动加快，反之，转速减慢。一般无需调节喂料活门的开启度即可自动灵活地调节喂料量。喂料辊的无级调速电机驱动如图 7-7 所示。

图 7-7 喂料辊的无级调速电机驱动

(四) 喂料辊的表面状态

磨粉机所研磨物料的粒度、性质不同，喂料辊表面的状态也不同。1 皮磨研磨的是麦粒，为了使抛出的麦粒能形成均匀的一薄层，喂料辊必须具有较大的梯形齿槽，以增加摩擦和限制小麦的滚动。2 皮及后续皮磨研磨的是较大的麸片，其特点是不光滑、较轻散落性差。因此，定量辊应采用桨叶式螺旋输送，两端桨叶旋向相反，使物料能从中间向两端散开，并采用较快的转速，以增大其拨动能力。分流辊则采用方尖牙或尖锯齿形的齿齿尖顺着运动方向，使物料分散开来，喂入磨辊。心磨、渣磨研磨的物料呈粒状，粒细而重、黏附力强、不易散开。分流辊宜采用密而细的双向螺纹齿槽，以增大拨动能力，并使其从中间向两端推进。定量辊常采用较密的梯形齿。常用喂料辊的形状与要求如图 7-8 所示。

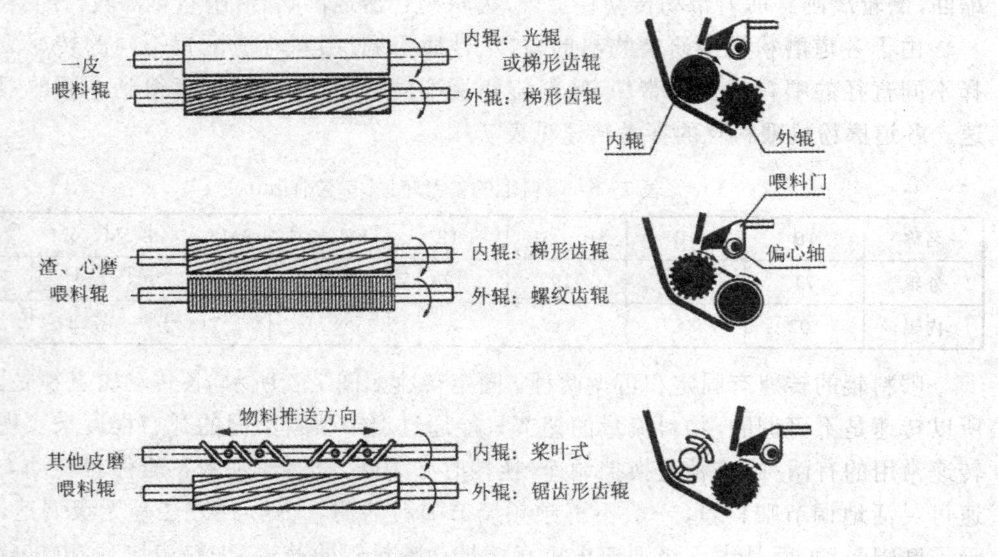

图 7-8　喂料辊的形状与要求

三、轧距调节机构

不同类型的磨粉机，轧距调节机构的结构和工作原理虽然不完全相同，但其主要作用基本相同，不同之处主要是离合闸的控制方式不同。手动控制的磨粉机需要人工进行手动离合闸，液压控制的磨粉机是利用液压系统进行离合闸的控制（已基本淘汰），气压控制的磨粉机是利用一定压力的压缩空气进行控制，电动控制的磨粉机是由计算机和电气控制系统来完成的，是一种较新型的控制方式。由于压缩空气具有用后不必回收、干净卫生的优点，所以目前使用较多的是气压控制。常用气压磨粉机轧距调节机构的结构与工作原理见图 7-9。

（一）离合闸的控制

磨粉机处于进辊状态时，气动控制系统使工作气源进入离合闸驱动气缸的后端，离合闸驱动气缸的活塞杆伸出，推动曲臂转动，带动慢辊轴承臂和慢辊靠近快辊，并保持稳定，即磨辊合闸进入工作状态。曲臂和慢辊轴承臂相当于一个杠杆，偏心支轴相当于偏心支点，其作用是下端的活塞杆伸出较长距离而偏心支轴上端的慢辊轴承臂和慢辊移动较小的距离，近似于慢辊沿导轨水平移动较小距离与快辊靠拢。如图 7-9（b）所示。

当料筒内料位低于料位下限或操作人员通过控制元件发出退辊指令时，气动控制系统使工作气源进入离合闸驱动气缸的前端，使离合闸驱动气缸的活塞杆缩回，推动磨辊离闸。

（二）轧距的手动调节

磨辊的轧距手动调节是在完成进辊后，设备处于工作状态时进行的，此时慢辊轴承

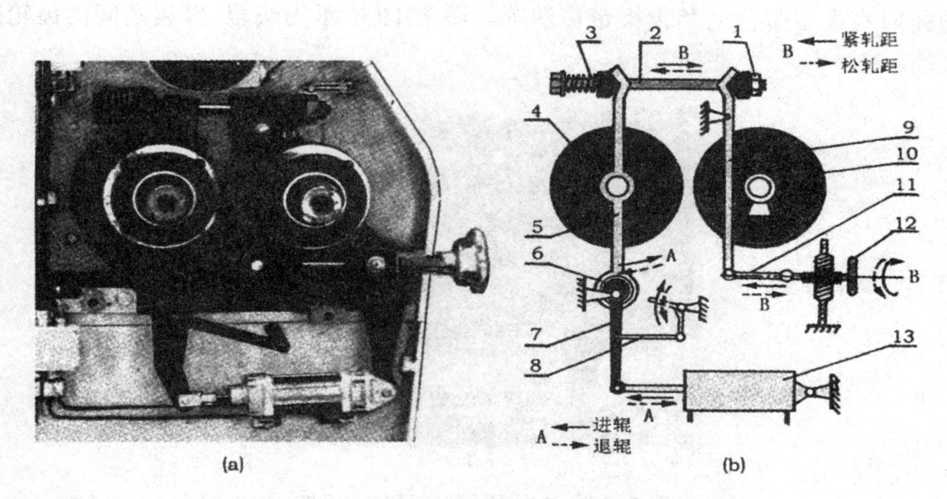

1. 调节螺母；2. 拉杆；3. 保护弹簧；4. 慢辊；5. 慢辊轴承臂；6. 偏心支轴；
7. 曲臂；8. 磨辊清理机构控制连杆；9. 曲臂；10. 快辊；
11. 调节杆；12. 轧距调节手轮；13. 离合闸驱动气缸

图 7-9 轧距调节机构的结构与工作原理

臂下端的位置由离合闸驱动气缸锁定。在设备运行过程中，通过轧距调节手轮可对轧距进行精确调节，并可通过手轮中的刻度盘了解轧距的调节情况。如图 7-10（b），手轮转动一圈，轧距变动量约为 0.2 mm。

轧距调节手轮中有刻度盘可指示轧距调节情况。刻度盘中有黑、红两个指针，分别指示最小轧距和工作轧距的对应位置。最小轧距在安装磨辊时，不启动电机，接通气源使设备处于合闸状态，通过拉杆末端的调节螺母和轧距调节手轮进行调节，调节后固定黑指针的位置。各系统粗调轧距可参考下列数据调整：1B（0.7 mm）、2B（0.4 mm）、3B ～ 5B（0.3 mm）、光辊（0.3 mm）。通过磨辊轧距调节手轮调节轧距时，应注意观察刻度盘中的红、黑指针之间的关系，避免轧距过小而造成两辊接触，损坏设备。

（三）磨辊保护装置

装置在拉杆上弹簧和两磨辊轴承臂之间的弹簧可实现对设备的保护，当有大硬物进入研磨区时，辊间压力急剧增加，通过慢辊轴承臂压缩弹簧，使两辊的间距增大，放过硬物，以保护设备。待硬物通过后，弹簧和进入离合闸驱动气缸的压缩空气又能使轧距迅速自动恢复，返回到正常的工作状态。

四、传动机构

磨粉机的传动包括快辊的传动、快慢辊间的传动、喂料外辊（分流辊）的传动及两喂料辊间的传动。

通常由电动机通过三角带传动磨粉机的快辊。不同产量、不同工作位置的磨粉机配用电动机的功率不同。

快、慢辊间的传动称为差速传动机构。目前，差速传动机构的传动形式有齿轮传动、

双面圆弧同步齿型带传动和齿楔带传动等。图 7-10 所示为快辊、慢辊之间的齿轮差速传动机构，

图 7-10　快慢辊齿轮差速传动机构

齿轮传动是较早的传动方式之一，噪音大，需用液态油润滑，而且要配备多组不同规格的齿轮以适应不同的速比要求和磨辊直径的变化。

双面圆弧同步齿型带传动能满足两磨辊中心距变化的要求，无需传动箱和润滑油，运转时噪声低，震动小。但当磨辊启动过快或超负荷时，同步齿型带有时会磨损打滑，正常运转时有时会跑偏。

齿楔带传动除具备同步齿型带传动的优点外，避免了正常运转时的跑偏现象，是一种新型的应用较多的传动方法。此种带一面沿带宽方向布有梯形齿面的隆起，另一面沿带宽方向布有楔角为 40° 的等间距三角形楔槽。图 7-11 所示为快辊、慢辊之间的齿楔带差速传动机构。

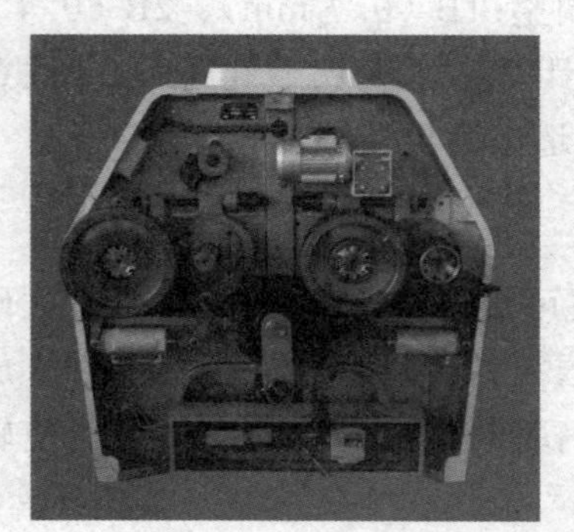

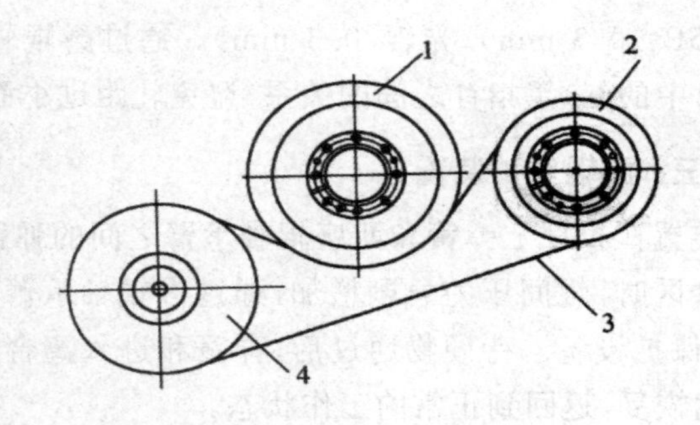

1. 慢辊带轮；2. 快辊带轮；3. 齿楔带；4. 张紧轮

图 7-11　快慢辊齿楔带差速传动机构

喂料辊之间的传动通常采用单面同步齿型带或齿轮，由外辊传动内辊（见喂料机构传动）。

五、磨辊清理机构

在研磨过程中，磨辊表面难免会黏附物料。对于黏附在磨辊表面的黏附物，必须及

时进行清理，以保持磨辊表面的正常状态，保证研磨效果。一般使用刷子或刮刀贴紧磨辊表面完成清理。齿辊一般用刷子清理，光辊的清理有刷子或刮刀两种形式。刷子和刮刀机构可以整体移动，在合闸时和磨辊接触，在松闸时离开。其结构如图 7-12 所示。刮刀与刷帚装置在磨膛两边侧壁的销钉上，依靠可调的柱形配重使刮刀或刷帚贴紧磨辊表面。改变配重的位置可调节刮刀和刷帚对磨辊表面的压力。刮刀链条挂在与磨辊离合闸联动的升降装置上，在离闸时，由离合闸驱动机构通过连杆转动转轴，由拉杆、链条将刮刀拉离辊面，以减少刮刀的磨损。合闸时，链条放松，刮刀贴紧磨辊表面进行清理。由于工作过程中刮刀还需动作，因此在装置刮刀时，将刮刀两端的销钉孔套上磨膛侧壁的销钉后，还需用压片与锁紧螺栓锁住。拆卸时先松开螺栓。

刷帚在工作时要平靠在磨辊上，而压力过大会造成刷毛弯曲反卷，影响清理效果。刮刀必须和磨辊轴线平行，与磨辊整个长度上的接触压力必须均匀，但为减少刮刀磨损，压力也不宜过大。由于制造和调整技术要求都比较高，因此刮刀逐渐被刷子所代替。

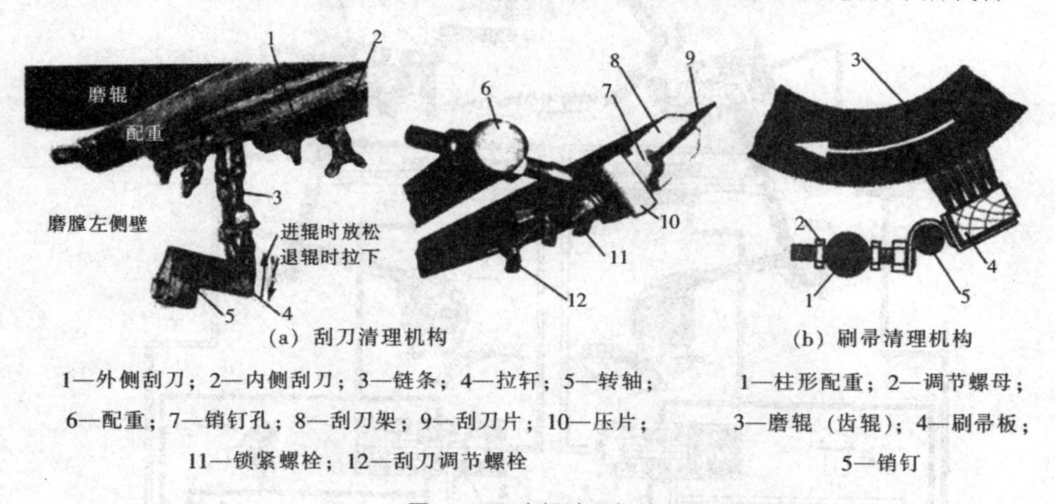

(a) 刮刀清理机构

1—外侧刮刀；2—内侧刮刀；3—链条；4—拉轩；5—转轴；
6—配重；7—销钉孔；8—刮刀架；9—刮刀片；10—压片；
11—锁紧螺栓；12—刮刀调节螺栓

(b) 刷帚清理机构

1—柱形配重；2—调节螺母；
3—磨辊（齿辊）；4—刷帚板；
5—销钉

图 7-12 磨辊清理机构

六、轧距吸风机构

磨粉机设置轧距吸风机构的目的是为了消除或减少“泵气”现象对喂料效果的影响。“泵气”现象是指高速相向旋转的快辊、慢辊所带动的气流，在研磨区入轧点的上方相互冲撞而形成的向上反射的紊流。“泵气”会对物料薄层产生干扰，使物料散乱、不均匀，流量降低，这对物料粒度较小的心磨系统影响尤为显著。

如图 7-4 左半部分所示，轧距吸风装置与磨下物的气力输送管道相连，通过紧靠慢辊的吸风通道对研磨区上方吸风，使通过慢辊上方的气流与慢辊的旋转方向相反，如标注 C 的气流，因而可有效地削弱泵气现象。

为保证吸风效果，应注意吸风通道的密闭。

七、气动控制系统

磨粉机的控制机构主要控制磨辊的离合闸和喂料机构。常用气压磨粉机的气动控制系统见图 7-13。气动控制系统一般主要由气源、管道、气动控制元件和气动执行元件等组成。磨粉机中的气动控制元件主要为喂料控制系统中的机控换向阀和控制进退辊驱动气缸的气控换向阀。气动执行元件为控制喂料活门的伺服气缸和进退辊驱动气缸。气源分两路接入磨粉机，工作气源经气控换向阀进入离合闸气缸和伺服气缸的前端，控制气源经手动开关通向机控换向阀。

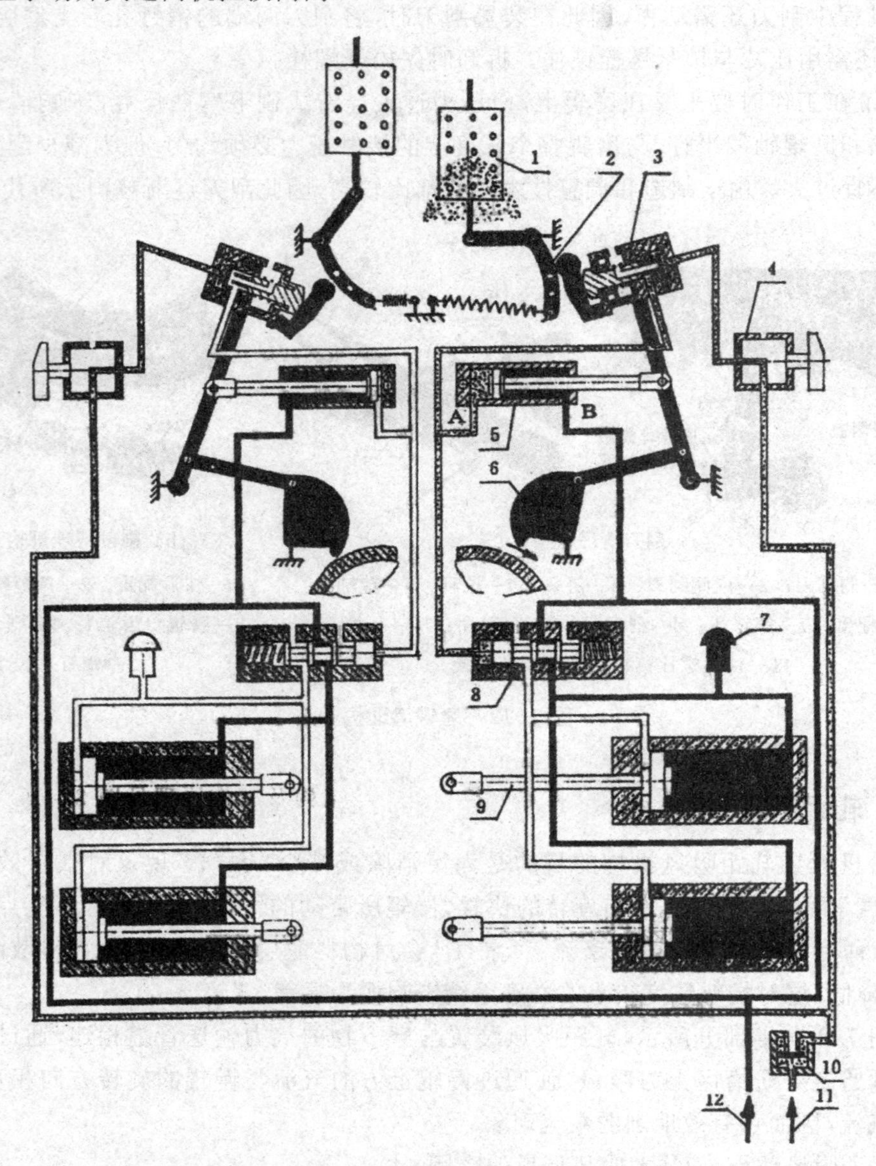

1. 传感板；2. 转臂；3. 机控换向阀；4. 手动开关；5. 伺服气缸；6. 喂料活门；7. 气动指示器；8. 气控换向阀；9. 离合闸气缸；10. 快速排气装置；11. 控制气源；12. 工作气源

图 7-13 气压磨粉机气动控制原理图

当进料筒内料位较低或无料时，转臂与机控换向阀脱离接触，控制气源进入机控换向阀后没有从其出气孔排出进入伺服气缸和气控换向阀，因而离合闸气缸和伺服气缸的活塞都不能伸出，此时磨辊是处于离闸状态，喂料辊停转，喂料活门是关闭的，气动指示器显示红色，如图 7-13 左侧的状态。当进料筒内料位达到要求高度时，如图 7-13 右侧的状态，转臂压住机控换向阀，控制气源从机控换向阀的出气孔排出进入伺服气缸后端和气控换向阀，使工作气源进入离合闸气缸的后端，离合闸气缸和伺服气缸的活塞伸出，使喂料辊转动，喂料活门开启喂料，磨辊合闸，进入工作状态，此时气动指示器显示绿色。

工作状态中，若扳动手动开关，切断该路控制气源，即可使整台或半台磨粉机停止工作。通过快速排气阀可切断所有磨粉机的控制气源，从而使所有磨粉机同时离闸。

八、磨粉机的出料方式

磨粉机的出料有两种方式：一种为自流出料，物料从出料斗出来后，进入溜管流入提料管；另一种为磨膛吸料，是在磨粉机内部设置磨膛吸料装置，物料是从进料筒两侧的出料口被吸入提料管的。采用磨膛吸料，磨粉机可安装在底楼，从而可减少制粉车间的楼层数，节约投资，但气力输送的阻力要大一些，动力消耗较高。

任务三 影响磨粉机工艺效果的因素

【学习目标】

通过学习和训练，了解影响磨粉机、松粉机工艺效果的主要因素，熟悉磨粉机剥刮率、取粉率、研磨效果的检查和测定，理解磨粉机技术特性对研磨效果的影响。

【技能要求】

（1）能进行磨粉机剥刮率、取粉率、研磨效果的检查和测定。

（2）能根据原料、在制品及产品质量要求合理选用磨辊技术特性。

（3）能拆卸安装磨辊。

【相关知识】

一、研磨效果的检查

磨粉机的研磨效果通常通过剥刮率和取粉率进行评定。由于在一条粉路中，各系统各道磨粉机的作用不同，因此，不同工作位置的磨粉机剥刮率和取粉率相差很大，所以在生产过程中，应经常对各道磨粉机的研磨效果进行检查和测定，及时调整磨粉机的操作，以达到规定的操作指标，取得较好的研磨效果。

磨粉机的研磨效果可通过测定剥刮率和取粉率并结合感官鉴定的方法进行检查。磨粉机操作人员，应经常观察、分析磨上物和磨下物的物料情况，并结合剥刮率、取粉率的测定结果进行校正误差，通过反复实践，对剥刮率、取粉率摸索出较准确的判断。

二、磨粉机工艺效果的主要影响因素及其相应的操作调整

（一）进机物料情况

进机物料对磨粉机的工艺效果有较大的影响，应及时调整磨粉机的操作。

原料中软麦较多时，由于软麦质地松软，在同样条件下，磨下物中渣心物料较少，粉较多，皮层与胚乳结合力较强，剥刮较困难，因此在操作时，前路皮磨的轧距应适当放松，控制取粉率，使心磨系统有足够的渣心物料，后路皮磨应适当加强研磨，以保证对麸皮的剥刮。原料中硬麦较多时，由于硬麦磨下物中渣心物料较多，粉较少，麸皮易碎，因此，前路皮磨的轧距应适当放松，后路皮磨也应适当放松研磨。

入磨小麦水分过高时，麸片上的胚乳不易刮净，造成出粉率降低，产量下降，动力消耗增加，但麸片不易碎，渣、心少，粉中含麸星较少，白度较高；水分过低时，产生的渣、心多，粉少，麸片易碎，面粉质量变差。因此，当原料水分较高时，前路皮磨的轧距应适当放松，控制取粉率，后路皮磨应适当加强研磨，保证对麸皮的剥刮，防止麸皮中含粉较多。必要时应关小 1B 磨的料门，降低产量。同时要加强磨辊的清理作用，防止出现缠辊现象。

原料中红麦较多时，为保证成品质量，防止麸皮破碎混入面粉，各道皮磨的剥刮率应适当降低，轧距应适当放松。

原料质量较差时，各道皮磨的轧距应适当放松。同时，由于麸多、粉少，在流量相同的情况下，面粉出粉率自然就下降。如果强求成品产量不变而增加设备的流量，将可能导致磨粉机研磨不透。

入磨物料粒度的均匀程度和含粉情况对磨粉机的工艺效果和操作影响较大，特别是对心磨，因此应注意检查各道磨粉机的入磨物料情况。

（二）磨辊技术特性

1. 齿辊技术特性

（1）齿数。齿数是指磨辊圆周单位弧长上的磨齿数，以每厘米弧长磨齿数来表示，即齿 / 厘米，也可用齿 / 英寸表示。

磨辊齿数的多少与研磨物料的粒度、流量大小和要求达到的粉碎程度有关。如入磨物料粒度较大或流量较大或要求磨出物较粗时，齿数就应较少；反之，齿数就应较多。在其他条件相同的情况下，磨辊齿数越少，两磨齿间的距离越大，齿沟越深，只适宜研磨颗粒大的物料。如用它研磨细小的物料，会使其嵌入齿沟而得不到研磨。磨辊齿数越多，两磨齿间的距离越小，齿沟越浅，只适宜研磨颗粒小的物料。如用它研磨颗粒大的物料，流量少时，麦皮易磨得过碎；流量多时，物料的中间部分研磨不充分，磨齿易磨损，动力消耗高而产量低。

由于在整个粉路中，物料的粒度和流量均是前路大、后路小，皮磨大、心磨小，所以磨辊齿数的配备通常是：1B 磨齿数最少，后续皮磨相应增加。渣磨、心磨若采用齿辊时，齿数要比皮磨的多。

在其他条件相同的情况下，齿数较多时，物料接受剥刮的次数多，对物料的破碎能力增强，剥刮率、取粉率相应较高，但动力消耗较高、产量较低。齿数过密还会使麦皮易碎，

影响面粉质量。反之,则相反。

(2)齿角。齿角是同一磨齿两个齿面的夹角,如图 7-14 所示。通常磨齿的两个齿面不对称,一个较窄,一个较宽,较窄的齿面称为锋面,它与磨辊中心到齿顶连线的夹角称为锋角;较宽的齿面称为钝面,它与磨辊中心到齿顶连线的夹角称为钝角。钝角必大于锋角。

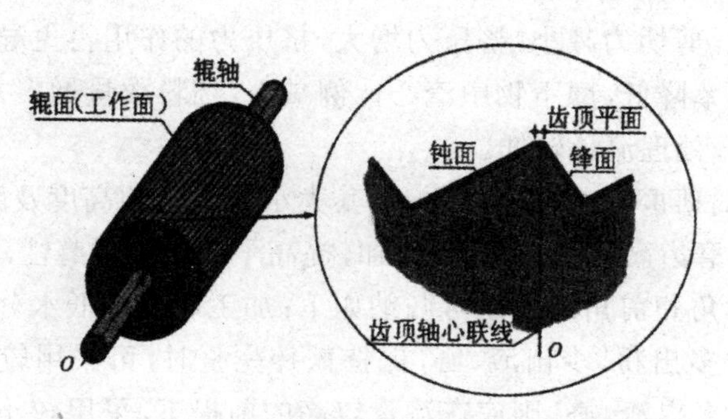

图 7-14 磨齿的形状

在磨齿的顶端,还有一个很小的平面,称为齿顶平面,齿顶平面的作用:可缓和新辊的破碎作用,防止出现物料切丝现象,延长磨辊的使用寿命。

在研磨过程中,物料通过研磨区的速度约为快、慢辊线速的平均值。由于快辊的速度比物料通过的速度快,快辊对物料产生作用力的齿面将朝下,对物料的作用力方向也主要是朝下;而慢辊的速度比物料通过的速度慢,慢辊对物料产生作用力的齿面将朝上,对物料的作用力方向也主要是朝上,如图 7-15 所示。对物料产生作用力的齿面称为前齿面,前齿面与本身齿顶半径的夹角 α 称为前角。对应后齿面与本身齿顶半径的夹角 β 称为后角。

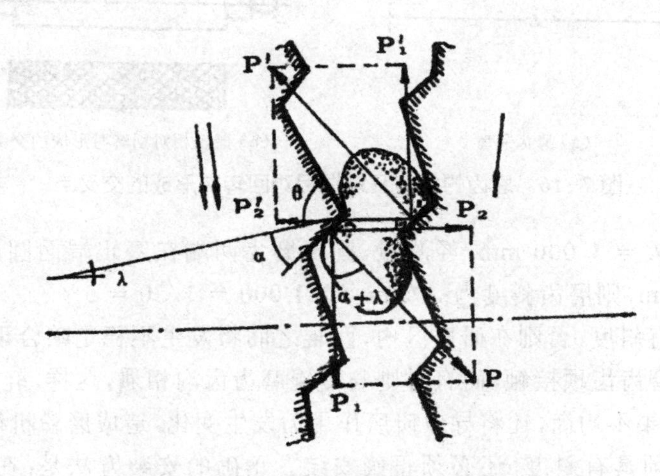

图 7-15 物料受齿辊研磨时的受力状态

快辊与慢辊的齿角与前角通常相同,且同时对研磨区中的物料施加作用力 P、P'。P、P' 分别与快、慢辊的前齿面垂直,可将 P、P' 分别分解为垂直于两辊中心连线的剪切力 P_1、P_1' 和平行于两辊中心连线的挤压力 P_2、P_2'。

由图可知：$P_1 = P\cos(\alpha + \lambda)$　　$P_2 = P\sin(\alpha + \lambda)$

式中 λ 一般较小，故可忽略其影响。

物料在磨辊间所受作用力的大小主要取决于前角。当前角减小时，剪切力增大，挤压力减小，对物料的剪切破碎作用加强，剥刮率增大，磨下物中渣心比例提高，细粉数量减少，皮层易碎，粉中麸星增多，品质可能下降，但能以较低的动力消耗处理较高的物料流量；当前角增大时，剪切力减小，挤压力增大，挤压力的作用占主导地位，对物料的剪切破碎作用降低，剥刮率降低，磨下物中渣心比例减少，细粉数量增多，皮层不易碎，面粉品质较好，但动耗较高，处理流量较低。

磨齿的后角虽对研磨不起主要作用，但其大小与磨齿的高度及耐磨性有关。当齿角不变而后角增大，则磨齿高度减低，厚度增加，提高了磨齿的耐磨性，延长了使用寿命。

实际生产中，齿角和前角的应用可归纳如下：加工硬麦和低水分小麦时，应选用较大的前角和齿角；要求多出粉，少出渣、心，保持麸片完整时，可采用较大的前角和齿角；前路皮磨要求少出粉，多提渣、心，则应在流量较高的前提下，采用较小的齿角，尤其采用较小的前角；在后路皮磨，为做到既刮净麸片上残留的胚乳，又不使麦皮过碎，保证后路粉的质量，应采用较大的前角和齿角；流量较大或为了降低磨粉机的动力消耗时，可采用较小的前角和齿角。

（3）斜度。磨辊表面的磨齿与磨辊中心线不平行，而是倾斜成一角度，其倾斜的程度用斜度表示。斜度通常以同一磨齿两端在磨辊端面圆周上的距离（弧长）与磨辊长度之比表示，如图 7-16（a）所示。

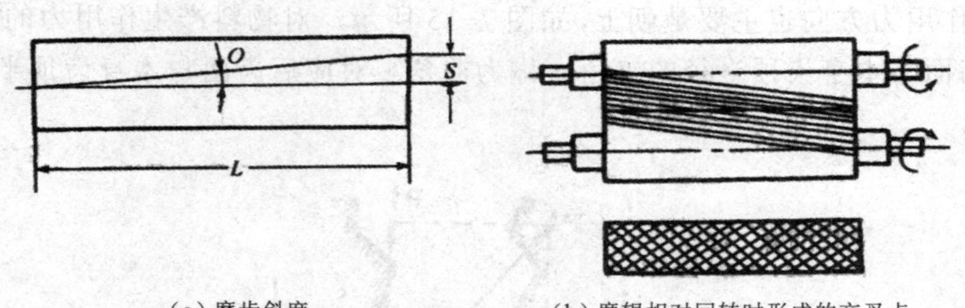

（a）磨齿斜度　　（b）磨辊相对回转时形成的交叉点

图 7-16　磨齿的斜度及磨辊相对回转时形成的交叉点

设磨辊长度 $L = 1\ 000$ mm，经测量，同一磨齿两端在磨辊端面圆周上倾斜的距离（弧长）$S = 50$ mm，则磨齿斜度为：$S/L = 50/1\ 000 = 1/20 = 5\%$

磨齿必须具有斜度，否则在研磨区内，两辊之间将发生不稳定啮合现象，有时快辊磨齿沿全长与慢辊磨齿齿顶接触，而有时则与慢辊磨齿齿沟相遇，这样，轧距在瞬间内发生变化，不仅研磨效果不均衡，还将导致研磨作用力发生变化，造成磨粉机震动。

磨齿不仅必须具有斜度，还必须正确安装。正确的安装方法是：在磨辊静止时，一对磨辊的磨齿倾斜方向相同。这样，当一对磨辊相向转动时，快辊磨齿与慢辊磨齿便形成许多交叉点，在磨辊间的轧距小于被研磨物料的情况下，物料就在交叉点上得到研磨。如图 7-17（b）所示。若安装错误，两辊的磨齿在研磨时将相对平行，仍将产生类似无斜度时的现象。

在其他条件相同的情况下，斜度较大时，研磨区内的交叉点较多，物料受到的研磨程度将增强，皮层易碎，产品质量较差，但动力消耗较低。所以在加工硬麦、低水分小麦和成品质量要求较高时应选用较小的斜度，而在要求动耗较低时，可选用较大的斜度。

（4）排列。排列是用来描述快辊、慢辊前角状态的一种常用形式，以快辊前角对慢辊前角表示。由于前角可能是锋角也可能是钝角，因此排列有锋对锋、锋对钝、钝对钝、钝对锋四种，但由于锋对钝、钝对锋排列的工艺效果较差，很少使用，所以，常用的排列形式是钝对钝、锋对锋排列。磨齿的排列形式见图 7-17。

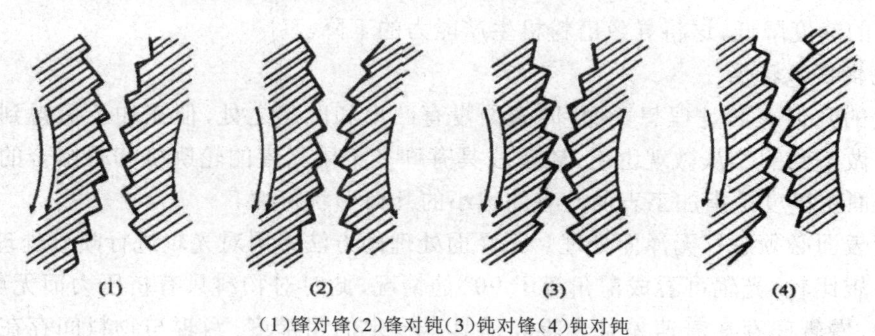

（1）锋对锋（2）锋对钝（3）钝对锋（4）钝对钝

图 7-17 磨齿的排列

钝对钝排列是指快辊磨齿的钝面向下、慢辊磨齿的钝面向上，快、慢辊磨齿的前齿面都是钝面，前角都是钝角；锋对锋排列是指快辊磨齿的锋面向下、慢辊磨齿的锋面向上，快、慢辊磨齿的前齿面都是锋面，前角都是锋角。

钝对钝排列时，快、慢辊磨齿的前角较大，对物料的挤压力大而剪切力小，研磨作用缓和，磨下物中麸片大，渣、心少而粉多，粉中含麸少、质量好，但动力消耗较高。适于加工硬麦、低水分小麦和要求麸片完整及流量较低的情况。

锋对锋排列时，快、慢辊磨齿的前角较小，对物料的剪切作用较强，因而破碎程度较高，动力消耗低，磨下物中麸片较碎，渣、心多而细粉少，面粉质量较差，适于加工软麦、高水分小麦和要求流量较高的情况。

（5）磨辊的线速与速比。磨辊线速即磨辊圆周线速度。由于物料通过研磨区的速度为快、慢辊线速的平均值，所以磨辊的线速越大，单位时间内可通过的物料越多，磨粉机的产量越高。若流量不变，较高线速时物料通过研磨区的料层变薄，研磨效果可提高。但线速超过一定限度时，过薄的料层将引起磨辊磨损加剧，轴承发热，机器振动，甚至产生磨辊断轴等事故。

快、慢辊具有一定的速比是保证研磨效果的重要条件。如果一对相向转动的磨辊都是同一线速，那么物料在研磨区内，只能受到两辊的挤压作用而压扁破裂，物料只会有极少量的破碎。磨辊速比可用线速比和转速比来表示，但前者更准确。

若其他条件不变，速比较大时对物料的研磨作用较强。这是因为在齿辊上，当其他条件不变时，研磨物料的粉碎程度与“作用齿数”相关。所谓作用齿数，是指物料在研磨区域内，快辊工作表面对物料作用的齿数。作用齿数可用下式表示：

$$Z_b = S \times n \times \frac{K-1}{K+1}$$

从上式可看出，当研磨区域长度(S)和快辊齿数(n)不变时，作用齿数(Z_b)仅决定于速比。速比越大，作用齿数越多，物料接受剥刮的次数越多，被粉碎的程度显然将增强；但麸片易碎，渣、心、粉的灰分增加，动力消耗也随之增加。所以速比的选用必须与工艺、原料性质、研磨要求等相适应。

如果提高速比而不相应地提高快辊的线速度，则由于慢辊线速度的减小而使物料通过研磨区的速度降低，这将导致磨粉机生产能力的下降。

2. 光辊技术特性

光辊的几何表面是理想表面，即表面没有凸出和凹陷之处，但在加工后得到的实际表面上是做不到的。从微观上看，轮廓线具有许多不同高度的轮廓峰和谷组合的微观不平度。表面粗糙度是指加工表面具有的较小的几何形状特性。

光辊表面必须进行无泽面处理。无泽面处理的方法采用对光辊进行喷砂处理。

与齿辊比较，光辊可看成前角等于 90° 的情况，此时对物料只有挤压力而无剪切力，但由于快、慢辊间存在着速差且光辊表面具有一定的粗糙度，两辊与物料间存在较大的摩擦力，即物料在光辊研磨区中，受到挤压与摩擦的综合作用。采用光辊破碎渣、心类物料，有助于胚乳的粉碎和保持皮层的完整，为多出好粉创造条件，但动力消耗较高，产量较低。

磨辊加工后的表面光洁度和表面粗糙度参数如表 7-2 所示。

表 7-2　表面光洁度和粗糙度对照

光洁度	粗糙度 Ra/μm	平均值 /μm
▽ 4	＞5～10	7. 5
▽ 5	＞2. 5～5	3. 75
▽ 6	＞1. 25～2. 5	1. 88
▽ 7	＞0. 63～1. 25	0. 94
▽ 8	＞0. 32～0. 63	0. 48

直径为 120～500 mm 的光辊加工后的光洁度要求为▽ 7，相当粗糙度 Ra 平均值为 0. 94 μm。光辊喷砂后的粗糙度为(3. 5～4. 5) μm，根据工艺设计要求掌握。使用一段时间后，喷砂粗糙度已为物料的研磨摩擦所消耗，随后是因研磨摩擦而形成的研磨粗糙度，一般为(1. 5～2. 5) μm。除了受物料的流量、硬度、研磨压力等因素影响外，磨辊表面硬度是重要因素，磨辊较硬时，研磨粗糙度选低值，反之则高。

因光辊在研磨时压力较大，磨辊会轻微弯曲，磨辊发热也比较严重，发热会导致磨辊膨胀，尤其在靠近轴承的地方，发热更严重，膨胀也更大，且由于辊体两端为实心，热膨胀使辊径只沿径向向外扩展，而辊中段为空心，能沿径向朝内外两个方向膨胀，结果辊体两端直径的扩张比中间段要大。若光辊加工成规则的圆柱形，在研磨时就会出现两端轧距紧，中间松的现象，使磨辊全长研磨效果不均匀。因此，光辊两端须带有一定锥度，经发热膨胀后，使磨辊成为圆柱体，沿全长轧距一致。光辊的结构如图 7-18 所示，L 为磨辊长度，$L_1 = 200 \sim 220$ mm，D 为最大直径 $D - D_1 = 0.005$ mm，$D_1 - D_2 = 0.03$ mm。

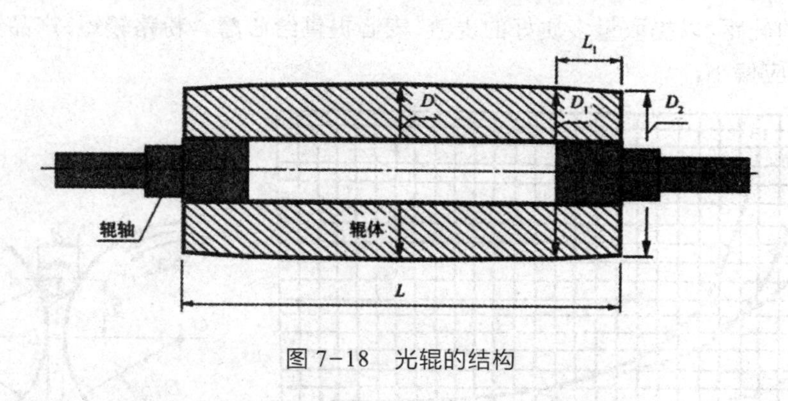

图 7-18 光辊的结构

3. 新拉制的磨辊

新拉制的磨辊齿角较尖锐有较强的研磨作用，剥刮率高，麸片易碎，颗粒状物料多，细粉少，动力消耗低，能适应较高的流量。但用过一段时间后，因齿角变钝，研磨作用下降，产量降低，磨出物中麸片大，面粉多，渣粒减少，磨温升高，特别突出的是动力消耗增加。因此，应根据磨齿的磨损情况相应调整磨粉机的操作。如使用新拉丝的磨辊时，由于磨齿锋利，应适当放松轧距或增大流量，防止麸片过度破碎；磨齿变钝后，则应适当减小轧距或减小流量，以使物料取得相近的研磨程度。

为了平衡负荷和稳定生产，必须根据磨辊的磨损情况，有计划地分批更换磨辊。更换时，要注意检查新更换的磨辊表面技术参数是否符合要求，以防装错。

（三）喂料效果

喂料效果对磨粉机的研磨效果影响很大。理想的喂料效果应使物料以一定的速度准确地进入研磨区并沿磨辊全长分布均匀、厚薄一致。如果喂料速度过快，虽有利于产量的提高，但会造成喂料不准确和物料在研磨区堆积的现象，严重时会造成堵塞。若喂料不均匀，使物料在整个磨辊长度上分布不均，不仅研磨效果和设备利用率低，而且物料厚的地方磨辊容易局部磨损，使整个磨辊长度上轧距不一致。

喂料辊的表面状态和转速及喂料活门给料间隙的大小影响磨粉机的喂料效果。应根据研磨物料的性质选择合适的喂料辊转速和表面状态，工作过程中应对喂料活门给料间隙及进料筒内的最低料位进行精心的调节与维护。

（四）轧距

轧距的大小对磨粉机的研磨效果影响很大。在其他条件不变的情况下，轧距较小时，对物料的破碎作用较强，磨粉机的剥刮率或取粉率较高，动力消耗较高，流量较小。如图 7-19 所示。

在工作过程中，应严格按照工艺要求调节好各道磨粉机的轧距。通常以工作流量适中，剥刮率（取粉率）达到要求指标，后续设备流量平衡时为最佳值。轧距过紧或过松以及磨辊两端的轧距不一致，都会使研磨效果降低。

各道磨粉机的参考轧距一般为：1B（0.5～0.8 mm）、2B（0.2～0.4 mm）、3～5B（0.1～0.3 mm）、S（0.1～0.3 mm）、M（0.05～0.2 mm）。粉路较长时应适当放松前路皮磨的轧距，以提取量多质好的麦渣、麦心提供给心磨。粉路较短，产品精度要求较低时，轧距则应偏小。

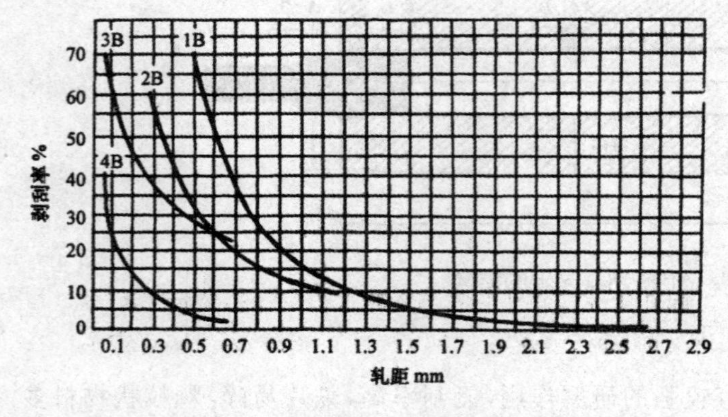

图 7-19　轧距与剥刮率的关系

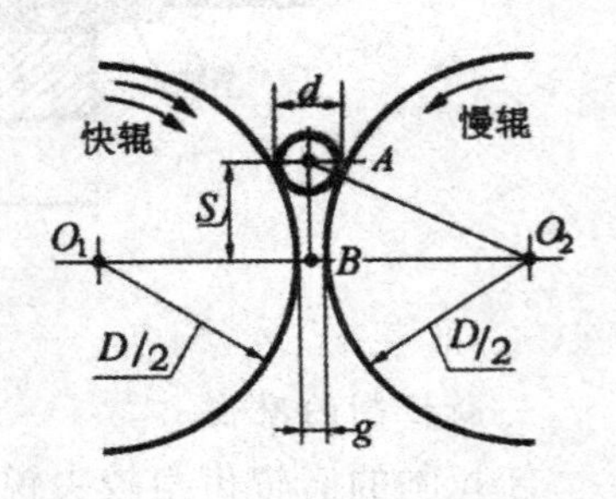

图 7-20　磨辊研磨区

（五）研磨区的长度

如图 7-20 所示，物料落入研磨区且两辊恰好同时接触物料时，两辊夹住物料开始对物料进行研磨，此时物料所处位置（A 点）称为起轧点。此后，两辊的间距越来越小，最后到达最小间距处，此处（B 点）称为轧点，而两辊间的距离称为轧距 g。经过轧点后，物料不再受到研磨。两辊同时接触物料的工作区，即从起轧点到轧点之间的区域称为研磨区。起轧点与轧点间的距离称为研磨区长度。

物料只有在研磨区内，才能受到磨辊的研磨作用，因此研磨区长度对研磨效果的影响很大。对于指定物料，研磨区较长时，物料受两辊研磨的时间就较长，受到破碎的机会就较多，破碎的程度就较强。

由图 7-20，研磨区长度 $S=\sqrt{\left(\frac{D}{2_n}+\frac{d}{2}\right)^2-\left(\frac{D}{2}+\frac{g}{2}\right)^2}$ 展开后，忽略相对较小的量 $\left[\left(\frac{d^2}{4}-\frac{g^2}{4}\right)\right]$ 得：

$$S=\sqrt{\frac{D}{2}(d-g)}$$

式中，S——磨辊研磨区的长度，m；

D——磨辊直径，m；

d——物料粒度，一般为粒径，m；

g——轧距，m。

由上式知，研磨区长度随物料粒度和磨辊直径的增大而增大，随轧距的增大而减小；反之，则相反。所以在其他条件相同的情况下，磨辊直径较大或轧距较小时对物料的破碎程度较强。当入磨物料粒度较小时，研磨区较短，故心磨物料磨细较困难，宜选用直径较大的磨辊或减小轧距以增大研磨区长度。

大型磨粉机的磨辊直径一般为 250 ～ 300 mm，中型磨粉机的磨辊直径一般为 220 ～ 250 mm，小型磨粉机的磨辊直径一般为 180 ～ 220 mm。

（六）流量

磨粉机的流量通常用单位辊长处理量表示，即 kg/（cm·d）。磨粉机的流量过大时易研磨不透，对物料破碎的均匀程度将下降，流量过小易使喂料状态不正常，且使设备工作不稳定。应根据各研磨系统之间的流量、本系统前后路的流量及研磨效果调整好各道磨粉机的轧距，保持整个粉路流量的平衡。

1B 磨粉机控制整个粉路的工作流量，其大小直接影响粉路的产量与质量。前路轧距较松时，流量可较大。

流量较大时，可适当提高磨辊转速，但转速较高时，设备的损耗、振动都将加剧。磨粉机产量在磨辊技术特性不变时，与下列因素有关。

1. 物料的粉碎程度

在操作磨粉机时，随轧距的减小研磨区域长度便增加，这时，快辊对物料的作用齿数增多而粉碎程度提高，但磨粉机单位流量相应地降低。

2. 磨齿的高度

在研磨过程中，随着磨齿的逐渐磨损，磨齿便不易抓住物料，而在磨辊表面上的滑动增加，即物料在研磨区域中的移动速度降低。并由于磨齿高度减小，两磨齿间隙中的物料减少，使磨粉机产量逐渐降低。

3. 小麦的水分含量

入磨小麦水分过高会引起粉厂生产量减少。

4. 研磨物料的容重

小麦经逐道研磨，由于胚乳被逐渐刮下，随着皮磨道数的后推，物料的容重便减轻，磨粉机单位流量也降低。例如末道皮磨研磨的物料，容重仅为 270 g/L 左右。这时，该道皮磨的单位流量只在 200 ～ 250 kg/（cm·24 h）。

5. 进入同一研磨系统中物料颗粒的均匀度

当进入同一研磨系统物料颗粒的粒度相差悬殊时，一些最小的颗粒便不会受到研磨作用，这样就不能发挥磨粉机的作用，磨粉机的生产量将降低。

（七）磨辊的冷却和清理

磨辊冷却的目的是降低辊体、轴承及物料的温度。因为磨粉机在连续工作中，部分机械能转为热能，使得磨辊和物料发热，有时磨辊表面温度高达 60℃～ 70℃，易造成水分的蒸发与凝结，造成筛理效率降低，应筛出的面粉不能筛净又重新回入磨粉机，降低了磨粉机的产量和研磨效果。此外，还会在磨粉机机壳表面、自流管及输送设备中形成粉块。如果磨辊温度过高，会使蛋白质变性，而麦皮受热失去水分，变得脆而易碎，易混入面粉影响面粉的质量。

粉间采用气力输送，在吸运磨下物料的同时，能有效地对磨粉机进行冷却和除尘。

如果磨辊采用水冷装置，即在辊轴两端设进、出水管道，利用流经辊体内部的冷水带走热量，可降低辊体、轴承以及物料的温度。快辊表面温度可降低到 37 ℃～45℃，轴承温度也下降。同时，可使经研磨的物料温度降低 5℃，提高了磨粉机的工艺效率。

为了吸去磨粉机研磨时产生的热量、水汽和粉尘，必须进行吸风除尘，一般每对磨辊（1 m 长）的吸风量为 5～6 m^3/min。

在研磨过程中，磨辊表面黏附的物料较多后，辊面的工作状态将发生变化，若不及时对黏附物进行清理，研磨效果将受影响，严重时还会造成设备的振动。因此，必须保持磨辊清理机构工作正常，清理效果较好。

磨粉机工艺效果的影响因素较多，调整磨粉机的操作时，应结合各方面的因素综合考虑，以保证产品质量。一般来讲，当产品质量要求较高时，各道研磨系统都不宜采用强烈的研磨作用，尤其是前路皮磨，轧距应适当放松，严格控制好其剥刮率，限制其取粉率，以提取量多质好的渣心物料送往心磨，使心磨系统有足够的流量，以提高优质粉的数量和质量。应定时检查各道皮磨的剥刮率和取粉率，检查各个系统的取粉率。产品精度要求较低时，各道研磨系统的研磨作用可适当加强，1B 磨的轧距可适当减小，尽早提取较多的面粉，以提高产量，保证出粉率。

（八）磨粉机磨辊配备参数举例

英国西蒙、瑞士布勒常用磨粉机磨辊磨齿齿角、齿型及排列参数见表 7-3、表 7-4。

表 7-3　英国常用磨辊参数

英国西蒙公司	1B	2B	3Bc	3Bf	4Bc	4Bf	5Bc	5bf	1Mc	9M	10M
齿数（牙）/cm	4.1	5.5	6.3	7.1	8.1	10.2	11.2	11.8			
磨齿排列	D-D	D-D	F-F	F-F	F-F	F-F	F-F	F-F			
钝角/锋角	67°/21°	67°/21°	65°/45°	65°/45°	65°/45°	60°/40°	60°/40°	60°/40°	光辊		
齿顶宽/mm	0.25	0.2	0.2	0.15	0.1	0.1	0.1	0.1			
齿距/mm	2.44	1.82	1.59	1.41	1.15	0.98	0.89	0.85			
齿宽/mm	2.19	1.62	1.39	1.26	1.05	0.88	0.79	0.75			
齿深/mm	0.798	0.591	0.442	0.401	0.334	0.342	0.307	0.292			
齿槽面积/mm^2	0.875	0.478	0.307	0.252	0.172	0.15	0.121	0.109			

表 7-4　瑞士常用磨粉机磨辊参数

瑞士布勒公司	1B	2B	3Bc	3Bf	4Bc	4Bf	5Bc	5bf	1Mc	9M	10M
齿数（牙）/cm	3.8	5.4	7		8.6	10.2		10.8	10.8	10.8	15.3
磨齿排列	D-D	D-D	F-F		F-F	F-F	F-F	F-F	光辊	光辊	光辊

续表

钝角/锋角	65°/30°	65°/30°	65°/50°		65°/50°	65°/50°		65°/45°			
齿顶宽/mm	0.25	0.2	0.15		0.15	0.1		0.1			
齿距/mm	2.63	1.85	1.43		1.16	0.98		0.93			
齿宽/mm	2.38	1.65	1.28		1.01	0.88		0.83			
齿深/mm	0.847	0.606	0.384		0.303	0.264		0.264			
齿槽面积/mm²	1.04	0.5	0.246		0.153	0.115		0.11			

任务四　磨粉机操作与维护

【学习目标】

通过学习和训练，了解磨粉机的操作指标，熟悉磨粉机的基本操作和运行中的操作，能够进行磨粉机的保养和维护。

【技能要求】

1. 能开停磨粉机。
2. 能按照磨粉机操作指标进行操作。
3. 能拆卸安装磨辊。
4. 能对磨粉机研磨效果进行感官检查。
5. 能排除磨粉机一般性故障。

【相关知识】

一、磨粉机的一般操作指标

磨粉机的操作对制粉工艺效果起着决定性的作用，磨粉机操作应以制定的操作指标为依据，常用的磨粉机操作指标为剥刮率、取粉率、单位流量等。目前比较先进的制粉工艺各道磨粉机的操作指标参见表7-5。

表7-5　各道磨粉机的一般操作指标

系统	剥刮率（占本道）/%	取粉率（占本道）/%	单位流量/[kg/(cm.d)]
1B	10～20	1～6	800～1200
2B	45～55	3～10	450～650
3B	40～55	5～10	300～450
4B	20～35	5～10	200～350
5B	10～25	3～5	200～300
1S		15～20	350～500
2S		10～15	300～450
3S		5～10	200～300

续表

系统	剥刮率(占本道)/%	取粉率(占本道)/%	单位流量/[kg/(cm.d)]
1M		40～55	250～350
2M		40～55	250～350
3M		30～40	150～250
4M		20～35	150～250
5M		15～30	150～250
6～8M		10～20	100～200
T		10～20	150～250

在生产过程中，磨粉机的操作指标与粉路的长短关系很大。一般来讲，粉路较长时，皮磨的剥刮率和取粉率较低、单位流量较高。

二、磨粉机的基本操作

(一) 开机前的主要检查准备工作

为了确保磨粉机较长时间运转不出或少出故障，开机前必须进行如下检查。

(1) 开机前，检查磨粉机是否处于离闸状态、两磨辊之间是否有物料，用手扳动电机传动带轮，检查传动带是否处于正常张紧状态，然后方可启动。

(2) 检查喂料门与喂料辊之间是否有杂物阻塞，确保喂料系统处于正常状态。

(3) 检查磨辊清理刷和刮刀是否处于合适的工作状态，保证清理效果。

(4) 对于气压磨粉机，开机前应先开启气源，将压力调整到工作压力。

(5) 检查电源是否接通，磨粉机各开关是否处于正常状态。

(二) 磨粉机的启动与进料

(1) 开机空运转。开机前的各项检查准备就绪后，磨粉机组即可开机空运转。磨粉机开空机时不分开机顺序。

(2) 带料运转。待磨粉机空车运行正常后，首先启动制粉工段及后续的相关设备和气力输送系统后，磨粉机组即可带料运转。

(3) 磨粉机投料顺序。制粉车间不采用自动控制时，各系统磨粉机投料必须按顺序手动操作，一般磨粉机的投料顺序是由后路到前路，即先开后路，再开前路，最后是1皮磨粉机投料(首次投料除外)。制粉车间采用自动控制时，磨粉机的投料几乎是同时完成的。

开机投料运行正常后，方能进行磨粉机工艺操作调节。

(三) 磨粉机的断料与停机

磨粉机需要停机时，首先应将磨粉机断开喂料，然后停机。制粉车间不采用自动控制时，各系统磨粉机断料必须按顺序手动操作，一般磨粉机的断料顺序是由前路到后路，即先断开1皮磨粉机和前路喂料，再断开后路喂料。制粉车间采用自动控制时，磨粉机的断料几乎是同时完成的。

磨粉机全部断料后即可停机，并相继关停制粉工段相关设备和气力输送系统。停机后应及时做好检查维修工作。

二、磨粉机各部分机构的操作

（一）喂料装置的检查与粗调

新安装或更换喂料辊后的磨粉机，在开机之前，应检查喂料辊的转动是否正常，喂料辊和喂料活门是否平行。如不平行，可调节左、右两侧的两只偏心轴头。

喂料活门关闭后不允许紧贴在喂料辊上。喂料活门关闭后与喂料辊之间的最小间隙可通过调节螺母最外侧的紧固螺母进行调节，一般为皮磨 1 mm，心磨和渣磨 0.3 mm。

喂料活门与喂料辊之间的给料间隙也不能过大，否则可能导致气力输送的提料管掉料。最大给料间隙可用最大限位螺栓进行调节，一般皮磨为 6 mm 左右，心磨为 2 mm 左右。

（二）轧距的检查与粗调

新安装或更换磨辊后的磨粉机，为避免磨辊运转时两辊接触而损坏辊面，必须在开机前用塞尺检查并粗调轧距。调节方法是：不启动电机，接通气源使磨辊处于合闸状态，通过拉杆末端的调节螺母和轧距微调手轮进行调节，调节后应锁定刻度盘的指示位置。各系统粗调轧距可参考下列数据调整：1B（0.7 mm）、2B（0.4 mm）、3～5B（0.3 mm）、光辊（0.3 mm）。

（三）磨辊清理装置的检查与粗调

新安装、更换磨辊或更换清理装置后的磨粉机，在开机之前，应认真检查清理装置是否处于正常状态，刮刀链条是否挂在与磨辊离合闸联动的升降装置上。用调节螺栓将刮刀调得正好靠到磨辊上，用配重杆调节刮刀和清理刷与磨辊表面的贴紧程度。可采用透光法、塞尺或纸条检查清理刷和刮刀装配调节得是否合适。如在磨刷或刮刀与磨辊之间夹一张纸，其贴紧程度以这张纸能抽出为宜。若有明显间隙，则说明压力不够，应将柱形配重向外移一些。

三、磨粉机运行中的操作

（一）设备运行中的操作依据与要求

生产指标（出粉率、产能及电耗）和面粉质量指标是磨粉机操作的主要依据。通过磨粉机的操作，使不同品质的原料达到工艺效果要求。在生产过程中，磨粉机的操作应以各道磨粉机的单位流量指标和研磨效果指标为依据，力求保持整个粉路流量的平衡，控制好各道磨粉机的研磨效果。

根据生产工艺对磨粉机的轧距、流量进行调节时，应首先调节好 1B 磨的流量和轧距，使 1B 磨达到规定的研磨效果，然后按皮、渣、心、尾磨的顺序，由前往后逐道调节。

（二）磨粉机入磨物料的检查与鉴别

各道磨粉机除了1B磨研磨的是原料小麦，其他磨粉机研磨的都是在制品，其来料可能有一处或多处。在生产过程中，对各道磨粉机的入磨物料要经常检查，以从源头上把好关，保证各道磨粉机的研磨效果和面粉质量。具体检查与鉴别事项如下。

对于1B磨，应大约每小时检查一次入机小麦的水分、含杂情况和软硬搭配情况。可用牙齿咬开麦粒感知硬度，判断小麦水分。要求入磨小麦水分适宜、稳定且着水均匀度较高（至少有80%以上的小麦口感基本一致）。

2B磨及后续皮磨研磨的主要是含有不同量胚乳的麸片，应着重检查其含渣心及含粉情况，不应含粉，少含渣心。心磨研磨的是较纯净的麦心，应着重检查其纯度和含粉量，尤其是前路心磨。渣磨研磨的是连有皮层的大胚乳颗粒即麦渣，应着重检查其含纯净胚乳颗粒情况，防止过多的纯净胚乳颗粒进入。

入磨物料来源不止一处的磨粉机，还应检查各处的物料质量是否基本一致，是否做到了“同质合并”。发现质量差距较大时，应找出原因，及时排除。

除了检查各道磨粉机入磨物料的质量外，还应检查其流量大小，尤其是1B的流量。此外，要重视最后一道皮磨和心磨来料的数量和质量的变化，并根据情况，及时加以分析，妥善调整操作方法，保证成品质量和出粉率的稳定，降低麸皮含粉量。

所有系统入磨物料均不得有严重含粉现象，有严重含粉现象应及时对筛理设备进行检查与处理。此外，还应注意查看磨粉机进料桶内是否有异物，如有异物关闭喂料系统或停止该系统磨粉机，将异物取出。

（三）喂料效果的检查和喂料活门开度的调节

磨粉机研磨效果好，喂料是关键，生产中应做好喂料效果的检查和料门的调节。应随时检查喂料效果，保持喂料装置动作灵活准确，物料被均匀地分配到整个磨辊长度上。通过喂料活门的调节使整个制粉生产系统处于一种动态平衡状态。

观察喂料辊上物料是否均匀一致，物料是否布满整个喂料区域，严禁喂料辊两端跑空或左右两端料层厚度不均匀一致。出现两端跑空现象，通常是进料桶内料位过低、喂料控制系统调整不到位、喂料辊形状及转速匹配不当产生，应根据具体情况及时处理。若喂料辊两端料层厚度不一致，可以通过两端料门偏心机构进行调节。

喂料活门的调节应使进料筒内料位保持在筒高1/4～2/3区域。喂料活门不得开启过大或过小，开启过大、喂料过快时，会频繁自动停止喂料或产生物料提不上去磨膛堵塞的情况。开启过小、喂料过小时，物料会堵塞至上一系统。

进料筒内物料堆积高度较高时，观察提料管提料情况，适当放料，但应防止料门调节过大，导致磨膛堵塞，同时要注意查明对应系统来料情况并处理。若进料筒内物料偏少，应注意观察磨粉机是否出现停止供料现象，如果出现，调节磨粉机喂料装置，适当减少喂料量。调节磨粉机流量后须观察磨粉机研磨效果，并相应处理。

同一系统各对磨辊，应保持流量一致。

(四)磨粉机研磨效果的感官检查

1. 各道磨粉机应达到的研磨效果

磨粉机研磨效果的感官检查,应在充分理解各道磨粉机的作用和应达到的研磨效果的前提下进行。由于现在的面粉厂粉路都比较长,因此各道磨粉机应达到如下的研磨效果。

对于皮磨系统,前路皮磨(1B、2B)研磨的是小麦和带胚乳较多的麸片,要尽可能多提取品质较好的麦渣、麦心送往清粉及渣磨系统,同时尽量保持麸片的完整,少出皮磨粉;中路皮路(3B)研磨的是带有一定量胚乳的麸片,要从麸片上剥刮下品质较次的麦渣、麦心及面粉;后路皮路(4B、5B)研磨的是含胚乳较少的麸片,要刮净麸片上残留的胚乳,保证总出粉率,使副产品麸皮上尽量不含粉。

渣磨研磨的是连有皮层的大胚乳颗粒,即麦渣,其任务是使胚乳与皮层分开,以得到较为纯净、质量较好的胚乳颗粒,出粉较少。因此,渣磨分离出来的胚乳颗粒的数量较多质量较好,出粉较少,研磨效果也就较好。

心磨研磨的是较为纯净的胚乳颗粒(麦心和粗粉),其任务是将胚乳颗粒逐道研磨成具有一定细度的面粉,同时应尽量减少麸屑的破碎并将其提出。心磨系统是粉路中主要的出粉部位,因此应着重检查各道心磨的取粉率,尤其是前路心磨的取粉率不应低于规定的指标。

2. 研磨效果的感官检查

磨粉机的研磨效果,正常连续生产过程中一般变化不大,通常在每次开机后半个小时、生产转换品种(麦质软硬差别较大)时、生产指标出现波动、生产基础粉质量指标不达标及出现波动时要求对各道磨粉机效果进行全面检查。正常生产过程中要求每班对研磨效果检查一到两次,保持生产稳定。检查调整后应对磨下物进行剥刮率、取粉率测定,对出现偏差的应及时进行调整校正。

皮磨系统是粉路的重点,其研磨效果对整个粉路都有影响,因此要尤其重视皮磨研磨效果的检查,特别是前路皮磨。

检查前中路皮磨的研磨效果时,可在磨辊中部和两端分别用手掌接取磨下物料,仔细观察磨下物中的麸片大小、渣心占比和含粉情况。然后将托有物料的手掌放平,在水平方向轻轻的晃动,使麸片浮到物料上面,观察麸片的大小和粘连胚乳的程度,麸片大小要一致,根据这些情况来鉴别该道磨粉机的松紧。1B 用手握物料松开放下,手掌面上不粘面粉为佳。2B 经晃动分级后,掌心下面以渣心居多,渣心粒度大小均匀,散落性好,细粉较少为佳。3B 经晃动分级后,掌心下面以细渣居多为主,含有少量的面粉为佳。此外,还须比较这三个部位的研磨效果是否一致,磨下物料温度是否基本相同。

前中路皮磨操作较好时,可得到较大的含胚乳麸片,较多而质量较好的渣心,渣心散落性好且很少粘连麸屑和粉粒,出粉较少。如麸片较碎、出粉多,渣心质量较次且有粘连现象,则说明研磨作用较强,操作较紧,应适当调松轧距。若出现一端(比如:左端)麸片较小、含粉较多、磨下物料温度较高,另一端(比如:右端)麸片较大、含粉较少、磨下物料温度较低,则说明磨辊两端的轧距不一致,出现了“单头磨”现象。

对于后路皮磨，应着重检查麸片上残留胚乳量，即麸片上含粉情况，如果含粉较多，则应适当地减小轧距加强研磨，同时也要防止把麸片切得过碎。

检查前路心磨的研磨效果时，可先用手顺着磨下物料层来回感知磨下物料温度，以手面有轻微的温度感为宜；用手指捻搓磨下物料，感知粗细度及光滑感；然后伸直手掌从磨辊中部和两头分别接出磨下物料，观察研磨情况和含粉量，不得出现片状现象，还可用手紧握物料感觉成团情况，以感觉出粉多少。如含粉少、粒度较粗、光滑感较差，则说明研磨效果较弱，应适当紧轧距；如两端的粗细度和光滑感不同，则粒度较粗、光滑感较差的一端含粉较少、轧距较松，另一端轧距较紧。

中后路心磨系统，来料粒度相对较细，除用手捻搓磨下物料感知光滑度外，手感可有适当的料温，以手面没有明显的感知温度为准（即不烫手），磨下物可有适当的片状，同时可取磨下物与入磨物料进行色差对比，观察研磨效果。

检查渣磨的研磨效果时，可在磨辊中部和两端分别用手掌接取磨下物料，观察磨下物中胚乳颗粒的数量和质量及含粉量。若渣磨分离出来的胚乳颗粒的数量多、质量好，出粉较少，没有片状物料出现，其研磨效果较好。如胚乳颗粒的数量少、含粉多，则说明研磨作用较强，操作较紧，应适当调松轧距。如两端的胚乳颗粒含量和含粉量不同，则胚乳颗粒数量少、含粉多的一端轧距较紧，另一端轧距较松。

心磨及渣磨系统在检查中发现出粉较少、光滑感较差、粒度较粗、料温较高时，皮磨系统检查发现电流较平时升高、剥刮率变化不大出粉较多时，检查人员应进行记录并告知车间管理人员，需及时安排对磨辊进行更换。

（五）轧距的调节

轧距调节是磨粉机的主要操作内容，是影响研磨效果的主要因素之一。因为在实际生产中，粉路和磨粉机的技术参数一般是相对稳定的，而当原料、水分和磨齿新旧发生变化时，主要是通过调节轧距来稳定研磨效果。可利用左右两只轧距调节手轮调节轧距。当磨下物料的研磨程度较轻时，应转动手轮使轧距减小，以加强对物料的研磨作用。当磨下物料的研磨程度较强时，应转动手轮使轧距增大，以减弱对物料的研磨作用。调节轧距时应注意观察磨粉机上电流表的变化，防止电动机过载，还应注意观察刻度盘，避免轧距过小而造成两辊相碰。轧距调好后用夹紧杆锁住手轮以防止其转动。

轧距不宜过松或过紧，每对磨辊两端的轧距应调节一致，否则均会使研磨效果下降。避免轧距过紧使磨下物温度过高，避免“单头磨”即一头紧、一头松现象。如果磨辊两端轧距不一，宜先将紧的一端略微放松，然后再一同紧轧距。

皮磨系统轧距的调节主要是使设备的剥刮率符合工艺要求，提供出大量的优质麦心，保证总的出粉率，调节时应注意后续皮磨及其他系统的流量分配情况。心磨系统轧距的调节主要是保证设备的取粉率符合工艺要求，取粉率过低时，后续设备负荷会加重；取粉率过高时，磨下物的温度会升高，影响面粉的品质。

操作人员要熟记每对磨辊的技术参数。轧距的调节要与磨辊表面技术参数有机结合起来以达到规定的研磨效果。新拉丝的磨辊，由于磨齿锋利，应适当放松轧距，磨齿变钝后，则应适当减小轧距，以使物料保持相近的研磨程度。

各道磨粉机的参考轧距一般为：1B（0.5 mm～0.8 mm）、2B（0.2 mm～0.4 mm）、3～5B（0.1 mm～0.3 mm）、S（0.1 mm～0.3 mm）、M（0.05 mm～0.2 mm）。

（六）磨辊清理装置的调节

工作过程中应确保磨辊清理装置与整个磨辊长度上的接触压力适宜与均匀，以保证在全部磨辊长度上的清理效果。若磨辊整个长度上的清理效果都太差，则可将柱形配重向外移一些，以加大清理装置对磨辊的压力。若磨辊整个长度上的清理效果不同，一端较好，另一端较差，则应将清理效果较差一端的配重螺纹杆上外面的调节螺母松开，然后将里面的螺母向外旋，直到该端的清理效果较好时，再重新上紧外面的螺母，参见图7-12。

（七）其他检查和注意事项

生产中操作工要坚守岗位，尽心尽责，做到“四勤”，即勤看、勤听、勤摸、勤闻，将问题消灭在萌芽状态。

（1）定期巡视提料管的提料状态，观察物料是否在提料管中打旋提料不畅，提料不畅易造成堵塞，应及时调整喂料系统，同时观察提料除尘系统工作状况。

（2）在观察皮磨系统入磨物料时，手指不得接触喂料辊，防止伤害。

（3）巡视发现磨粉机有震动现象时，一般是出现缠辊现象，应及时调整磨辊清理机构，清理机构松紧要合适。

（4）磨粉机逸出粉尘时，检查磨粉机磨膛是否堵料，若磨膛发生堵塞很易导致电机损坏，应立即退辊，停止研磨，并疏通磨下溜管内的物料，找出堵塞原因进行处理。堵塞故障排除后检查喂料活门与上部挡板间隙是否太大，磨粉机刮刀及清理刷是否清理干净，全部清理疏通后再正常进行合闸喂料。

（5）定期检查各道磨粉机气压、电流状况，保持在正常的工作状态。

（6）定期查看磨粉机三角带是否松动、老化，对异常三角带，关闭磨粉机进行调整、更换。根据同步带运行情况判断同步带是否松动，若松动调节同步带张紧装置，保证同步带运转效果，不能调节或已损坏应进行更换。

（7）正常运转时气动开关应打到绿点上，如发现磨辊有异常声音或堵塞时，立即将气动开关打到红点上，使磨辊分离。

（8）严防金属等异物误入磨粉机研磨区而发生事故。严禁在磨粉机运转过程中直接用手或工具去取出异物。

（9）检修后散落的物料应集中一处，经磁选、筛理后方可回机，防止其中杂质损坏设备。切勿将用过的工具、零部件、螺母等遗留在设备上。

四、磨粉机的维护与保养

（1）定期清除喂料部分积存的杂物，检查喂料门的开启程度。

（2）经常清除清理刷中的积粉，保证其正常工作。当集料斗内的物料堵塞时，必须仔细清理清理刷,并检查其位置是否正确。

(3)经常检查磨辊轴承的温度,若温度过高,应检查润滑和传动部分是否正常,轧距是否过紧。当温度过高时必须打开轴承盖进行检查。每半年彻底检修保养一次轴承。

(4)经常检查传动带的使用情况和张紧程度,发现问题及时解决或更换。

(5)经常检查气路中各气动元件、气路及管件接头是否漏气或损坏,同时要经常检查供气压力是否符合要求。

(6)采用齿轮传动的磨粉机,必须按时检查磨辊及喂料辊变速箱内的油位,并根据需要定期加油。每年度更换新油一次。

(7)定期对机器各润滑部位按要求进行检查润滑。

(8)应根据磨辊的磨损情况,有计划地分批更换磨辊。如有几对同道磨辊,要交叉更换,不能同时更换成新辊,以免引起研磨效果波动较大。皮磨、心磨、前路和后路适当搭配,切勿一次换上大批新拉丝或新喷砂的磨辊。

五、产量、出粉率和电耗的计算

使用自动控制的车间可随时在控制室查出产量、出粉率和电耗。不使用自动控制的车间,可通过下述方法进行产量、出粉率和电耗的计算。

1. 产量的计算

制粉厂的产量是指每日加工小麦的数量,单位:吨/24小时。

先人工查出一定时间内生产的产品与副产品数量,然后按下式计算:

产量(吨/24小时)= 单位时间内生产的产品数量与副产品数量之和(吨/小时)×24

2. 出粉率的计算

出粉率分毛麦出粉率、净麦出粉率、粉麸比三种。

(1)出仓毛麦出粉率。指一批或一期出仓小麦的出粉情况。

如当批(当日)出仓小麦为301.5吨,本批小麦出粉226吨,则毛麦出粉率为

$$\frac{\text{当批出仓小麦出粉量}}{\text{当批出仓小麦量}} \times 100\% = \frac{226}{301.5} \times 100\% = 74.96\%$$

(2)入厂毛麦出粉率。如一面粉厂上月末库存小麦5 000吨,当月收购小麦20 000吨,月末小麦库存6 000吨,当月生产面粉14 155吨面粉,则当月入厂毛麦出粉率为

$$\frac{\text{当月生产面粉量}}{\text{上月末库存小麦量}+\text{当月收购小麦量}+\text{月末小麦库存量}} \times 100\%$$

$$= \frac{14\ 155}{5\ 000 + 2\ 000 - 6\ 000} \times 100\% = 74.5\%$$

(3)净麦出粉率。

净麦出粉率,指同期面粉与一皮净麦的比例。它是考核制粉工艺性能的重要指标,与小麦品质、着水润麦、制粉工艺设计、制粉设备运行状况、工人操作水平高度相关。

如某厂某日一皮入磨净麦为302吨，生产面粉226吨、麸皮75.5吨、胚芽0.5吨，则该生产线当日净麦出粉率为

$$\frac{\text{当日生产面粉量}}{\text{当日入磨净麦量}} \times 100\% = \frac{226}{302} \times 100\% = 74.83\%$$

(4)粉麸比。

在没有净麦秤的情况下，通常用成品副产品之和代替净麦。如上例，当日粉麸比为

$$\frac{\text{当日生产面粉量}}{\text{当日生产面粉量} + \text{麸皮量} + \text{胚芽量}} \times 100\% = \frac{226}{226+75.5+0.5} \times 100\% = 74.83\%$$

由于大多数工厂不设置净麦秤，如不特殊说明，出粉率指粉麸比。

在毛麦清理工序前端设置流量检测设备才能准确地计算毛麦出粉率，在1B磨前设置流量检测设备才能准确地计算净麦出粉率。而粉麸比则不受条件的限制，定期、定时计点产品和副产品的包装数量，就可计算出粉麸比，测定较为方便、准确，因此，制粉厂常用其来计算出粉率。

3. 电耗的计算

电耗是重要的生产指标，常用吨麦电耗或吨粉电耗表示。吨麦电耗是指每加工一吨小麦耗用的电量，单位：度/吨麦（kWh/t 麦）；吨粉电耗是指生产一吨面粉耗用的电量，单位：度/吨粉（kW·h/t 粉）。可根据制粉生产工艺过程中所有设备在指定时间内的电耗及对应时间内处理原料的数量或生产产品的数量来计算。

吨粉电耗（kW·h/t 粉）= 当期耗电数（度）/当期生产面粉数（t）

吨麦电耗（kW·h/t 麦）= 当期耗电数（度）/当期加工小麦数（t）

磨粉机常见故障的原因与排除

(一)磨粉机动耗增加

磨粉机动力消耗增加的主要原因通常是流量增加、磨齿过钝、轧距过紧、传动效率降低、磨膛物料堵塞。应根据具体原因采取相应的方法进行排除，如：适当降低流量、更换磨辊、增大轧距、检查传动系统、及时疏通磨膛物料。

(二)物料缠辊

在研磨过程中出现粉状物料黏附在磨辊表面的现象称为缠辊。磨研物缠辊的主要原因通常是磨辊清理效果不佳、物料水分过高、流量过高、轧距过紧、磨齿过钝、快慢辊速比过小或喂料不均匀，局部过厚。应根据具体原因采取相应的方法进行排除，如：及时调整更换磨刷或刮刀、正确掌握物料水分、适当降低流量、增大轧距、更换磨辊、增大速比、调整喂料效果使喂料均匀。

(三)磨粉机研磨效果差

磨粉机研磨效果应以规定的剥刮率和取粉率指标为依据，若实际剥刮率和取粉率较高或较低都将使研磨效果变差。实际剥刮率和取粉率较高通常是由于流量过低、轧距过小、磨齿过于锋利、磨辊技术特性配备不合适使作用力过强（如：齿数较多、齿角较小、斜

度较大、锋对锋排列等)等。反之,则相反。磨粉机操作不当,使磨辊两端轧距不一,即一头松一头紧,也可能使磨粉机达不到规定的研磨程度,使剥刮率和取粉率较高或较低。

(四)皮磨研磨时产生切丝现象

皮磨研磨时产生切丝现象的主要原因通常是流量过低、磨齿过于锋利、轧距过紧、磨齿特性与物料粒度和流量不相符等。应根据具体原因采取相应的方法进行排除,如:适当增大流量、增大齿角、放松轧距、调整磨辊技术特性。

(五)研磨物料温度过高

研磨物料温度过高的主要原因通常是轧距过紧、磨齿过钝、流量过大。应根据具体原因采取相应的方法进行排除,如:放松轧距、更换磨辊、正确控制物料流量。

(六)磨粉机产量太低

磨粉机产量太低的主要原因通常是磨辊转速低、小麦水分过高、轧距过紧、磨齿过钝、磨辊技术特性配备不合适。应根据具体原因采取相应的方法进行排除,如:适当增大磨辊转速、控制好入磨小麦水分、放松轧距、更换磨辊、正确配备磨辊技术特性,以适应高流量。

(七)磨膛容易堵塞

磨膛容易堵塞的主要原因通常是物料流量过大、物料水分大、提料管风力不足、溜管堵塞。应根据具体原因采取相应的方法进行排除,如:正确控制流量、控制好入磨小麦水分、增大提料管风力、及时疏通溜管。

(八)磨粉机研磨不透

磨粉机研磨不透的主要原因通常是流量过大、磨齿过钝、轧距过松、磨辊技术特性配备与物料特性不符。应根据具体原因采取相应的方法进行排除,如适当降低流量、更换磨辊、减小轧距、调整磨辊技术特性等。

【操作规程】

一、磨粉机操作规程

1. 开机前的磨粉机检查

(1) 检查开关是否在自动位置上。

(2) 避免开车后发生提料管堵憋。

(3) 检查各道设备吸风点的风门开启情况。

(4) 检查工艺管道拨斗是否在正确位置上。

(5) 磨粉机传动皮带的松紧度是否合适。

(6) 磨粉机传动部位是否平衡,传动部位是否松动、脱落。

(7) 空压机的压力是否达到要求压力(6 巴)。

2. 开机与正常工作

(1) 开机准备工作就绪后,通知代班长协调各岗位工作,均稳妥后,按指令由中控员按程序进行启动。

(2) 物料进机后，须保证物料均匀地分布在磨辊上。

(3) 对所属设备逐台巡回检查，并随时注意各台设备的进出料质量、流量、温度情况。

(4) 注意进机溜管要畅通，磨粉机磨下提升管不得堵憋，并与上楼层的工作人员协调配和好。

(5)发现问题及时解决或反映，并随时清扫所属区域卫生。

3. 停机操作

当生产结束或由于运行中出现故障需要停车时，通知带班长并做好停车准备，待代班长与粉间各岗位协调好后，按指令由中控员按程序停车。

二、磨粉机定期维护和保养内容

(一) 清理部位：

后吸风道、前挡板(磨粉机的机壳)内壁、喂料辊料门内侧、玻璃料斗。

(二) 清理前注意事项：

(1) 清理前必须确认负荷开关是否能正常使用。

(2) 清理时磨粉机必须是停止并且静止状态。

(3) 负荷开关必须关闭，上锁。

(三) 清理工具：

铲子、毛刷、螺丝刀、长头铲、管道刷。(工具要放置在清晰易见位置)

(四) 清理方法：

1. 后吸风道

用螺丝刀松动压紧螺丝，取出后导料板，用铲子清除干净。用长头铲清除后磨辊和后磨膛之间的积料块，用管道刷插到后吸风道内，清除吸风道内的积粉。装回导料板，压紧螺丝。

2. 前挡板内壁

松开磨辊两端锁紧扣，去掉磨粉机前挡板。机壳上如有结块，用铲子清除干净，用毛刷刷一遍，装回机壳，扣紧两端的锁紧扣。安装时注意机壳中间不留缝隙。

3. 喂料辊料门内侧

向内转动料门，使料门和喂料辊间距变大，把铲子伸到他们中间，用侧边刮料门内壁，刮掉上边的结块。清理时注意不要有遗漏，从两边向中间来回刮 2 ～ 3 次。清理完让料门自然转回。

4. 玻璃料斗

用螺丝刀逆时针旋转压紧螺栓 90°，松开压紧螺栓，此时，压紧螺栓会自然弹出但不会掉落。用铲子铲掉玻璃上的霉变结块，毛刷刷干净缝隙内的积粉，用抹布抹一遍玻璃。

安装时要注意先把螺栓孔内的积粉清理出来，玻璃视窗上的螺栓对好螺栓孔，轻轻把螺栓压入螺栓槽内，顺时针旋转90°。注意不要用太大力气，力气过大会导致螺栓上的销钉折断。

（五）清理后注意事项：

（1）清理完毕清点工具是否齐全。

（2）现场清除物品，用袋子收集起来。

（3）收拾好现场地面及设备上卫生。

（4）给负荷开关复位，点动试机。

（六）磨辊拆装方法

1. 拆卸磨辊前注意事项

（1）拆卸前必须确认负荷开关是否能正常使用。

（2）拆卸时磨粉机必须是停止并且静止状态。

（3）负荷开关必须关闭，上锁。

（4）面板上急停开关必须按下。

（5）喂料辊负荷开关必须关闭。

（6）垫布放置在磨粉机左侧，距离1米。

2. 拆卸工具

5 mm、8 mm、10 mm、14 mm、16 mm内六角扳手、16 mm、24 mm、30 mm、50 mm扳手、13mm机轮扳手、8寸活口扳手、一字螺丝刀、液压枪、拆轮工具一套、装轮工具一套、铁锤（放置在垫布上）。

3. 拆卸方法

（1）所有拆卸下来的零部件必须整齐放置到垫布上。

（2）松开前机壳两端锁紧扣，向外斜拉再向上提起，拆下机壳。

（3）用5 mm内六角扳手松开喂料挡板两端锁紧螺丝，取下喂料挡板。

（4）用8 mm内六角扳手松开快辊上盖板两端锁紧螺丝，取下两端压片，去掉盖板和导料板。

（5）用13 mm机轮扳手松开侧面密封楔块（两边三角支架）。

（6）去掉油盒上盖，用24 mm扳手松开固定螺栓，注意：两个螺栓前长后短，装时要注意区分。

（7）用16 mm内六角扳手，逆时针旋转松开磨辊左端轴头封盖。松慢辊轴头封盖时注意甩油盘不要掉到地上。

（8）去掉皮带，用14 mm内六角扳手，逆时针旋转松开磨辊右端轴头封盖，取出慢辊轴上套筒。

（9）给快辊装上驱动滑轮，放进液压装置，装上卸轮拉杆。安装时注意三个拉杆要平衡；液压装置的快速释放与回位。

（10）加压，拉出皮带驱动轮；同样的方法去掉齿轮传动轮。

（11）拿掉润滑油管，拿掉刮刀。

（12）拿掉轧距弹簧大螺杆，拿掉快辊固定螺钉。

（13）装上吊辊装置，松开快辊轴承座四个螺栓。

（14）连带轴承座一起取出快辊，注意快慢辊之间的弹簧。

（15）去掉三角支架，松开慢辊轴承套上固定螺栓，取出慢辊。注意要先把磨辊吊住，稍微受一点力，预防卸掉轴承套磨辊跌落。

（16）去掉快辊轴承座，松开轴承锁紧丝，不要松掉。用液压装置打掉轴承。

（17）彻底清洗轴承、盖端。

（18）清理后磨膛。

（19）把旧磨辊吊下，调上来新磨辊。

4. 安装轴承

（1）间隙要求：新轴承的自由间隙：0.065～0.09 mm。

调整后的间隙：0.040～0.050 mm，最小不得小于 0.03 mm。

（2）装配顺序。

① 将辊子的打号端放在您的右端。

② 放辊子端密封。

③ 放轴承内盖（抹满油脂，注意方向和厚度，7 mm 为固定端，在左端）。

④ 润滑轴承内面。

⑤ 调整间隙，理论上，0.5 mm 的轴向位移将使轴承间隙减小 0.04 mm；实际上，为了使轴承间隙从 0.08 mm 减小到 0.04 mm，需要有 0.8～1.0 mm 的轴向位移。

⑥ 如果装配后轴承间隙过大，则磨辊在研磨过程中易产生振动，且不能保证轧距稳定（尤其是光辊）。

⑦ 轴承间隙过小，则轴承易损坏，研磨时磨损增大，且滚柱与滚道间不能形成润滑油膜，轴承易发热烧坏，增加动耗，严重时轴承将难以拆卸。

⑧ 润滑轴承的外面。

⑨ 上好锁紧螺母。

⑩ 左端加上“O”形圈。

⑪ 加外端轴承盖（抹满油脂）。

⑫ 上轴承座。

注意事项。在装配磨辊轴承时，将磨辊轴的锥面、磨辊轴承应清洗干净，并检查其是否有损坏或生锈，检查油孔是否畅通，清洗轴承最好用煤油。

在装配磨辊轴承前应测量磨辊轴承的原始间隙，并根据测量所得的原始间隙来确定轴承张紧后的轴承间隙，在张紧轴承时，应边张紧边测量轴承间隙，避免轴承张得过紧。

在装配磨辊轴承装置时，应注意磨辊轴承盖的固定端与浮动端。

在磨辊轴承装配完毕后，应为每个轴承加注适量（约用油枪加 20 下）的润滑油脂，即 2# 极压工业锂基脂。

新旧轴承位置的合理搭配，即旧轴承（间隙大的）可以用在前路皮磨系统，新轴承用在要求较高的心渣系统，在保证工艺要求的前提下尽量减小维修成本。

5. 安装磨辊，与磨辊的拆卸顺序相反

安装轴承及座。

上慢辊，锁紧轴承套时要注意端盖螺丝孔是否一一对应。

上隔板，先不要上紧，等磨辊全部装完事在锁紧。保证在磨辊离、合轧都不摩擦隔板。

上快辊(注意上弹簧)，快辊座紧靠定位销。

安装齿辊时注意好排列。

上轧距大螺杆，注意卡口要卡在槽内。

粗调轧距(MDDK，MDDP250/1000-1250)，调节手轮螺杆的两销轴中心距尺寸为188 mm（合闸状态下)，皮磨 1 mm（粗调)，心磨 0.3 mm（粗调)；细调 1B：0.7 mm，2B：0.4 mm；其他 0.3 mm。

上传动装置，上轮时注意要对应键槽。齿轮传动端要注意两个齿轮安装时要对好齿牙。各个传动轮都分反正，注意不要装反，有螺丝孔的在外面。

上外围部件。注意前机壳装配时不要有缝隙。

6. 清理频率

(1) 常规清理 6～9 月：每月清理一次。其他月份：每两个月清理一次。

(2) 磨辊更换。

① 前路皮磨齿辊。每 3～4 月更换一次。

② 前路心磨光辊。每 6～8 个月更换一次。

③ 后路皮磨、心磨辊。根据使用效果情况不定期进行更换。

任务五　松粉机

【学习目标】

通过学习和训练，了解松粉机的结构和作用，熟悉松粉机的基本操作，能够进行松粉机的保养和维护。

【技能要求】

(1) 能开停松粉机。

(2) 能按照松粉机操作指标进行操作。

(3) 能拆卸安装销柱。

(4) 能排除松粉机一般性故障。

【相关知识】

一、松粉机的应用

(一) 松粉机的作用

松粉机分为打板松粉机、撞击松粉机和强力撞击松粉机。由于光辊研磨是以挤压作用为主，很容易将物料挤压成片状，若直接送往平筛筛理，则会影响筛理效率和实际取粉率。因此，光辊的磨下物在筛理之前，应采用松粉机进行处理，击碎粉片，以提高平筛的筛理效率和实际取粉率。撞击松粉机和强力撞击松粉机还能对磨粉机起辅助研磨作用，可提高出粉率，也可用于杀死面粉中的虫卵。

（二）撞击松粉机的结构与工作原理

物料由进料口进入后，由于离心力的作用，逐渐加速向外甩出，在运动过程中受到装有撞击柱销的撞击机构的猛烈反复撞击，甩出的物料再与机壳内壁猛烈碰撞摩擦，使物料粉碎，然后沿切向由出口排出。

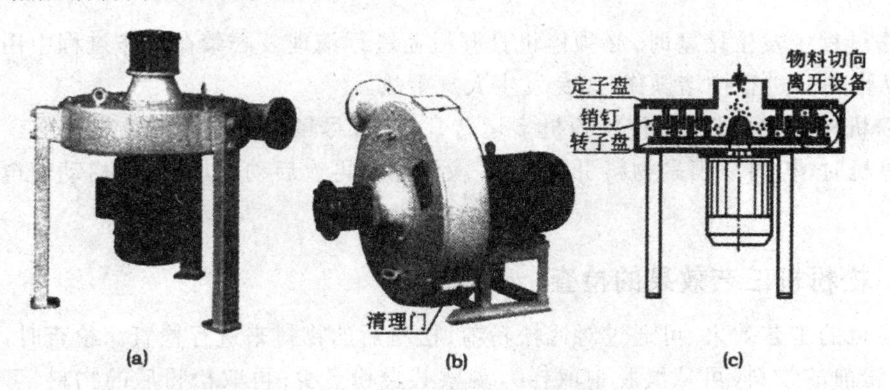

图 7-21 撞击松粉机的总体结构

撞击和强力撞击松粉机的主要工作机构是高速旋转的撞击机构。撞击机构有两种类型，一种为单一的转子，两个甩盘通过多个圆柱形撞击柱销相互连接成一个转子，称为撞击松粉机，一般用在中路心磨系统；另一种则由转子盘与定子盘两部分组成，两个转盘上均固定有悬臂支撑的撞击销钉，且撞击销钉的数量多、间距小，撞击作用十分强烈，出粉率较高，称为强力撞击松粉机，一般用在前路心磨系统。强力撞击松粉机的结构见图 7-21。

（三）打板松粉机的结构与工作原理

打板松粉机又称圆筒形松粉机，作用缓和、体积小且动耗低，对麸皮的破碎力较弱，可用来处理渣磨和中、后路心磨研磨后的物料。打板松粉机的结构见图 7-22。

图 7-22 打板松粉机的结构

物料进入打板松粉机后，经打板反复打击、碰撞和摩擦，使物料粉碎，由打板推向出料口排出。

二、松粉机的操作及一般故障排除

磨粉机投料前，启动松粉机，待其运转正常后再进料。

严防金属物进入机内，避免发生设备人身事故。在机器运行时，当机器内有异物或转子装配件与机器的其他部位有磨擦、碰撞而产生强烈振动时，必须停机打开机器进行检查。

工作过程中发生堵塞时，必须停机打开机盖进行清理。严禁在工作过程中用手或其他工具从出料口进行排堵操作，以免发生人身事故。

磨粉机停止供料后，应使松粉机多运转几分钟，尽量将机器内的物料排空。发生突发事件停机时，机内易积累物料引起阻塞，应清除后再次启动，以免带料启动使电机过热或烧坏。

三、松粉机工艺效果的检查

松粉机的工艺效果，可通过对比松粉前、松粉后的物料来进行检查。检查时，先取研磨后、松粉前的物料（可从磨膛中取样），观察其含粉多少；再取松粉后的物料（可从闭风器下的溜管中取样），观察其含粉多少。通过对比检查，如果松粉后含粉量增多，则说明该松粉机工艺效果较好，如果松粉前后差别不大，则说明该松粉机工艺效果不好，应找出原因，及时排除。通常撞击松粉机的取粉量应大于打板松粉机。

【操作规程】

（1）松粉机每半年检查轴承一次，如缺油及时加注。

（2）松粉机每年大修一次，清洗轴承并更换润滑脂。

（3）松粉机每半年检查轴承的同时，检查柱销的磨损情况，圆柱销直径最大处比新柱销直径少于 4 mm 时应更换新柱销。

（4）强力型松粉机方柱销对角磨损 2～3 mm 时按 90° 直角倒面使用，并可调整定子和转子盘间距来实现松粉效率的高低。

（5）松粉机更换轴承用专用拉具将轴承扒出，安装时用套筒顶住轴承的内圈，把轴承压入，防止硬打而使轴承遭受损坏。

（6）松粉机轴承使用进口 SKF 轴承，新轴承也必须检查滚道间、保持器及滚球或滚柱表面，有无锈迹、斑痕等。

（7）松粉机若电机两端轴承有一端需要更换的，应将新轴承更换到电机前端，旧轴承更换在后端。

（8）松粉机装甩盘时，不能过于用力硬打，防止轴承移位而遭受不必要的损坏。

（9）松粉机因转速高，填充润滑脂时，应填充轴承空腔的 1/3，防止过多而使轴承发热。

（10）松粉机每月应测一次松粉机的取粉率情况。

强力松粉机取粉率粗料：15%～20%，细料：25%～35%。

普通松粉机取粉率粗料：10%～15%，细料：20%～30%。

另：松粉机柱销长时间未检查和需换柱销前，应增加测量次数。

（11）松粉机发颤。有异物黏附在转子上，动平衡不好，也有可能轴承缺油老化，应停机取出异物或给轴承加油。

（12）松粉机有异常响声：有异物进入机内，轴承损坏，安装方法不当，会使转子盘摩擦定子盘，排除方法：清出机内异物，更换新柱销；更换新轴承，重新安装。

（13）松粉机柱销毁坏的原因主要是机器进入异物，如铁器、推料块。

（14）松粉机圆柱销直径最大处比新柱销直径少于 4 mm 时，更换新柱销。方柱销对角磨损 2～3 mm 时，按 90° 直角换面使用。更换部分新柱销时，要对称更换，防止破坏平衡，造成机体振动。

（15）松粉机方柱销倒角或更换时，注意以某一个柱销为基准，防止倾斜而改变柱销间隙或碰撞。

项目八

筛 理

任务一 筛理的工作原理

【学习目标】

通过学习，了解筛理设备的分类，熟悉筛理设备的工作原理，熟悉各系统物料的特性。

【技能要求】

（1）能鉴别筛出物料。

（2）能启动关停筛理设备。

【相关知识】

一、筛理设备的分类

筛理设备通常有平筛，辅助筛理设备有打麸机等。

平筛是粉厂常采用的筛理设备，常用的平筛有高方平筛、双（单）仓平筛等。高方平筛具有筛理面积大、分级种类多的特点，现在制粉厂采用较多；双仓平筛体积小，筛格层数少，分级种类少，多用于小机组和面粉检查筛。

打麸机是专门处理麸片的设备，因为在打净麸片上黏附的粉粒时，也将物料分为筛出物和未筛出物，故一般也称其为筛理设备。

二、筛出物料的鉴别

（一）筛出物料粒度和质量的表示

物料的粒度常用分式表示，分子表示物料穿过的筛网号，分母表示物料留存的筛网号。如18W/32W表示可穿过18W筛网留存在32W筛网上的物料，属麦渣。

图8-1中高方平筛分出的各组筛上物料分别送往2B、1P、2P和D1，其粒度可分

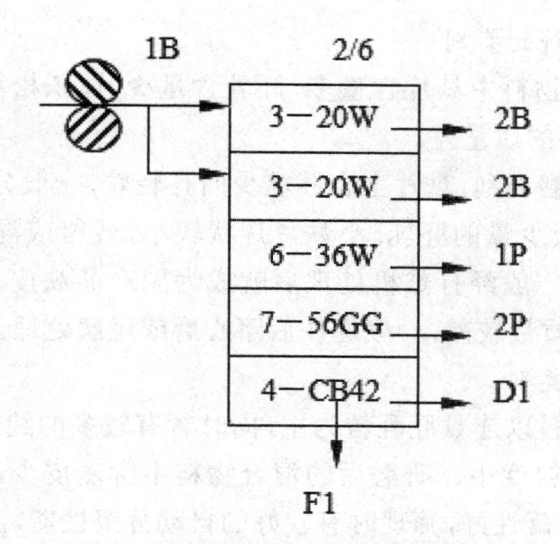

图 8-1 1B 平筛的筛路

别表示为—/20W、20W/36W、36W/56GG 和 56GG/CB42，筛下物面粉 F1 粒度表示为 CB42/—。

在制品的数量和质量也用分式表示，分子表示物料的数量（占 1B 流量的百分比），分母表示物料的质量（灰分）。如 2B 分出的麸片 21.58/3.75，表示麸片数量为占 1B 流量的 21.58%，灰分为 3.75%。生产过程中，常根据筛出物料中胚乳和皮层含量的多少来感观判断物料质量的好坏，一般胚乳含量多、皮层含量少的物料质量好，灰分低。皮层含量多、胚乳含量少的物料质量差，灰分高。

根据制粉的基本原理，同一系统中各类在制品粒度越小其品质一般越好。筛出物料的流量和质量主要由磨粉机的操作和平筛的筛网配置来控制。磨粉机的操作改变，筛出物料的流量和质量会发生变化；调整筛网可调整筛出物料的流量和质量。

（二）筛出物料的鉴别

要鉴别筛出物料物料首先要熟悉各系统筛出物料的特性。

1. 前路皮磨系统物料的鉴别

前路皮磨系统筛出物料流量大、种类多，可分麸片、麦渣、麦心、粗粉和面粉等，粒度和品质差别大，麸、渣、心、粉相互粘连性差，散落性好，颗粒体积大，形状也不同。由于物料流量大，应首先采用粗筛筛面，将麸片分出，然后配置分级筛提出粗、细麦渣，再用粉筛筛出面粉，分出麦心。

麸片粒度较大，内层粘有块状或不规则形状的胚乳，应送往下一道皮磨进一步剥刮；渣心的颗粒大，分出的粒度较大的渣心中常为同体积大小各种物料的混合物，既含有同体积大小的连麸胚乳粒和纯胚乳粒，也含有同体积大小的麸片，较细的渣心含胚乳颗粒多，含麸屑少。渣心一般送往清粉系统和渣磨系统进行提纯分级后再送往心磨系统。前路皮磨粉筛筛上物手感较粗，多为粗粉和面粉的混合物，主要由于前路皮磨分级数量多，粉筛配备的筛理面积少，面粉没有筛净，细小的纯胚乳颗粒经历的研磨道数少，粒度较粗，一般送往重筛继续筛粉或分级。

2. 后路皮磨系统物料的鉴别

后路皮磨系统混合物料中麸片含量多，胚乳含量少，体积松散，容重低，麸、渣、粉相互粘连性较强，混合物料的质量差。

麸片由于经逐道研磨剥刮，麸片上含胚乳少而且轻软，一般分为大麸片和小麸片，大麸片剥刮较净，残留有极少量的胚乳，小麸片片状较小，残留或混有的胚乳相对较多，而且不易分离。大小麸片一般经打麸机处理后就成为副产品麸皮。分出的渣心中含有较多的碎麸屑，颜色较暗，质量较差，一般送往后路心磨或尾磨处理。

3. 渣磨系统物料的鉴别

渣磨系统研磨的物料以连麸胚乳粒为主，同时含有较多的纯胚乳颗粒，粗粒粗粉多，较皮磨系统筛出的物料粒度小。研磨后的混合物料中含麦皮少，含有较多的细渣、粗粉及一定量的面粉，物料散落性好，筛理时有较好的自动分级性能，渣、心、粉容易分离。

渣磨系统分出的麸片片状小，麸片残留有少量胚乳，小麸片中也混有或黏附有细小的粗粉，一般送往细皮磨或尾磨处理。渣心混合物一般送入清粉机清粉，粗粉质量较纯净，流量较大，一般送往前中路心磨磨制成粉。渣磨系统筛出的面粉质量较好，麸星含量少，色泽好。

4. 前中路心磨系统物料的鉴别

前中路心磨系统的物料含有大量胚乳，颗粒小，粒度范围小。经每道研磨后，胚乳被粉碎成大量的面粉，小麸屑韧性强不易破碎，用光辊研磨可展开成片状。物料中含有大量面粉，少量的麸屑和一定数量的麦心和粗粉。物料细，大小差别不大，含粉多，黏附性强，难筛理。所以心磨系统筛路主要是粉筛。前路粗心磨采用先分级再筛粉后分级，前路细心磨和中路心磨采用先筛粉后分级。

前中路心磨筛出的面粉色泽白，麸星含量少，质量好，流量大。分出的麸屑中也混有较多细小的胚乳颗粒，一般送往尾磨系统进行处理。粉筛的筛上物为未研磨成面粉细度的粗粉和未筛净面粉的混合物，送往下一道心磨继续磨制成粉。

5. 后路心磨系统物料的鉴别

后路心磨系统筛出的面粉中含有较多麸星，色泽较暗，质量较次。粉筛筛上物中混有较多细小的麸屑，不易分离，筛粉后属于次粉或细麸。后路心磨不设分级筛，全是粉筛。

6. 尾磨系统物料的鉴别

尾磨系统物料含有较多碎麸片或麸屑，也含有较多的粉状胚乳颗粒，粒度较小，物料间相互粘连性较强，自动分级性能较差。

尾磨筛出的细小麸屑含胚乳较少，送往下一道尾磨或细皮磨处理，筛出的送往心磨系统的物料中含较多的点状麸屑，质量较差。

7. 吸风粉和刷麸粉的鉴别

用刷麸机（打麸机）处理麸片上残留的胚乳所获得的刷麸粉，以及从清粉机吸风风网和气力输送系统的集尘器所获得的吸风粉的特点是粉粒细小而黏性大，容重低而散落性差。此物料在筛理时，不易自动分级，粉粒易粘在筛面上，易堵塞筛孔。

三、平筛的工作原理

对物料的分级一般都采用筛分法。按粒度分级，主要依靠松散物料的自动分级特性，并使用不同的筛孔，把中间产品混合物分成颗粒大小不同的几个等级。

（一）物料在筛面上的运动

1. 物料相对于筛面运动的条件

为了让物料能在筛面上保持固有的相对轨迹，使筛理工作能顺利进行，一般平筛工作转速取以下的范围：

$$平筛工作转速 =（40 \sim 50）\sqrt{\frac{f}{R}}（r/min）$$

式中，f——摩擦系数，一般取 0.6～0.98；

R——平筛的运动半径，m。

从上式可知，平筛的转速与筛体运动半径的平方根成反比，即平筛的转速提高时，则筛体运动半径可减少，反之可增大。

筛理细小的粉粒时，由于粉粒流动性差，运动时带有静电，因此常取较高的转速。

2. 物料在筛面上的运动

通过观察及理论计算可知，物料相对筛面的运动，在理想的情况下始终做圆周运动，其运动半径为

$$r_x = R\sqrt{1-\left(\frac{gf}{\omega^2 R}\right)^2}$$

式中，f——摩擦系数；

g——重力加速度；

ω——筛面运动角速度；

R——平筛的运动半径，m。

由上式可知，在稳定的工作条件下，R、ω、f 为常数，r_x 也为常数，表明物料对筛面相对运动的轨迹是一个正圆，而且其圆周半径 r_x 总是小于筛体运动半径 R。如果增大 ω 或 R，那么 r_x 随着增大，如果 f 增大，则 r_x 减小。

在筛理过程中，筛面上的物料轻重、大小不一，经过相对运动，物料产生自动分级，上层是大而轻的物料，底层是重而小的粉粒，但它们都以一定的回转半径和角速度做正圆运动。因为底层物料与筛面之间的动摩擦系数比物料层之间的动摩擦系数大15%～20%，再加上受到上层物料的压力，所以底层物料运动的半径小，在筛面上的移动速度慢，接受筛理的机会多，而上层物料则能较快地从筛面上排出，成为筛上物，从而能提高筛理效率。

此外，在平筛流量增加、物料水分增加或筛面质量差时，下层物料所受摩擦阻力变大，相对运动轨迹变小，筛理效率降低，此时应改变平筛的角速度和回转半径。

（二）物料在筛面上的推进方法

物料在筛面上是利用料层斜度推进物料。在较短的水平放置的筛面上，虽然筛面是水平的，因筛体的振动，物料相对筛面、物料颗粒之间都在不停的运动。其散落角远远小于自然坡角。故筛面上的物料可沿由进口流入的物料堆积而成的小倾角斜面向出口方向流动，加之进口处下落的物料的冲击，即可使物料从进口沿筛面推向出口。这种推进方法，物料在筛面上的自动分级好，推进速度慢，接触筛孔的机会增多，筛理效果较好，但筛格高度要求高些。流量大、水分较高、流动性较差的物料容易糊筛堵塞。

（三）筛体的运动特点

高方平筛的运动原理与平面回转筛相同，而平筛的特点是体积较大，其重心易与偏重块重心在垂直方向上产生偏差，导致筛体运动异常。

因平筛振动的阻尼较小、工作振幅较大，停机后筛体自由振动延续的时间较长，当筛体还没有静止时若启动设备，自衡振动产生的振幅可能与还未衰减的自由振动振幅叠加，使筛体出现较大的振幅即产生大幅度的游动，导致进出料布筒被拉掉，严重时还将撞坏设备，因此平筛必须在静止状态下启动。在安装设备时，筛体与周围设施须留足必要的间距。

筛体运动状态可通过检查筛体各部位运动轨迹的方式来检查。方法是：让随筛体一起运动的笔与尽量保持静止的纸板接触，在纸板上画出筛体的运动轨迹，通过轨迹来检查分析筛体的运动状态。当轨迹为椭圆时，说明筛体的吊挂机构可能受力不均匀或长度不等。当筛体的上下轨迹不等时，说明偏重块的垂直位置不当。

任务二　平筛

【学习目标】

通过学习，了解平筛的基本结构，熟悉平筛各部分结构的作用，掌握常用筛格的结构特征和用途。

【技能要求】

（1）能鉴别筛出物料。

（2）能启动关停筛理设备。

（3）能识别筛格的特征。

【相关知识】

一、高方平筛的结构

（一）一般结构

高方平筛一般由进料装置、出料装置、筛格压紧装置、吊挂装置、传动装置、筛体等组成，如图 8-2 所示。

进料装置由导料板、布筒和顶格组成，主要起对物料导向、缓冲、匀料及分流作用。

出料装置由底格、筛仓出口、布筒及接料管组成，其作用是收集本仓各个通道下来的

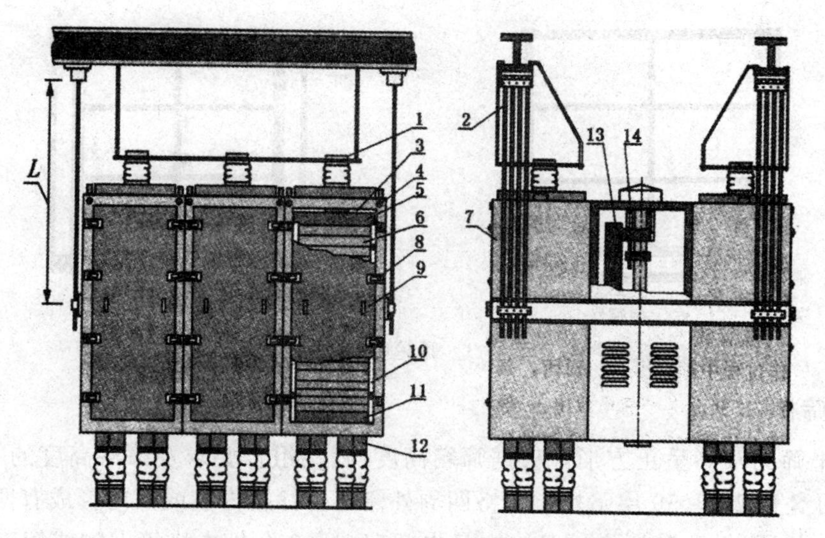

1. 进料筒；2. 吊杆；3. 筛仓；4. 顶格压紧结构；5. 顶格；6. 筛格；7. 筛箱；8. 仓门压紧装置；9. 仓门；10. 筛格水平压条；11. 筛底格；12. 物料出口；13. 偏重块；14. 传动轴

图 8-2 高方平筛的总体结构

物料，并分别将其排出机外。

筛格压紧装置分为水平压紧装置和垂直压紧装置，其作用是为了防止筛格在平筛运动过程中发生移动而错位，造成物料窜漏，影响产品质量。

吊挂装置由四组上下吊座、吊杆或钢丝绳及固定在厂房梁下的槽钢组成；传动装置由偏重块、传动轴和电动机组成。

吊挂装置和传动装置使筛体在水平面内做平面回转运动。

高方平筛的筛体分为两个对称的筛箱，每个筛箱又被分隔成若干个（2、3 或 4 个）独立的工作单元，每个单元称为一仓，故有四仓式、六仓式、八仓式平筛，现已有十仓式高方平筛。每仓内上下叠置 20 ～ 30 层方形筛格组成独立的筛理单元，可分别筛理不同的物料。两筛箱由上下平板和钢架联成一体，带有偏重块的立轴装置在筛体的中心，由自带电机传动。高方平筛的筛仓可同时处理多种物料，仓数多的平筛相对占地面积较小但设备本身体积较大。

筛体是高方平筛的主要工作部分，面粉的提出，在制品的分级都由它来完成。

筛格分为标准型筛格和扩大型筛格，扩大型筛格比标准型筛格增加筛理面积约 20%，在筛理设备数量相同的情况下可提高产量，筛格形式如图 8-3 所示。

筛面格嵌在筛框上部，同类型筛格的筛面格尺寸大小和高度都相同，可以取出更换，以便于筛理不同的物料，也就是说，同类型的筛格之间筛面格可以互换，从而灵活地调整筛面格的筛孔大小。

物料由进料装置进入筛仓内后，在筛格内流动，依靠筛面筛理分级，筛格在筛仓内可根据筛理物料的特点和筛理要求，配置不同筛网的筛面格，把进机物料分为几种不同性质的物料再分别由筛仓内的不同通道排出筛体外，送往不同的系统或设备进行处理。

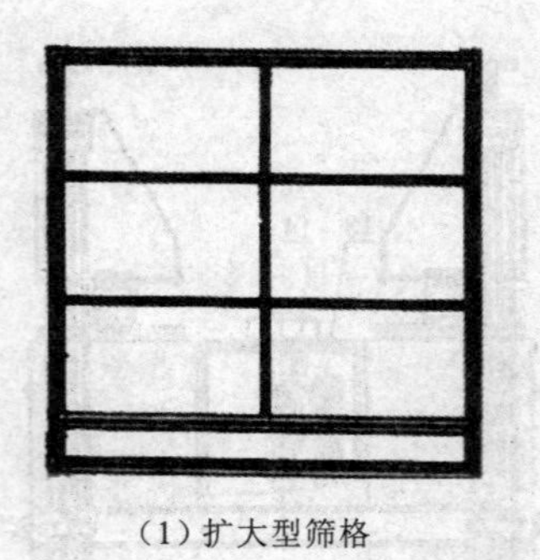
(1) 扩大型筛格

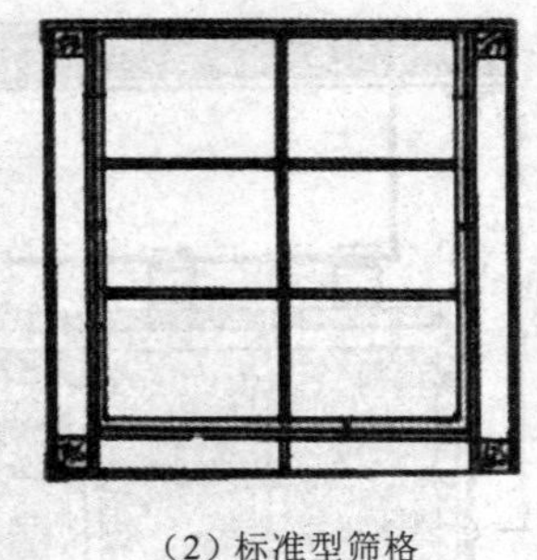
(2) 标准型筛格

图 8-3　筛箱内的筛格

（二）筛格

高方平筛的筛格呈正方形。根据筛箱高度、筛路组合要求及筛格高度的不同，在筛仓内上下可叠置 20～30 层筛格。筛格四周外侧面与筛箱内壁或筛门形成有四个可供物料下落的狭长通道，称外通道。筛格本身内部有 1～3 个供本格筛上物或筛下物流动的通道，称内通道。

每仓筛顶部都有 1 个或 2 个进料口，物料经顶格散落于筛格的筛面上，连续筛理分级后物料经内、外通道落入底格出口流出。

筛格可分为：带有筛面起筛理作用的筛格、增加筛格高度或改变流向的填充格、接受物料的筛顶格和分配并排出物料的筛底格 4 种。

筛格一般由筛框、筛面格和底板组成，其作用是固定筛面，承接、筛理物料并使物料按一定路线进行流动，见图 8-4。

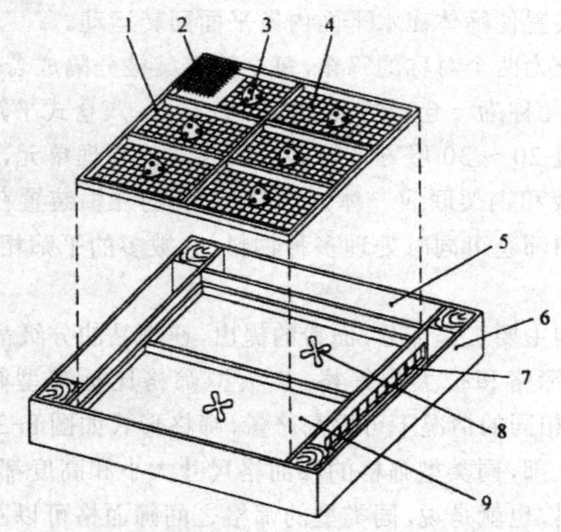

1. 筛面格；2. 筛理筛网；3. 清理块；4. 承托筛网；5. 内通道；
6. 筛框；7. 钢丝栅栏；8. 推料块；9. 收集底板

图 8-4　筛格结构示意图

筛框的上部放置筛面格，一般中部装有马口铁底板，在筛框的某一侧开槽或封堵内通道可使物料进入筛面或排出筛面。筛面格嵌在筛框上部，尺寸大小和高度都相同，可以取出更换，以便于筛理不同的物料。

筛面格根据尺寸大小可做成4分格、6分格或9分格，筛面格上部绷装筛网，筛理物料，分为筛上物和筛下物。下部装承托网，用以承托清理筛面用的清理块，每一小格内安放一个清理块，承托网孔眼较大，不起筛理作用，目的是让筛下物顺利穿过落在底板上。

筛格中部(位于筛面格下方)固定一筛下物收集底板，底板上方一侧或两侧的边框上开有窄长孔，是筛下物的出口，底板上放置推料块，筛理时推动筛下物流出底板。为防止推料块随物料一起流出，出口处设有钢丝栅栏。有的筛格筛下物收集底板可以取消，筛下物直接落至下层筛面。

筛格具有一定的高度，由筛面格高度、筛下物高度和筛上物高度三部分组成。筛面格高度相同，可以互换。筛下物高度指筛面格与底板之间的高度，是本格筛下物流动的空间。筛上物高度指底板下的高度即底板与下层筛面之间的高度，是下一层筛面筛上物料流动的空间。在实际选配时，应根据本格物料流量大小以及物料性质、下格筛上物流量、筛路组合等要求配置。

根据筛下物的走向不同，筛格的结构也有所不同，分为“左格”“右格”“左右格”三种。判别方法为假定站在筛格的进料端(无通道的一端)，面向筛上物流动的方向(从进料端沿直线向另外一端的内通道方向流动)，观察本格筛下物排出的位置，若筛下物从左侧通道下落，则为“左格”；若筛下物从右侧通道下落，则为“右格”；若筛下物同时从左侧、右侧通道下落，则为“左右格”。如图8-5所示，图中实线为筛上物流向，虚线为筛下物流向。

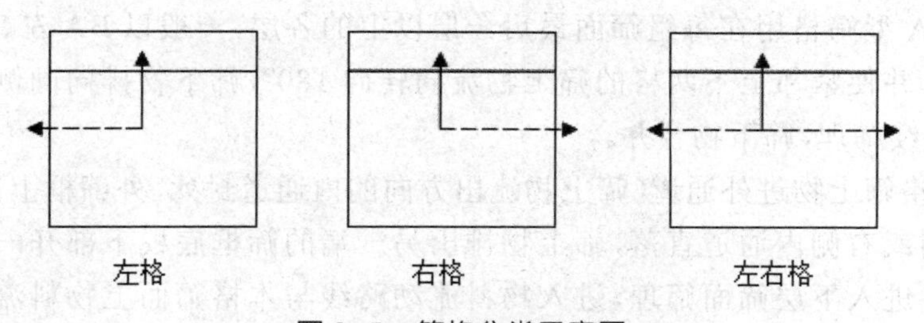

图8-5 筛格分类示意图

筛格根据筛面格不同分为“标准型筛格(B)”和“扩大型筛格(K)”。筛格的外形尺寸一样，均为640 mm × 640 mm，有些筛格已增大为740 mm × 740 mm，筛面格尺寸不一样。同为640 mm × 640 mm的筛格，标准型筛面格尺寸为570 mm × 500 mm，而扩大型筛面格尺寸为566 mm × 620 mm，面积相差近20%。简易的判别方法为看筛面格大小和通道数量。

我们习惯上将具有三个通道的筛格称为标准型筛格，没有通道的一端作为进料端，另一端的通道为筛上物通道，两侧为本格筛下物通道，或作为其上方筛格分级后某种物料的通道。

扩大型筛格是将标准型筛格的三个通道改为一个通道。规格相同的筛格，扩大型筛格筛理面积增大，筛格质量减轻，在不增加平筛总负荷的情况下，可有效地增加物料的处理量。扩大型筛格也有相应的几种形式，按功能和作用与标准型筛格相一致的序号排序，只在筛格形式前加 K 以示区别。

1. 标准型筛格

习惯上将具有三个通道的筛格称为标准型筛格(B),没有通道的一端作为进料端,另一端的通道为筛上物通道,两侧为本格筛下物通道,或作为其上方筛格分级后排出物料的通道。

标准型筛格按其结构形式分为 BA、BB、BD、BE、BF、BH 六种基本型式,根据筛下物的下落方向不同,BA、BB、BD、BE、BF、BH 型筛格又可分为左、右形式,如 BA 右。每种筛格结构见图 8-6,每种筛格结构特征见表 8-1。

表 8-1　六种标准型号筛格的结构特征

筛格型号	筛上物去向	筛下物去向	备注
BA	引至下格再筛	向左或向右直落	
BB	进外通道	向左或向右直落	下层顺向进料
BD	由内通道直落	向左或向右直落	紧贴底格使用
BE	进外通道	落至下格再筛	无底板
BF	由内通道直落	落至下格再筛	无底板
BH	引至下格再筛	向左或向右直落	下层逆向进料

标准型高方平筛筛格内物料的流向:

BA 型筛格筛上物经本格内通道落在下层筛面上连续筛理,筛下物由左侧或右侧内通道直落。BA 型筛格用在每组筛面最后一层以上的各层,一般以 BA 左、BA 右交替使用,相互叠加,并使紧邻上下两格的筛上物流向转向 180°,筛下物排向同侧内通道下落,实现筛上物连续筛理,筛下物合并。

BB 型筛格筛上物进外通道(筛上物流出方向的内通道封死,外筛框上部开一长口),筛下物由左侧或右侧内通道直落,筛上物排出另一端的筛框底板下部开一长槽,使外通道物料经本格进入下层筛面筛理,进入物料流动路线与本格筛面上物料流动路线相同,称为顺向进料。该筛格用于双路筛理时第一组筛格的最后一格。

BE、BF 型筛格的筛下物都导至下层筛面上连续筛理。不同之处在于:① BE 型筛格筛上物进外通道,BF 型筛格筛上物直落;② BE 和 BF 型筛格没有底板,本格筛下物直接落在下层筛面上筛理,此类型筛格一般作为上一组筛格的最后一格,将本组筛格的筛上物经本层筛理后排出,本组筛格的筛下物合并导入下组筛面筛理。

BD 型筛格底板下部没有空间,筛上物由内通道直落向底格出口,筛下物由左侧或右侧内通道直落向底格出口。直接用在筛仓内所有筛格的最下一格即底格的上方。

BH 型筛格筛上物和筛下物流向也与 BA 型筛格相同,不同点为 BH 型筛格筛上物下落通道这一侧的筛框下部开一长槽,可使外通道的物料导入下层筛面。进入物料流动路线与本格筛面上物料流动路线相反,称为逆向进料。外通道导入的物料与本格筛上物合并,进入下格筛理。一般两路筛上物料合并继续筛理采用此种结构的筛格。

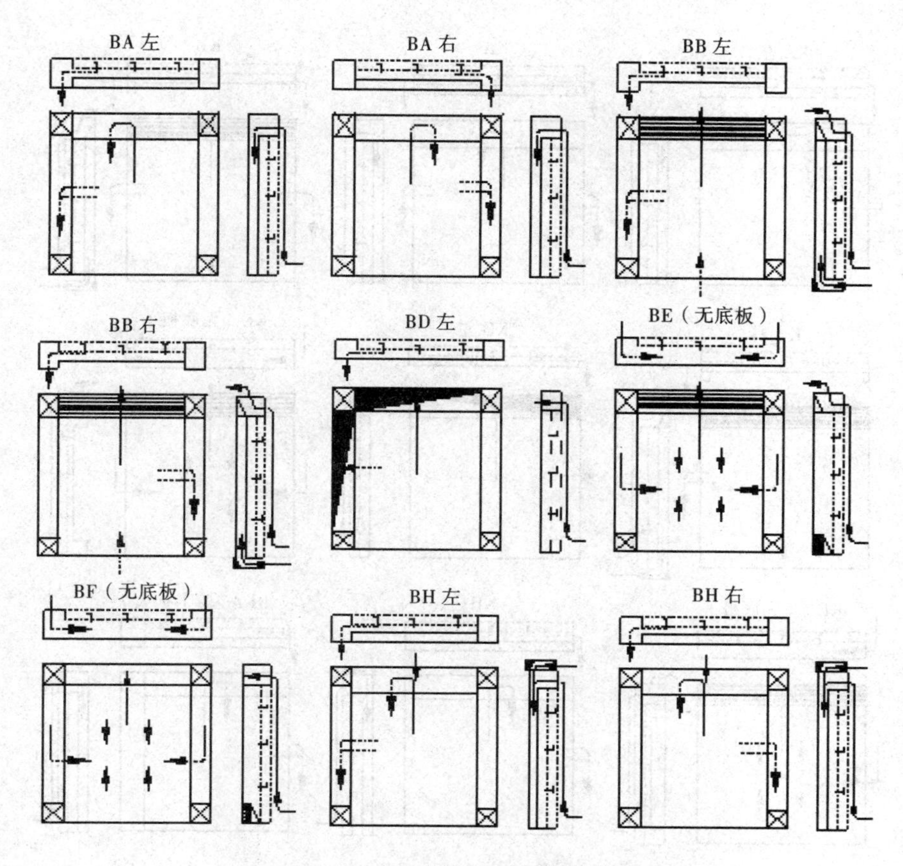

图 8-6 高方平筛标准型筛格结构

2. 扩大型筛格

扩大型筛格是将标准型筛格的左右两个内通道取消，每格的筛下物直接进入外通道。规格相同的筛格，扩大型筛格筛理面积增大，筛格质量减轻，在不增加平筛总负荷的情况下，可有效地增加物料的处理量。

扩大型筛格也有相应的几种形式，按功能、作用与标准型筛格相一致的序号排序，只在筛格形式前加 K 以示区别，如 KA。

扩大型筛格的结构见图 8-7，每种筛格结构特征见表 8-2。

表 8-2 扩大型筛格的结构特征

筛格型号	筛上物流向	筛下物流向	备注
KA	引至下格再筛	向左或向右直落	
KB	进外通道	向左或向右直落	下层顺向进料
KD	由内通道直落	向左或向右直落	置筛底格上
KE	进外通道	直落至下格再筛	无底板，侧面进料
KH	引至下格再筛	向左或向右直落	下层逆向进料

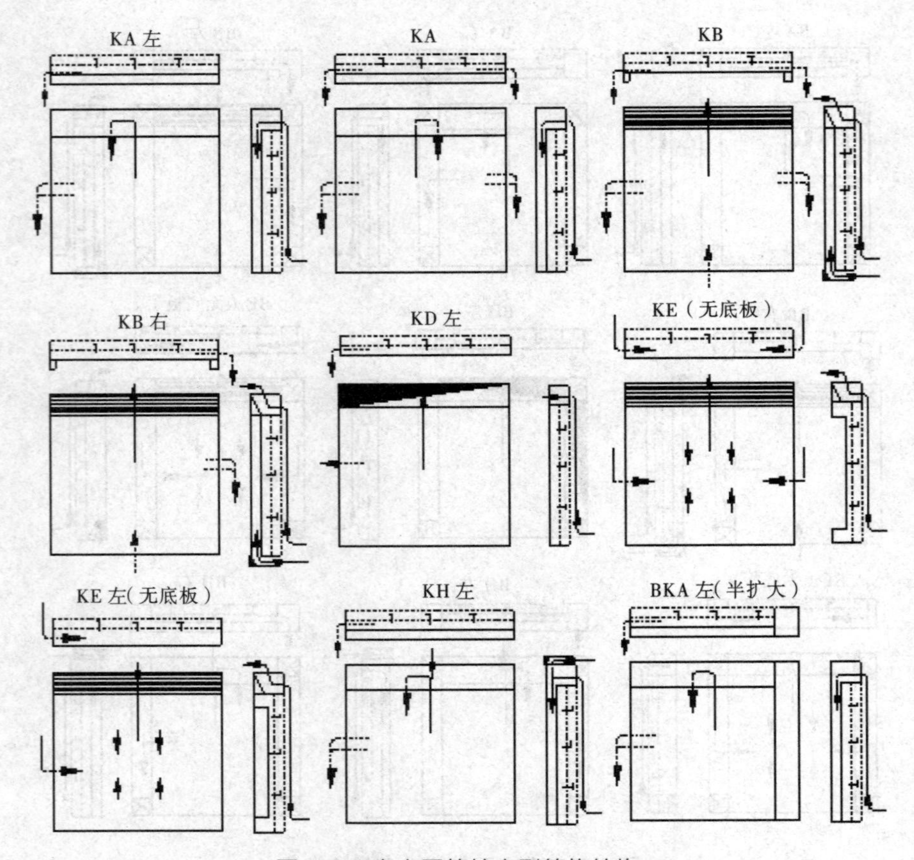

图 8-7　高方平筛扩大型筛格结构

扩大型高方平筛筛格内物料的流向：

KA 型筛格筛上物经本格内通道落在下层筛面上连续筛理，筛下物由左侧、右侧或左右侧外通道直落。KA 型筛格用在每组筛面最后一层以上的各层。筛下物一侧出料的 KA 型筛格，一般以 KA 左、KA 右交替使用，相互叠加，并使紧邻的上下两格筛上物流向转向 180°，筛下物排向同侧外通道下落，实现筛上物连续筛理，筛下物合并。筛下物两侧同时出料的 KA 型筛格结构相同，只是使紧邻的上下两格筛上物流向转向 180°，交替叠加，就可实现筛上物连续筛理，筛下物排向两侧外通道下落。

KB 型筛格筛上物进外通道（筛上物落下的内通道封死，外筛框上部开一长口），筛下物由左侧或右侧外通道直落，筛上物排出另一端的筛框下部开一长槽，使外通道物料经本格底板下进入下层筛面筛理，进入物料流动路线与本格筛面上物料流动路线相同。该筛格用在双路筛理时第一组筛的最后一格。

KD 型筛格底板下部没有空间，筛上物由内通道直落向底格出口，筛下物由左侧或右侧外通道直落向底格出口。直接用在筛仓内所有筛格的最下一格即紧贴底格的上方。

KE 型筛格筛上物进外通道，没有底板，本格筛下物直接落在下层筛面上筛理，外通道的物料经左侧、右侧或左右两侧进入下一组筛格的第一层筛面继续筛理。此类型筛格一般作为上一组筛格的最后一格，将本组筛格的筛上物经本层筛理后排向外通道，本组筛格的筛下物合并导入下组筛面筛理。

KH型筛格筛上物和筛下物流向与KA型筛格相同，不同点为KH型筛格筛上物通道这一侧的筛框下部开一长槽，可使外通道的物料导入下层筛面。进入物料流动路线与本格筛面上物料流动路线相反，逆向进料。外通道导入的物料与本格筛上物合并，进入下格筛理。一般两路筛上物料合并继续筛理采用此种结构的筛格。

组合筛路时，有时也采用两个通道的筛格，习惯上称之为半扩大型筛格，既减少筛格中通道的占用面积，又能满足物料在筛仓内的流动。如BKA左等。

3. 填充格

填充格是无筛面无底板的空格，通常装置在两筛格之间，可增加筛上物的空间高度，以满足筛上物流量大的需要，可调整筛格总高度，满足筛格压紧的要求。各种填充格的高度和用途见表8-3。

表8-3 填充格的高度与用途

型号	高度/mm	用途
BC20	20	用于标准型筛格
BC30	30	
KC20	20	用于扩大型筛格
KC30	30	

4. 筛顶格

筛顶格位于每仓筛的顶部，其上方与平筛的进料筒联接，下部工作时紧压在第一层筛格上。其作用：一是将物料散落在第一层筛面上或导入后侧外通道；二是配合压紧装置对本仓筛格进行垂直压紧。由于筛路上层多采用扩大型筛格，因此常采用与扩大型筛格配套的筛顶格，按其结构不同，筛顶格分为BtA、BtB、BtC、BtD四种，其结构见图8-8。各自的特点及作用见表8-4。

分料盘对进机物料起缓冲作用，斜滑槽用于筛格的压紧，双进口的顶格中导料板将一个进口的物料导入横长孔，送入里侧外通道。

表8-4 筛顶格的特点及作用

型号	喂料特点	进口数	分配物料去向
BtA	单进单路	1	全部导入第一格
BtB	单进双路	1	一半落入第一格，一半导入里外通道
BtC	双进双路	2	右侧落入第一格，左侧导入里外通道
BtD	双进双路	2	左侧落入第一格，右侧导入里外通道

5. 筛底格

筛底格是平筛的出料机构，位于一仓平筛的最下层，其作用是将内外通道的筛分物料收集并送入底板上的出料口，见图8-9。每仓底格上有八个出料口供选用，4个侧面各对应2个出料口，一般一个用作外通道物料出口，另一个用作内通道物料出口。

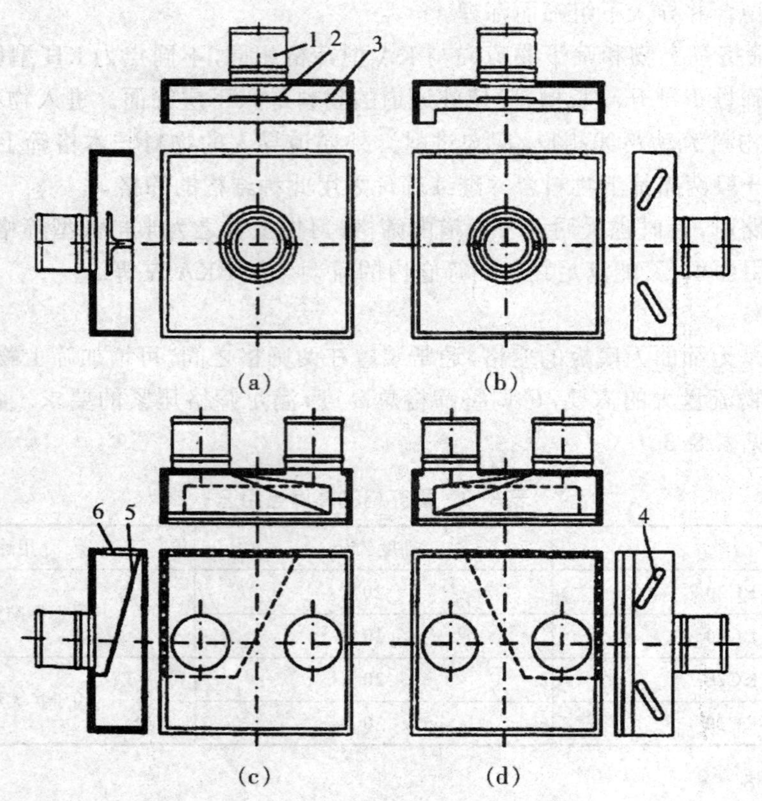

(a) BtA;(b) BtB;(c) BtC;(d) BtD

1. 进料筒;2. 分料盘;3. 托条;4. 斜滑槽;5. 横长孔;6. 导料板

图 8-8　筛顶格结构图

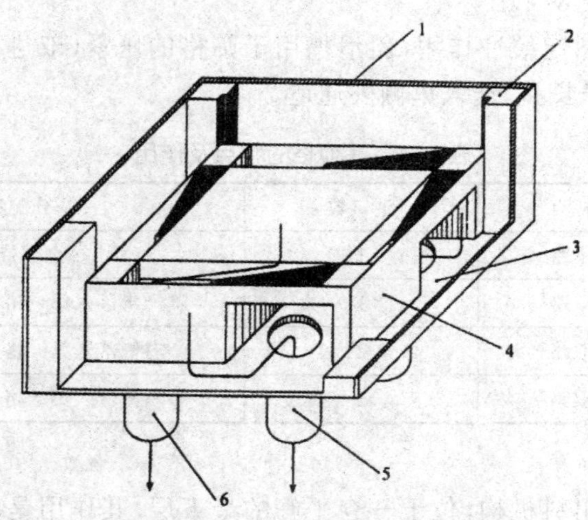

1. 筛箱隔板;2. 立柱;3. 筛箱底板;4. 底格;5. 外通道出料口;6. 内通道出料口

图 8-9　筛仓中的底格

根据内、外通道与出口的关系，筛底格分为BdA、BdB、BdC、BdD四种，见图8-10。BdC、BdD型底格使前外通道物料由④、⑤两个出口排出，该底格适用于前路皮磨筛路，④、⑤所出物料通常为大麸片。各种筛底格的高度均为150 mm，检修时筛底格可以抽出以便于清扫仓底积粉。

底格出口一般以里侧外通道物料出口编号为①，同侧内通道出口编号为⑧，然后顺序编号，底格出口序号按顺时针方向排列的仓称为右仓，如图8-10（b）、（d）；逆时针排列的称为左仓，如图8-10（a）、（c）。高方平筛的筛仓的出口排列，习惯上，在面向筛仓门时，将位于右侧的筛仓设置为右仓，左侧的筛仓设置为左仓，中间仓根据需要设定，没有特殊要求时一般设为右仓。如图8-11所示。

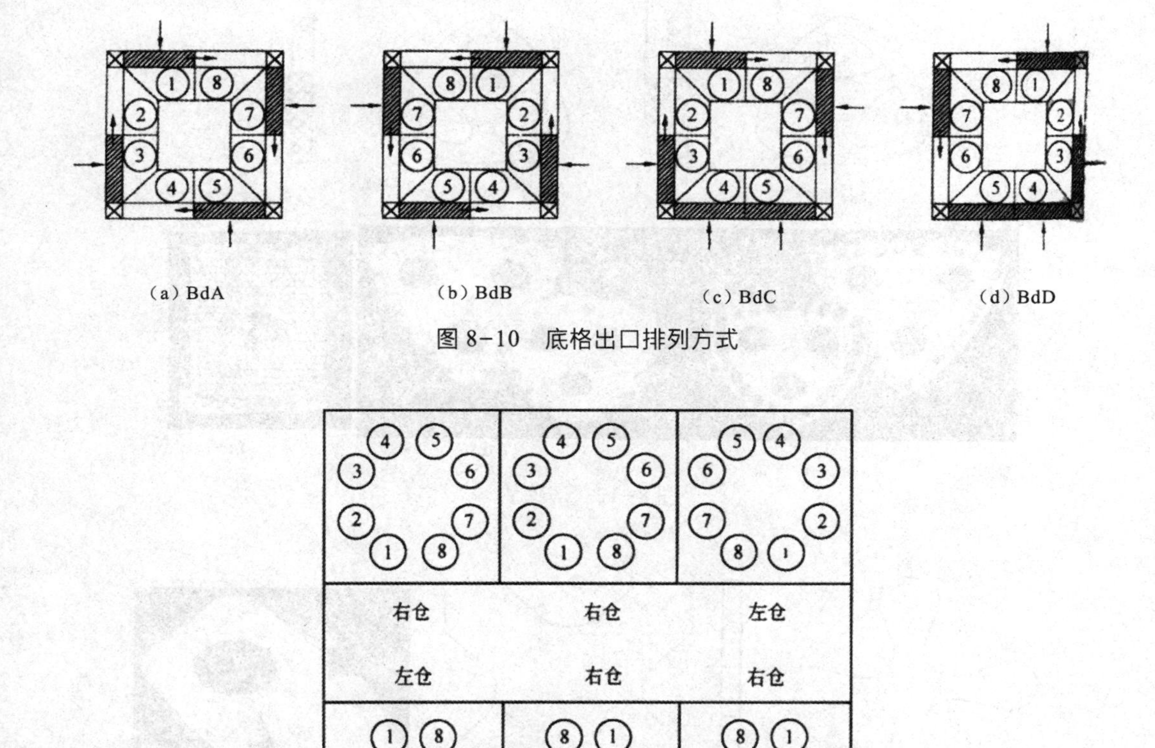

（a）BdA （b）BdB （c）BdC （d）BdD

图8-10 底格出口排列方式

图8-11 高方平筛筛仓出口排列

在选配底格时，要考虑操作检查的方便。在满足筛理要求的前提下，尽量选用靠外侧的出料口，便于生产中取料观察。流量较大、散落性较差、需经常检查的物料尽量选用外侧出料口。

高方筛底板下的出料口通过软布筒与固定在楼板面上的接料管相连，接料管上都设有检查口，便于生产中取料观察。若发现某个出料布筒被物料涨满，则与此布筒相连的下层溜管已堵塞，应立即疏通下层溜管，增大下道设备的流量或打开溜管的检查口把堵塞物料排出，以避免物料继续堵塞到平筛筛仓内，必要解开布筒与接料管的连接。

6. 清理块与推料块

清理块装置在筛面格内，在筛面和承托网之间，对筛面起清理作用。目前使用的清理块主要有聚氨酯清理块，见图 8-12（a）、（b）；带毛刷清理块，图 8-12（c）；表面凸起清理块，图 8-12（d）；帆布块，图 8-12（e）。

推料块装置在收集底板上，随着筛体的平面回转运动，迅速推动筛下物料排出。推料块现多用聚氨酯制作，形状如图 8-13 所示。

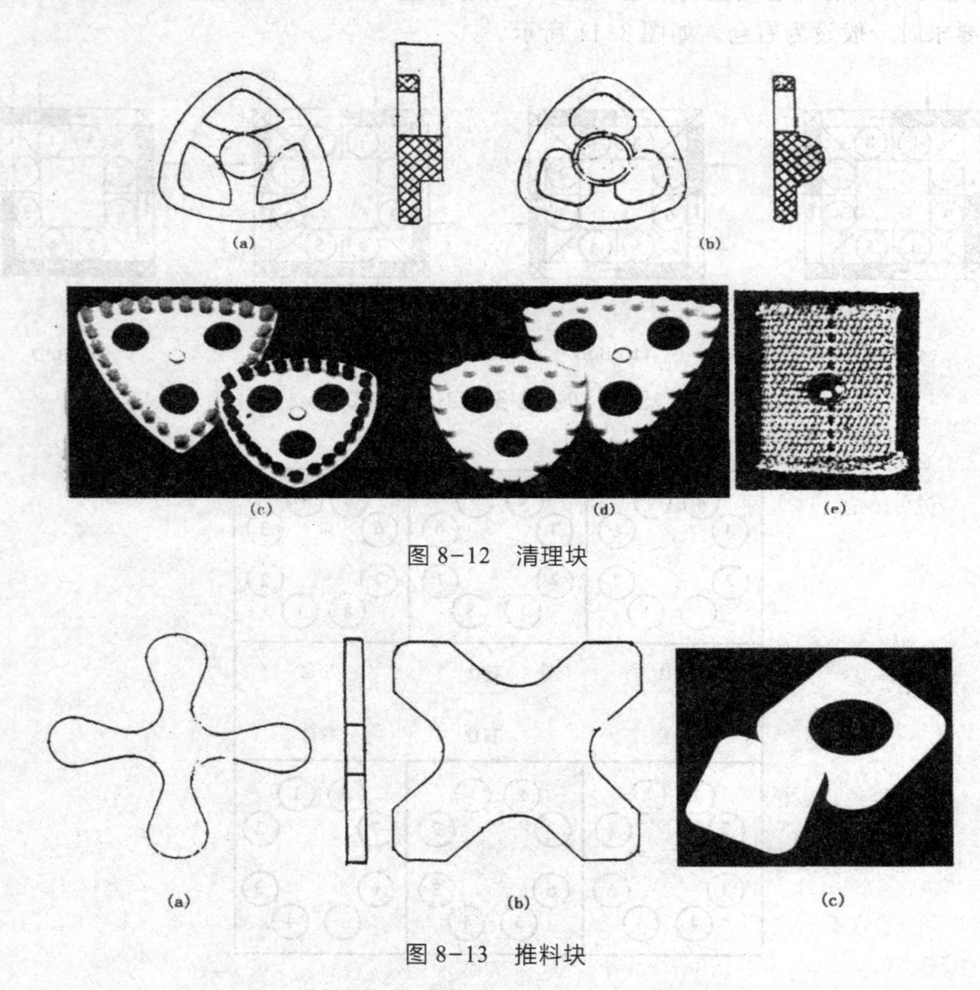

图 8-12 清理块

图 8-13 推料块

（三）压紧装置

压紧装置包括水平和垂直两个方向的压紧机构，其作用都是压紧筛格，防止其在工作中发生松动或错位，造成物料窜漏，从而保证产品质量和分级的准确性。

1. 水平压紧装置

筛格的水平压紧主要是为了防止筛格错位，通常有两种形式：利用筛仓门压紧或利用压紧条在安装仓门前先压紧。前一种结构简单，操作方便，但压紧情况不便检查；后一种操作较复杂，但易检查压紧效果。

2. 垂直压紧装置

筛格的垂直压紧通过顶格来实现，其结构形式如图 8-14 所示。调节螺杆两端的螺纹左旋或右旋，可使两滑块螺母反向移动，带动对应滑块在斜滑槽内运动，两滑块分开时可压下顶格，靠近时可升起顶格，从而实现筛格的垂直压紧或放松。

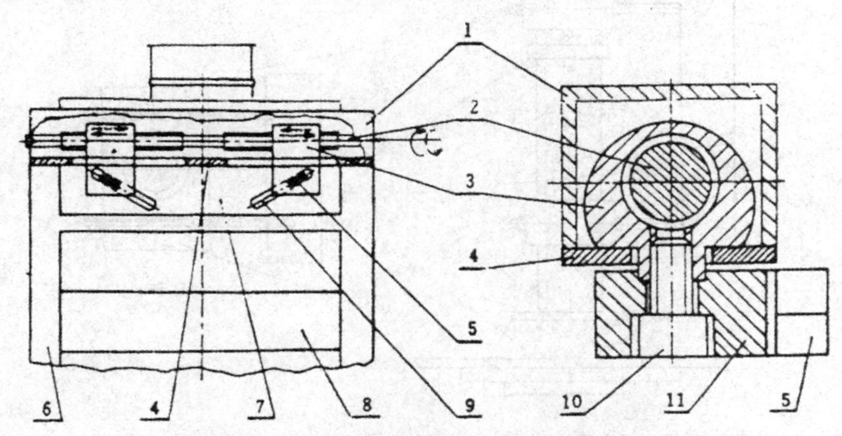

1. 槽钢；2. 调节螺杆；3. 滑块螺母；4. 滑轨；5. 滑块；6. 外通道；
7. 顶格；8. 筛格；9. 斜滑槽；10. 螺钉；11. 滑块体

图 8-14 垂直压紧装置的结构

压紧筛格时应先进行水平加压，后垂直加压，垂直压紧时左右两侧交替压紧，用力应均衡。

（四）吊挂装置

吊挂装置由上下吊座、四组吊杆和钢丝绳组成。上吊座可安装在车间的梁下或槽钢下，下吊座装置在筛体的横梁上，四组吊杆和钢丝绳装置在上下吊座上，四组吊杆承受筛体的重量，钢丝绳在生产中起保险作用，不承受重量。

（五）传动装置

FSFG 型高方平筛采用自衡传动形式，传动装置的结构如图 8-15 所示。偏重块由电机传动，驱动筛体做平面回转运动。调节偏重块水平位置调节螺母，可改变筛体的回转半径。平筛筛体较高，要使其保持良好的平动状态，则要求偏重块的重心与筛体重心在同一水平面上。当筛体上、下振幅不一致时，可通过调节螺钉升起或降下偏重块进行修正。

二、双仓平筛的结构

（一）一般结构

双仓平筛体积小，整部筛子共有两仓，所以叫双仓平筛。同时因其筛格层数少，筛格裸露叠置，通道数量少，筛路简单，主要适合作面粉检查用，所以也称双仓检查筛。

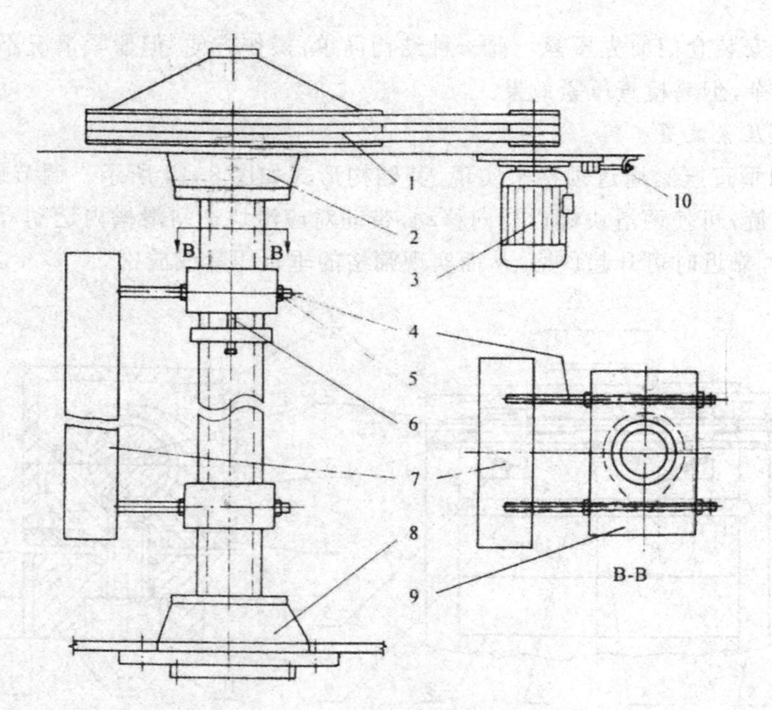

1. 皮带轮；2. 上轴承座；3. 电动机；4. 偏重块支撑螺杆；5. 偏重块水平位置调节螺母；
6. 偏重块垂直位置调节螺栓；7. 偏重块；8. 下轴承座；9. 偏重块支撑体；10. 张紧装置

图 8-15　平筛传动装置的结构

双仓平筛的结构如图 8-16 所示。双仓平筛与高方平筛一样，一般也由进出料装置、筛体、筛格压紧装置、吊挂装置及传动装置等组成。

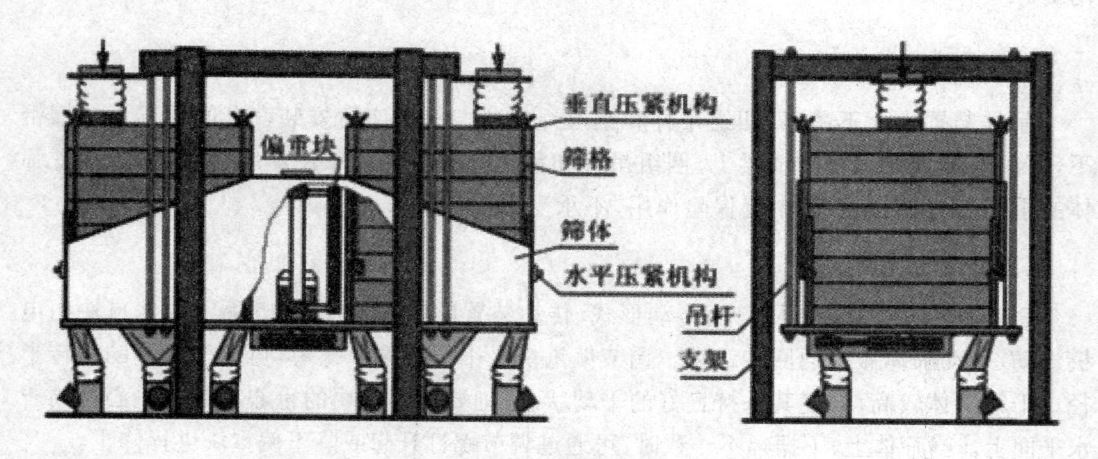

图 8-16　FSFS 型双筛体平筛结构示意图

两幢方形筛格叠置压紧在筛架底板上形成两个筛体，筛体通过四组玻璃钢吊杆悬挂在金属结构的吊架上，吊架固定于地面，两筛体中间设有电机和偏重块，增减偏重块的质量可调节筛体的回转半径。

每个筛仓可叠加 6～16 层筛格，筛格直接叠置在筛底板上，没有筛箱。

（二）筛格

FSFS型双筛体平筛筛格有四种形式，见图8-17。因双筛体平筛没有筛箱，筛分后的物料均需从筛格内的通道下落。所以每个筛格设有四个通道。筛格尺寸较大，为了使筛下物迅速排出，筛下物可从两边同时下落，且收集底板从中部向两侧稍微倾斜。

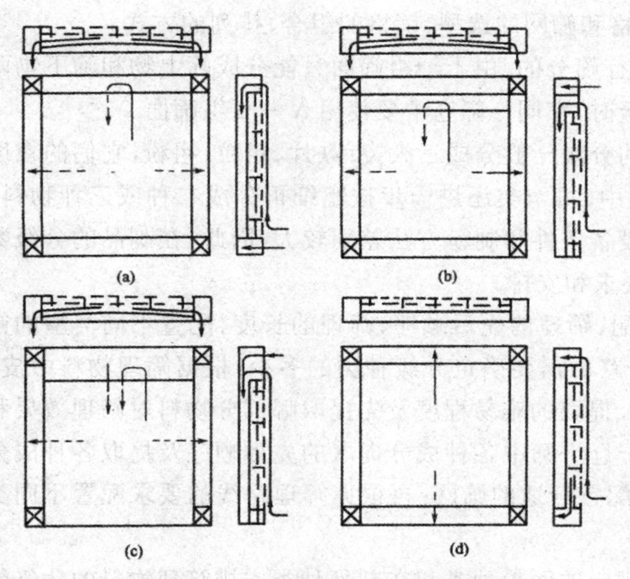

图8-17 FSFS型双筛体平筛筛格

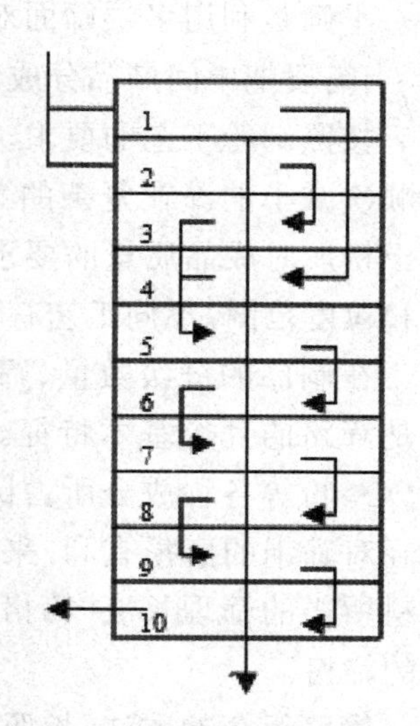

图8-18 双筛体平筛的筛路

（三）双筛体平筛的筛路

应用于面粉检查的双筛体平筛的筛路见图8-18所示。筛格内物料的流向见表8-5。

表8-5 FSFS型双仓平筛筛格内物料的流向

筛格代号	筛上物流向	筛下物流向	备注
A	再筛	左右出	后通道供上层筛上物通过
B	再筛	左右出	前外通道供上层筛上物通过
C	再筛	左右出	上层筛上物与本层筛上物在前通道合并
D	前通道直落	后通道直落	

任务三 平筛筛路

【学习目标】

通过学习，了解平筛筛路的组成，熟悉常用筛格的结构特征组合，掌握常用平筛筛路的组合技术。

【技能要求】

（1）能根据作用选用筛格。

（2）能绘制筛格配置图。

（3）能组合出适合不同物料的筛路。

【相关知识】

一、平筛筛路的基本知识

平筛的筛路是指物料在筛仓内筛理流动的路线。为适应工艺要求，把研磨后的物料按颗粒大小分为几个等级，就需要把多个各种不同的筛格组合排列起来，形成合适的筛路。完整的筛路包括筛仓中各种筛格和筛网的选型、筛格的组合、排列的方式。

平筛是利用多层筛面对物料进行筛分的，由于一组筛面只能分成筛上物和筛下物两类，当需要把中间产品分成 N 个等级时，在同一筛仓中要使用 $N-1$ 组筛面。

按照制粉工艺的要求，在制品的分级一般分成三大类：麸片、粗粒、粗粉，它们的粒度是顺次减小的。在复杂的工艺流程中，每一类还进一步按粗细再分成二种或三种物料。由于粉厂对成品质量的要求不同，设备条件和制粉方法差别较大，因此，在制品的分级数量和粒度范围，不同工艺有不同的要求和安排。

在制品的分级数量、筛网的选配、筛理的先后顺序、筛理的长度、配置不同类型的筛格是筛路的几个基本特征。根据粉路的需要确定分级种类的多少；根据筛理物料中皮、渣、心、粉等各种成分所占比例大小，提取的难易程度及先提取哪部分物料对筛理效果和减轻对筛绢的磨损有利，来确定在一仓平筛中各种成分提取的先后顺序及提取各种成分物料所需的筛理长度（筛格层数）；配置合适的筛网；再根据筛理路线的要求配置不同类型的筛格。

筛路组合的方法：按照粉路中规定的面粉种类和在制品种类安排筛理物料的分级数量；安排筛分程序上，根据筛理工作的难易，筛路设计应先筛理容积大、重量大、易筛理的物料，后筛理不易筛理的物料。皮磨：先提麸片、粗粒，再筛面粉。心磨：面粉比例高，应先筛粉后分级。根据各种物料的性质、数量比例，安排筛理长度，配置合适的筛网，防止筛枯或筛不透现象；再根据筛理路线的要求，配备不同类型的筛格。参考筛分物料的出料口位置，确定各层筛格的类型和排列方向，并依据筛箱内部的总高度、各层筛格物料的流量（筛上物和筛下物流量）确定各层筛格的高度；在流量大，筛出物含量大比例高时，可采用双路筛理，降低物料厚度，提高筛理效率。

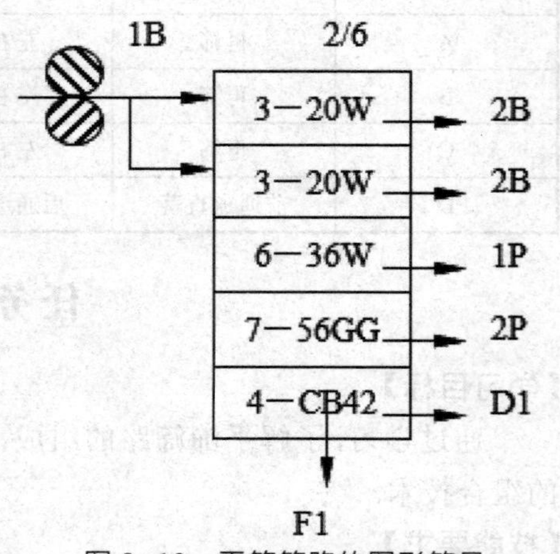

图 8-19　平筛筛路的图形符号

平筛筛路的图形符号如图 8-19 所示。图中用长方形表示平筛的图形符号，按照筛面的种类用横线将长方形分割成几层表示分为几组筛网，并注明筛格的层数和筛网型号，物料在筛仓中一般自上而下进行筛理和分级。

右侧实线箭头表示物料筛理路数，⊏→表示双路筛理，——→表示单路筛理，右侧实线箭头表示一组筛网分出的筛上物料所去的系统名称，向下箭头表示面粉或最下一组筛格筛下物料所去的系统名称，2/6 表示筛理采用 6 仓式平筛本系统占用其中2仓，方框内的符号表示筛格的层数和筛网规格，如3—20W表示本组筛网采用3层20W的金属丝筛网。图8-19表示为单进口双路筛理，除面粉外在制品分级数为5种的筛路。

单仓图形符号也称筛路图，整个粉厂的筛路图组合在一起为粉路图。

二、筛路组合

（一）常见高方平筛筛路的组合

不同形式的筛格按一定规律组合在一起，可以组成各种不同的筛理路线，即组成各种不同的筛路。因筛格为正方形，可在筛箱内旋转90°、180°或270°，具有较强的通用性和互换性。同规格的筛格通用，同类型筛格在不同仓、不同位置可互换，相同规格的筛面格通用，因而高方平筛筛路的组合、变换及筛网的调整比较灵活和方便。

1. A-A组合

A-A组合形式是筛路最基本的组合形式，其完成的功能为筛上物连续筛理，筛下物合并排下。以下用［A］表示一组筛上物连续筛理A型筛格的组合。配置时需A左A右交替使用，并且交替转向180°，可实现筛上物转向180°连续筛理，筛下物从同侧通道合并。常见的筛格组合有KA-KA组合、KA左（右）-KA右（左）-KA左（右）组合和BA左（右）-BA右（左）-BA左（右）组合，见图8-20。KA-KA组合是基本的筛格组合形式，能处理较大的流量。根据物料流量和该组合在筛路中的位置，筛下物可有不同的排出形式，如位于筛路前端的粗筛，筛下物流量大，宜选用左右排料型筛格，筛下物从两侧外通道排出；若筛下物数量较少或一侧外通道已被上层物料占用时，可选用左型或右型筛格，筛下物从同一侧外通道排出。BA-BA组合完成的功能与KA-KA组合相同，不同之处是筛下物从一侧或两侧的内通道排出，该组合形式主要用于粉筛或下层分级筛。

若须增加或减少一组筛格的筛理长度，但其筛上物排出位置不变时，在一组筛格间一次增加或减少A型筛格的数量应为2的整数倍（增加或减少［A左-A右］的倍数），否则其筛上物排出的方向将反向。

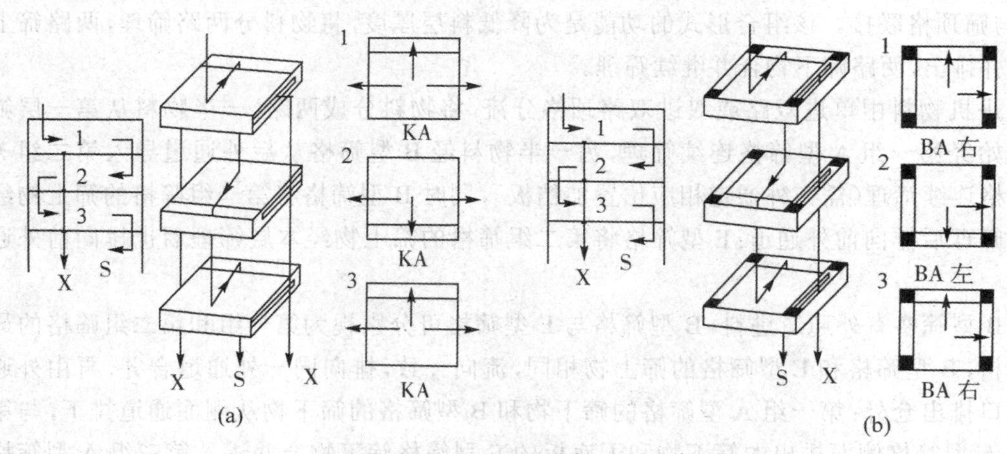

图8-20 A-A组合（[A]组合）

2. [A]-E-[A] 组合

[A]-E-[A] 组合的功能是完成两组 A-A 组合筛路的联接，上一组筛格的筛上物外出进外通道，而将其筛下物合并导入下一组筛格继续筛理。为便于上组筛格的筛下物顺利地进入下一组筛格的筛面，下一组筛格的筛上物流向应与上一组筛格的筛上物流向垂直，即下一组 A 型筛格的筛上物流向与上一组 A 型筛格的筛上物流向转向 90° 或 270°，使两组 A 型筛格筛上物流动方向垂直，E 型筛格作为上一组筛格的最后一格，将本组筛格的筛上物经本层筛理后排向外通道，由外通道出口排出筛仓。该组合形式应用在物料分级种类多于 2 种的筛路中。常见的组合形式有 [BA]-BE-[BA] 组合，[KA]-KE-[KA] 组合。见图 8-21。

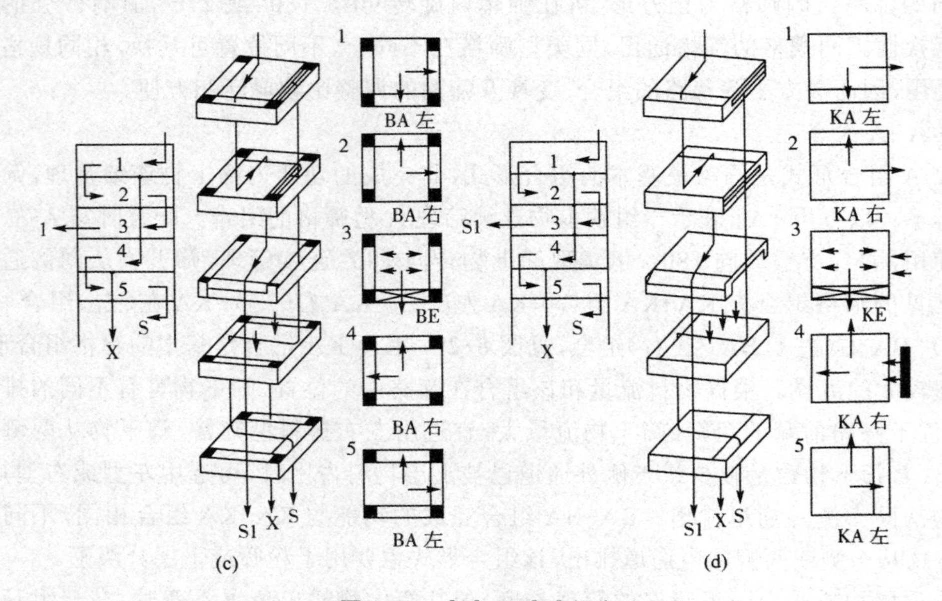

图 8-21　[A]-E-[A] 组合

3. [A]-B-[A]-E-[A] 组合

[A]-B-[A]-E-[A] 组合形式适用于物料分双路筛理的筛路，通常置于筛路的上端，与筛顶格联接。该组合形式的功能是为降低料层厚度，将物料分两路筛理，两路筛上物合并排出，两路筛下物合并继续筛理。

进机物料由单进双路或双进双路顶格分流，将物料分成两路，一半物料从第一层筛面开始经第一组 A 型筛格连续筛理，另一半物料经 B 型筛格从后外通道导入第二组 A 型筛格连续筛理（需在外通道相应位置加挡板），同时 B 型筛格将第一组筛格的筛上物经本层筛理后排向前外通道；E 型筛格将第二组筛格的筛上物经本层筛理后也排向前外通道。

B 型筛格有外通道进料，B 型筛格与 E 型筛格可分别视为第一组和第二组筛格的最后一格，B 型筛格和 E 型筛格的筛上物相同，流向一致，排向同一外通道合并，再由外通道出口排出仓外；第一组 A 型筛格的筛下物和 B 型筛格的筛下物从侧面通道排下，与第二组 A 型筛格侧面排出的筛下物和无底板的 E 型筛格筛下物合并进入第三组 A 型筛格筛理，第三组筛格的筛上物料的流动方向与上面两组筛格的筛上物料流动方向垂直。实际应用中，B 型筛格和 E 型筛格上方的 A 型筛格数量应相同或相差 2 的倍数的筛格。常见的组合形式有 [BA]-BB-[BA]-BE-[BA] 组合和 [KA]-KB-[KA]-KE-[KA] 组合，见图 8-22。

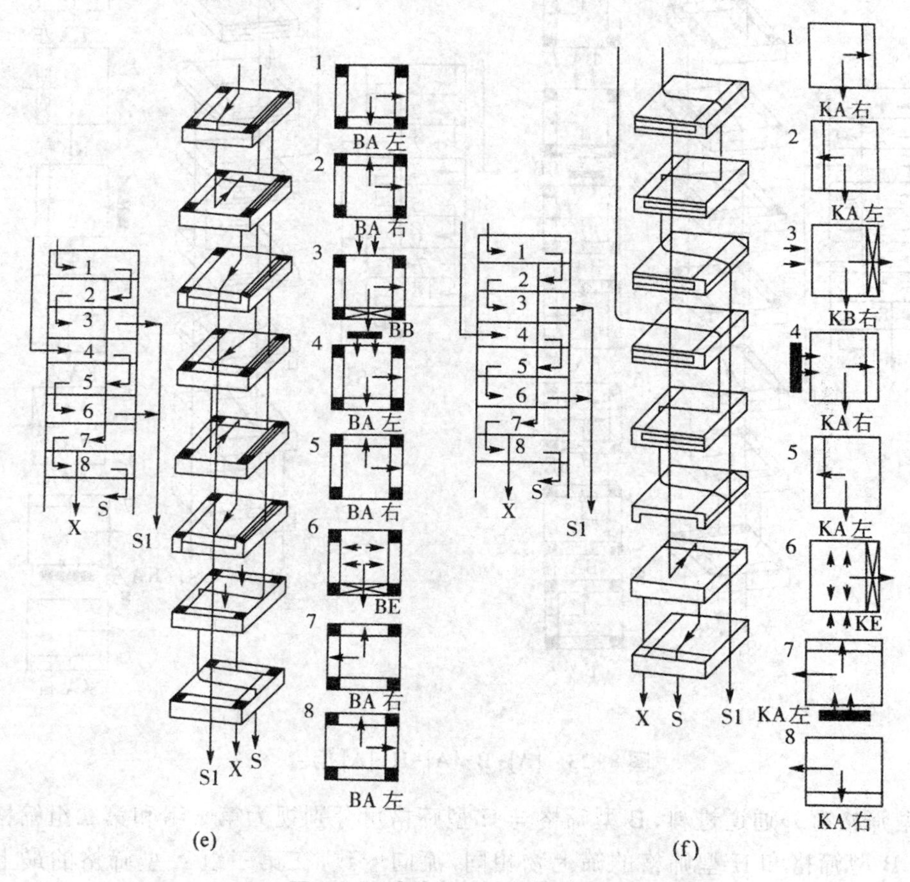

图 8-22 [A]-B-[A]-E-[A] 组合

4. [A]-B-[A]-H-[A] 组合

[A]-B-[A]-H-[A] 组合形式适用于心磨系统物料分双路筛理的筛路，通常置于筛路的上端，与筛顶格联接。该组合形式的功能是为降低料层厚度，将心磨研磨后的物料分两路筛理，两路筛下物（面粉）排出，而两路筛上物合并继续筛理。

进机物料由单进双路或双进双路顶格分流，将物料分成两路，一半物料从第一层筛面开始经第一组 A 型筛格连续筛理，另一半物料经 B 型筛格从后外通道导入第二组 A 型筛格连续筛理（需在外通道相应位置加挡板），同时 B 型筛格将第一组筛格的筛上物经本层筛理后排向前外通道；H 型筛格将第二组筛格的筛上物经本层筛理后由本层内通道落向第三组 A 型筛格的最上一格，同时将第一组筛格排向前外通道的筛上物经本格也导入第三组 A 型筛格的最上一格，合并后继续筛理。两组筛格的筛下物（面粉）从侧面通道排出，不再筛理。见图 8-23。

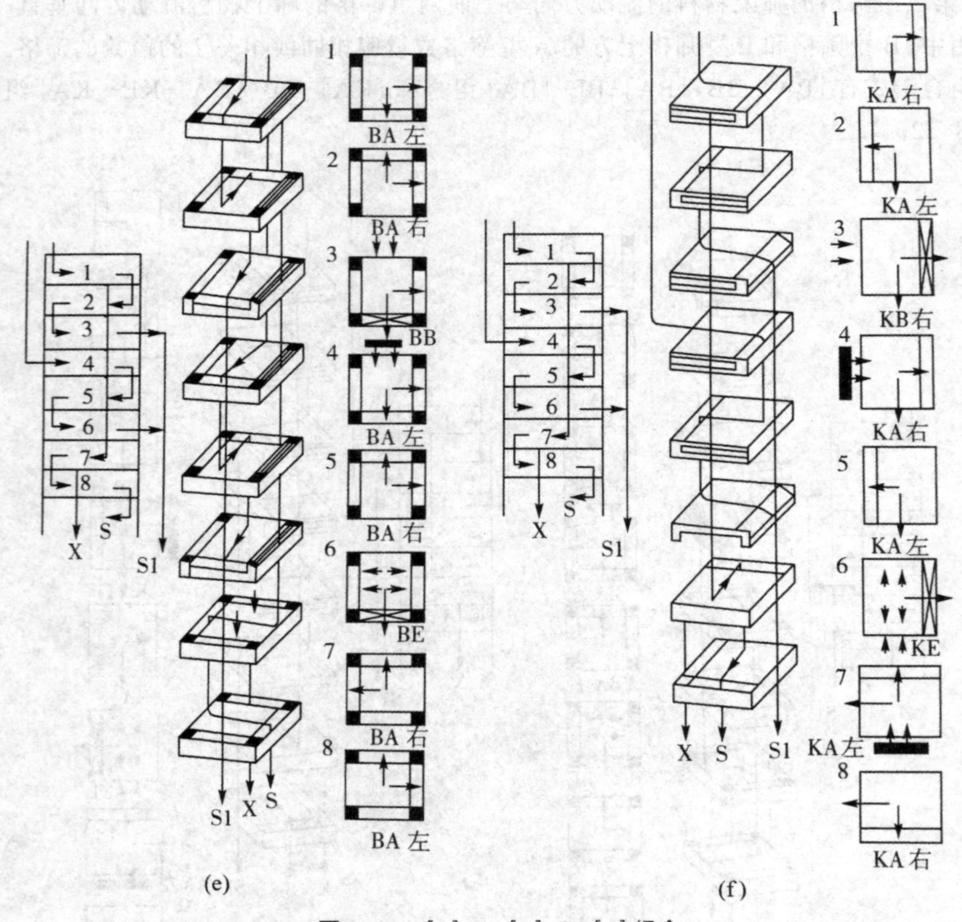

图 8-23 [A]-B-[A]-H-[A] 组合

B 型筛格有外通道进料，B 型筛格与 H 型筛格可分别视为第一组和第二组筛格的最后一格，B 型筛格和 H 型筛格的筛上物相同，流向一致，在第三组 A 型筛格的最上一格合并后继续筛理；第三组筛格的筛上物料的流动方向与上面两组筛格的筛上物料流动方向一致。实际应用中，B 型筛格和 H 型筛格上方的 A 型筛格数量应相同或相差 2 的倍数的筛格。常见的组合形式有 [BA]-BB-[BA]-BH-[BA] 和 [KA]-KB-[KA]-KH-[KA]，如图 8-23 所示。

5. [BA]-BG-[BA] 组合

[BA]-BG-[BA] 组合适用于心磨系统筛路的一组粉筛内，完成筛上物连续筛理，把筛下物(面粉)分两路排出的功能，将一仓内面粉分为上交粉和下交粉排出。BG 型筛格左侧或右侧的内通道封闭，把上面几层 BA 型筛格的筛下物经本层排向外通道，BG 型筛格和下面几层 BA 型筛格的筛下物合并从同侧或对侧内通道排下，如图 8-24 所示。

连续用两层 BA 左(KA 左)或 BA 右(KA 右)筛格并转向 180°，使筛下物从两侧通道排出，或采用两侧同时出料的 BA 或 KA 型筛格，也能实现此功能。

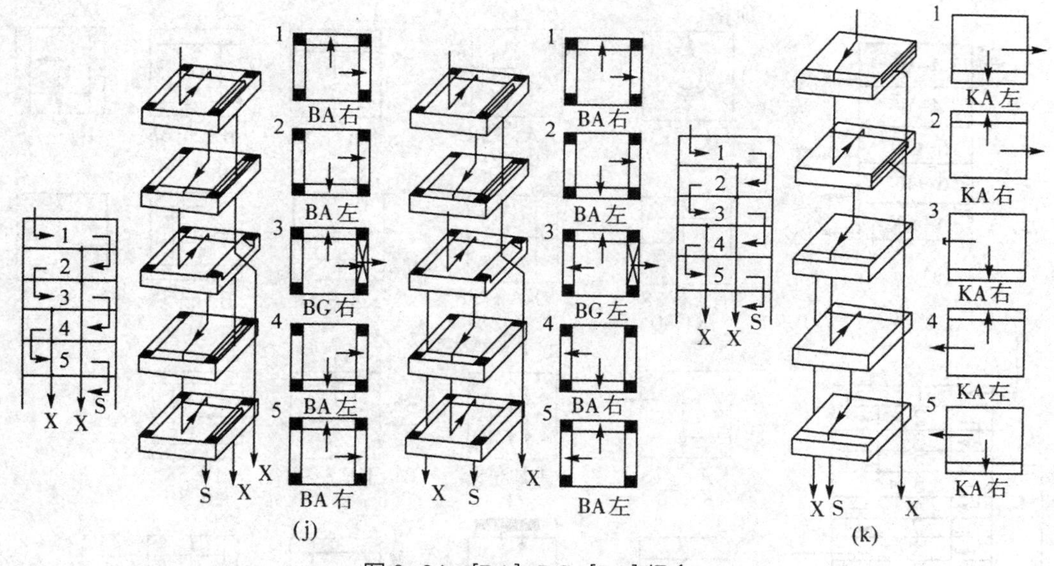

图 8-24 [BA]-BG-[BA] 组合

（二）筛路图、筛理路线图

1. 筛路图

筛路图又称筛理简图，如图 8-25（a）。图形绘制简单，但只反映出筛路的分级数量、筛网配备、筛理长度和筛理的先后顺序，不能反映物料在筛仓内筛理流动的路线。

2. 筛理路线图

物料在筛仓内筛理流动路线的示意图，简称筛理路线图。如图 8-25（b）。能较清楚地反映出物料在筛仓内筛理流动的路线。

（三）筛格配置图

用简单的图形符号表示筛格在筛仓的装置情况，在图纸上把上下叠置的筛格按顺序水平展开排列，反映出筛仓内每一层筛格筛上物料和筛下物料筛理流动的路线、筛格的类型和高度、筛格在筛仓内的装置位置以及物料进、出口位置等的图形称为筛格配置图。如图 8-25（c）。

筛格配置图说明：皮磨系统筛路（1#）的配置。

1# 筛路的特点为单进口五分级，适用于前路皮磨，如图 8-25 所示，根据筛路简图（a），画出筛理路线图（b），最后画出筛格配置图（c）。筛格配置的方法如下：

1. 筛底格的考虑

由于须先后分出大、小两种麸片，且不可能从同一外通道排下，故只能选用 A 或 B 型筛底格；设该筛路装置在平筛的右仓位置，在配置过程中应尽量使用前、右侧出口，分选出物料的数量为 6 种。初选筛底格型号为 BdA，底格上需采用 D 型筛格。

2. 筛格与通道的选用

在筛路的上段，可供使用的通道较多，通常选用扩大型筛格，以提高筛理能力；大麸

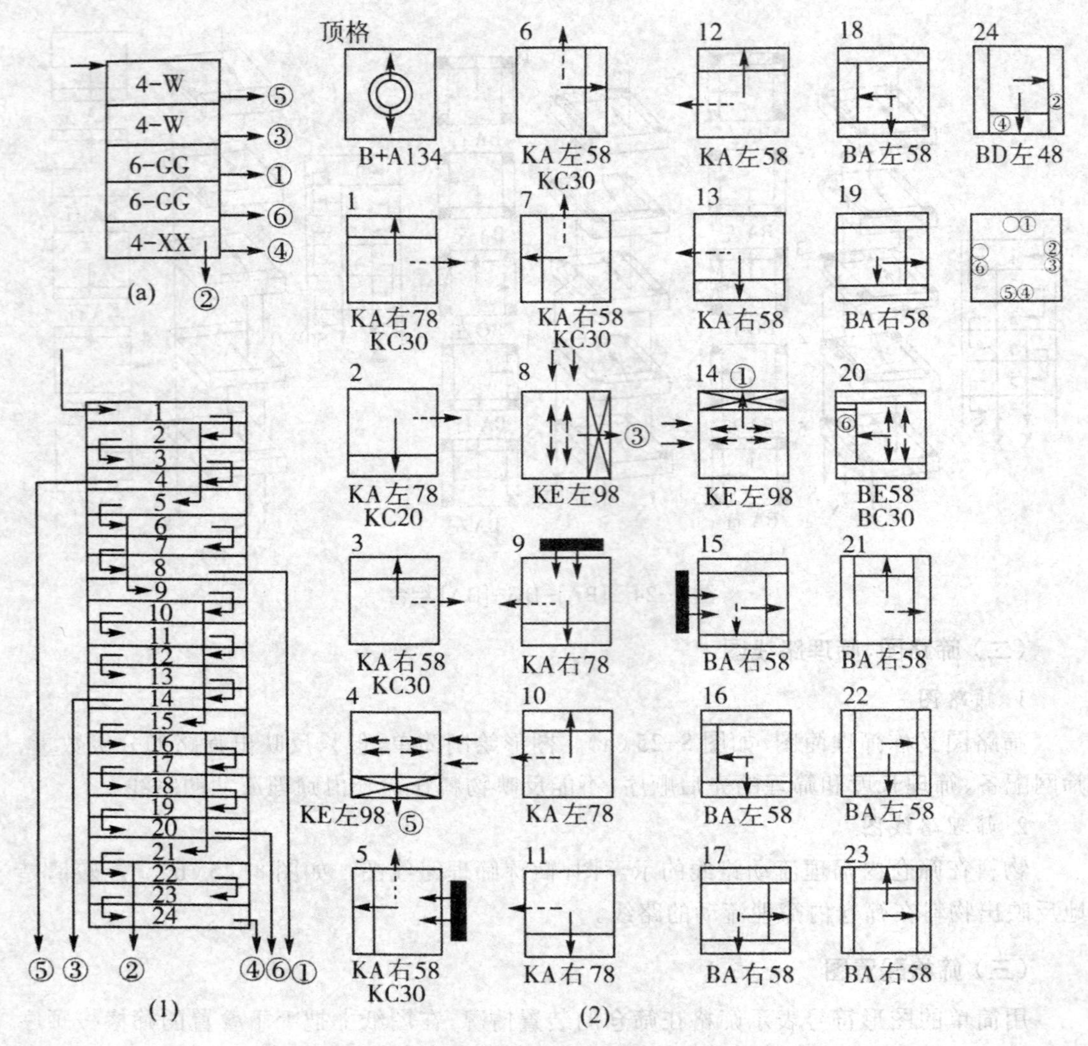

图 8-25 1# 筛路(右仓)筛格配置图

片使用前外通道排出，因此第一格筛上物的流向必定是前后向。在中、下段由于外通道已被占用，可能只得选用标准型筛格组合，如至第 15 格时，大、小麸片及麦渣分别占用了前、右、后三个外通道，若第 15 格使用扩大型筛格时，筛下物只能用左外通道，其筛上物必为前后向筛理，造成第 15 格与第 14 格的筛上物走向平行，筛上物转向 90º，这不但降低了第 15 格筛面的利用率，流量大时还可能造成堵塞，且排到第 20 格时，筛上物料将使用内侧的内通道出口⑧，给操作管理带来不便，所以对细筛与粉筛选用标准型筛格配置。

在筛格配置图中标出每层筛格的类型、每层筛格通道使用情况的示意图。

3. 填充格的选用

为将第 15 格的筛上物料与筛下物料进行隔离，在第 14 格与第 15 格之间采用具有封闭内通道功能的填充格 BCZ20；为确保筛路的处理量，在筛路上段或进料位置使用较高的筛格或使用填充格，以提高下一格筛上物料流动的空间。如本筛路上段与第 20 格筛格使用填充格。

筛格与填充格的组合方式受物料状态及筛格总高度等因素的影响，当处理筛下物含量高的物料时，可采用较高筛格与较低填充格组合；当筛上物流量较大时可选用较高填充格与较低筛格组合；由于低筛格与高填充格的总高度较小，若要增加筛理长度时通常也采用此方法。

4. 筛格高度与筛格总高度

平筛筛上物的流量自上而下逐格减少，所以筛格的高度自上而下可逐渐降低，整仓的筛格数除满足筛路要求外，其总高度还必须与筛仓总高度相适应，若过高将装不进，过低则筛格压不紧。

三、常用高方平筛的筛路

（一）各系统筛路

1. 前路皮磨及重筛筛路

通常将制粉流程中的 1 皮、2 皮称为前路皮磨。前路皮磨研磨后物料中麸片、粗粒、粗粉及面粉的粒度差异悬殊，物理特性差别亦大，在筛理过程中容易分离。筛理物料中麸片粒度最大，皮磨剥刮率越小麸片越大、数量也越多，筛理时一般先用粗筛将其分离出去，筛理长度为 1.5 ～ 2.5 m（3 ～ 5 层），数量多流量大时延长至 3 m（6 层）。然后用分级筛依次分出大、中、小粗粒，筛理长度为 2.5 ～ 3 m（5 ～ 6 层），最后筛净面粉。采用这种筛分方式，由于先分离了相当数量的麸片和粗粒，使进入粉筛的流量减少，筛面上料层减薄，提高粉筛的筛理效果，减小对筛面的磨损。

筛理流量较大时，需相应增加筛格的高度（尤其粗筛的筛格高度），也可采用加宽筛面、缩短筛理长度的方法，选用双路筛理，筛理长度为 1.5 ～ 2 m（3 ～ 4 层）。

（1）在制品 3 ～ 4 分级的前路皮磨筛路。

当制粉流程研磨道数较少时，各道皮磨剥刮率相对较高，研磨后物料较碎、分级种类较少。当在制品 3 分级时，前路皮磨筛理可参照图 8-26 标准筛路中 2# 和 4# 筛路。2# 筛路是用粗筛连续筛理 5 层，第五层的筛上物作为麸片流出。1 ～ 5 层的筛下物合并入第 6 层筛面（分级筛），连续筛理 5 层，第 10 层的筛上物为麦渣。6 ～ 10 层的筛下物合并入第 11 层筛面，用粉筛连续筛理 12 层，筛上物是麦心和粗粉。前 6 层粉筛筛下物质量较好，作为上交粉，后 6 层粉筛筛下物为下交粉。4# 与 2# 筛路的区别在于粗筛为单进双路筛理，即物料一路落入第 1 层筛面而另一路落入第 4 层筛面筛理，各连续筛理 3 层后，第 3 层与第 6 层筛上物合并为麸片。由于筛上物料层减薄，粗筛筛理长度减为 3 层，相应粉筛减少一层，该筛路适用于较大的物料流量。

当在制品 4 分级时，前路皮磨筛理，可参照图 8-26 标准筛路中 1# 和 3# 筛路。根据流程安排，可将在制品依次分为：麸片、麦渣、粗麦心和细麦心（粗粉），或分为大麸片、小麸片、麦渣和麦心。

1# 筛路设计时，为保证粉筛的筛理长度，在筛分出两种物料后，从第 11 层开始设置 10 层粉筛，筛出面粉后第 20 层的筛上物再用 2 层分级筛分级，该方法称之为先筛粉后分级。由于已筛出面粉，筛理物料流动性好，且流量小料层薄，因而采用较短的筛理长度。

3# 筛路分级种类、分级次序同 1# 筛路，不同之处在于 1# 筛路采用单进单路筛理，而 3# 筛路采用单进双路，适用于较大流量。

（2）在制品 5～6 分级的前路皮磨筛路。

采用现代长粉路制粉工艺生产等级粉时，为多生产优质面粉，皮磨系统需多提取麦渣、麦心，少出面粉。因而前路皮磨的剥刮率较低，筛理物料分级较细，在制品常分为 5～6 种。由于分级种类较多，而每仓平筛筛理长度有限，故设置重筛进行连续筛理。图 8-27 等级粉筛路中 1# ～ 3# 为前路皮磨筛路，8# ～ 9# 为重筛筛路。1# ～ 3# 筛路均按粒度从大到小依次分级，区别之处在于：① 1# 筛路为 5 分级，将麸片分为大麸片和小麸片，用于设有粗、细皮磨的前路皮磨系统。② 2# 和 3# 筛路均为 4 分级，其中 2# 筛路粗筛为单进单路，3# 筛路粗筛为单进双路。由于麸片数量较多，粗筛筛格层数设置了 6～8 层，粉筛层数只剩下 4～5 层，故将粉筛筛上物送至重筛继续筛理。

重筛的作用是将面粉筛净，并进一步分级。筛理时可先筛粉后分级，也可采用筛粉—分级—再筛粉，如图 8-27 中 8# ～ 9# 筛路。

2. 中后路皮磨筛路

中后路皮磨筛理物料含麦皮较多，容重较小，流动性变差，粒度差异也不如前路显著，分级种类相对减少。图 8-26 中标准筛路中的 5# 筛路，用于在制品 3 分级后路皮磨筛路。

图 2-32 等级粉筛路中 4# ～ 7# 为后路皮磨筛路，其中 4# ～ 5# 筛路 4 分级，5# 筛路粗筛单进双路。粉筛均为 8 层，粉筛筛上物需另设重筛继续筛粉分级，可用作 3 皮和 4 皮筛。6# ～ 7# 筛路 3 分级，粉筛较多有 14 层，不必设重筛，可作为 5 皮筛(5 皮细)。

3. 渣磨和麸粉筛路

渣磨研磨物料为前路皮磨分出的麦渣或清粉机分出的连皮胚乳粒、胚乳粒和少量麦皮，研磨后物料中含有一定的细麸、面粉以及较多的麦心和粗粉。筛路设计时，应先将细麸筛分出去。若在制品 3 分级，可参见图 8-27 等级粉筛路中的 11# 筛路，按分级、筛粉、再分级的顺序筛理，因分级种类少，粉筛层数较多。若在制品 4 分级，则需在分出细麸之后，增设一道分级筛(5 层)，分出一些带有少量胚乳的颗粒送往下道渣磨或尾磨，粉筛相应减少了 5 层。

打麸粉和刷麸粉为从麸片上打(刷)下的细小粉粒，混有少量麸屑，黏性较大。筛理时需设置较长的粉筛，可参照图 8-27 等级粉筛路中的 10# ～ 11# 筛路。10# 筛路分级顺序为：筛粉—分级(分出麸屑)—再筛粉—再分级。11# 筛路则为：分级(分出麸屑)—筛粉—再分级。

4. 前路心磨筛路

无论采用何种制粉方法，前路心磨都是主要的出粉部位，筛理物料中的面粉含量达 50% 以上，因此筛路中需配置较长的粉筛。由于研磨物料中或多或少混有少量麸屑，为减少下道心磨的麸屑含量，需设置分级筛将其筛分出去。

图 8-26 标准筛路中的 6#。筛路为单进双路。双路筛理可有效降低筛面上料层的厚

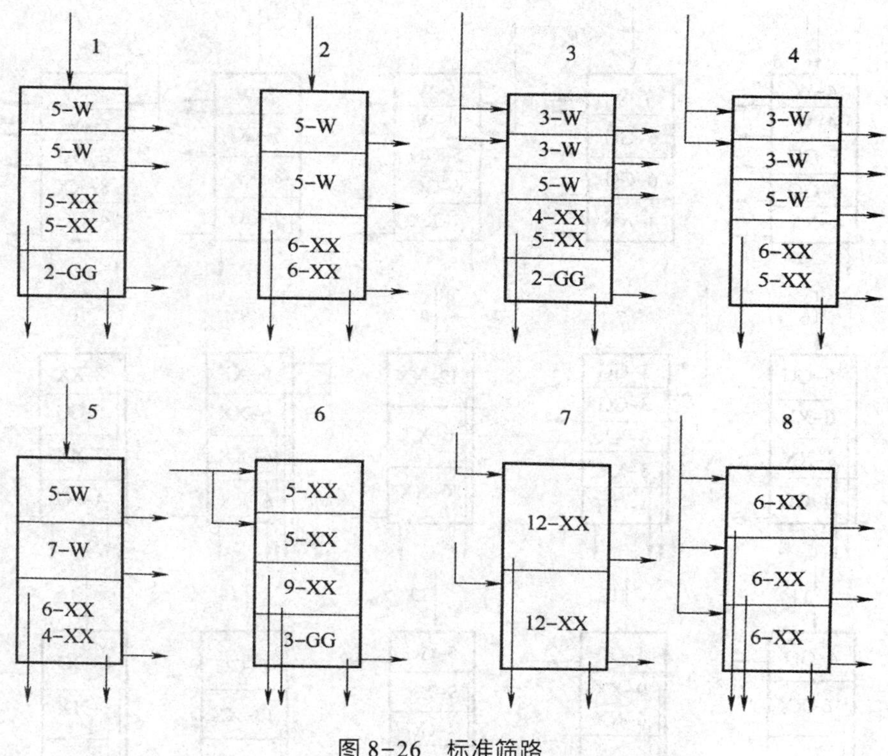

图 8-26 标准筛路

度，增加面粉穿孔的几率。物料各经过 5 层粉筛筛理后，第 5 层和第 10 层的筛上物合并送入第 11 层筛面筛理，再连续筛理 9 层，筛下物粉为上交粉和下交粉。第 19 层筛面的筛上物经 3 层分级筛分级后，筛下物为麦心和粗粉，筛上物为麸屑。若下分级配置筛孔较小，可将分级筛层数适当增加。

图 8-27 等级粉筛路中的 12# ～ 15# 筛路为前路心磨筛路。12# ～ 13# 筛路先用 5 层分级筛筛出麸屑，以提高后续筛理物料的纯度，筛出面粉后再进行分级。下分级比较灵活，若配置粉筛，筛下物即为面粉。12# ～ 13# 筛路分级种类及筛理面积分配相同，分级顺序不同。

14# ～ 15# 筛路在制品为 2 分级，14# 筛路先分级后筛粉，15# 筛路则先筛粉后分级。

若筛理物料含麸屑少，可采用先筛粉后分级的筛路。若含麸屑较多，且流量较小时，应采用先分级后筛粉，以免筛面料层较薄时，影响面粉质量。

5. 后路心磨筛路

后路心磨筛理物料含粉量减少，麦心质量变差，一般不再分级。参见图 8-26 中的 7# 筛路、图 8-27 中的 16# 和 17# 筛路。16# 筛路筛理路线长，流量大时采用。17#（或 7#）筛路为双进双路，可筛理两种物料，流量小时采用。

6. 尾磨筛路

尾磨筛理物料中含有麸屑、少量麦胚、质量稍差的麦心、粗粉和面粉。若单独提取麦胚，因麦胚多被压成片状，一般先用 16—18W 将其筛出，再筛出麸屑。若不提麦胚，直接

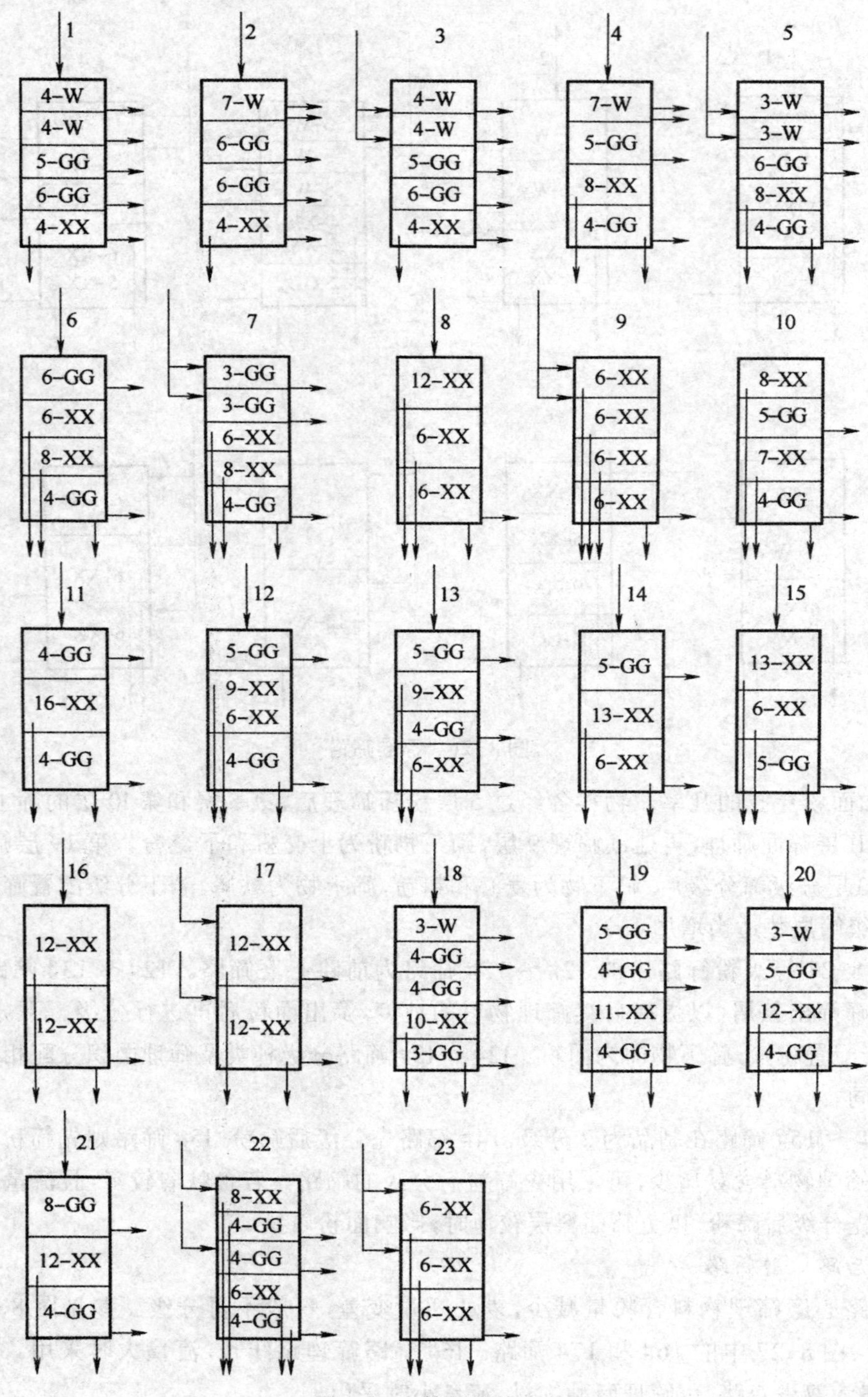

图 8-27　等级粉筛路

用分级筛筛出麸屑(麦胚混在麸屑中)。图 8-27 等级粉筛路中的 18# 和 20# 筛路分别为提胚 5 分级或提胚 4 分级，19# 和 21# 筛路分别为不提胚 4 分级或 3 分级的尾磨筛路。

7. 组合筛路

筛理物料流量较小时，多将两个系统组合在一仓筛理，根据筛分物料的种类不同，组合的形式有多种，通常最多能分出 7 种物料。图 8-27 中的 22# 筛路，上方一路分出 3 种物料，下方分出 4 种物料。

8. 检查筛筛路

面粉检查筛的作用是将筛理时因筛网破损或窜仓而混入面粉中的物料筛分出来，因此筛路设计时应考虑将面粉全部筛出，只留少量筛上物。为适应较高的流量，图 8-26 中 8# 筛路设置了三路筛理（筛孔较稀），图 8-27 中 23# 筛路为单进双路，因筛格加高，筛格总层数减少至 18 层。

（二）标准粉筛路

图 8-26 标准筛路是针对 FG 型高方筛设计的，总筛格层数为 22 层，适用于前路出粉法生产特制二等粉、标准粉、以及特制一等粉和标准粉联产的粉路。

（三）等级粉筛筛路

图 8-27 等级粉筛路适用于现代长粉路制粉工艺。总筛格层数按 23 ～ 24 层（22# 筛路为 26 层，23# 筛路总层数减 18 层），筛体高度为 2 150 mm，若实际使用筛体高度不同，筛格层数应作相应调整。

任务四 影响平筛筛理效果的因素

【学习目标】

通过学习，了解平筛筛理的要求，熟悉影响平筛筛理效果的因素，掌握平筛筛网配备的原则和方法。

【技能要求】

（1）能根据物料特性调整筛网。

（2）能按原则配备筛网。

【相关知识】

一、筛理工作的要求

鉴于制粉过程中筛理物料的特征，筛理时需满足以下要求。

（1）筛理分级种类要多，并能根据原料状况、工艺要求和研磨系统不同，灵活调整分级种类的多少。

（2）具有足够的筛理面积、合理的筛理路线和筛理长度，将面粉筛净、分级物料按粒度分清，并有较高的筛理效率。

（3）能容纳较高的物料流量，筛理物料流动顺畅，在常规的工艺流量波动范围内不易造成堵塞，减少筛理设备使用台数，降低生产成本。

（4）设备结构合理，有足够的刚度，构件间连接牢固，密封性能好，经久耐用。运动参数合理，保证筛理效果。运转平稳，噪音低。

(5) 筛格加工精度高,长期使用不变形,与构件间配合紧密,不窜粉不漏粉。筛格互换性强,便于调整筛格、调整筛路。

(6) 隔热性能要好,筛箱内部及通道不结露、不积垢生虫。

二、影响平筛筛理效果的因素

(一) 物料的筛理特性

硬质小麦研磨后颗粒状物料较多,流动性较好,易于自动分级,在其他条件相同时,粗筛、分级筛的筛理长度可相应短些,面粉细小易于穿过筛孔,而麦皮易碎,也易于穿过筛网,为保证面粉质量,粉筛筛网应适当加密。软质小麦研磨后物料麸片较大,颗粒状物料较少,粉状物料较多,散落性和流动性较差,在保证面粉质量的前提下,可适当放大筛网或延长筛理路线。

物料水分高时,流动性及自动分级性能差,细粉不易筛理且易堵塞筛孔,麸片大易堵塞通道,若筛网配备不变则流量应降低。若流量相同,则筛理长度应加长或适当放稀筛网。

物料的粒度范围越大,散落性越好,形成自动分级越容易,前路物料比后路物料容易筛理,皮磨物料比心磨物料容易筛理。

(二) 环境因素

温度和湿度对筛理效果有较大影响,温度高、湿度大时,筛理物料流动性和散落性变差,筛孔易堵塞,故在高温和高湿季节,应适当放大筛孔或降低产量,并定时检查清理块的清理效果,保证筛孔畅通。

(三) 筛路组合及筛网配置

各仓平筛的筛理效果与其筛路组合的完善程度直接相关。筛路组合时要根据各仓平筛物料的流量、筛理物料性质、筛孔配备、分级后物料的数量和分级的难易程度等合理地确定分级的先后次序,并配以合适的筛理长度,使物料有较高的筛净率,同时避免出现"筛枯"现象。

筛网的配备对筛理效率、产量、产品的质量以及整个粉路的流量平衡都有很大影响。一般应考虑筛理物料的性质及流量、各在制品的提取比例、成品的质量、筛路的类型、筛网质量和气候条件等因素合理选配。

筛网配置的一般原则是:整个粉路中同类筛网"前稀后密";每仓平筛中"上稀下密";以筛理路线长短来分,筛理路线短的筛网稀,筛理路线长的筛网密;就流量大小而言,筛理同种物料,流量大筛网稀,流量小筛网密;按筛理物料的质量而言,质量好时筛网可适当放稀,质量差时筛网适当加密。

一仓平筛内的一组筛格筛理同类物料,上几层筛格筛上物的流量大,且筛下物的数量多,故可配备较稀的筛网,随着筛下物的筛出,筛面上的流量逐渐变小,为了保证筛下物的质量,下几层筛格应选配较密的筛网。

筛网的具体选配可参照同类粉路的情况或通过筛理分级试验确定。

（四）筛面的工作状态

筛面工作时，既要承受物料的负荷，还要保证物料的正常运动，因此，筛面必须张紧。若筛面松驰，承受物料后下垂，筛上物料的料层不均，运动速度减慢，筛理效率降低，甚至造成堵塞。同时，筛面下垂还会压住清理块，使其运动受阻，筛孔得不到清理而堵塞。

物料在筛理过程中，一些比筛孔稍大的颗粒会镶嵌在筛孔中，若不清理必然会降低有效筛理面积，降低筛理效率。另外，物料与筛面摩擦所产生的静电，使一些细小颗粒黏附在筛面下方，阻碍颗粒通过筛孔，因此，筛面的清理极为重要。

筛面的修补面积不应超过10%，以保持足够的有效筛理面积，而为了产品质量的稳定，对于已近破损的筛面特别是粉筛筛面，应及时更换。

（五）平筛的工作参数

物料的相对运动轨迹半径随平筛的振幅和转速的增加而增大。物料的相对运动回转半径增大，向出料端推进的速度加快，平筛处理量加大。若物料相对运动回转半径过大，则使一些细小颗粒未沉于底层即被推出筛面，而接触筛面的应穿过筛孔的物料因速度大而无法穿过筛孔，从而降低筛理效率。若物料相对运动回转半径过小，则料层加厚，分级时间延长，通过的物料量降低。因此，平筛的振幅和转速要配合恰当。当选用较大振幅时，应适当降低转速，以防止产生较大的惯性而损坏筛体结构；当振幅较小且不便提高时，可适当提高工作转速以确保筛上物料充分的相对运动。

（六）物料的流量和物料层厚度

在平筛筛面上流动物料的理论流量可按下式计算：

$$Q = 3\,600\,bhv\gamma \text{（kg/h）}$$

式中，b——筛面的宽度，m；

h——筛面进口处物料层厚度，m；

v——物料在筛面上的推进速度，m/s；

γ——物料的容重，kg/m^3。

从公式可看出，筛理物料的流量可随着筛面宽度、物料层厚度、推进速度及物料容重的增加而提高。在实际生产中，由于底层物料的推进速度比测得的推进速度慢，还受到筛理物料的粒度、筛面的材料和有效筛理面积等因素的影响，平筛的生产量要比理论计算的小。

当其他条件不变时，提高平筛的产量，必定增加物料层的厚度，厚度增加，形成自动分级的时间相应加长，细小颗粒接触筛面的机会减少，就需要较长的筛面和延长筛理时间才能达到一定的筛理效率，未筛净率将会上升，对此可采用双路筛理的方法，减薄物料层厚度，或适当延长筛路及适当放稀筛网。若流量过低，筛面上料层过薄，不能形成良好的自动分级，其结果将出现筛枯而影响面粉质量，对此应适当缩短筛理长度或加密筛网。

为达到相同的筛理效果，某种物料分几仓筛理，负荷分配要均衡。同道物料可采用“分磨混筛”。流量较大时，可采用“双路”筛理，减少筛上物的厚度。

（七）筛理与研磨的配合

平筛筛路的选择与筛网的配备都是与同道研磨设备的研磨效果相对应的，若研磨效果发生变化，将影响平筛中各组筛格的工作状态，影响物料的分级效果，因此，研磨设备保持稳定的工作状态是筛理设备正常工作的基本条件。

任务五 平筛操作与维护

【学习目标】

通过学习，了解平筛操作要点，掌握筛网绷装的要求和方法，掌握筛格拆装要求。

【技能要求】

（1）能对堵塞断流事故进行处理。

（2）能按原则配备筛网。

【相关知识】

一、平筛的基本操作

（一）平筛的启动与停机

（1）开机前认真检查吊挂装置的可靠性，定期用扭力扳手检查上、下吊杆的压紧螺栓和钢丝绳的连接情况。

（2）开机前检查筛格和筛仓门是否压紧，检查筛仓顶部是否遗留有维修工具。

（3）开机前检查进出料布筒连接是否牢固可靠。

（4）筛体必须在完全静止状态下启动，且在筛体的振动范围内无障碍物。如果不是在静止状态下启动，平筛运转不规则，且旋转半径远大于正常旋转半径，易造成进料口、出料口绒布筒脱落，还可能出现其他事故。

（5）开机后检查绒布筒的使用情况，脱落的要重新扎紧，破损的要进行更换。

（6）认真检查工作不正常的筛仓，查找原因并清理、修补或更换筛面、托网、清理块。在清理筛面时，应使用软毛刷轻刷，切勿用力拍打。

（二）堵塞断流事故的检查与处理

（1）生产过程中要经常巡视检查平筛的运行状况，注意观察出料布筒的情况。

（2）若发现某个出料布筒内有积料或出料布筒快被物料涨满，则表明与此布筒相连的下层溜管已堵塞，应立即疏通下层溜管，增大下道设备的流量或打开溜管的检查口把堵塞物料排出，以避免物料继续堵塞到平筛筛仓内。

（3）若发现平筛的进料布筒堵塞，则说明物料已在平筛内堵塞严重，应立即打开闭风器下的溜管检查口，使卸料器卸下的物料经此检查口排出到楼板面上，停止平筛的进料，然后再想法排出平筛筛仓内堵塞的物料，排堵后再关闭检查口。

要避免物料把闭风器堵死或在卸料器内堵塞堆积，以免烧毁电机或物料被风网吸进脉冲除尘器，进而堵塞除尘器造成全车间停机。

（4）平筛堵塞时，严禁用锤子或硬物敲打筛体。

（5）平筛堵塞排出的物料、检查取出的物料或拆换筛格排出的物料都要回机，应根据质量的好坏，均匀地在质量接近的位置或原排出位置回入粉路中去。

不能立即回机的物料用编织袋分类收集和存放，并保持工作区域的干净和整洁。

回机的物料在回机前，要仔细检查物料中是否混入密封条、帆布块、螺钉、螺帽等杂物，是否遗留有维修工具，以免损坏设备。回机时一定要注意均匀回料，避免流量过大造成新的堵塞或粉路流量不均衡。

二、平筛运行中的操作

要使平筛具有较高的筛理效率和较大的产量，必须对平筛进行正确的操作，注意事项如下：

进入同一系统各仓平筛的物料流量分配要均匀，使平筛运转正常、平稳，充分发挥筛面的作用，否则各仓平筛的筛理效果不一致。若流量分配严重不均，还可能引起筛体晃动、筛面堵塞等。

长时间吊挂平筛筛体的吊杆或钢丝绳可能有少量的伸长，应定期检查调整平筛的高度和水平情况。钢丝绳与吊挂上座接触处容易磨损，应在钢丝绳上包裹黄油。

轴承盖上均装有压注式油嘴，每三个月或运行 2 000 h，应对上、下轴承加润滑油。加润滑油时应用压力油枪，并将轴承座下盖中的油塞拧掉，既注入润滑油，也让沉于底部的废油流出，加油完毕后再拧紧油塞。

平筛整个筛体约束性差，启动后会产生不规则的游动，必须在完全静止的状态下启动，否则，会引起大半径的共振现象，不仅对筛体有不良影响，甚至会导致破坏。

筛路发生堵塞时，应先停止进料，从出口进行疏通。严禁用棍棒等硬物敲打筛箱，堵塞严重时应停机处理。

当发现筛理不净时，应立即查找原因，通常可能是：① 物料水分过高或流动性差；② 同系统各仓平筛的物料流量不匀，流量过大，则不易筛净；③ 筛理面积分配不当；④ 筛网过密；⑤ 筛面修补过多使有效筛理面积减少；⑥ 筛网松驰；⑦ 筛面清理机构装置不当或失灵；⑧ 平筛运转不正常，转速过快或筛体运转不平衡。其影响因素可能是其中一个或是综合影响的结果，应根据产生的原因，采取相应的措施。

造成筛枯的原因一般为筛理物料流量过小、料层过薄、筛网较稀、筛理物料水分低和筛路过长等，应根据情况及时调整。

高方平筛窜料、漏料主要有外通道间、内外通道间、筛格内部、底格各出料口间等多种窜漏形式，可能是由筛网破损、压紧不到位、筛格变形、挡板漏料、底板不平等多种原因造成。出现问题后应认真排查，找出问题，及时解决。

平筛筛格要按照筛路顺序上下叠放整齐，平筛在运转前就应检查筛格是否压紧，若压不紧，会发生窜动，造成漏麸窜粉。压紧筛格时，用力要均匀适当，以免筛格变形。筛格和各通道的密封绒布要保持完好无损，否则将造成物料窜漏，影响产品质量。

筛面绷装质量好坏对筛理效果影响很大，用筛格绷装机绷装筛网，保持筛绢平整，没有松驰现象。绷装机有手动和气动两种，将筛网固定在筛面格上有两种方法：胶粘法和书钉或鞋钉固定法。

备用高方平筛筛面格应按筛网号放在室内的储存架上，筛网要清理干净，不得带有残留物料。所有备用筛面格要有明显的筛网标志。

三、筛网绷装的操作要求

（一）筛格的表面处理

新筛格用细砂布把其表面毛刺打磨掉，使其棱角光滑，表面微毛以备用。用过的筛格需用工具把其表面黏附的脏物刮掉，用细砂布打磨筛格表面使其平整、干净、无污物。

（二）绷装

绷装前用酒精擦净筛格的上表面，筛格要放平、放正。手动绷装机拉紧时要先拉经向后拉纬向，应保证绷紧后筛孔保持原筛孔形状，禁止把筛孔拉变形。达到要求后，压上压块开始涂胶。操作工要经常感觉不同筛号的张力状况，总结经验，才能凭经验绷紧筛网，使其达到要求的张力后再涂胶。

（三）涂胶

均匀地将胶液涂于筛面格木条与筛网接触处，刷胶宽度为筛格边框宽度，筛格外框一般不能超过木条 4 mm，筛格内框一般不能超过木条 2 mm。刷胶先刷四边，后刷中间部位。刷完胶静止 20 min 以上（以当时使用胶的说明书为准）才能取出。当短时间内需要绷装较多筛网时，可采用热风机干燥以缩短时间。

处理筛网的四边，将筛上物出料端剪齐，其他三边一般要留出 ≥ 2 cm 的筛网布。

（四）保管与存放

筛面上要记录所粘筛号；筛面格分类码垛存放，码垛时要求筛面与筛面接触，承托网与承托网接触，防止损伤筛面；筛面格必须置于干燥的地方；筛面格上不准堆放杂物；对每次拆下来的筛面格，经过检查、清理、修复后也要分类存放。

四、筛格拆装

（一）筛格拆装检查

（1）筛面的张紧程度、筛面是否糊死，如筛面松驰或糊死要进行清理或更换。

（2）筛面是否脱丝或破裂，如有破裂要进行修补或更换。

（3）推料块、筛面格内清理块是否磨损或破裂，是否需要更换。

（4）密封条有脱落或破损时，应重新粘贴牢固或更换。

（5）检查是否窜仓或漏仓，筛格与筛面格之间的间隙是否变大。

（二）拆装注意事项

（1）应用专门板手来拧紧垂直压紧和水平压紧机构的螺栓，不得超扭矩压紧，以免损坏压紧机构和筛仓门。

（2）拆装筛格要轻拿轻放，平起平落，并顺序安放。拆装筛格按编号顺序排列，不得错位、转向，特别注意避免对密封条造成任何撕脱或损坏。

（3）清理筛网时，不要摔打筛格，用刷子清理时，以鬃刷为主，钢丝网可用钢丝刷清理。筛网按使用的损耗程度及时更换，修补的筛网其修补的面积不应超过本筛网面积的10%。

（4）装筛格时，要把筛格平送到一定位置后再放在下层筛之上双手平衡用力送入，不许先落在下层筛格上再往里推，以免挤掉绒布，划破下层筛面。

（5）紧固压紧螺栓时要互相均衡，分次逐步拧紧，不能一次紧完，以免设备各部分受力不均匀。

五、平筛的维护

（一）筛体转速

一般筛体的转速为245～250 r/min. 不能随意加大。在生产过程中传动三角带的皮带较松会引发失速，造成产量下降。所以，为保证转速要经常检查三角带松紧状况。

（二）筛体的回转半径及调整

一般筛体在负载情况下，回转直径为64～65 mm；空载回转半径为66～68 mm，允许误差1 mm。不可随意增加。过小影响筛理效率，不同的高方筛其结构不同，应严格按说明书进行调整。

（三）轴承的润滑和更换

（1）轴承加油必须在设备静止后进行；润滑脂为抗高压、耐腐蚀的锂基润滑脂。

（2）润滑周期为2 000小时。每次每轴承注入40克。

（3）一般上部轴承首先磨损；磨损严重时，筛体运转不正常并伴有“嗡嗡”声音。

（4）正常上部轴承更换2～3个，下部才更换一个；如果上部轴承失掉更换好时机，会加速下部轴承的破坏。

（5）发现轴承向外甩油现象，说明轴承起热严重，密封破坏，应及时更换轴承、密封圈。

（6）上、下部轴承严防进入粉尘，堵塞滚道，加速轴承的破坏。

（四）筛网选取与张紧

（1）高方筛的筛网是以正方形筛孔为基础，以正方形边长也就是筛孔宽来规定筛网型号的，单位为μm，国际上同一标准。

（2）在选用筛网时，尤其选用粉筛筛网时，在选用耐用的同时，注意筛理效率，特别要注意筛孔是否的均匀一致。

（3）面粉专用筛网与其他工业用的筛网标准不同；不可混用。

（4）优先选用筛孔均一、防静电的粉筛筛网。在购买时一定要校正筛孔宽度，并不是筛丝越粗越好，筛绢越厚越硬越好。

(5) 金属丝筛网及尼龙丝大筛孔筛网(54GG 以上),可以用锭子带(厚度较小,布丝稠密,厚为 0.5 mm,宽 15 mm)作为压条,用类似订书针的码钉订牢,粉筛筛网常用粉筛专用胶黏结,筛格周边留有 8～10 mm 筛网防窜漏。

(6) 无论钉制还是粘制,必须使用筛网绷装机及筛网张力仪等专用工具进行。张紧用力不可太大,确保筛面有弹性即可,否则会引起筛面格整体变形。

(7) 筛格绷装粘钉筛网后,筛网一定要平整、光滑、筛孔均一准确;用手摇动,清理快,运转正常,托网平整。

六、平筛常见故障产生的原因及排除方法

高方平筛常见故障产生的原因及排除方法见表 8-6。

表 8-6 高方平筛常见故障产生的原因及排除方法

故障	产生原因	排除方法
筛理效率低(未筛净率高)	1. 物料流量过大 2. 物料水分过高 3. 筛面糊死 4. 筛网配备过密 5. 筛面松驰 6. 筛面修补面积过大 7. 筛面清理块磨损 8. 筛理面积分配不当	1. 按物料性质正确控制流量,并使同系统各仓分配均匀 2. 合理进行水分调节 3. 清理筛面 4. 根据物料性质和筛理要求调整筛网 5. 张紧筛面或更换筛面格 6. 修补面积不超过 10% 7. 检查和更换清理块 8. 根据物料性质和筛理要求选择筛路
筛枯	1. 筛理物料流量过小 2. 物料水分较低 3. 筛网较稀 4. 筛理路线过长	1. 调整操作指标正确控制流量 2. 合理进行水分调节 3. 适当加密筛网 4. 加密筛网或缩短筛理长度
物料在筛仓内堵塞	1. 物料水分大,流动性差 2. 流量过大或各仓流量不平衡 3. 筛格高度配合不当 4. 粉块在筛仓筛格内黏结 5. 筛体运动振幅小	1. 合理进行水分调节 2. 调整流量使各仓之间保持平衡 3. 调整筛格高度与进料多少相配合 4. 清除黏结的粉块 5. 找出原因进行调整
物料在筛仓或筛格内窜漏	1. 筛网破损 2. 筛格没有均匀压紧 3. 筛格变形 4. 密封绒布条脱落或折叠 5. 外通道挡板漏料 6. 筛仓的底板不平	1. 修补或更换筛网 2. 筛格要均匀压紧 3. 筛格存放要放平并定期修理 4. 及时把绒布条粘好 5. 修理挡板保持密封 6. 更换底板密封绒布
平筛筛体不正常晃动	1. 筛体吊挂不平衡 2. 同一台平筛的各仓流量不均 3. 偏重块重心不在同一垂直面上 4. 轴承配合太松或磨损	1. 筛体必须找平 2. 调节各仓流量 3. 校正偏重块的垂直度 4. 维修更换轴承

【操作规程】

高方平筛操作规程如下。

(1) 高方平筛空车运转中,应检查筛体画圆是否符合要求,回转直径为 64 mm ± 1 mm。空载时,回转运动迹圆长轴与短轴之差不大于 2 mm,回转直径的测量位置,测顶部时,将笔装在筛体顶部,测底部时,将笔装在筛体底部。测量时应开机 5 分钟以后再进行测量,防止刚开机时筛体运动不规则。

（2）高方平筛一年检测二次筛子的回转半径及画圆是否合乎要求，每季度检查一次电机带轮及三角带张紧与磨损程度。

（3）高方平筛每月检查筛子电缆的老化及磨损情况。

（4）高方平筛每季度紧固一次大梁与吊杆螺丝。

（5）高方平筛每半年给筛体上下轴承加注一次润滑脂，一年更换一次润滑脂，每个轴承加注 1.5 kg 润滑脂。

（6）高方平筛压紧装置必须保证灵活。

（7）高方平筛电机轴承每年更换一次润滑脂。

（8）高方平筛不能用尖锐重锤或类似器械清理物料通道。

（9）高方平筛不能长时间无料运转，以防筛面和清理块遭受不必要的损失。

（10）高方平筛若要停用几天，应卸掉进出布筒或观察盖，保证筛子和通道有良好的通风。

（11）在筛仓内取放筛格时，不要强拉强推。一定要注意不要破坏筛箱密封条，特别是铝合金包角高出筛格侧面的筛格。

（12）每次拆出筛格后要把所有外通道内的积粉清理干净。筛底座一般情况下不要取出来。

（13）筛顶格抬起时，一定要掌握两边均匀升降，防止操作不当破坏压紧装置或破坏密封件。

（14）高方筛压紧时先把水平压紧稍用上劲，然后松开，再压垂直压紧装置，最后压紧水平装置。

（15）安装筛门不要压的过紧，防止筛门变形。

任务六 打麸机与圆筛

【学习目标】

通过学习，了解打麸机和圆筛的结构，熟悉打麸机和圆筛操作维护。

【技能要求】

（1）能开停打麸机和圆筛。

（2）能对打麸机和圆筛效果进行调节。

【相关知识】

打麸机是专门处理麸片的设备，因为在打净麸片上黏附的粉粒时，也将物料分为筛出物和未筛出物，故一般也称其为筛理设备。

圆筛多用于处理打麸机打下的麸粉和吸风粉，这部分物料较难筛理。

一、打麸机

（一）结构与工作原理

打麸机是利用旋转的打板的作用，将黏附在麸片上的粉粒分离下来，并使其穿过筛孔成为筛出物料，而麸片成为筛内物料。打麸机可以设置在后路处理麸片的最后一道工序，以降低付产品麸皮的含粉，也可设置在前路或中路皮磨系统的平筛之后，处理粗筛上的大麸片，打下黏附在其上的粉粒，以降低后续皮磨的负荷，有助于提高研磨效率。

打麸机根据其结构形式不同，分为卧式打麸机和立式打麸机两种，目前常用的是卧式打麸机。

卧式打麸机主要由可调打板转子、筒体、箱形机壳、可调挡板机构和传动机构等组成，其结构如图 8-28 所示。麸片沿打板转子的切线方向从进口进入机内，在打板的作用下，麸片向后墙板、缓冲板和半圆多棱筛板撞击，使粘连在麸片上的面粉逐渐与麸片分离，穿过筛孔成为筛下物，而麸片留存筛筒内由机体后端的出口排出。

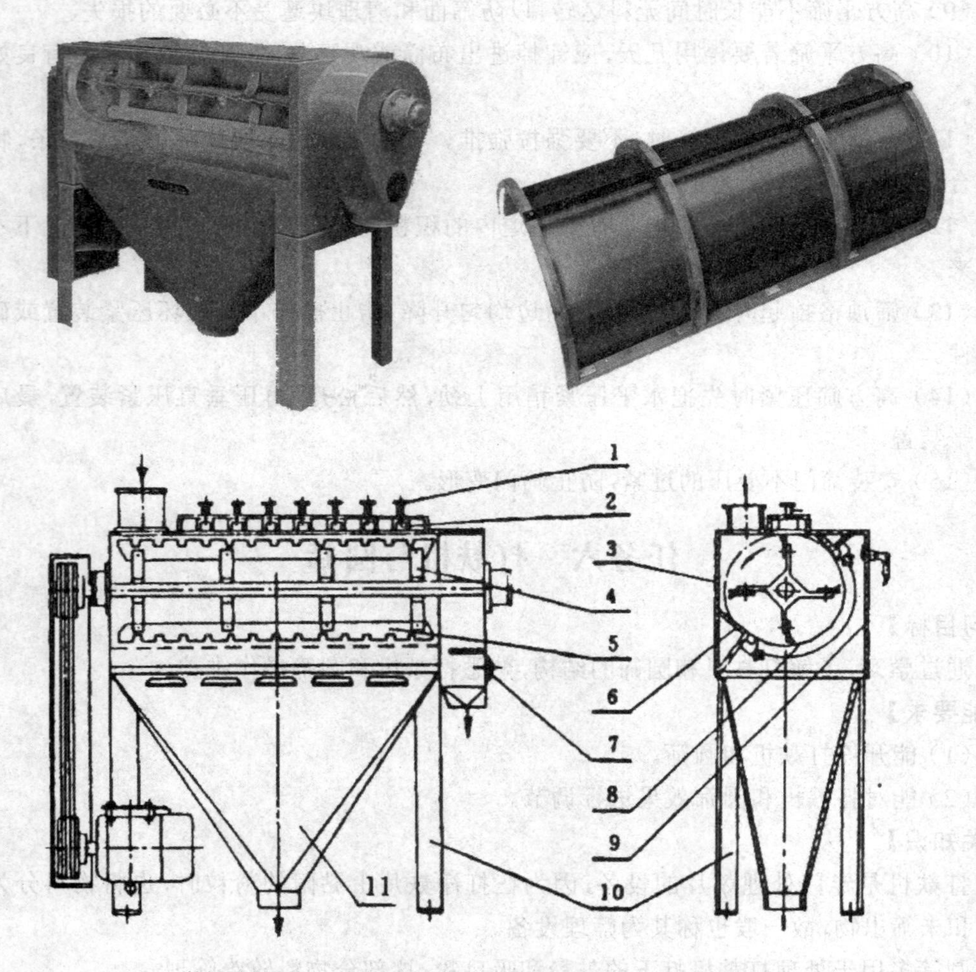

1. 挡板固定手轮；2. 可调挡板；3. 后墙板；4. 打板支架；5. 锯齿形可调打板；
6. 缓冲板；7. 取样门；8. 半圆多棱筛面；9. 检查门；10. 机架；11. 打麸粉出口

图 8-28 卧式打麸机结构

打板转子上装有 4 块打板，打板上有调节工作间隙用的长圆孔，打板的外沿制成锯齿形，每齿扭转 12° ～ 15°，其作用是推进物料。后墙板、上顶板、缓冲板和半圆八棱筛组成多面工作圆筒。与水平面成45°倾斜装置的筛面为八棱多边形，采用0.5～0.8 mm厚的不锈钢板制成，筛孔直径有0.8 mm、1.0 mm、1.2 mm三种规格可供选用。多边形的工作圆筒可阻滞麸片随打板转子连续旋转，延长物料在机体内的停留时间，保持打击强度。在机壳上顶板沿机体轴线方向装有半框形可调挡板，挡板在左右45°范围内可调，以改变物料在机内停留的时间。

（二）打麸机的操作与维护

（1）开机正常后再进料，停机时，先停料再停机。

（2）生产中应检查筛下物是否正常，如发现异常，首先检查筛板两端是否漏麸皮或筛板是否损坏，并及时修补调换。

（3）发现堵塞时，会发出"嗡嗡"声和三角带打滑声，应立即切断电源，将物料先拨入旁通管内，然后在机尾部打开观察活门扒出物料，并用手转动三角带直至机内物料完全排出才能开机，正常疏通后再将物料拨回机内。

（4）生产中如发现机内有异声，将物料拨入旁通管后，立即停机拆下筛板检查是否有异物进入机内。

（5）调节机上可调挡板手柄，改变可调挡板的角度，可以改变打麸的强度。

二、圆筛

圆筛主要用来处理黏性较大的打麸粉和吸风粉。分立式和卧式两种，目前常用立式振动圆筛。

立式振动圆筛的结构如图8-29。其主要机构为吊挂在机架上的筛体，筛体中部是一

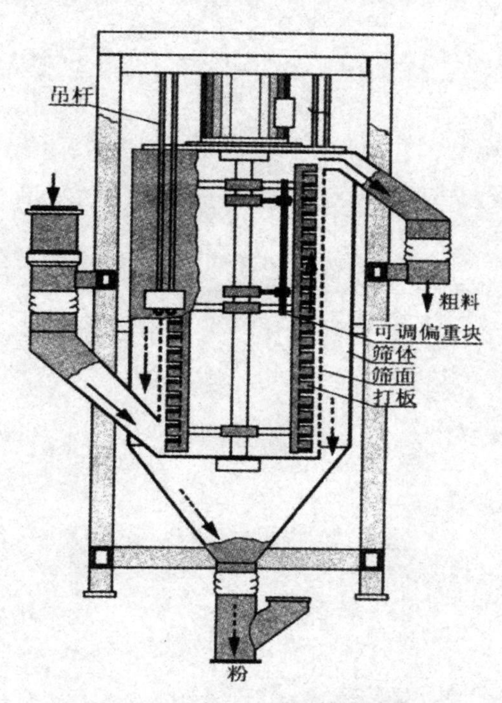

图8-29 立式振动圆筛的结构

打板转子，外部为圆形筛筒。转子主轴的一侧装有偏重块，转速较高，使筛体产生小振幅的高频振动。打板转子由4块后倾一定角度的打板组成，打板上安装有许多向上倾斜的叶片，叶片间隔呈螺旋状。物料自下方进料口进入筛筒内，在打板的作用下甩向筛筒内表面，细小颗粒穿过筛孔，从下方出口排出，筒内物料呈螺旋状上升，被逐渐推至上方出料口排出。

【操作规程】

打麸机操作规程如下。

（1）每季度需对打麸机轴承加3# 锂基润滑脂20 g，每年清洗、换油一次。每班检查电机的温度，若持续超过70 ℃，应立即停机检查。每年保养电机一次，更换轴承内润滑脂。每月上旬检查一次传动皮带的张紧情况，新旧皮带不能混用。

（2）打麸机每次更换打板或调整打板与筛面的间隙后，必须做静平衡校验。根据制粉工艺的不同要求，将Br1和Br2（处理粗物粗的打麸机）的筛板配备为Φ1. 2 mm，将Br3（处理细颗粒的打麸机）的筛板配备为Φ0. 75 mm。

项目九

清　粉

任务一　清粉的工作原理

【学习目标】

通过学习，了解清粉机的目的，熟悉清粉机的工作原理。

【技能要求】

能鉴别清粉机筛下物和筛出物。

【相关知识】

一、清粉的目的

从前中路皮磨、重筛、渣磨系统提取的要送入心磨系统研磨的颗粒状物料，粒度接近，而质量并不完全相同。其中除纯胚乳粒外，还含有同粒度的麦皮和粘连麦皮的胚乳颗粒，其含量随物料颗粒的提取部位、研磨物料的特性及粉碎程度等因素的变化而不同。如果将其直接送入心磨系统研磨，它们在心磨系统强烈研磨下，胚乳颗粒被磨碎成粉的同时，麦皮也会磨碎混入面粉，从而影响面粉质量。

如在研磨之前将上述物料清粉，把混在其中麦皮分离出来，同时将纯胚乳颗粒与粘连麦皮的胚乳颗粒分开，送入不同的研磨系统，按其不同的制粉特性进行研磨，可以避免麦皮破碎产生麸星混入面粉，提高面粉质量。

二、清粉机的工作原理

筛理是将物料按粒度大小，选用不同的筛网进行分级，清粉是按粒度和质量，利用风筛结合的原理进行分级。利用粒度相近、质量不同的混合物悬浮速度的差别，利用小倾斜角度、筛孔逐段加大的振动筛面和自下而上穿过筛面的气流的联合作用，使筛面上的物料按其悬浮速度不同形成自动分级，按穿孔的先后顺序进行分离提纯。其原理如图 9-1 所示。

形成分级后的物料，最底层为密度较大、体积较小的纯胚乳粒，往上逐层为较大的纯

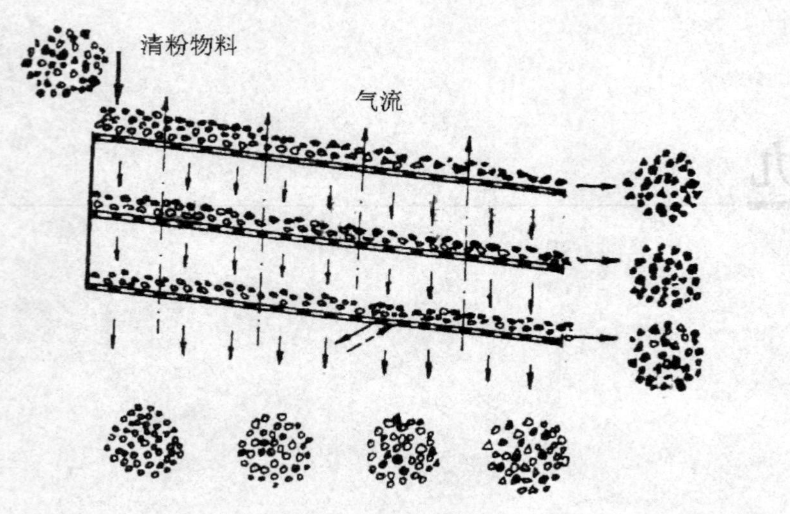

图 9-1　清粉机的工作原理

胚乳粒、较小粘连麦皮的胚乳粒、较大粘连麦皮的胚乳粒、最上层为麸屑。各层间无明显界线,尤其是较大的纯胚乳粒和较小粘连麦皮的胚乳粒之间区别更小。

选择合适的气流速度,使较轻的颗粒处于悬浮和半悬浮状态,较重的颗粒接触筛面,再通过配置适当的筛孔,形成分级的物料按先下后上的顺序逐层逐段穿过筛面成为筛下物,按穿过筛面的先后顺序物料质量逐段变次,粒度逐段变大。较大的连麸粉粒和麸屑因悬浮速度低,粒度虽小于筛孔,也不能穿过筛孔,被上升气流承托,最后成为筛上物排出或被气流吸走。

任务二　清粉机

【学习目标】

通过学习,了解清粉机的总体结构,熟悉清粉机各部分结构的作用。

【技能要求】

(1)能开停清粉机。

(2)能根据物料情况调整清粉机的相关机构。

【相关知识】

一、清粉机的类型

根据筛体个数的不同,清粉机分为单式和复式两种,复式清粉机具有两组筛体。按筛面层数的不同,清粉机分为双层和三层两种。按传动方式不同,分为偏心传动和自衡振动两种。但不论哪种清粉机,其工艺效果取决于筛体的振动、筛面的清理、吸风的效果和来料的性质。

二、清粉机的结构

(一) 总体结构

目前常用的 FQFD49×2×3、FQFD60×2×3 和 MQRF46/200 清粉机为自衡振动、三层筛面的复式结构。其外形及结构见图 9-2,主要由机架、喂料机构、筛体、吸风机构、出料机构和振动机构等部分组成。

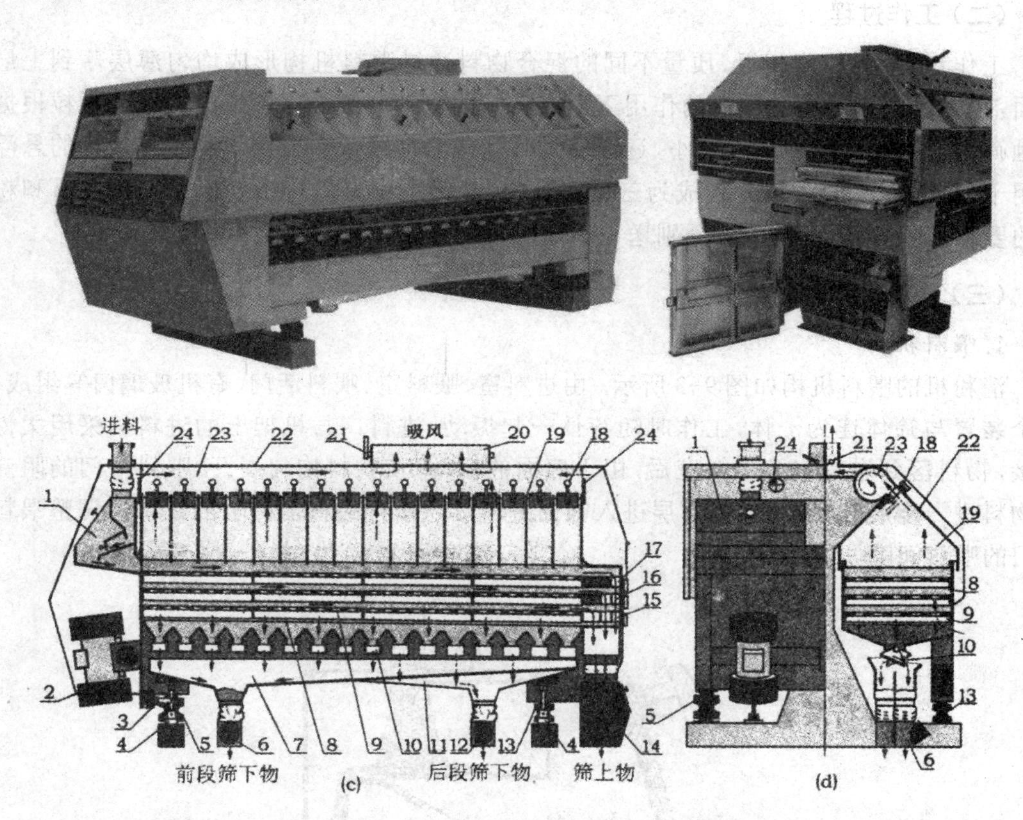

1. 喂料机构;2. 振动电机;3. 接料槽驱动连杆;4. 接料槽支撑杆;5. 前橡胶垫;6. 外接料槽出口;7. 外接料槽;8. 筛体;9. 筛格;10. 拨板;11. 内接料槽;12. 内接料槽出口;13. 后橡胶垫;14. 筛上物出料箱;15. 下层筛格压紧块;16. 中层筛格压紧块;17. 上层筛格压紧块;18. 单调风门;19. 吸风隔板;20. 吸风口;21. 总调风门;22. 吸风罩;23. 吸风道;24. 补风门

图 9-2 清粉机的结构

喂料机构位于筛体的前部,喂料机构的作用是使物料沿筛面宽度均匀分布,同时可控制筛面上的物料流量。

复式清粉机有两个结构相同的筛体,相互独立,可分别处理不同的物料。每个筛体中有 2 ~ 3 层筛面,每层筛面有四段筛格,通过挂钩相互连接,抽屉式装置。

清粉机筛网装置的原则一般为"同层前密后稀,同段上稀下密"。

清粉机筛面的上方空间被分割成 16 个吸风室,旋转风门调节螺钉,可调节各段筛面上升气流的风速。吸风室的两侧为"八"字形的透明的有机玻璃板。

清粉机筛体下方设置有集料斗，收集筛下物料。

集料斗下方装置有内、外两个振动输送槽，随筛体一起振动。其作用是收集筛下物料并按要求从不同的筛下物出口排出。

清粉机后端设有筛上物出料箱，出料箱上方进口与筛体出口相对应，二者通过软布筒相联接。

（二）工作过程

工作过程：当粒度相近、质量不同的混合物料通过喂料机构形成均匀薄层落到上层筛面，在筛体振动与上升气流的作用下形成良好的自动分级。下层纯净的胚乳颗粒根据接触筛面的先后顺序和粒度大小，逐渐穿过筛孔成为前段或后段筛下物。在气流的悬浮作用下，粘连麦皮的颗粒分别成为三层筛上物，从筛上物出口排出。根据物料质量和粉路的要求，各筛下物和筛上物分别送往不同的系统去处理。

（三）清粉机个部分结构

1. 喂料机构

清粉机的喂料机构如图 9-3 所示。由进料室、喂料室、喂料活门、有机玻璃门等组成，整个装置与筛体连为一体，工作时随筛体一起振动，进料口与机架上的进料筒采用柔性连接，物料落到进料室及喂料室后，由于底面的振动，使物料均匀展开，喂料活门的阻滞使物料进一步展开，以均匀的薄层进入筛面进料端。松开喂料活门上的螺母可调整喂料活门的喂料间隙。

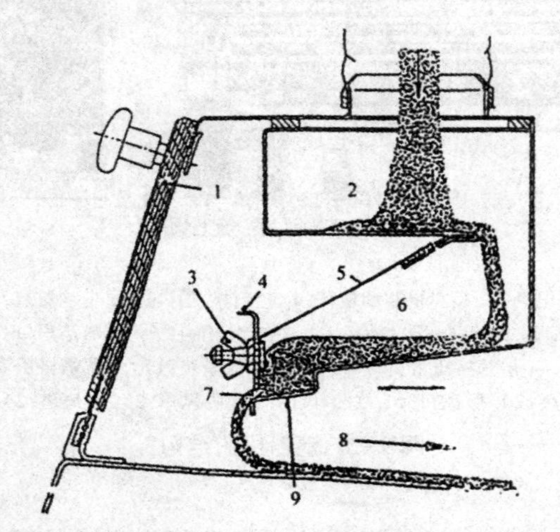

1. 有机玻璃门；2. 进料室；3. 蝶形螺母；4. 喂料活门；5. 调节板；
6. 喂料室；7. 喂料活门开口处；8. 筛面进料端；9. 喂料口

图 9-3 清粉机的喂料机构

2. 筛体

筛体由三层筛格和集料箱组成，集料箱在三层筛格的下方，筛体尾部的下方装置有筛上物分料箱。同层筛格采用挂钩联接，在筛体中部采用抽屉式结构装置。筛格由压块锁定在滑槽内，扳起锁紧手柄，旋动后外拉即可将压块及同层四格筛格一次拉出，向上脱开挂钩便可分别摘下压块及各筛格。不同层的压块结构有区别，最上层有 1 个物料出口，中间层有 2 个物料出口，最下层有 3 个物料出口，以使对应筛上物流经压块后，落入各自的出口，如图 9-4 所示，各层压块不可互换。筛格采用铝合金制造，长方形筛格大小尺寸一样，筛框架可以互换。

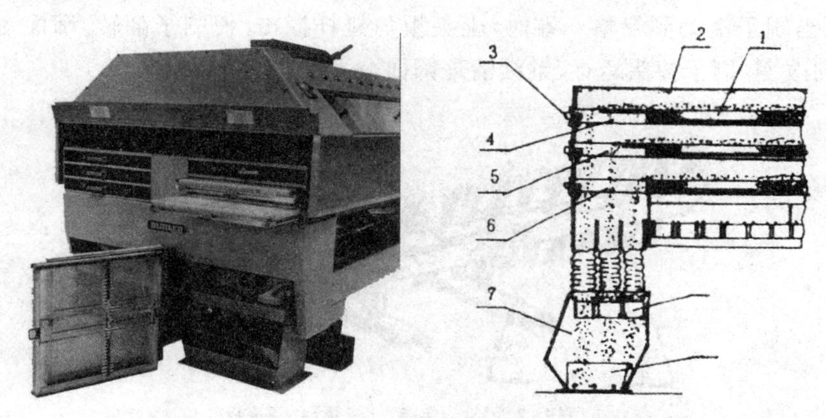

1. 筛格；2. 筛体；3. 锁紧手柄；4. 上层筛格压块；5. 中层筛格压块；
6. 下层筛格压块；7. 筛上物分料箱；8. 筛上物分配拨斗；9. 斜挡板

图 9-4　清粉机筛体出料端的结构

筛格结构见图 9-5。筛格的顶面绷装筛网，筛框中间的两条轨道用以承托筛面清理刷。

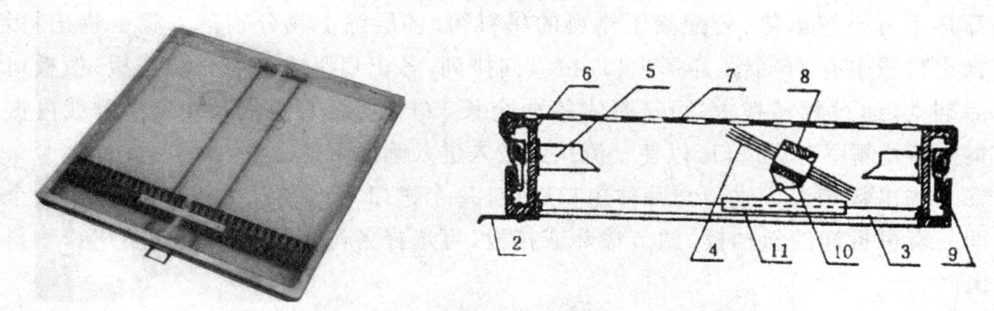

1. 筛格顶面；2. 挂钩；3. 清理刷轨道；4. 清理刷；5. 碰杆；6. 筛格框
7. 筛面；8. 上夹板；9. 筛面张紧拉钩条；10. 下夹板；11. 清理刷滑动刷架

图 9-5　清粉机筛格的结构

筛网张紧是清粉机正常工作的重要条件，筛面若松弛，会导致物料得不到足够大的惯性，在筛面上推进困难，形成堵料，影响分级及提纯效果，使处理能力下降，严重时将导致设备堵塞。筛面应按一定要求缝制，四周装置长度约为 475 mm 的拉钩条，采用专用工具将筛面拉紧并装置在筛框上。

由于筛上物料均为颗粒形状，其粒度与筛孔大小接近，故筛孔很容易堵塞，因此在筛面下方必须设置筛面清理机构。筛面清理目前常采用清理刷，效果较好但容易出现故障，其结构如图 9-6。

清理刷是由两段刷板、上下夹板及刷架组成，工作时滑动刷架放置在轨道上。刷子和滑动刷架之间为铰接，因刷子的重心在该绞接支点的上方，故在没有较大外力冲击时，刷子可稳定地保持左倾或右倾两种状态，且较高一侧的刷毛保持与筛面接触，导致刷子相对筛面只可朝一个方向移动。由于筛体的振动，刷子受惯性作用，相对筛面交替产生双向运动趋势，但因筛面的制约，刷子只能在轨道上产生往复运动，如图 9-5 所示状态为向右滑动，当刷子滑动到筛格一端时，上夹板与碰杆撞击，使刷子翻转，筛面对刷子运动的制约方向改变，刷子掉头运行，继续清理筛面。

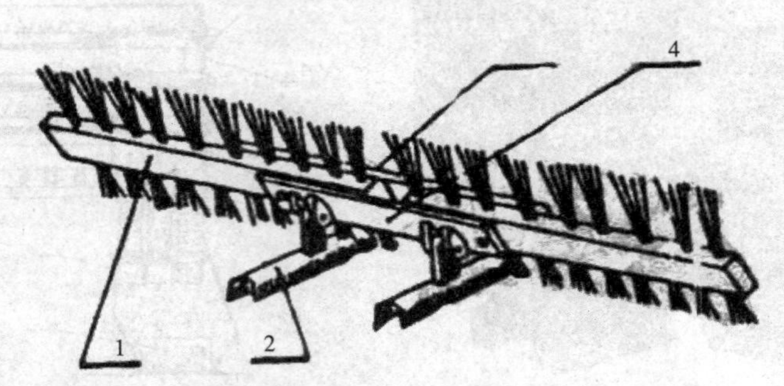

1. 刷板；2. 滑动刷架；3. 上夹板；4. 下夹板

图 9-6 清理刷结构示意图

工作过程中清理刷一直在运动，刷毛、刷架、碰杆等部件易磨损变形，应注意经常检查及时维护。抽出的筛格在放置时，应长边着地垂直摆放，如图 9-4，即筛格中的刷子垂直竖立，刷毛不易弄乱或变形，再使用时刷毛可保持平直状态。

筛格下方设置承接、分配筛下物料的集料箱，各层筛上物分别落入筛上物出料箱。筛下物集料箱中有 16 个漏斗形出口，按纵向排列，各出口下方装有 1 块拨板，拨板可绕轴前后翻动，通过翻转拨板，可选择占筛面全长 1/16 段筛下物流入外振动槽或内振动槽。集料箱外侧留有进风口，以使气流从此吸入进入筛面下方。

筛上物出料箱上方进口与筛体出口对应，每个进口下均装有拨斗，出料箱的 3 个出口之间装有可拆卸的斜挡板，调节拨斗或挡板，可选择各筛上物料的去向及出口物料的分配比例。

3. 吸风机构

吸风机构由风管、吸风道、吸风室三部分及相应的调节机构组成。清粉机吸风机构如图 9-7 所示。

总吸风管是从吸风道内侧水平引出转弯向上再合并而成，截面为狭长方形，在向上部分加狭长活门调风，锁定可靠。

吸风道目前采用最多的为圆筒形，吸风室的横断面为“八”字形，圆筒形吸风道有一约 90° 的缺口，在缺口的两条母线处与吸风室的两块“八”字形壳板相切状连接，从而组成图示的吸风机构外形。风道两端设有可调节的补风圆板活门，可在开启和全闭之间调节，控制风道内补风量的大小。若风道内有积料时，适当打开补风门即可清除积料。

吸风室沿筛面长度方向用隔板分隔成 16 段，形成 16 个小风室，小风室与风道之间装有风门，风门的开启程度可由外侧的调节螺钉调节。转动螺钉，可分别调节各风室的风量。风室侧面为有机玻璃观察窗，便于调节时观察筛面物料的状态。吸风室里侧装有照明灯，以利于操作人员观察筛上物料的状况。

空气从集料箱的外侧进风孔吸入，穿过三层筛面，进入吸风室，由吸风室经风门沿吸风道圆筒切线方向进入吸风道，从而使吸风道内的空气高速呈螺旋状向吸风管流动。带有粉尘的气流在螺旋状运动中，所含粉尘不易积存于风道内。

通过总调风门和各风室的单调风门可控制吸风量，使筛面上的物料呈微沸状态，并有少量麸屑向上喷出。

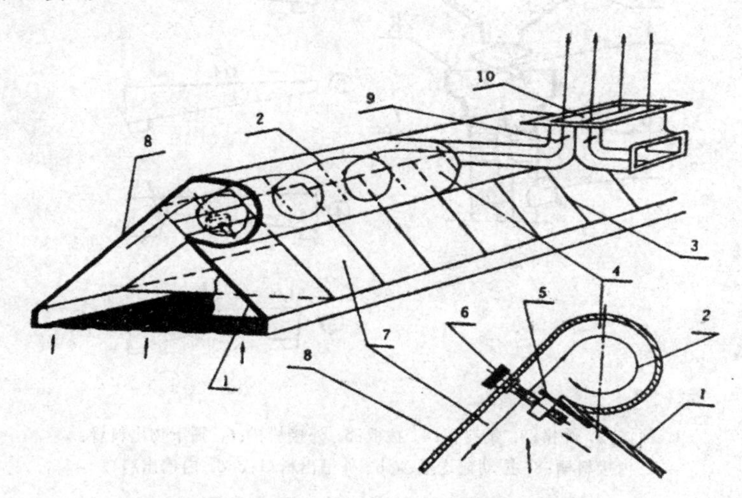

图 9-7 清粉机吸风机构

1. 8. 吸风室玻璃外壳；2. 螺旋气流；3. 隔板；4. 圆筒形吸风道；
5. 单调风门；6. 风门调节螺钉；7. 吸风室；9. 总调风门；10. 气流出口

4. 振动输送槽

筛体下方平行装置的振动输送槽由外接料槽与内接料槽组成，其结构见图 9-8。振动输送槽通过连杆与筛体联接，随筛体一起振动，其作用是承接来自集料箱拨板的筛下物并将其送至出料口，筛下物由集料箱拨板的操作位置决定进入外槽或内槽。

内、外接料槽可选用的出口形式见图 9-8，可根据工艺要求的分级种类及后续设备的位置来选择其组合形式。B-B 或 C-C 组合只提取两种筛下物且在同一端的出口排下，各自可在所有筛下物中选择物料；B-C 组合也提取两种筛下物，但其内、外槽的出料口分别在输送槽的两端；A、D、E 组合在一起最多可提取四种筛下物料。选用合适的振动输送槽出口形式，通过集料箱拨板的调节，可根据清粉机筛下物的粒度和品质状态进行组合，控制出机筛下物料的种类与流量分配比。

5. 传动机构

清粉机筛体下方采用鼓形橡胶垫支撑，通过两台斜置的振动电机驱动而产生倾斜振动，筛体进料端的抛角为 10°～15°，出料端为 5°～10°，调节振动电机内的偏重块安装角可调节筛体振幅。

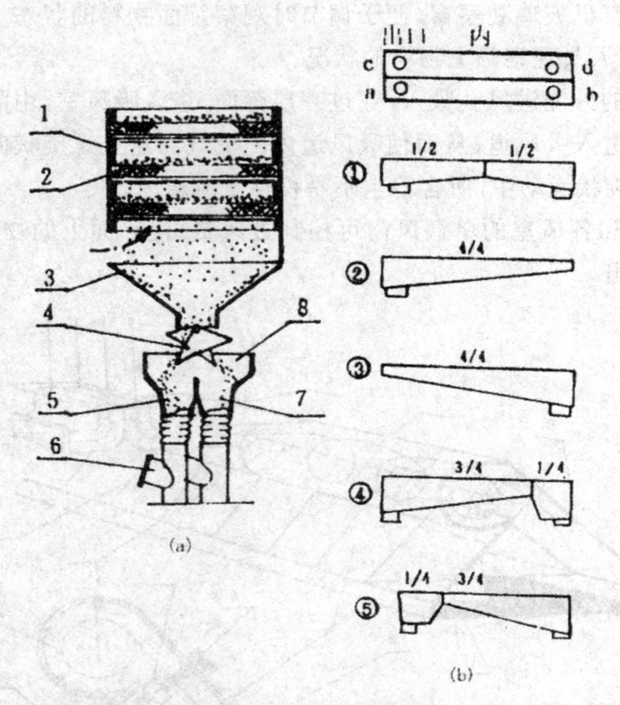

1. 筛体；2. 筛格；3. 集料箱；4. 拨板；5. 外接料槽；6. 筛下物出料管；
7. 内接料槽；8. 振动输送槽；a. b. 外槽出料口；c. d. 内槽出料口

图 9-8 振动输送槽的结构及出口形式

任务三 影响清粉工艺效果因素

【学习目标】

通过学习，了解清粉工艺效果的评定方法，熟悉清粉机的清粉效果检查，理解影响清粉机工艺效果的主要因素。

【技能要求】

（1）能检查清粉效果。

（2）能调整物料去向。

【相关知识】

一、清粉效果的检查

清粉机的工艺效果一般采用粗粒筛出率和灰分降低率两项指标评定，清粉机提纯出的粗粒、粗粉的数量愈多，其灰分与清粉前的物料灰分相差愈大，清粉效果愈好。

（一）筛出率

筛出率有时也称粗粒筛出率，是指清粉机的筛下物流量与进机物料流量的百分比。

$$筛出率 = \frac{筛下物流量}{进机物料流量} \times 100\%$$

（二）灰分降低率

灰分降低率指清粉机的入机物料灰分和筛下物料灰分之差占入机物料灰分的百分比。

$$灰分降低率 = \frac{入机物料灰分 - 筛下物料灰分}{入机物料灰分} \times 100\%$$

例：进入清粉机物料灰分为0.83%，经清粉后筛下物灰分为0.66%，灰分降低率则为20.5%。

一般情况下，进机物料品质好，清粉后筛出率高，灰分降低率较低；对品质差含皮层多的物料，清粉后灰分降低率高，筛出率低。在评定清粉效果时，要两项指标综合评定。

（三）清粉效果的检查

（1）检查筛面上物料的分布情况及各个风门的大小。

（2）感官鉴定筛上物中的含粉情况和纯净胚乳颗粒的含量。

（3）感官鉴定筛下物的纯净程度。

（4）检查筛面是否张紧、有无破损，筛面的清理机是否有效工作。

（5）吸风机构要畅通，不应有粉尘积聚。

二、影响清粉机工艺效果的因素

（一）物料的性质及其在筛面上的分布状态

1. 进机物料的粒度

进机物料的粒度越大，其品质差别越大，悬浮速度差别也越明显，所以其清粉效果越好。在配备清粉机时应首先考虑提纯前路的麦渣和粗麦心，对细麦心和粗粉的清粉效果一般不如粗物料。

2. 物料的均匀程度

进机物料粒度均匀时，品质不同的物料其悬浮速度差别大，清粉机较好操作；进机物料粒度范围较大时，品质好、粒度较小的物料的悬浮速度与品质差、粒度较大的物料相同，二者较难分离，清粉效果差。

清粉物料在入机之前必须分级，缩小其粒度范围，以保证粒度基本均匀。

3. 含粉情况

要清粉的粗粒中如有面粉，物料在筛面上不易松散，流动性差，将影响粗粒的正常运动。所以，清粉物料在入机前必须把面粉筛净。

4. 物料在筛面上的分布状态

筛面上的物料必须有较好的自动分级，必须连续、均匀地全部盖住筛面。物料应均布在清粉机筛面的全部宽度上，如果分布不均匀（特别是最后一段筛面），就不能保证有一层纯物料保持在筛面上，使得不纯的的物料穿过筛面。同时气流将大量地通过物料稀薄或裸露的筛面部分，破坏物料的自动分级，从而影响清粉效果。而在物料层厚的部位，由于通过物料的空气减少，降低了麸屑的分离程度，使粗粒没有受到应有的气流作用就穿过筛孔，而一部分纯胚乳粒则混在筛上物中，没有机会穿过筛面，从而影响了清粉效果。为保证物料能均匀覆盖在全部筛面上，就要求喂料均匀，筛网张紧，穿过筛面的气流均匀，筛面运动左右平衡。

（二）筛面的工作状态

筛面的工作状态主要是指筛网的张紧程度、筛面的清理及筛面横向是否水平，其中筛面张紧是设备正常运行、保持清粉效果的一个重要条件。筛面不采用钢丝筛网，采用筛绢，易于张紧。如果筛面松弛下垂，则易造成料层不均、刷子不走、物料运动困难、筛孔堵塞，甚至造成设备堵塞。

如果筛孔堵塞，将影响物料和气流的穿过，筛出率降低，自动分级差，清粉效果下降。筛面工作时，清理刷应运行自如，保证筛孔畅通。

如筛面横向不水平，造成筛面两边料层厚度不均或物料走单边，影响自动分级，从而造成清粉效果降低。

（三）清粉机筛网的配置

清粉机筛面一般采用JMG，若筛网配备过密，灰分降低率提高，但筛出率会降低；若配备过稀，筛出率增加但筛下物的品质较差。

清粉机筛网配置时须综合考虑以下因素：清粉物料的性质、粒度、流量以及所配备的吸风量等。清粉机筛网配置原则：同层筛面“前密后稀”，同段筛面“上稀下密”，各段筛孔应与进机物料的粒度范围相适应。筛面配置时一般第三层的第一段应明显稀于物料留存的平筛分级筛面的筛号，便于细小纯胚乳穿孔；第三层的最后一段筛面的筛孔与物料穿过的分级筛筛孔相等或稍大，以使最大的胚乳粒穿过；中间两段筛孔号按前后两段筛网号之差平均分配到每段上去；若差距较小时，相邻两格可选同样筛号；同段的上层筛面较下层放稀2号。当流量较大、要求筛下物比例增高或物料散落性较差、物料粒度较小时，可根据设备运行情况将所有筛面或某层筛面放稀一至两个档次。还要考虑气流的作用，风量大筛孔放稀。

通常筛网配置时，从最下层最后一段往上、往前配。如图9-9和图9-10所示。

例：粒度为18W/32W、32W/54GG

解：（1）下层第四段采用18JMG（其筛孔尺寸为1.18 mm，比18W筛孔尺寸为1.08 mm略大），其他筛面按规律配置。如图9-9所示。

18W/32W

20	18	16	14
22	20	18	16
24	22	20	18

图9-9　清粉机筛网的配置

（2）下层第四段采用30JMG（由于物料是中粗粒，配置时可比大粗粒，筛孔略放稀），其他筛面按规律配置。如图 9-10 所示。

32W/54GG

32	30	28	26
34	32	30	28
36	34	32	30

图 9-10 清粉机筛网的配置

（四）筛体运动特性

筛体运动特性包括：筛面倾角、筛体振幅、振动频率及抛角等。

倾斜筛面有利于物料流动，筛面倾角一般不需调整。振动频率一般保持不变。筛体振幅对产量、清粉效果都有一定的影响。振幅增大，筛面上物料的运行速度加快，产量提高，物料接触筛面的机会减少，筛出率降低。在一定范围内增加抛角可促进物料的自动分级和产量提高。抛角的大小通过两台振动电机的装置角度控制。

（五）流量

清粉机的流量对筛面上混合颗粒的分层条件有很大影响，其流量大小取决于被清粉物料的组成、粒度和均匀程度。被清粉物料粒度大，均匀程度好，流量可较高；被清粉物料粒度小，均匀程度差，则流量较低。

清粉机流量的大小直接影响清粉效果，流量增大，筛面上料层加厚，气流难以穿过料层，较难形成自动分级，筛出率和灰分降低率下降，此种条件下应适当加大吸风量，以保证筛下物料纯净，同时避免物料在筛面上堵塞。流量过小，料层过薄，易被气流吹穿，破坏自动分级，清粉效果下降，此种条件下应适当减小吸风量，避免物料被气流吸走。

适宜稳定的流量，是保证清粉效果的重要条件之一。因此，制粉生产中应通过研磨和筛网的调整，合理地控制各清粉机的物料流量，并注意将同系统清粉机各仓的流量调配均衡。

（六）吸风调节

根据进机物料质量、性质和流量的不同，合理调节总风门、各吸风室风门及补风门。

清粉机的风量取决于清粉物料的类别，大粗粒比细小物料需要较多的风量。总风量确定以后，各吸风室的风门要做相应的调节。生产过程中如果盲目增大总吸风量或各个吸风室的吸风量，会破坏筛面上物料的分级而影响清粉效果。如果清粉机吸风量过低，则物料在筛面上不能形成良好的自动分级，带皮的胚乳颗粒会较多的穿过筛孔成为筛下物，筛下物质量变差，清粉效果下降。

在控制吸风量的同时，清粉机的喂料活门必须根据物料流量大小合理地调节，保证清粉物料连续均匀地分布在全部筛面宽度，并覆盖在全部筛面长度上，否则气流将从料层薄或无料处的筛面穿过而失去风选作用。在流量不足的情况下，允许出料端筛面有少量裸露，但应关小该段吸风室的风门。

清粉机工作时，其有机玻璃观察门不可随意取下，应使其处于良好的密闭状态，否则风选作用会降低甚至丧失。

各清粉物料的参考吸风量见表 9-1。

表 9-1　清粉物料的参考吸风量

物料名称	参考粒度	每组筛吸风量 / (m^3/h)
麦渣	18W/36W	2 000 ～ 2 500
粗麦心	36W/JMG50	1 500 ～ 2 000
细麦心	JMG50/JM9	1 000 ～ 1 500

任务四　清粉机的操作与维护

【学习目标】

通过学习，了解清粉机操作维护的要点，掌握清粉机常见故障的排除方法。

【技能要求】

(1) 能检查清粉效果，调整物料去向。

(2) 能排除清粉设备故障。

【相关知识】

一、清粉机的启动与停机

(1) 开机前应检查筛面上是否堵料，筛网是否张紧，检查振动电机接线的紧固情况。

(2) 清粉机必须在静止状态下启动，启动前应先启动清粉机的风网，待风网运行平稳后再启动清粉机，最后再喂料。停机时应先停止进料，待筛面上物料基本筛空后再关停清粉机，后关停清粉机的风网。

(3) 设备启动后，检查筛体的运动情况；检查清理刷(或清理球)的运行情况，确保所有刷子(或清理球跳动)往复运动正常，随时观察筛下物以判断刷子运行(或清理球跳动)是否正常。

(4) 检查筛格锁紧情况。筛体运行中若发现筛格在筛道中有异常碰撞声，应拉出尾部筛格锁紧块，对其进行合理调整，直至异常声音消除，如不能解决，可能是筛格侧面密封件损坏或脱落。

(5) 清粉机停机后，检查和清除设备的机械故障；喂料装置和有机玻璃观察窗的清理；吸风室和吸风道的清理；筛面格筛网的清理和张紧；清理刷的更换等。

二、清粉机运行中的操作

(一) 吸风的调节

根据进机物料质量、性质和流量的不同，合理调节总风门、各吸风室风门及补风门。风量调节的要求为：使物料呈微沸腾状态向筛尾推进(要沸腾不要翻腾)；吸风室及吸风道中不应有物料沉积。

清粉机的风量取决于清粉物料的类别，大粗粒比细小物料需要较多的风量。总风量确定以后，各吸风室的风门要做相应的调节。一般情况下，筛体前段料层较厚，需将前段吸风室风门开大些，使物料迅速松散并向前运行。其他各段风门通过观察物料的运行状况来精细调节，使通过筛面的气流在物料中激起微小的喷射，较轻的麦皮飘逸上升被吸入风道，较重的物料被气流承托着呈沸腾状向出料端推进。生产过程中应避免盲目增大总吸风量或各个吸风室的吸风量，否则会破坏筛面上物料的分级而影响清粉效果。

前后补风门开启 1/4 的空隙，观察吸风道中物料是否以螺旋状向中部出口移动并被吸出，若有物料沉积在风道中，则应开大总风门使风道中的物料被吸出；若观察不到物料移动，则应适当开大补风门，随之总风门也要相应调节，以风道中没有沉积物为原则。再检查各物料的质量情况，进行各吸风室风门和出料板的合理调节。

（二）筛下物排出的调节

清粉机的筛下物一般将纯净的胚乳颗粒送往前路心磨系统，含麦皮较多的混合物料送往渣磨系统。借助筛体集料箱下面的拨料斗可将筛下物分别根据质量的好次，按要求流入相应输送槽排出，调节时只需将拨料斗翻动到位即可。拨料斗的翻动由工艺工程师决定，由操作工来操作。调节的准则是：观察后段筛格拨料斗内筛下物的颜色和质量，若纯胚乳颗粒不足 70%或含麦皮较多时，应将其拨入送往渣磨系统的输送槽。

（三）筛上物排出的调节

借助清粉机尾部的分料箱，可以直接把底层筛面的筛上物导入中层筛面的筛上物中，把中层筛面的筛上物导入上层筛面筛上物中。也可把上层筛上物导入中层筛上物中，中层筛上物导入底层筛上物中。如不需要合并，则三层筛面的筛上物可分别从各自出口排出，可根据筛上物质量和工艺要求进行选择。调节时打开分料箱门，翻动分料箱中的拨板即可，但必须遵守同质合并的原则，同时要保证各系统物料的平衡。

筛上物排出调节时还要观察筛上物含粉情况、纯净胚乳的含量，如发现筛上物含粉，则应检查该仓清粉机来料的相应高方平筛筛仓的筛理效果。如果发现底层筛面的筛上物中含有较多的纯净胚乳颗粒，则该仓筛下物的筛出率没有达到要求，要进行相应的吸风调节或调整筛网。

（四）喂料机构的调节

观察进机物料在上层筛面上的分布情况，若物料层厚度左右不均匀，可打开喂料机构的有机玻璃门按以下步骤调节：旋松喂料活门上的螺母；按料层的厚度情况将调节板的一侧向上或向下移动，使物料层均匀；旋紧螺母；观察物料分布情况，若还不均匀，重复以上步骤直至物料分布均匀为止。

要经常清除喂料室内黏附积聚的粉尘，避免物料在喂料室内堵塞。

（五）筛格清理刷运行的检查

清理刷是用来清理筛面的，必须始终保持正常运行，做全程往复运动，并沿长度一致的充分接触筛面。

若清理刷运行不正常，应视具体情况进行调节。一般有下述几个原因，如支撑刷子的滑杆直线度及平行度不好；刷子上转动件不灵活；筛格上撞块上下位置不当；进机物料过多；筛网未张紧等。

（六）清粉机物料堵塞断流的处理

（1）如物料在清粉机筛面上堆积，可能是筛格清理刷失灵或清理球跳动失常、筛孔堵塞、筛网松驰、流量过大等原因所造成的，应检修其清理装置、清理筛面筛孔；张紧筛网或更换筛格、调整流量等排堵，避免物料堵塞至喂料装置内或继续沿管道向上堵塞至高方平筛。

（2）如物料在清粉机喂料装置内堵塞，首先要掀起喂料活门进行排堵，然后再查找原因。可能是由于：有关的研磨系统操作的改变造成进入清粉机的物料流量增大；同一系统清粉机来料分配不均衡；粉尘在喂料装置内积聚；喂料活门失效等原因所造成，则相应要调整磨粉机的操作或调整有关的物料分配拨板使清粉机的来料分配均衡，经常清理喂料室内的积尘，维修喂料活门等。

如果堵塞严重或已较长时间在管道内堵塞，要先打开管道上的检查门使物料迅速排出，避免物料堵塞至高方平筛。

三、筛格拆换与筛格筛网的装置

筛格需要拆换时要在拆除筛格的原位置换上同等筛号的筛格，如同时拆换几层筛格，要注意同层筛格的筛号前密后稀依次装置，上、下层同段筛格的筛号上稀下密装置。

各层的压紧块结构不同，对应筛上物流经压紧块后落入各自的出口，各层压紧块不可互换。

筛面上有物料拆卸筛格时，要均衡用力缓慢把筛格抽出，禁止因物料堵塞而强行蛮横抽出筛格，以免损坏筛格。

筛格装置时要注意前、后段筛格的联接，要保证密封条完好无损，不折叠。

筛网四周用裁好的白布带对齐缝制套口，套口是为穿塑料杆用，将套口塞入拉钩条的凹槽内，再将塑料杆穿入套口，即完成了拉钩条的安装。装置筛网时，把装好拉钩条的筛网平盖在筛框上，先将一边的拉钩条挂在筛框内的第一个钩槽内，再用专用钳子把对边的拉钩条挂在筛框的第一个钩槽内，待四边的拉钩条全部挂住钩槽后，使用专用钳子逐边将拉钩条挂在下一档钩槽内，直到筛面张紧，如图 9-11 所示。当需要取下筛网时，用专用钳子使拉钩条从筛框钩槽内脱开，即可将筛面取下。

筛格采用铝合金制造，拆卸时应轻拿轻放，用专用钳张紧筛网时应注意张紧适度，并使拉钩条完全嵌入在筛格的齿槽内，以防损坏或变形。

四、清粉机的维护

（一）物料不能跑偏

物料跑偏后，风量分配不均，物料分级破坏，清粉效果下降。主要原因如下。

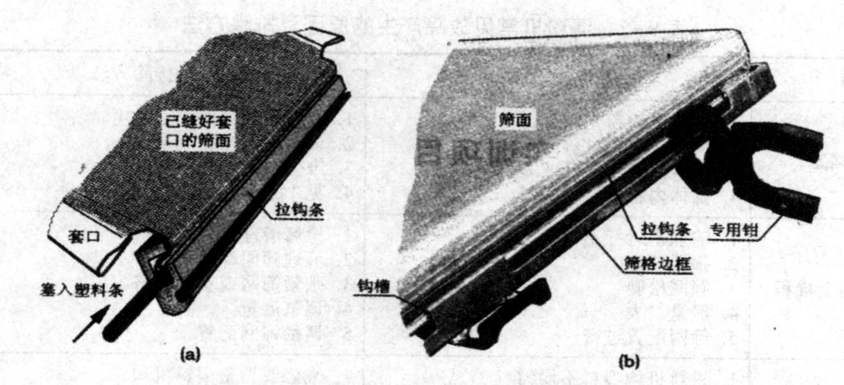

图 9-11 清粉机筛网的绷装

1. 筛体不平产生

(1) 筛体安装不平,要重新加垫校平机架安装。

(2) 橡胶弹簧轴向刚度不一致,压缩量不同;更换上经加力选择的橡胶弹簧,使压缩量相同,校平。

(3) 校正筛体,是否就是"三条腿",若是,加调整垫,直到四脚在同一水平状态(不平度应小于 1.5 mm)。

2. 筛体运动轨迹不正确

(1) 两台电机各自的激振力不同;调整其中一台的偏重块,使二者相同。

(2) 两台电机激振力的合力未通过筛体纵向对称面,松开"U"形紧固螺栓,调整电机位置,使与另一台对称。

(3) 两台电机各自的激振力与水平夹角不同,调整相同为 7° 左右。

(4) 橡胶弹簧变形失效,更换新弹簧。

(二) 合理调节吸风风量

物料在整个筛宽上不能呈"微沸"状推动。主要原因如下。

1. 风量不足

出现螺旋补风道集聚细粉;麸屑不被吸走;物料分级较差;应调整风量,必要时,加大风机。

2. 调整风量

在同一风网清粉道数较多时,物料粒度加大较重的应风量大;同一台清粉机前、中、后段应是最大、小、较大的风量。同一风网,在产量合适稳定的情况下,经多次调整才能完成。

五、清粉机常见故障产生的原因及排除方法

清粉机常见故障产生的原因及排除方法见表 9-2。

表 9-2 清粉机常见故障产生的原因及排除方法

故障	产生原因	排除方法
进料口堵塞	1. 喂料室内粉尘积聚过多 2. 瞬时进料超过额定产量太多 3. 喂料活门不灵活或太重 4. 筛体内物料运动不畅	1. 清理喂料室内积聚粉尘 2. 调整操作控制流量 3. 维修或调整喂料活门 4. 见“物料在筛面上堆积”
物料在筛面上堆积	1. 清理刷运行不畅 2. 筛孔堵塞 3. 筛网松驰 4. 流量过大 5. 筛网配置过密	1. 检修清理装置 2. 清理筛面筛孔 3. 张紧筛网或更换筛格 4. 调整流量 5. 调稀筛网配置
物料在筛面上分布不均有裸露或走单边	1. 进料机构喂料不均匀 2. 筛体横向不水平 3. 橡胶垫磨损严重 4. 筛网松驰严重	1. 维修或调整喂料机构 2. 将筛面调平 3. 更换橡胶垫 4. 更换筛格或张紧筛网
吸风道内积尘过多	1. 吸风量太小 2. 补风门关闭或开口过小	1. 调大吸风量 2. 打开或开大补风门
刷子不走或时走时停	1. 刷毛磨损后刷毛过短 2. 刷毛磨损变形 3. 筛网松驰	1. 更换清理刷 2. 适当剪去刷毛磨损部分使刷毛平衡 3. 张紧筛网或更换筛格
筛出率低	1. 吸风量过大 2. 筛网配置过密 3. 筛孔堵塞	1. 调小吸风量 2. 调稀筛网配置 3. 清理筛孔
筛下物不纯	1. 吸风量过小 2. 筛网配置过稀 3. 流量过小料层薄 4. 进机物料粒度范围大 5. 其他故障	1. 调大吸风量 2. 加密筛网或根据物料性质调整 3. 调整操作控制流量 4. 加强分级缩小粒度范围 5. 见上其他故障

【操作规程】

清粉机操作规程要点如下。

（1）清粉机应检查电机轴承运转平稳性，是否过热，定期加注润滑脂，每 12 个月拆下清洗，重新加注一次，振动电机使用两年内一般不需保养。

（2）清粉机应随时检查清理刷，能否依靠碰杆的作用沿导轨做自由移动，良好地接触筛面，以确保运动的灵活性和应有的清理筛面的效果。

（3）清粉机每月检查筛体和风室的密封件，如有破损或脱落应及时更换或维修，防止机外空气不经筛网吸入。

（4）清粉机每周必须清理进料箱内的沉积粉块，否则会出现进机物料跑偏或进机物料上堵的情况。

（5）清粉机每次停机时必须检查清粉机容易漏风的地方，如已损坏加以密封或重新粘上密封条。如有机玻璃观察窗、总风门下吸风压板处、筛体和风室的密封件等处。

（6）清粉机振动电机安装必须合乎要求，设备必须校平，安装与水平面的夹角为 7°，与筛体进料端产生 10°～15° 的抛掷角，出料端产生 5°～10° 的抛掷角。

（7）清粉机必须保证在完全静止的情况下启动。

（8）清粉机开机后检查筛格中刷子的运行情况，应确保所有的刷子做全程往复运动。随时观察筛下物，以判断刷子运转是否正常。

（9）清粉机风量的调节根据进机物料质量和流量的不同，需要不同的空气量。气室有上部的总风量调节活门，两侧有空气调节器，补风门三个部分用于空气量的调节。

（10）清粉机的清粉效果评定标准：精选出的粗粒、筛出率，40％～60％；灰分降低率，45％～60％；精选出的中、细颗粒，筛出率，60％～75％；灰分降低率，20％～40％。

（11）清粉机配备筛网时应考虑物料的粒度、品质、工作流量、筛上物与筛下物分配比例等综合进行。

（12）清粉机所在的楼层离清粉机3米以内的窗户不允许打开，以免影响清粉效果，并要求在窗户上标注不许开窗的字样。

（13）更换清粉机电机时，必须更换成同一特性的两台电机，更换橡胶弹簧时，不能单只更换，要成对更换。

（14）清粉机振动电机两偏重块在对称状态下启动，以避免因其初始状态不对称，在自平衡过程中产生较大的振幅。

（15）清粉机电机不能启动的原因可能是接触器或热继电器坏、电源缺相、振动电机坏等。

（16）清粉机开机后有不正常声响的原因可能是紧固螺栓松动，橡胶轴承损坏，振动体内有异物，压力门松动，电机不同步等。

（17）清粉机进料口堵塞的原因可能是瞬时进料超过额定产量太多，均匀板不灵活或太重，筛体内物料不畅等。

（18）清粉机筛孔堵塞的原因可能是刷子运行不畅、筛网松驰、进机物料水分高等。

（19）清粉机物料在筛面上分布不均匀或走单边的原因可能是进料机构喂料不均匀，筛体横向不水平，橡胶轴承磨损严重，橡胶弹簧变形量不一致，筛船两侧密封条漏风等。

项目十

制粉工艺流程

任务一　概述

【学习目标】

通过学习和训练，了解小麦制粉工艺流程的设计的基本原则，熟悉几种常用的制粉工艺方法的特点。

【技能要求】

能鉴别制粉方法。

【相关知识】

一、粉路设计的原则

净麦加工成面粉和副产品的全部过程称为小麦制粉流程，简称粉路。包括研磨、筛理、清粉、打(刷)麸、松粉等工序。粉路的合理与否，是影响制粉工艺效果的最关键因素。在进行粉路设计时一般应遵循下列原则。

1. 制粉方法合理

根据产品的质量要求，原料的品质以及单位产量、电耗指标等，确定合理的制粉方法，即粉路的“长度”“宽度”和清粉范围等。

2. 质量平衡(同质合并)

将粒度相似、品质相近的物料合并处理，以简化粉路，方便操作。

3. 流量平衡(负荷均衡)

粉路中各系统及各台设备的配备，应根据各系统物料的工艺性质及其数量来决定，使负荷合理均衡。

4. 循序后推

粉路中在制品的处理，既不能跳跃式后推，也不能有回路，应逐道研磨，循序后推。

5. 连续、稳定、灵活

净麦、吸风粉、成品打包应设一定容量的缓冲仓，设备配置和选用应考虑原料、气候、产品的变化。工艺要有一定的灵活性。

6. 节省投资、降低消耗

除遵循上述原则组合粉路外，还要根据粉路制定合理的操作指标，以保证良好的制粉效果。

二、常用制粉方法

1. 简化物料分级的制粉方法

简化物料分级的制粉方法也称为“前路出粉法”。本方法实质上是在制粉过程的前几道磨(1皮、2皮和1心)，大量出粉(70%左右)，物料分级很少。一般3～4道皮磨，3～4道心磨，生产特二粉时4～5道心磨，有时还增设1～2道渣磨，通常不用清粉机，全部用齿辊磨。该制粉方法的主要特点是粉路短、物料分级少、单位产量高、电耗低，但面粉质量差。

采用该法生产标准粉时，一般出粉率85%左右，吨粉耗电34～40 kW•h，磨粉机的产量为5.5～7 kg/(cm•h)，亦有高达8 kg/(cm•h)的。采用该法生产国标特二粉时，一般出粉率为72%～76%，磨粉机单位产4.2～5.0 kg/(cm•h)面粉，吨粉电耗40～50 kW•h。

2. 物料分级中等的制粉方法

物料分级中等的制粉方法也称为“中路出粉法”，是目前最常用的一种制粉方法。本方法实质上是在制粉过程的前几道心磨(1心、2心和3心)大量出粉(35%～50%)，心磨总出粉率55%～60%(占1皮)，皮磨总出粉率13%～20%。物料分级较多．一般4～5道皮磨，2～3道渣磨，7～8道心磨，2道尾磨，3～5道清粉，磨粉机大量使用光辊，并配以各种技术参数的松粉机。该制粉方法的主要特点是粉路长且有一定的宽度，物料分级较细，单位产量较低，电耗较高，但面粉质量较好。

采用该制粉方法生产等级粉时(中等小麦、净麦灰分1.7%)，出粉率72%～73%，面粉平均灰分0.6%左右，吨粉电耗70～75 kW•h，磨粉机每百千克小麦磨辊接触长度12 mm/100 kg•24 h左右。

3. 流量平衡(负荷均衡)方法

强化物料分级的制粉方法是在中路出粉方法的基础上改进而成，它主要强调前路物料的分级，要求制粉工艺不仅要有一定的长度，更要有宽度，特别要加强清粉，扩大清粉范围到前路渣磨和前路心磨，有时采用重复清粉，以尽可能保证进入前路心磨物料的纯度和数量。该制粉方法的主要特点是：粉路复杂、操作管理难度大、单位产量低、电耗高，但高精度面粉的出率高、灰分低、粉色白。

采用该法生产等级粉，高精度面粉出率比常用方法明显提高，吨粉电耗73～78kW•h，磨粉机每百千克小麦磨辊接触长度12～16 mm/(100 kg•d)。

4. 粉路简化的制粉方法

(1)剥皮制粉方法。剥皮制粉方法是在小麦制粉前，先剥取5%～8%(占1皮)的麦皮，再进行制粉，故而称为剥皮制粉方法。本方法皮磨可缩短1～2道。心磨缩短

2～3道，其原因一是由于2～3次的着水润麦，大大降低了心磨物料的强度；二是由于中后路皮磨提心数量的减少，但渣磨系统增加1～2道，总的来讲，制粉工艺大大简化。剥皮制粉的主要特点是：粉路简单、易操作管理、单位产量较高、粉色较白、面粉麸星稍大、麸皮较碎、电耗较高。

采用该法生产等级粉时，出粉率70％～73％，吨粉电耗78～85 kw·h，磨粉机每百千克小麦磨辊接触长度为10 mm/（100 kg·d）。

（2）采用撞击磨的制粉方法。采用撞击磨的制粉方法是在中路出粉方法的基础上，在前路心磨系统采用撞击磨替代普通磨粉机的一种制粉方法。由于撞击磨的出粉率可达50％～70％及以上，可以大大减少前路心磨磨粉机的使用，因此前路心磨系统负荷大大减小，心磨系统的道数缩短。采用撞击磨制粉的主要特点是：心磨系统简化、磨粉机和高方筛的设备配备减少、建厂总投资降低。但采用撞击磨物料温度高，面粉色泽欠佳质量稍差（与中路出粉方法相比）、特别是一号粉的出率降低。

（3）采用八辊磨的制粉方法。采用八辊磨的制粉方法是在中路出粉方法的基础上，将通常的研磨—筛理改成部分或全部研磨—研磨—筛理的一种制粉方法。采用八辊磨制粉的主要特点是节省了筛理面积、节省了气力输送风量、节省了建厂总投资、吨粉电耗较低。采用八辊磨粉机的缺点是，物料重复研磨，严重影响了物料分级，特别是在前路皮磨，上面的磨辊剥刮下来的麦渣、麦心和部分碎麸片，又被下面的磨辊重复研磨，使得筛理分级后送往清粉机的物料大大减少。磨粉机单位产量稍低、面粉质量稍差。

任务二　粉路的工艺系统

【学习目标】

通过学习和训练，了解小麦制粉工艺中各系统的作用，熟悉各系统的的流程，掌握制粉各系统设备的配置和技术参数的配置。

【技能要求】

（1）能解决制粉工艺中存在的问题。

（2）能根据实际情况调整制粉工艺。

（3）能指导制粉设备安装、检修和设备管理。

【相关知识】

一、皮磨系统

（一）皮磨系统的作用

在磨制高质量的等级粉时，采用常用的制粉方法（下同），前路皮磨的作用是剥开麦粒，刮下大粒状的胚乳，尽量多提取质好的粗粒、细麦心，并尽可能保持麸片的完整；后路皮磨刮净麸片上残留的胚乳。

（二）皮磨系统的道数和磨辊接触长度

皮磨系统的道数主要取决于小麦的品质和出粉率以及粉厂规模。一般采用4～5道皮磨。

皮磨系统的接触长度主要取决于小麦的品质和制粉方法。当磨制皮薄、硬质率高的小麦，例如磨制进口加麦时，皮磨系统的接触长度为4～4.5 mm/（100kg•d），占全部磨辊总长的32%～37%，各道皮磨所分配的数值见表10-1。当磨制皮厚、硬质率低的小麦，皮磨系统的接触长度为4.5～5.0 mm/（100 kg•d），占全部磨辊总长的37.5%～42%，并适当延长皮磨道数，各道皮磨所分配的数值见表10-2。

表10-1 皮磨系统磨辊接触长度（硬麦）

系统	磨辊接触长度/[mm•(100 kg•d)$^{-1}$]
1B	0.8～1.0
2B	0.8～1.0
3B	0.8～1.2
4B	0.8～1.2

表10-2 皮磨系统磨辊接触长度（软麦）

系统	磨辊接触长度/[mm•(100 kg•d)$^{-1}$]
1B	0.8～1.0
2B	0.8～1.0
3B	1.0～1.2
4B	1.0～1.2
5B	0.4

（三）皮磨系统的流程

皮磨系统处理的对象除1B是小麦外，其他皮磨均是带有胚乳的麸片，因此在皮磨系统的工艺流程中，各道皮磨之间连接的特点是每道皮磨研磨后的物料，经平筛筛理，从上层的粗筛分出带有胚乳的片状麸片进入下道皮磨或打麸机处理，逐道后推。皮磨系统的工艺流程参见图10-1。该流程设置4道皮磨，3B、4B分粗细，分磨合筛。

1B、2B为前路皮磨，经分级筛提取的大粗粒去1P处理，分出的中粗粒去2P处理（即先清粉）。因分级较多，分级筛占用了较多的平筛筛格，粉筛较少，使粉筛的未筛净率较高，因此粉筛筛上物一般须去重筛处理。

3B为中路皮磨。由于来料的粒度范围较大，可分粗、细皮磨处理物料以保持麸片的完整和较好的剥刮效果。3Bc专门处理来自2B筛的大麸片，3Bf则处理较小的物料，包括从2B平筛提取的小麸片和从1P、2P送来的粒度较小的带皮物料。3Bc、3Bf分磨合筛，3B筛分出的大麸片去打麸机，在打麸机较多时，筛分出的小麸片也可打麸。分级筛分出的粗粒品质较差，进入3P进行清粉，清粉机较少时，也可进入第二道渣磨。粉筛的筛上物去重筛，筛理面积较紧张时也可进入中路心磨如4M。

4B为后路皮磨，在制品品质较差、粒度差别较小，分级较少，提取的粗、细麸片分别经打麸机处理后即为副产品粗麸皮和细麸皮。分级筛分出的粗粒品质较差，进入4P进行清粉，清粉机较少时，也可进入第二道尾磨。粉筛的筛上物去重筛，筛理面积较紧张时也可进入中路心磨如5M或6M。

由于皮磨磨下物粒度差别大，需进行多层次的分级，分出的物料有6～7种之多，但受平筛筛仓的筛格层数、筛理面积等限制，不可能一次筛分清楚，所以，目前几乎所有的粉厂都使用重筛，主要用于处理来自皮磨平筛粉筛的筛上物或下层细分级筛的筛下物，这部分物料主要是细麦心、粗粉和面粉的混合物，经重筛后，将其中的面粉筛净，细物料

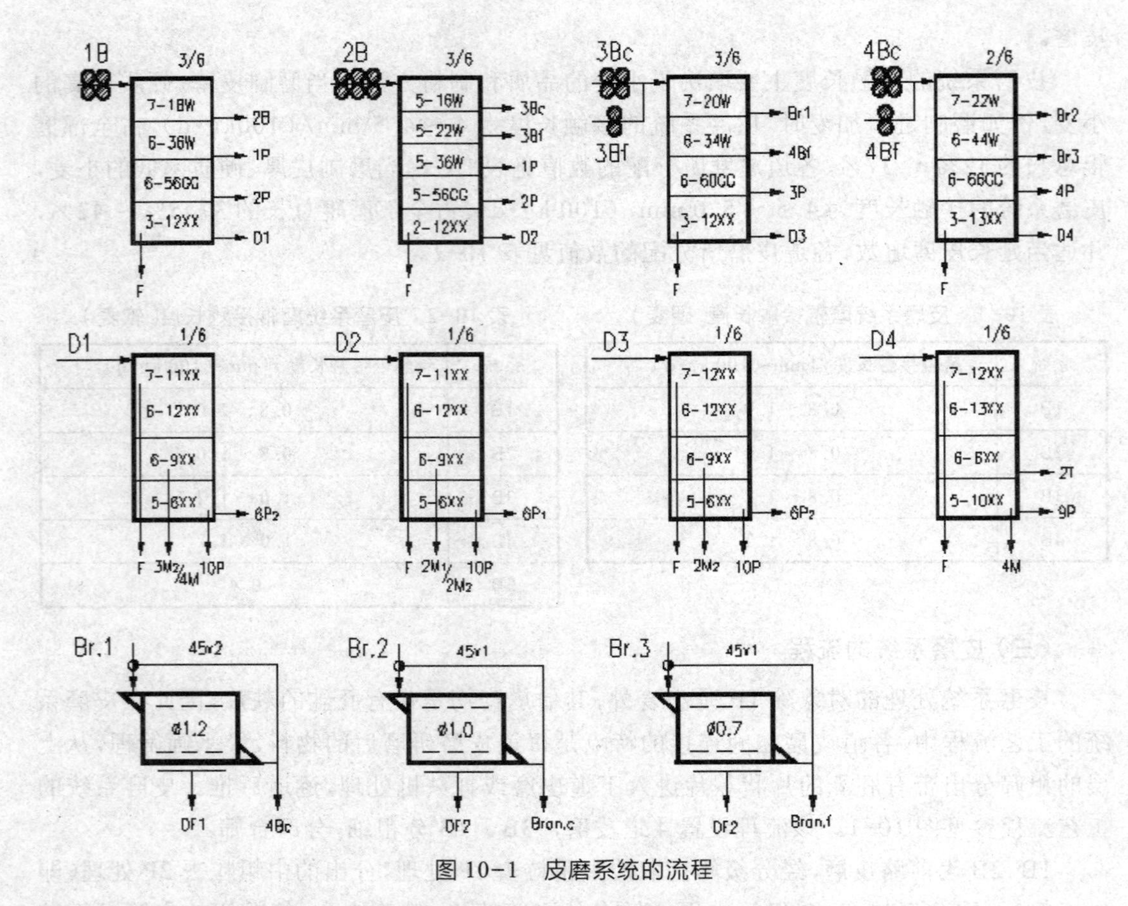

图 10-1 皮磨系统的流程

按颗粒分级，保证进清粉机的物料粒度相近且不含粉，充分发挥清粉机的高效率。

重筛系统的工艺流程参见图 10-1。

实际生产中，粗筛和分级筛的筛号，要根据在制品的分级需要和对物料的质量要求、同时考虑各系统流量的平衡来选定，一般的原则是前稀后密、上稀下密，分级筛的筛号配置见表 10-3。

表 10-3 分级筛的筛号配置

系统	在制品	穿过筛号	留存筛号
1B、2B	大粗粒 中粗粒 小粗粒 细麦心	16～20W 32～40W 54～60GG 6～7XX	32～40W 54～60GG 6～7XX 11～13XX
3B	中粗粒 小粗粒	32～36W 58～62GG	58～62GG 6～7XX

（四）皮磨系统磨辊的技术参数

皮磨系统磨辊的技术参数见表 10-4。通常皮磨系统磨辊转速为前路高后路低、齿数为前路稀后路密，斜度为前路小后路大、齿顶平面为前路宽后路窄，速比为 2.5∶1。磨辊技术参数的变化，关键是要依据原料特性、单位流量大小和操作指标等具体情况，将磨辊表面的各项技术参数合理匹配。

表 10-4 皮磨系统磨辊的技术参数

系统	转速 /（r/min）	齿数 /（牙/cm）	齿角 /°	斜度 /%	排列	齿顶平面 /mm	速比
1B	500～600	3.5～4.0	67/21	4～6	D-D	0.20～0.25	2.5:1
			65/30				
2B	500～600	5.0～5.4	67/21	4～6	D-D	0.2	2.5:1
			65/30				
3Bc	500～550	6.6～7.0	35/65	6～8	D-D	0.1	2.5:1
			50/65		F-F		
3Bf	500～550	8.2～8.6	50/65	6～8	F-F	0.1	2.5:1
			45/65		D-F		
4Bc	500～550	8.2～8.6	50/65	8～10	F-F	0.1	2.5:1
			45/65		D-F		
			35/65		D-D		
4Bf	500～550	8.8～10.2	50/65	8～10	F-F	0.1	2.5:1
			45/65		D-F		
5B	500	10.2～10.6	50/65	10	F-F	0.1	2.5:1

（五）皮磨系统的操作指标

皮磨系统的操作指标包括剥刮率、取粉率、在制品的数量与质量、单位流量等，其中剥刮率为最重要的操作指标。

1. 剥刮率与取粉率

皮磨系统各道磨粉机的剥刮率在不同的面粉厂有很大的差别，其数据的大小主要取决于原料的品质、单位流量、皮磨系统的长度以及出粉率高低等。当加工厚皮麦、软质麦、高水分小麦或当单位流量较低、皮磨系统的长度不长时，前路皮磨的剥刮率相对取高值，否则则取低值。尽管各粉厂每道皮磨的剥刮率可能存在较大的差异，但前三道皮磨的总剥刮率和总出粉率之间却有着密切的内在联系，即前三道皮磨的总剥刮率 ≈ 出粉率 + 8%。

比如磨制 72 粉时，可把前三道皮磨的剥刮率总和定为 80%（占 1 皮%），在扣除清粉机、渣磨、心磨分出的含麸物料后，即可保证生产出粉率 72% 的面粉。在确定了前三道皮磨总剥刮率 80% 后，再分别制定各道皮磨的剥刮率，可分配如下。

（1）皮剥刮率：30%

（2）皮剥刮率：38%

（3）皮剥刮率：12%

然后再计算出以本道入机流量为基础的剥刮率，可得：

（1）皮剥刮率：30%（占本道）。

(2)皮剥刮率:38% ÷(100 - 30)= 54.3%(占本道)。

(3)皮剥刮率:12% ÷(100 - 68)= 37.5%(占本道)。

为提高皮磨系统的研磨效果,从2皮或3皮(有时4皮)起的后续皮磨,将麸片分成大、小两种,分别进行研磨,称为粗皮磨和细皮磨。分粗细与否的原则是既要考虑研磨效果,又要兼顾工艺的可操作性。

皮磨系统的出粉率与剥刮率、原料品质和磨辊表面技术特性等有关。剥刮率高,出粉率高;剥刮率低,出粉率低;软质麦多时,出粉率高。由于1皮、4皮和5皮的面粉质量都比较差,因此应尽量少生产皮磨粉。一般情况下,皮磨总出粉15%～20%,其中1皮出粉2%～6%、2皮出粉8%～10%、3皮出粉5%～8%、4皮出粉5%～8%(均为占本道的出粉率)。

2. 皮磨系统的单位流量

各道皮磨的单位流量主要与制粉方法、研磨道数、产品质量、出粉率、设备的技术特性、研磨程度及物料品质有关。磨制等级粉时,皮磨系统的单位流量见表10-5。由表可知,皮磨系统的单位流量是逐渐降低的。因为皮磨系统的物料随着系统位置的后移,胚乳含量越来越少、麦皮含量越来越多、物料容重减小、流散性变差。后道皮磨的磨粉机流量不宜过大,否则会出现"轧不透""刮不净"现象。

表10-5　磨制等级粉时皮磨系统的流量

系统	磨粉机/[kg/(cm·d)]	平筛/[t/(m²·d)]	系统	磨粉机/[kg/(cm·d)]	平筛/[t/(m²·d)]
1B	800～1000	9～15	4B	200～350	4～6
2B	450～650	7～10	5B	200～300	3～4
3B	300～450	4.5～7.5			

平筛的单位流量相差较大,选用高限时,应增加筛格高度并增加重筛的筛理面积。

三、渣磨系统

(一)渣磨系统的作用

渣磨的作用是处理从皮磨提出的大粗粒或从清粉系统提出的粘有麦皮的胚乳粒,经磨辊轻微剥刮,使麦皮与胚乳分开,再经过筛理,回收质量好的胚乳。渣磨处理的物料粒度较小,不宜进入下道皮磨研磨,但它又不是纯净的胚乳,所以也不宜进入心磨研磨。

(二)渣磨系统的道数和磨辊接触长度

渣磨系统的道数一般为2道,当加工硬质麦或磨辊接触长度较长时,可增加为3道渣磨;当磨辊接触长度较短时,可减少为1道渣磨。渣磨系统的磨辊接触长度为0.8～1.2 mm/(100 kg·d),占全部磨粉机磨辊总长的7%～10%。

(三)渣磨系统的流程

加工硬麦时,通常采用"先清粉,后入渣"的渣磨系统,见图10-2所示。该流程的主要特点是清粉范围较宽，一等品质的粗粒提取率较高，入渣磨的物料质量较均匀一致，研磨周转率低，适合加工硬度大的小麦。缺点是清粉设备使用稍多。

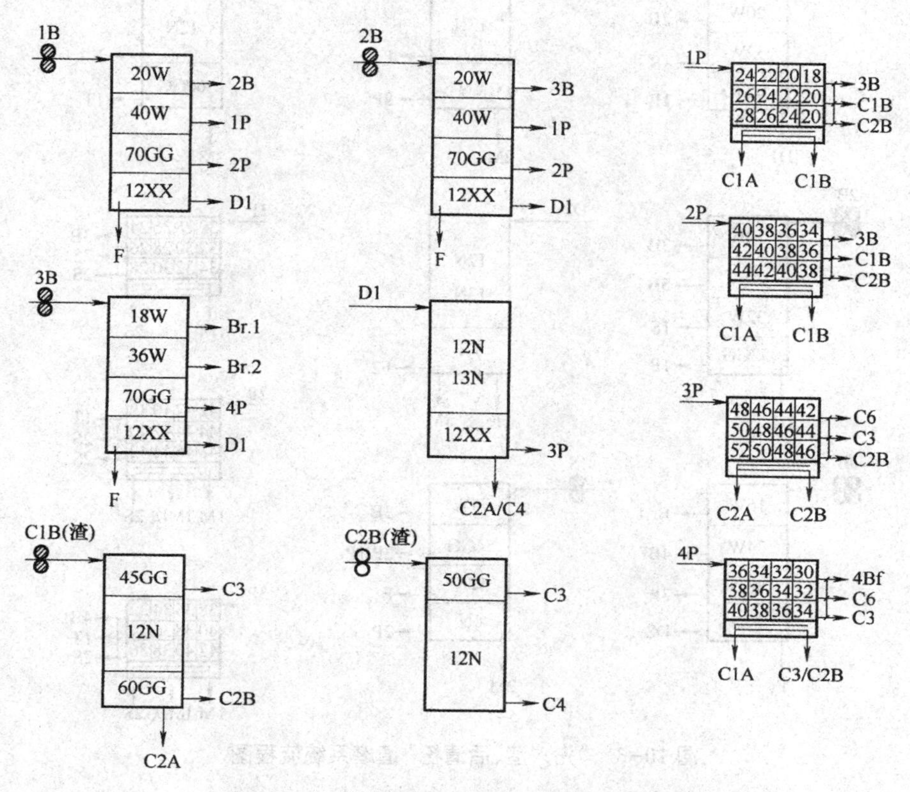

图 10-2 “先清粉、后入渣”渣磨系统流程图

加工软麦时，有时采用“先入渣，后清粉”的渣磨系统，如图 10-3 所示。该流程的主要特点是充分发挥了渣磨系统的作用，清粉范围稍窄，清粉机使用数量较少，适合加工硬度低的小麦。缺点是渣磨物料的质量不均匀，研磨周转率高，一等品质的粗粒提取率稍低。

加工硬麦提取高质量面粉时，通常采用“先清粉，后入渣，再清粉”的渣磨系统，如图 10-4 所示。该流程的主要特点是不仅充分发挥了清粉系统的作用，而且充分挖掘渣磨（甚至粗心磨）系统的潜力，尽可能多提取一等品质的粗粒和麦心，进而提取数量较多的高精度面粉。缺点是清粉机使用台数较多，操作管理要求稍高，不适用于加工软质小麦。

渣磨系统的筛号配备见流程图。渣磨平筛中分级筛的选配，是根据平筛的流量、筛理物料的特性和达到粉路流量平衡的要求而决定的。

（四）渣磨系统磨辊的技术参数

采用齿辊时，一般使用大齿角、密牙齿、小斜度，如表 10-6 所示。使用齿辊的特点是磨下物的流散性较好。有利于物料的精选，轧距操作要适当放松，否则会影响面粉质量。

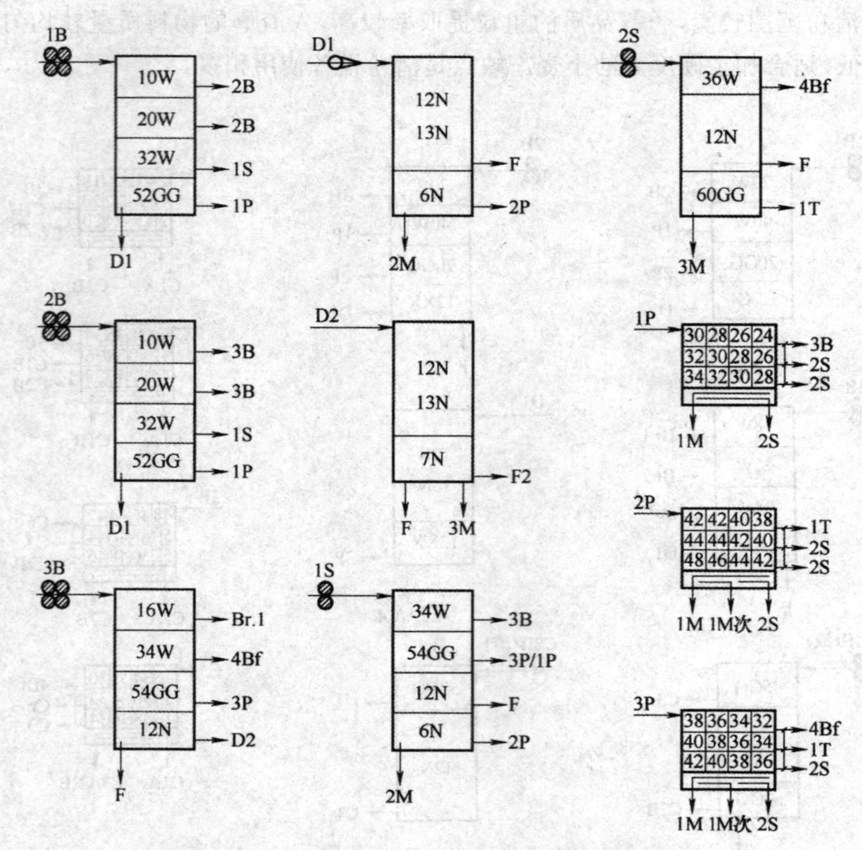

图 10-3 “先入渣、后清粉”渣磨系统流程图

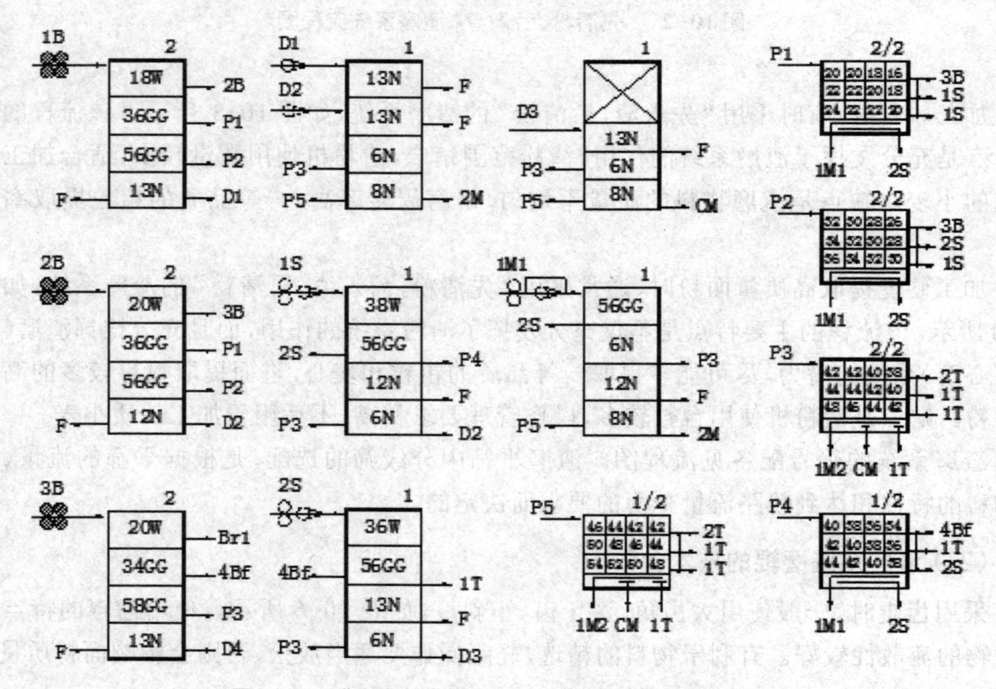

图 10-4 “先清粉、后入渣、再清粉”渣磨系统流程图

表 10-6 渣磨系统磨辊的技术参数

系统	转速 /（$r \cdot min^{-1}$）	齿数 /（牙 $\cdot cm^{-1}$）	齿角 /°	斜度 /%	排列	齿顶平面 /mm	速比
1S	450～550	22～24	40/70 70/70	4～6	D-D	0.1	1.5∶1
2S	450～550	24～26	40/70 70/70	4～6	D-D	0.1	1.5∶1

采用光辊时一般采用1.25∶1～1.5∶1的速比。使用光辊的特点是：轧距的适当松、紧对面粉的质量影响不是很大，当渣磨的物料需要清粉时，轧距操作可适当放松；当渣磨物料不清粉、心磨物料较多时，渣磨的轧距操作可适当紧一些，多出一些面粉，以减少心磨系统的负荷，当然对面粉的质量会稍有一点影响。

（五）渣磨系统的操作指标

渣磨系统的取粉率一般为5%～25%，当入磨物料较差或使用齿辊时应取低值。渣磨系统的单位流量见表10-7，使用齿辊时流量可取上限。

表 10-7 渣磨系统的单位流量

系统	磨粉机 /[$kg \cdot (cm \cdot d)^{-1}$]		平筛 [$t \cdot (m^2 \cdot d)^{-1}$]
	3 道	2 道	
1S	350～500	350～450	5～7
2S	300～450	300～400	4～5
3S	200～250		3～4

四、清粉系统

（一）清粉的作用

清粉机的作用是将皮磨、渣磨或前路心磨提出的粗粒、麦心进行精选，按质量分成麸片、粘有麦皮的胚乳和纯胚乳粒。这样，将分出的纯净的胚乳按品质不同，分别送入相应的心磨研磨，就可避免麦皮粘染物料，以提高面粉质量。

进入清粉机的物料，必须先经分级并尽可能筛净面粉。入机物料均匀一致，选用合适的筛网，配备适量的空气气流量，可保证清粉效果。否则，清粉物料中掺有面粉或粒度悬殊太大，将会降低清粉效果。进机物料粒度均匀时，质量不同的物料其悬浮速度差别大，清粉效果好。进机物料的粒度范围较大时，质量好粒度小的物料的悬浮速度与质量差的粒度大的物料相同或相近，两者难以分离，清粉效果较差。

（二）清粉机筛号的配置

清粉机筛号的配置见项目九任务三。

（三）清粉系统与研磨系统、筛理系统的关系

（1）清粉系统的设置，是依据磨粉机对物料剥刮、研磨，造渣、造心数量来决定的，与原粮的水分、硬度、磨粉机技术参数、磨粉机的剥刮指标、磨粉机的操作水平有关。

（2）由于清粉机进机物料的粒度范围极其有限，又不能含有太多的细粉，所以清粉系统与筛理系统又密切相关。

（3）清粉系统提纯物料的目的就是给磨粉机提供既纯又粒度相近的入磨物料，从而提高磨粉机的研磨效率。

（4）清粉系统、研磨系统、筛理系统有机结合，促使面粉的等级更高，出粉更多。

（四）清粉系统在制粉流程中与研磨系统、筛理系统的组合

1. 1B/2B 系统

1B/2B 磨粉机	筛粉机	清粉机	磨粉机
麦渣（粗粒）：	20W/32W-36W	→ P1	→ 1Mc、1Mf、1S
麦心（中粗粒）：	32W-36W/56GG-60GG	→ P2	→ 1Mc、1Mf、1S
细麦心（细粒）：	56GG-60GG/7XX → D1\D2	→ P3\P5	→ 1Mc、1Mf、2S
粗粉（粗粉粒）：	7XX/11XX-13XX		→ 2M、3M
面粉（细粉粒）：	过 11XX-13XX		

2. 3B 系统

3B 磨粉机	筛粉机	清粉机	磨粉机
麦渣（中粗粒）：	38W/56GG-60GG	→P	→2M、3M、2S、1T
麦心（细粒）：	56GG-60GG/7XX	→P3\P5	→2M、2S、1T、4Bf
粗粉（细粒）：	7XX/12XX-13XX→D3	→P3\P5	→2M、3M
面粉（细粉粒）：	过 11XX-13XX		

3. 1S 系统

1S 磨粉机	筛粉机	清粉机	磨粉机
麦心（中粗粒）：	42W/56GG-60GG	→P4	→2M、3M、2S、1T
细麦心（细粒）：	56GG-60GG/7XX	→P3\P5	→2M、2S、1T、4Bf
粗粉（细粒）：	7XX/12XX-13XX→D2	→P3\P5	→2M、3M
面粉（细粉粒）：	过 11XX-13XX		

4. 1 Mc 系统

1MC 磨粉机	筛粉机	清粉机	磨粉机
麦心（中粗粒）：	42W/56GG-60GG	→P4	→2M、3M、2S、1T
细麦心（细粒）：	56GG-60GG/7XX	→P3\P5	→1Mf、2S、1T、4Bf
粗粉（细粒）：	7XX/12XX-13XX		→2M
面粉（细粉粒）：	过 11XX-13XX		

经过上述流程，经过皮磨、渣磨剥刮下来的麦渣、麦心以及渣磨新造的小渣粒、小心粒和粗心磨分出的麦心又重新清粉，清粉总量将超过 1B 总量的 65%，可以大大增加前路心磨的流量（1M、2M、3M），从而大大提高优质面粉的质量和数量。

（五）清粉系统的流程

鉴于清粉系统在粉路中的重要作用，其工艺设置倍受制粉工作者的重视和青睐，因而也具有较多的形式和灵活性及创新。传统上依据从1B、2B筛分出的粗粒物料是先去清粉机还是先去渣磨及渣磨研磨后的物料是否再进行清粉，将渣磨和清粉系统的工艺设置分为“先入渣、后清粉”“先清粉、后入渣”和“先清粉、后入渣，再清粉”三种形式。其中，“先清粉、后入渣，再清粉”的工艺形式目前应用较多。但是，即便是“先清粉、后入渣，再清粉”的工艺形式，在清粉范围和系统的设置上也没有固定的模式。

传统清粉工艺一般设置四道清粉。但在现代制粉技术中，为使进入前路心磨的物料数量更多质量更好，清粉系统的设置与传统工艺相比发生了较大的变化。变化主要体现在扩大了清粉范围并采用了重复清粉的流程形式。清粉范围的扩大使更多的物料进入清粉机，有利于提高前路心磨的流量。重复清粉工艺是将清粉机中后段筛下物乃至第三层筛上物不太纯净的麦心再集中起来，送往清粉机再进行精选提纯一次，可获得比只有一次清粉较多的纯净麦心，该流程是近年来对“先清粉、后入渣，再清粉”的工艺形式进行的一种创新，使进入前路心磨的物料数量更多质量更好，但设备投资和电耗较高，操作管理复杂，多在近几年新建或改建的大中型粉厂使用。

清粉系统的流程参见图10-5。

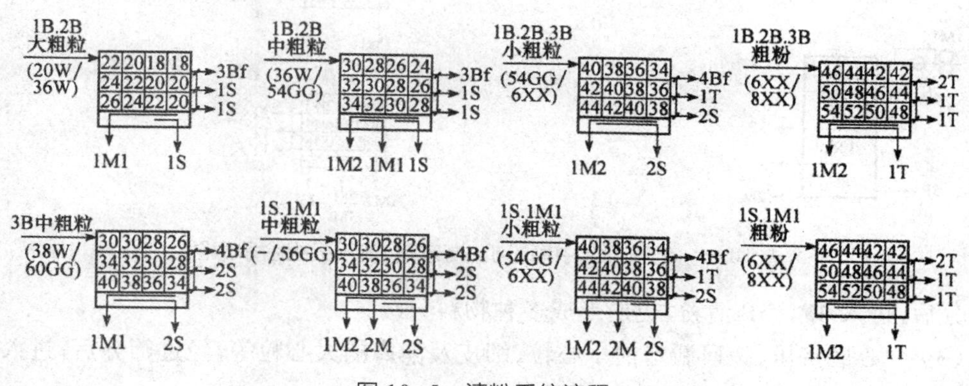

图10-5　清粉系统流程

设计好清粉系统的工艺流程即清粉机进机物料的组合及清后物料的去向是科学合理配置清粉系统的关键。原则上只有粒度相近、品质相同的物料才能合并清粉，清后物料的去向应尽可能做到粒度相近的纯胚乳粒进入同一研磨系统、粒度不同的纯胚乳粒进入不同研磨系统，以提高研磨效果，保证面粉质量及出率。

（六）扩大清粉范围的清粉系统粉路设计举例

由图10-6的磨粉机、高方筛、清粉机的优化组合可以知道：

（1）皮磨剥刮的粗粒、中粗粒、细粒经筛分后全部经过清粉机分级纯化。物料进入1P、2P、3P、4P分为纯净一等品质大粒麦心（入一心粗磨），一等品质细麦心（入一心细磨），一等品质渣粒（入一渣磨、二渣磨），一等细皮（入三皮磨）；二等品质的细麦心（入二心、三心磨），二等品质的渣粒（入一尾磨），一等细皮（入三皮磨），二等细皮（入四皮磨），轻麸屑（经吸麸粉筛分成细麸皮）、吸风粉等多种物料。

（2）渣磨剥刮、挤压、搓研新造的小渣粒、小心粒、胚片、细皮及漏磨的大渣粒等，经

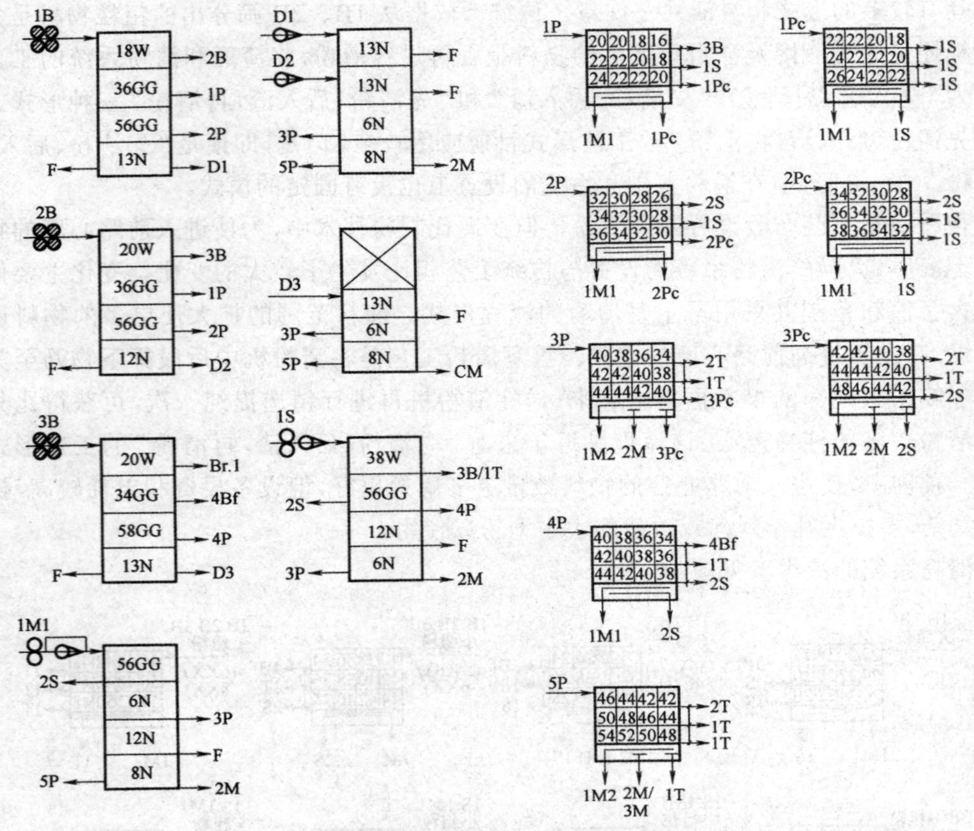

图 10-6　制粉工艺中磨粉机、高方筛、清粉机组合示意图

过筛分后，进入 4P、3P 清粉，也能形成多种物料分级。

（3）一心磨挤压、搓研新造的小心粒、细皮及漏磨的大心粒等，经过筛分后，进入 5P、3P 清粉，也能形成多种物料分级。

（七）重复清粉，提高清粉效果

一般情况下，清粉机前中段筛下物较为纯净，随着中后段物料逐步减少，料层越来越薄而容易被吹穿，从而导致筛下物不纯、含细麸星。将清粉机中后段乃至第三层筛上物不太纯净的麦心再集中起来，送往清粉机再精选、清粉一次，即重复清粉，以获得比只有一次清粉较多的纯净麦心，应特别注意进入重复清粉的物料流量和吸风量应配置合适。在生产颗粒粉时，重清是必不可少的工序。重复清粉工艺设计如图 10-6 所示。

（八）清粉机的单位流量

清粉机的单位流量主要和颗粒的流动性、容重、筛孔的大小及吸风量有关。当颗粒的容重高、流动性好、清粉机筛孔适当放稀、吸风量适量增大时，清粉机的单位流量取高限，否则应取下限。清粉机的单位流量及吸风量见表 10-8。

表 10-8 FQFD46×2×3 清粉机的单位流量及吸风量

系统	流量 / ($kg \cdot h^{-1}$)	风量 / ($m^3 \cdot h^{-1}$)
大粗粒	2 000 ～ 2 800	3 200 ～ 4 200
中粗粒	1 500 ～ 2 200	2 600 ～ 3 200
小粗粒	800 ～ 1 500	2 400 ～ 2 800

五、心磨系统

（一）心磨的作用

心磨是将皮磨、渣磨及清粉系统获得的比较纯的胚乳磨细成粉，同时尽可能减少麦皮和麦胚的破碎，并通过筛理的方法将小麸片分出送入尾磨，将麦心送入下道心磨处理。从末道心磨平筛分出的筛上物，作为麸粉饲料。通常在心磨系统的中后路设置两道尾磨，专门处理心磨、渣磨、皮磨或清粉系统的细小麸片及部分粒度较小的连麸粉粒，经过尾磨的轻微研磨，由平筛分出二、三等品质的麦心送入中、后路心磨研磨。

在现代制粉厂心磨大都采用光辊，物料经光辊研磨后，部分胚乳会形成粉片。粉片如不粉碎，便不能及时地从平筛中提出面粉，而被推往后路心磨重复研磨，势必降低磨粉机的效率。为此，在心磨系统经光辊研磨后的物料，立即送入松粉机将粉片打碎，同时将大颗粒的胚乳粉碎成小颗粒，小颗粒的胚乳粉碎成面粉，从而起到辅助研磨的作用。实践证明，松粉机可大大提高心磨的出粉率，且对面粉的质量影响不大。

（二）心磨系统的道数和磨辊接触长度

采用中路出粉的制粉方法磨制等级粉，一般需要 6 ～ 8 道心磨，1 ～ 2 道尾磨。从前路皮磨、渣磨或清粉系统获得的心磨物料，不可能一次研磨就全部成粉。此外，中后路皮磨和渣磨系统还将不断地制造品质逐渐变差的心磨物料，为此心磨系统需要有一定的长度。硬度大、水分低的小麦，胚乳坚硬难以磨细成粉，加之皮磨系统获得的粗粒和麦心数量较多，因此心磨的道数比加工软麦长，宽度比加工软麦大。心磨系统的接触长度见表 10-9。

表 10-9 心磨系统的磨辊接触长度

心磨名称	1M	2M	3M	1T	4M	5M	2T	6M	7M	8M
磨辊接触长度 /[mm/(100 kg·d)]	1.0 ～ 1.5	1.0 ～ 1.2	0.5 ～ 1.0	0.5	0.5	0.5	0.5	0.5	0.5	0.5
总计	3.0			3.5						

（三）心磨系统的流程

心磨系统的流程较为简单，如图 10-7 所示。在前路心磨，物料经研磨后撞击松粉再筛理，提出一等品质的面粉，再分为麦心（粗粉）和粗头，麦心进入下道心磨研磨，粗头为含麸屑较多的胚乳，进入细渣磨或一尾磨处理。中路心磨研磨的是二等品质的麦心（粗粉），物料研磨后经打板松粉后再筛理，提出二等品质的面粉，分出的粗头进入二尾磨，麦

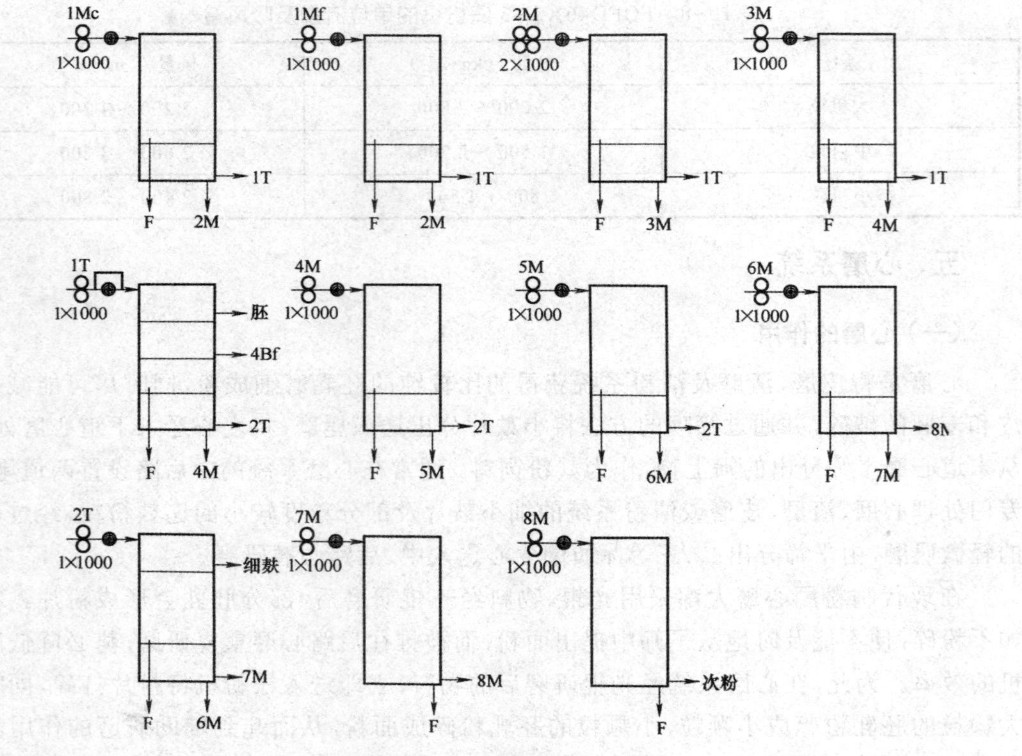

图 10-7　心磨系统的流程

心进入下道心磨处理。后路心磨研磨的是三等品质的麦心，物料研磨后经打板松粉机再筛理，最后一道心磨的筛上物作为麸粉饲料。

需要提胚时，一尾磨后采用打板松粉机可以取消或降低打击作用，以免将压成片状的麦胚打碎。一尾筛通常采用 16 ～ 18 W 的筛网提胚，用 40 ～ 44 W 的筛网提取粗头（小麸片）送入后路细皮磨，用 60 ～ 70 GG 的筛网提取中头（细小麸片）送入二尾处理，细头送入中路心路处理。二尾研磨后经打板松粉再筛理，40 ～ 50 GG 的筛上物（粗头）作为细麸皮直接打包，筛下物再进行一次分级，分别送入后路心磨处理。

面粉厂生产中，粉筛和分级筛的筛号，应根据工艺要求、产品标准、原料品质以及加工厂的具体情况进行合理配置。通常，要提高心磨物料纯度、降低高质量面粉的灰分时，应加密粉筛和分级筛筛号，如果一号粉的提取率大于 45%，分级筛的筛号不能过密，否则将会减少一号粉的提取率。心磨的筛号配备见表 10-10。

表 10-10　分级筛的筛号配备

系统	在制品	穿过筛号	留存筛号
1M	粗头 中头	— 50GG	50GG 6XX
2M、3M	粗头	—	6 ～ 7XX
4M、5M	粗头	—	70GG ～ 7XX

续表

系统	在制品	穿过筛号	留存筛号
1T	粗头 中头	— 40～44GG	40～44GG 60～70GG
2T	粗头 中头	— 40～50GG	40～50GG 64～70GG

在现代制粉技术中，为提高高精度面粉的质量及出率，已将传统的心磨系统流程做了一些较为关键的变动，这些变动主要体现在：

（1）将前路心磨磨辊接触长度加宽后路心磨缩短变窄。前路加宽的目的在于使磨辊研磨区物料层变薄，让大量来自清粉系统的低灰分纯净物料得到充分的研磨，以在前路心磨大量提取低灰分面粉，防止物料后推，与后路高灰分物料合并重复研磨，形成二次污染。

（2）将前路心磨平筛筛出的部分物料到清粉机进行清粉。扩大了清粉范围，利于提高优质粉的出粉率。

（四）心磨系统磨辊的技术参数

心磨系统磨辊的常用技术参数见表10-11。

表10-11 心磨系统磨辊的常用技术参数

系统	速比	中凸度/μm（1 000 mm磨辊）	转速/（r/min）（直径250 mm磨辊）	备注
1～3M	1.25∶1	30～45	480～540	喷砂
其他心磨	1.25∶1	25～30	400～480	喷砂

现代制粉工艺中，心磨、尾磨几乎全部用光辊，配以低速比，其目的是为了减少麦皮的破碎，保证面粉的质量和面粉出率。另外，要想提高产量、出粉率，喷砂时可使用粗粒金刚砂；要想提高面粉细度质量，喷砂时可使用较细的金刚砂。

（五）心磨系统的操作指标

1. 心磨系统的取粉率

为了保证心磨系统有效地进行研磨和筛理，就必须首先将粒度和灰分相近的物料送入同一道心磨，有时还要考虑物料的内在品质（面粉的吸水率、烘焙性能、蒸煮性能）及白度等。此中的奥秘是要掌握“同质合并”中“质”的尺度。生产的面粉质量要求越高，“同质”的项目越多（各项理化指标），同质的具体要求就越严。如果生产的面粉质量要求不高，则同质的具体要求就低。另外，要使各道设备的流量均衡适当，以达到理想的生产效率。

心磨轧距大小取决于物料的粒度、流动性以及单位流量的高低。理论上，轧距的大小不能大于研磨物料所留存的筛孔宽度。缩小轧距可以提高该道心磨的取粉率，但也不能轧得过紧，以免磨粉机产生振动、磨辊温度过高，影响面粉质量。现代制粉工艺流程中，心磨系统是主要的出粉部位。当磨制出率72%～74%的面粉时，整个心磨系统的取粉率为50%～56%，各道心磨的取粉率见表10-12。

表10-12 各道心磨占本道的取粉率

系统	1M	2M	3M	4M	5M	6M～8M	T
取粉率/%	40～55	40～55	30～40	20～35	15～30	10～20	10～20

2.心磨系统的单位流量

采用常用制粉法生产等级粉时，磨辊采用光辊，面粉粒度很细，心磨系统的流量较低。心磨系统的单位流量主要和研磨物料的性质有关，当物料颗粒较粗、流动性较好时，单位流量取高值；当物料颗粒较细、含粉较多时，单位流量取低值。其单位流量见表10-13。

表10-13 心磨系统的单位流量

系统	磨粉机单位流量/[kg/(cm·d)]	平筛单位流量/[t/(m^2·d)]
1M	250～350	5～7
2～3M	150～300	5～6
4～9M	100～250	4～5
1T	200～250	5～6
2T	150～200	4～5

任务三 面粉收集

【学习目标】

通过学习和训练，了解面粉收集的目的与方法，能根据产品要求调整面粉的比例，并能进行常见故障的排除。

【技能要求】

能根据产品要求调整在制品的比例。

【相关知识】

一、根据产品要求调整面粉的比例

（一）面粉收集的目的与方法

粉路中的出粉口有多个，因此必须设置相应的设备收集各出粉口排出的面粉。由于粉路中不同部位面粉的品质各不相同，因此应根据产品要求及面粉的品质，对各出粉口提取的面粉进行分配、组合，以形成符合要求的产品。由于平筛窜漏等原因，提取的面粉中可能混入少量较粗的物料，故对收集后的面粉应采用检查筛进行检查，以将其中的粗物料筛出，保证产品的质量。所以，面粉收集的主要目的就是根据产品要求及各出粉口面粉的品质，对各出粉口提取的面粉进行收集、分配、组合、检查，以形成符合要求的产品。

常用粉绞龙收集各出粉口的面粉。一般在平筛的下一层楼面，沿车间纵向平行地设置 2～4 台分别收集档次不同的面粉，并分别与对应的检查筛相连，如图 10-8 所示。

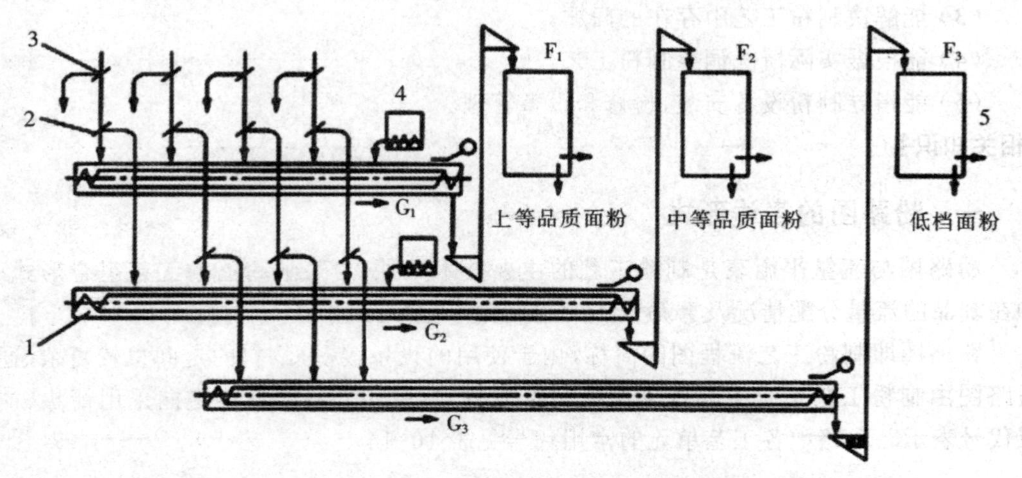

1. 面粉收集绞龙；2. 物料去向选择拨斗；3. 取样拨斗；4. 微量给料器；5. 面粉检查筛

图 10-8 面粉的收集

由于各方面条件的变化，各出粉口的面粉品质可能改变，因此，在生产过程中，应通过取样拨斗检测各出粉口面粉的品质情况，通过选择拨斗调节面粉的去向，以在满足产品质量要求的前提下，尽量提高优质粉的出粉比例。微量给料器用于向面粉中加入少量的粉末状食用添加剂，以改善面粉的品质，在无配粉工艺的情况下应更加重视。

（二）根据产品要求调整面粉比例

生产通用粉时，各粉绞龙收集的面粉经检查后是作为产品打包出厂的，这时面粉比例的调整应根据对产品质量和出粉率的要求进行调整。由于一般前路粉质量好于后路，心磨粉质量好于皮磨，所以生产通用粉时，一般是将粉路前路提取的面粉调整到较高档次产品的粉绞龙，中后路提取的面粉调整到中、低档次产品的粉绞龙。具体调整时还要结合各粉口面粉的灰分、粉色来调整。

生产高、低筋粉时，除了灰分、粉色外，还应结合面筋的数量和品质指标进行调整。

生产专用粉时，如果有配粉仓，各粉绞龙收集的面粉通常是作为基础粉进入配粉仓，如果没有配粉仓，粉绞龙收集的面粉就是某种成品专用粉。各粉绞龙中面粉的比例最好由品控部门分别对各粉口的面粉进行品质分析，确定出各粉口面粉的收集、搭配方案后，车间生产人员严格按照品控部门的要求进行调整。

任务四 粉路分析与调整

【学习目标】

通过学习和训练，了解粉路图的表达形式，熟悉流量平衡表的作用及其编制方法，熟悉粉路分析的基本方法。

【技能要求】

（1）能绘制粉路图。

(2)能编制流量平衡表。

(3)能解决制粉工艺中存在的问题。

(4)能根据实际情况调整制粉工艺。

(5)能指导制粉设备安装、检修和设备管理。

【相关知识】

一、粉路图的表达形式

粉路图与流量平衡表是制粉工艺的主要技术文件,可表达粉路的工艺组合形式、各种在制品的流量分配情况及磨筛设备的主要操作指标。

粉路图即制粉工艺流程图的简称,由于使用的设备较多,物料的走向也较复杂,通常粉路图由制粉工艺系统中的各工作单元组成,而各单元之间的物料走向采用箭头、文字或代号表示。粉路中各工艺单元的常用代号见表10-14。

表10-14 粉路中主要工艺单元的代号

系统代号	含义	设备代号	含义	产品代号	含义
B	皮磨	D	重筛(再筛)	F	面粉
S	渣磨	BrF	打麸机	Br	麸皮
M	心磨	BrB	刷麸机	G	麦胚
P	清粉				
T	尾磨				

粉路图中的图形符号应能简单明确地反映设备的特点。一般用该设备最具有代表性的剖面或一个投影面的示意图来表示。GB 12529—2008《粮油工业用图形符号、代号》规定了粉路图中通常使用的图形符号及有关代号,如图10-9所示。

二、流量平衡表

(一)粉路流量平衡表的作用

在粉路设计与粉路分析中,都要用到粉路流量平衡表,流量平衡表的来源有两个,一个是根据理论要求进行编制,另一个是根据生产实际进行工艺测定而得到的粉路流量与质量平衡表。流量平衡表的作用如下。

(1)通过流量平衡表,可较全面地反映粉路中各系统各道物料流量分配的比例(占1B%)。

(2)通过流量平衡表,可反映出粉路中各系统各道的剥刮率和取粉率的操作指标。

(3)流量平衡表中的数据是设计、操作粉路的重要依据。

(4)实际测定得到的流量平衡表中的数据是进行粉路分析与调整的的重要依据。

一般来说,流量平衡表是设计出来的,而流量与质量平衡表,是实际生产测定出的结果。通过比较同一粉路的两种平衡表,对照当前的生产情况,既可找出工艺操作方面的问题,又可提高粉路设计的水平。

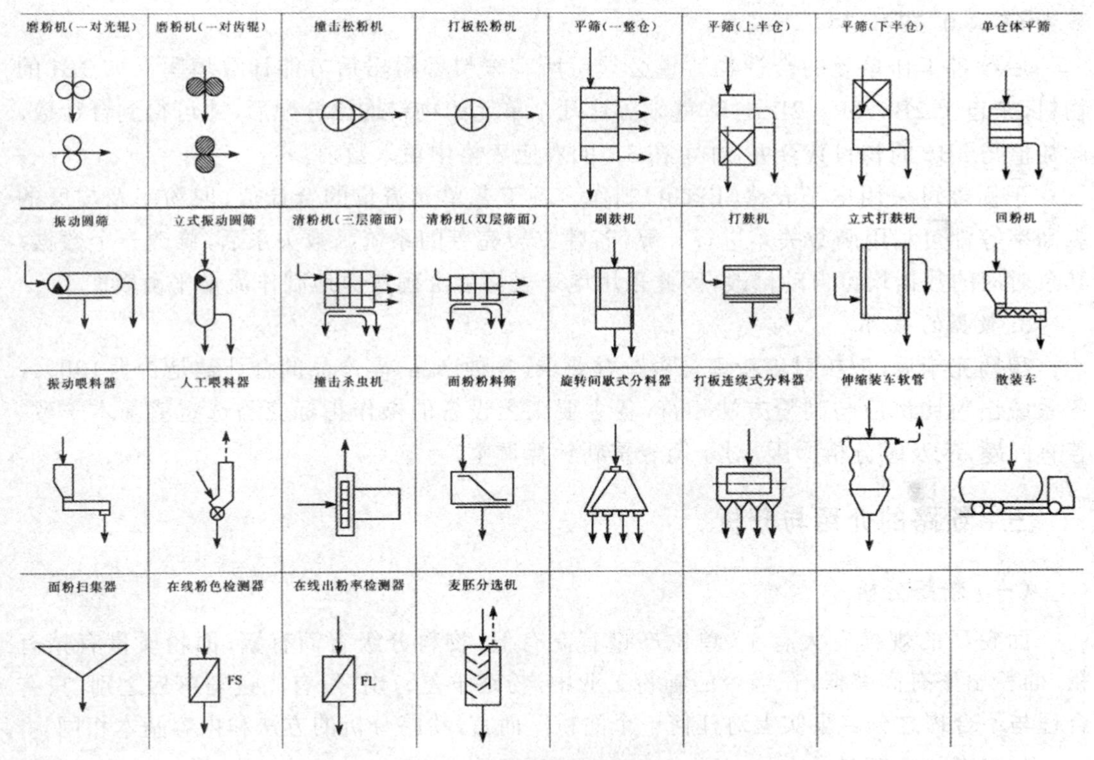

图 10-9　粉路图中常用图形符号

根据平衡表，可得到各道皮磨的剥刮率、取粉率及各类在制品的分配比例。如 1B 进入 2B 的物料量为 75，则 1B 的剥刮率为(100 － 75) % ＝ 25%，取粉率可在平衡表中直接表示出，如 2%。其他各道如 2B 进入 3B 的物料量为 35，取粉量为 3，2B 的绝对剥刮率为(75 － 35)/75 ＝ 53.3%，绝对取粉率为 3/75 ＝ 4%。

平衡表中的数据与原料性质、磨粉机的操作、平筛的筛网配备等因素密切相关。要使粉路流量平衡表真正发挥指导生产的作用，关键在于制定平衡表时，所采用的数据必须与该厂的实际情况相适应。

对于已正常运行的粉路，通过工艺测定，可得到该厂各道设备的实际流量及各类物料的灰分值，由此制作的平衡表称为流量质量平衡表，每种物料均用流量 / 灰分的形式来表达，如 13/0.6，表示该物料的流量占 1B 的 13%，灰分为 0.6%。

(二) 流量平衡表的确定

1. 平衡表空白表格的制作

首先根据流程的工艺设置确定表格的总行数和总列数，然后按工艺顺序填写各工作单元的名称。

2. 按顺序填写数据

按工艺顺序填写流量数据，一般从 1B 开始。按 1B 的物料分配比例，分别将数据填入对应的表格中。其余各道设备分配的物料比例应分别折算为占 1B 流量的百分比再填入表中，如 2B 的物料量为 65，已确定其中 37% 的物料进入 3Bc，对应表格中填入的数据

就为 $65 \times 0.37 = 24$。

后续各工作单元的合计物料量必须待所有来料都得出后方能计算填写。如3Bf的物料，来自于2B、1P、2P、1S，就须等这几个单元的物料均已分配后，才可得到合计数，此数值与3Bc的物料数合并，才可在3B的对应表格中填入数值。

平衡表可采用电子表格(Excel)制作。各工艺单元流量的合计值、取粉率及皮磨的剥刮率等都可利用函数关系进行计算，若建立较完善的系统函数关系后，修改一个数据，其余对应的数据均可自动修改，因此采用电子表格能准确快捷地制作流量平衡表。

3. 数据的核对

填写完毕后，应核对出粉率是否符合要求，各种产品、副产品的合计数是否为100%，各系统出粉比例应与制粉方法相符，各主要工艺设备的操作指标应与选定值基本一致。若有问题，应及时分析原因，对平衡表重新计算调整。

三、粉路的介绍与分析

(一) 粉路分析

面粉厂的规模有大有小、单位产量有高有低，物料分级有简有繁、面粉质量有精有粗、面粉出率有高有低，在当今的制粉工业中，粉路千差万别，没有先进与落后之别，只有合理与不合理之分。事实上对任何一个面粉厂而言，粉路分析的方法和内容基本相同。

1. 工艺的合理性

根据原料品质、产品的质量要求、单位产量的多少、设备效能的高低等，分析制粉工艺的长度、宽度和分级情况是否合理。加工软麦时，皮磨的道数应适当加长，皮磨的设备分配比例特别是中后路应适当增加。加工硬麦时，渣磨与心磨的道数应适当加长，渣磨与心磨的设备分配比例增加。生产高精度面粉时，单位产量应适当降低，物料的分级应加强(包括清粉机的分级与平筛的分级)，心路系统的出粉率应增加。生产低质量、高出率面粉时，单位产量应提高，物料的分级应简化，皮磨系统的出粉率应增加。制粉工艺最关键的是各项工作的协调与配合。粉路的长度和宽度必须和设备配置、操作指标、技术参数配备等完美地匹配在一起。

2. 各系统物料粒度曲线

在条件许可的情况下，应做出各系统物料粒度曲线，重点是1皮、2皮与3皮的物料粒度曲线，比较生产效果最好时与生产效果最差时粒度曲线的变化，判定各系统的研磨操作指标是否合理。

3. 各系统提取面粉的质量

比较各出粉点的面粉流量与面粉的灰分，画出累计取粉率、累计平均灰分曲线，从而调整部分不合理的粉筛筛号或筛理长度。

测出各出粉点的面粉白度、吸水率，绘出其粉质曲线、拉伸曲线，做出其制作各种食品性能的评价，为调整面粉或基础粉的在线搭配做好准备。

4. 流量与质量平衡

编制面粉厂的流量与质量平衡表。注意各台设备，如磨粉机、高方平筛、清粉机、打麸机，松粉机等，其负荷应相对均衡，不能出现某台设备的负荷有过大或过小的现象；各系统物料的来料应符合“同质合并”原则。

没有条件进行流量与质量测定的面粉厂，可做物料排比试验，用感观判定各系统物料质量平衡状态的好坏。

5. 各台设备的选用和使用情况

分析各台设备的选用和使用情况，如清粉机的筛出率、物料灰分降低率；打麸机的麸皮灰分增加率、打麸粉的提取率；心磨松粉机的面粉出率增加值、面粉灰分增加量等。

6. 工艺中各种技术参数配备的合理性

分析工艺中各种技术参数配备的合理性，据此进行调整。

此外，还应检查磨辊拉丝质量、筛面张紧状态（平筛与清粉机）、清理装置的使用效果、吸风粉的数量、机器安装的水平和牢固程度、管道的安装角度等。

7. 利用制粉曲线对制粉操作的控制

前面介绍了粒度曲线和皮磨剥刮率的应用，主要目的是用这两种方法控制皮磨系统的操作和整个粉路的物料分配及平衡，接下来将着重介绍累计出粉率－灰分曲线、累计出粉率－白度曲线、累计出粉率－蛋白曲线的方法，以综合评述和分析整个粉路各出粉点的精度及与出粉率的关系。

（二）累计出粉率曲线

1. 累计出粉率－灰分曲线

面粉灰分含量是反映面粉精度的重要质量指标之一。面粉灰分含量高于国家标准规定时，面粉精度降低，必须降低等级出售，面粉厂为保证产品精度往往要降低出粉率，这是粉路设计中的主要矛盾。如何在降低灰分值的同时，得出最多的面粉（最高的出粉率），这是综合评价制粉工艺优劣的重要指标。制粉工艺中随着各道磨辊的剥刮和研磨，麸皮上的胚乳越来越少，后路系统的面粉质量越来越差，总的趋势是随累计出粉率的增加，其面粉中灰分含量越来越高。当在直角坐标系中分别以这二个变数为横坐标和纵坐标，它们之间关系则会以一条弧形曲线的形式出现，这就是累计出粉率－灰分曲线。

（1）定义。将粉路中各出粉点的面粉按灰分由低到高的顺序排列，横坐标为占1B入磨净麦百分比的各出粉点的出粉率，纵轴表示灰分加权平均累计数，将相对应的各点连接起来所形成的曲线则称为累计出粉率－灰分曲线，又简称累计灰分曲线。

不同的地区往往采用不同的灰分表示方法，有的用面粉中干物质为基数所计算的灰分值称为干基灰分；有的用面粉在某一标准水分时实际重量为基数所计算的灰分值为湿基灰分。在二种数值相同时，干基灰分实际值要比湿基小。这样，在绘制灰分曲线时所采用表示方法不同则会得出二种完全平行的曲线，我们实际工作中参照研究文献要注意分清是干基灰分曲线还是湿基灰分曲线，一般不注明灰分值基准的则为干基灰分，图10-10为某面粉厂的干基和湿基灰分曲线、湿基标准水份为14.0%。

（2）累计灰分曲线的评价。不同粉厂之间的累计灰分曲线不同。同一粉厂在加工不同原料或磨研操作变化时，累计灰分曲线也不相同。通过评价累计灰份曲线的高低可以

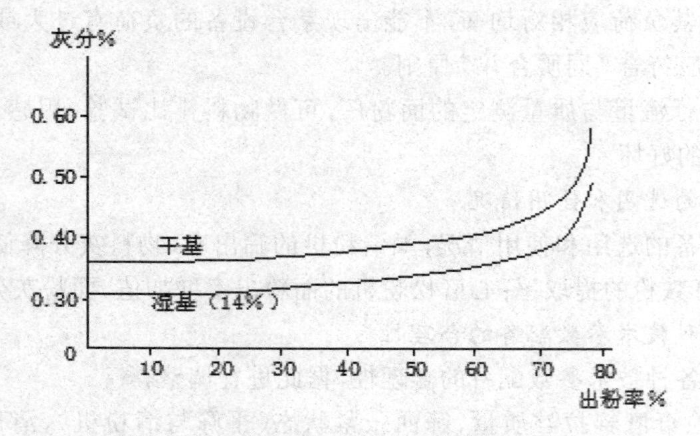

图 10-10　某面粉厂干基、湿基灰分曲线图

评价制粉工艺及操作的优劣。

① 与最佳曲线进行比较、评价。什么样的灰分曲线为佳呢？原则上说就是灰分值最低、面粉出率最高时所绘制的曲线为最佳。日常生产中所绘制的曲线可以和最佳曲线对比，找出差距，调整工艺或操作，以达到最佳的制粉效果。图 10-11 为灰分曲线图。

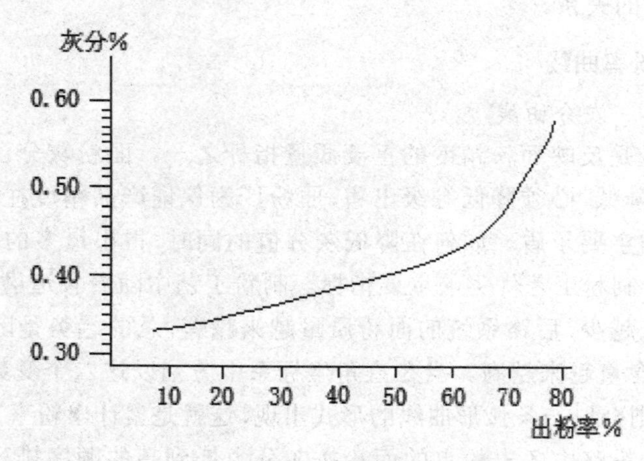

图 10-11　灰分曲线图(干基)(美国西部白麦)

② 利用曲线特性系数来评价(Perfomance Index)。如图 10-12 所示，累计灰分曲线上出粉率为 30%和 70%二点的联线为 L，L 线上作垂线距曲线最远点的距离为 D，曲线特性系数（P. I.)则为

$$P.I. = 2L - D$$

这个参数很直观地反映出出粉率从 30%至 70%这部分灰分变化较大的曲线形态，从而评价制粉工艺或操作的好坏。使用 P. I. 还可以将不同粉厂的灰分曲线进行相互比较，这一点是最佳灰分曲线比较评价不能相比的，此外 P. I. 还可以对粉路长短、筛理面积的配备的合理性进行评价。

（3）累计灰分曲线在实际中的应用。① 检查生产情况：在原料搭配比例不变，产品

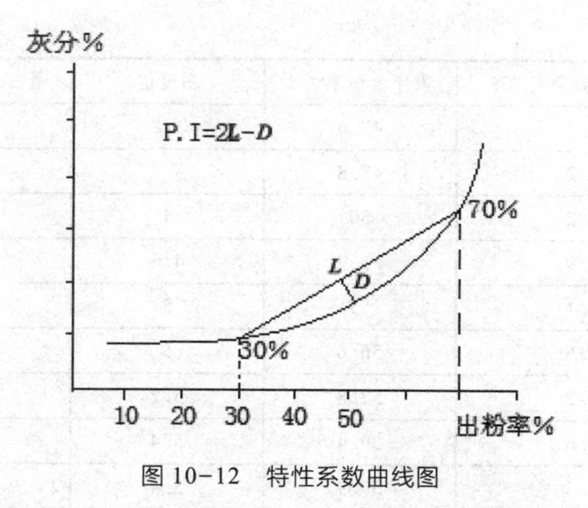

图 10-12 特性系数曲线图

质量相同的情况下绘制灰分曲线，和最佳灰分曲线对比或采用 P.I. 分析可以检查生产情况。若对比发现曲线斜率变大，说明可能出现以下三个方面的问题：操作不正常；入磨水份发生变化或润麦时间不当；磨辊磨损需及时更换。应在此基础上逐道工序查明原因，加以解决，使生产正常。

② 使用不同原料时，分析灰分曲线评价制粉过程的经济效益，以决定采用什么品种的小麦或采用最佳入磨麦搭配。

③ 根据曲线上各采样点的化验数据，通过计算，决定那些采样点的面粉混合，可成为某种食品的专用粉，也可根据此法决定同时生产几种等级的面粉。

④ 当面粉质量发生变化时，也可根据采样点的化验数据，经过计算，适当调整出粉点，使生产的面粉质量符合要求。

总之，灰分曲线对面粉厂决定原料搭配，产品品种、质量和生产管理来说是非常重要的手段，能够帮助制粉技术人员获得最佳产品质量和最好的经济效益。

2. 累计出粉率－白度曲线

有些国家不是用灰分作为质量指标，而是用和灰分有近似代表意义的面粉白度值来作为主要质量指标，这样就和灰分曲线一样引入了累计出粉率－白度曲线，其主要制作方法和在面粉厂中的作用和累计灰分曲线基本相同，在此就不再重复叙述了。

表 10-15、图 10-13 为累计出粉率－白度表和相应的累计白度曲线，由于白度值出现负值，所以直角坐标中纵坐标要从第四象限开始。

表 10-15 累计出粉率－白度表

出粉点	占 1B 入磨净麦 /%	累计出粉率 /%	白度值	蛋白质含量 /%	累计白度值
A	12.2	12.2	-0.1	10	-0.1
B	14	26.2	-0.1	10.5	-0.1
C	9.4	35.6	0.3	10.7	0
D	7.4	43	0.4	11.2	0.05
2B	2.5	45.5	0.5	11.3	0.1

续表

出粉点	占1B入磨净麦/%	累计出粉率/%	白度值	蛋白质含量/%	累计白度值
E	2.1	47.6	1.8	11.1	0.15
F	1.2	48.8	3.7	11.2	0.25
H	1.2	50	4	11.6	0.35
3B	1.9	51.9	4.6	12.8	0.5
G	3.1	55	5	11.3	0.75
BMR2	1.6	56.6	5	12.3	0.9
K	1.2	57.8	5.2	11.9	1
1B	1.6	59.4	5.4	12	1.1
XI	0.5	59.9	5.4	12.3	1.1
BMR1	5.8	65.7	5.7	12.5	1.5
J	0.7	66.4	5.9	11.5	1.55
X2	0.2	66.6	6	12	1.55
L	1.2	67.8	6.1	12.8	1.65
3B	0.8	68.6	6.5	13.3	1.7
4B	2.4	71	10	13.5	2
Y	0.3	71.3	13	13	2.1

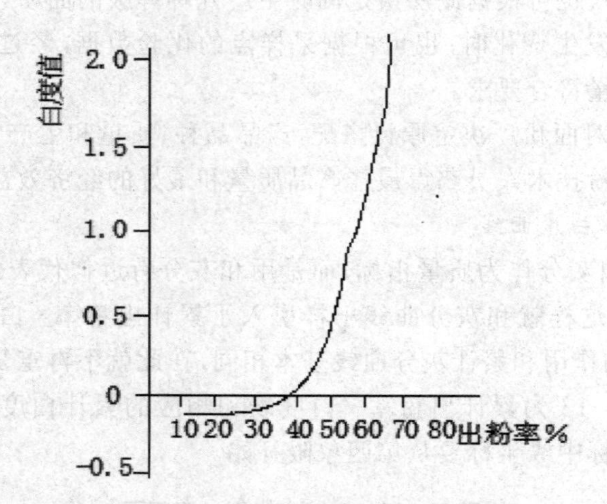

图 10-13　累计出粉率－白度曲线

由于各厂所用白度仪不同，白度的标准起点也不同，所以同一种面粉用不同白度仪测量的白度值有变化；同种面粉由于面粉水分不同也有差异。用同种白度仪测量同一个粉厂的白度，所得的曲线形状大致一致，找出面粉都能满足国家标准并且白度高、出粉多的曲线就是最佳曲线。

3. 累计出粉率－蛋白质曲线

累计蛋白质曲线的制作方法和灰分曲线的制作方法相同，其中的计算公式也一致，只要将其中灰分换成蛋白质含量即可。

主要作用是观察制粉过程中蛋白质含量随出粉率的变化情况，这就是累计出粉率－蛋白曲线、简称累计蛋白质曲线。

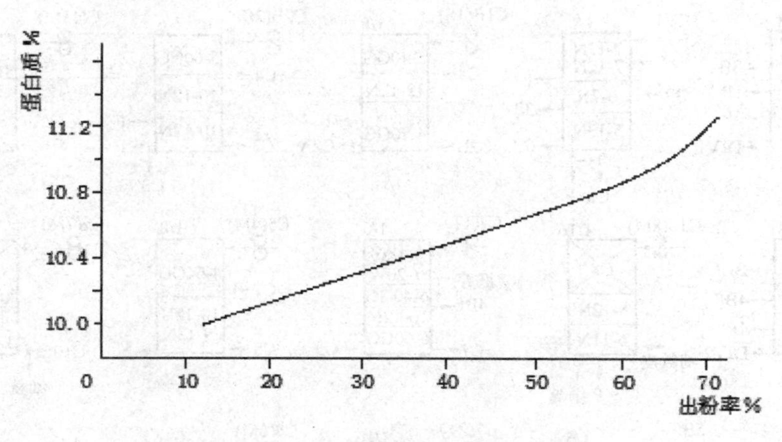

图 10-14 累计出粉率－蛋白质曲线

从图 10-14 曲线上可以看出，随着出粉率的增加，面粉中蛋白质含量增加，各出粉点蛋白质含量相差较大，最高和最低相差约 3.9%。根据蛋白质曲线，我们可以了解小麦在研磨过程中面粉蛋白质的变化，并可从中提取制粉技术人员所要求的一定蛋白质含量的面粉，以满足用户的需求。

由于测量面粉的蛋白质含量较复杂，通常在同一粉厂把测量面粉中的干基面筋含量作为累计出粉率－蛋白质曲线，实际是累计出粉率－干基面筋质含量曲线。面粉的面筋质量与面筋的数量存在很大的差异性，突出地表现在小麦粉食用品质的蒸煮、发酵、烘焙、煎炸特性上。实际生产过程中，常常把累计出粉率－干基面筋质含量曲线与面团的粉质曲线、拉伸曲线结合起来研究，进行配粉试验，生产出合乎用户要求的专用面粉。

四、粉路举例分析

（一）物料分级适中的制粉工艺

物料分级适中的制粉工艺即中路出粉法，以日处理 200 t 小麦生产线和日处理 270 t 小麦生产线为例。

1. 日处理 200 t 小麦制粉流程（布勒工艺）

工艺采用 5 皮 10 心（含 2 道尾磨）2 渣的粉路（图 10-15），使用 12 台磨粉机、2 台 8 仓式高方平筛和 1 台 6 仓式高方平筛、2 台振动园筛、3 台清粉机、4 台打麸机。磨辊总长度为 2 400 cm，平筛总筛理面积 157.41 m^2。磨粉机总平均流量 84.15 kg/（cm·24

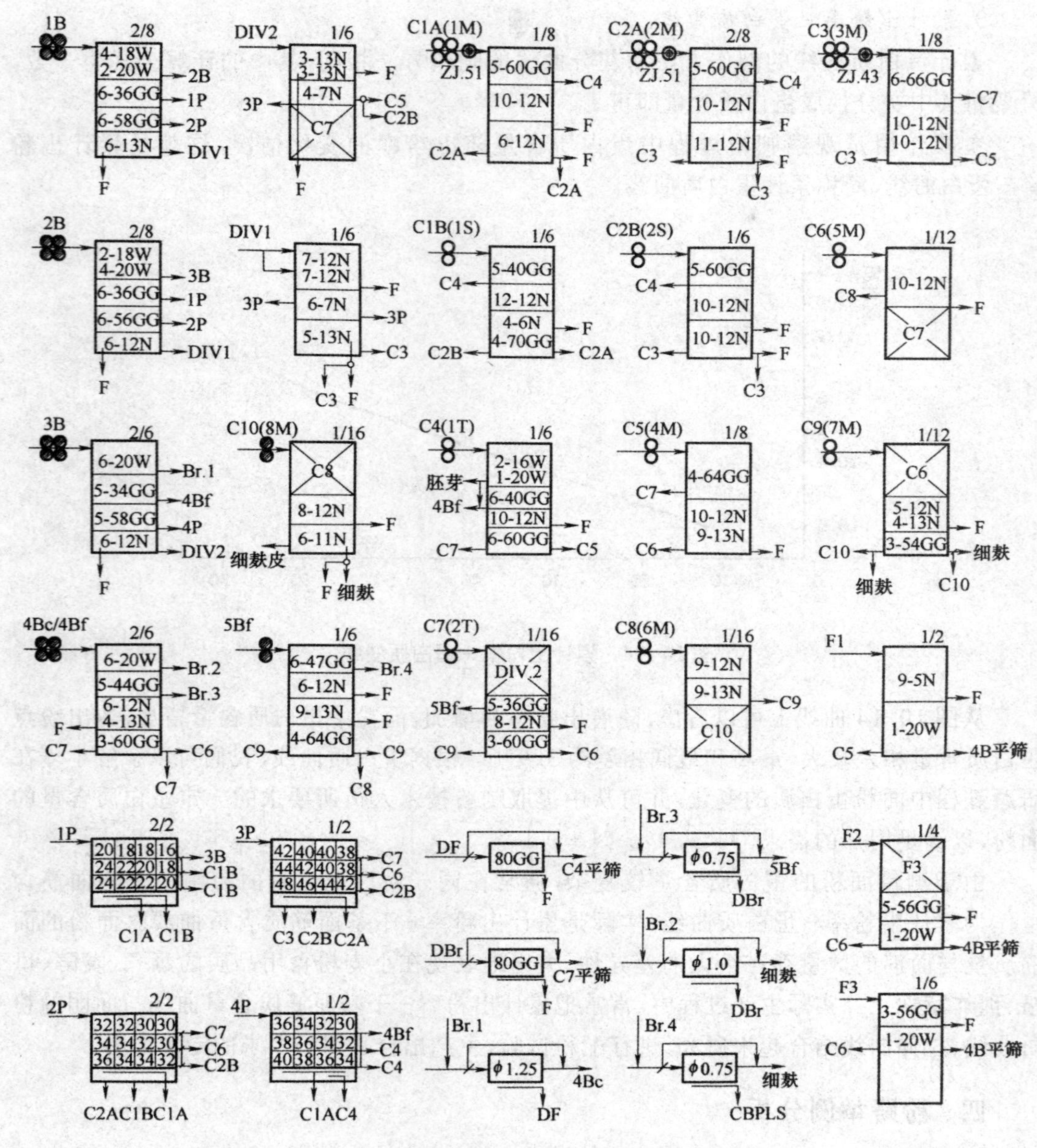

图 10-15　日加工 200 t 小麦制粉工艺图

h)，平筛总平均流量 1 283 kg/(m^2·24 h)。该工艺可加工混合小麦，软麦占 42%，硬麦占 58%，净麦水分 15. 58%，容重 766 g/L，面筋质 36%，灰分 1. 63%。生产特制粉出粉率为 78. 5%，灰分 0. 65%，吨粉耗电 75. 07 kW·h。该粉路的磨粉机技术特性见表 10-16。

表 10-16 磨粉机技术特性

系统	长度	占总量的/%	齿数/(牙·cm⁻¹)	齿角/°	慢辊转速/(r·min⁻¹)	速比	斜度/%	排列	流量/[kg·(cm·24h)⁻¹]
1B	200	8.33	3.8	65/30	200	1∶2.5	6	D-D	1029.1
2B	200	8.33	5.4	65/30	200	1∶2.5	6	D-D	635.78
3B	200	8.33	7	50/65	200	1∶2.5	8	F-F	341.46
4B	100	4.17	8.6	50/65	200	1∶2.5	8	F-F	201.02
4Bf	100	4.17	10.2	50/65	200	1∶2.5	8	F-F	263.66
5Bf	100	4.17	10.8	45/65	200	1∶2.5	10	F-F	275.39
小计	900	37.5							
C1A	200	8.33	光辊		360	1∶1.25			316.45
C1B	100	4.17			440	1∶1.25			128.13
C2A	200	8.33			360	1∶1.25			294.84
C2B	100	4.17			440	1∶1.25			87.68
C3	200	8.33			360	1∶1.25			169.18
C4	100	4.17			360	1∶1.25			191.82
C5	100	4.17			320	1∶1.25			150.04
C6	100	4.17			320	1∶1.25			143.04
C7	100	4.17			360	1∶1.25			144.28
C8	100	4.17			320	1∶1.25			149.22
C9	100	4.17			320	1∶1.25			188.94
C10	100	4.17	14.2	45/65	200	1∶1.25	12	F-F	116.49
小计	1500	62.52							
总计	2400	100							

2. 日处理 270 t 小麦制粉流程（奥克里姆式）

制粉工艺见图 10-16 所示，各道磨粉机的技术特性见表 10-17。该粉路采用 5 皮 7 心 4 渣的制粉工艺，使用 16 台磨粉机、4 台 8 仓式高方平筛、4 台清粉机、5 台打麸机。磨辊总接触长度为 3 400 cm，平筛总筛理面积 193.5 m^2。日处理小麦 270 t. 磨粉机总平均流量 80.03 kg/(cm·24 h)，平筛总平均流量 1 390 kg/(m^2·24h)。该工艺可加工混合小麦（红软麦占 10%、红硬麦占 90%），净麦水分 16.2%，容重 816 g/L，千粒重 32.6 g，面筋质 35.6%，净麦灰分 1.93%。生产等级粉时，特一粉出率 65.27%，灰分 0.52%；标准粉出率 7.38%，灰分 0.92%，总出粉率 72.65%，吨粉电耗 78.66 kW·h。

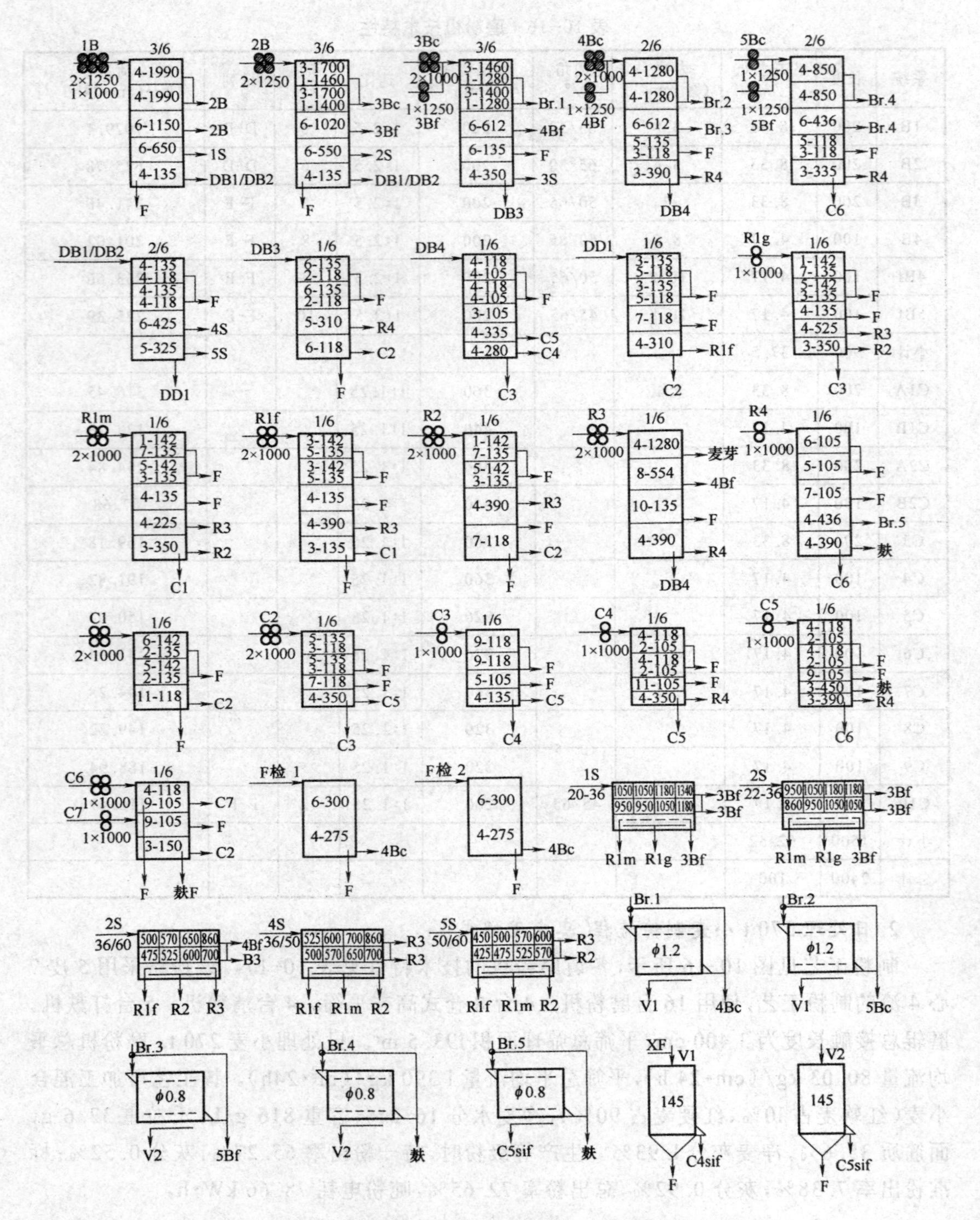

图 10-16　日加工 270 t 小麦制粉工艺(奥克里姆)

表 10-17 日加工 270 吨小麦制粉工艺的各道磨粉机技术特性

系统	齿角/°	齿数/(牙/厘米)	排列	速比	斜度/°	快辊转速/(r/min)
B1	30/65	3.5	D-D	2.55∶1	6	540
B2	50/70	4.77	F-F	2.55∶1	8	700
B3g	50/70	5.73	F-F	2.58∶1	10	620
B3f	50/70	7.00	F-F	2.74∶1	10	630
B4f	50/70	8.59	F-F	2.74∶1	10	630
B4g	50/70	7.96	F-F	2.57∶1	10	565
B5f	50/70	10.82	F-F	2.68∶1	10	562
B5g	50/70	10.19	F-F	2.48∶1	10	570
R1g	光辊	—	—	1.20∶1	—	562
R1m	光辊	—	—	1.19∶1	—	555
R1f	光辊	—	—	1.19∶1	—	565
R2	光辊	—	—	1.24∶1	—	567
R3	光辊	—	—	1.20∶1	—	520
R4	光辊	—	—	1.20∶1	—	570
C1	光辊	—	—	1.17∶1	—	560
C2	光辊	—	—	1.19∶1	—	570
C3	光辊	—	—	1.20∶1	—	560
C4	光辊	—	—	1.22∶1	—	572
C5	光辊	—	—	1.14∶1	—	502
C6	光辊	—	—	1.16∶1	—	510
C7	光辊	—	—	1.23∶1	—	573

（二）强化物料分级的制粉工艺

强化物料分级的制粉工艺见图 10-17，该粉路采用 5 皮 7 心 2 渣 2 尾的制粉工艺，使用 30 台磨粉机（XK2）、11 台 6 仓式高方平筛（FSFG6*24D）、17 台清粉机、9 台打麸机。磨辊总接触长度为 6 650 cm，平筛总筛理面积 495 m^2（不含检查筛）。实际产量为日处理小麦 450 t，磨粉机总平均流量 67.67 kg/（cm•24 h），平筛总平均流量 909 kg/（m^2•24 h）。

该工艺加工混合小麦，一号粉出率 40%，灰分 0.41%；二号粉出率 25%，灰分 0.64%，总出粉率 75%，总灰分 0.62%。吨麦电耗 53 kW•h。本工艺适合生产高精度面粉时效果较好，但应注意清粉机的使用效果。

（三）简化粉路的制粉工艺

1. 采用八辊磨的制粉工艺

采用八辊磨的制粉工艺见图 10-18 所示，各道磨粉机的技术特性见表 10-18，该粉

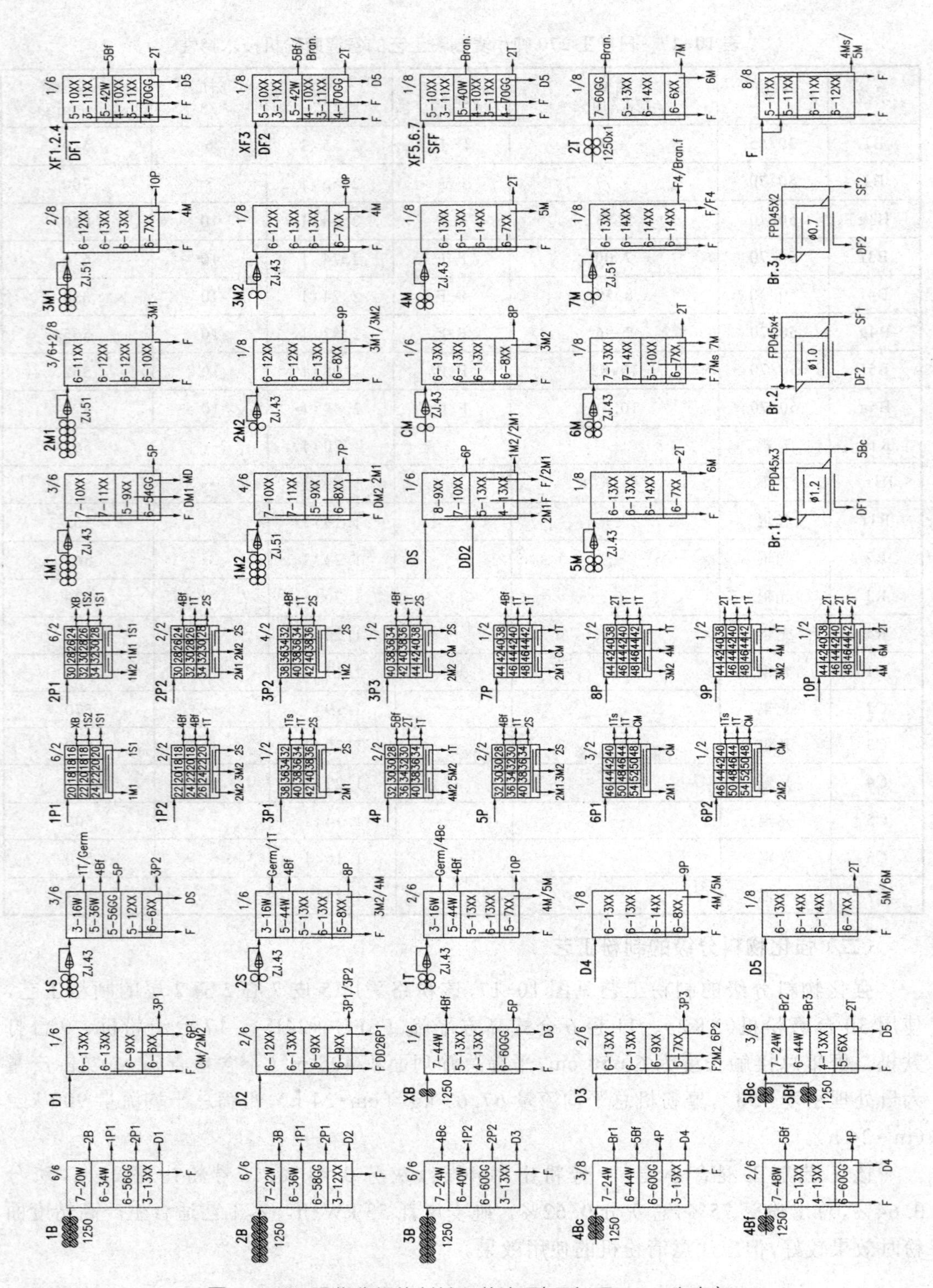

图 10-17　强化分级的制粉工艺流程(日处理 400 t 小麦)

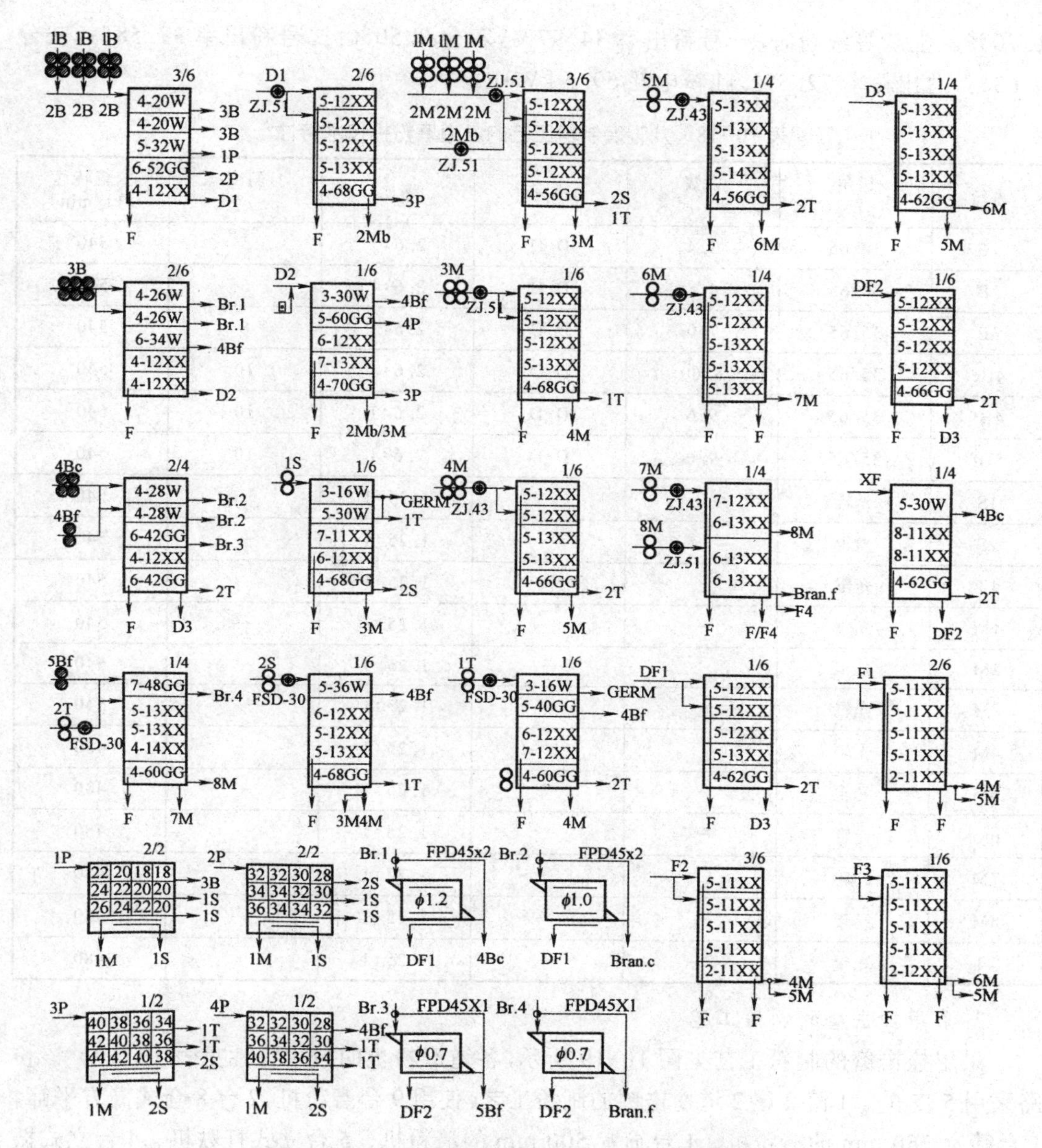

图 10-18 采用八辊磨的制粉工艺(日处理 250 吨小麦)

路采用 5 皮 7 心 2 渣 2 尾的制粉工艺,使用 12 台磨粉机(其中 3 台八辊磨)、3 台 6 仓式高方平筛和 2 台 4 仓式高方平筛、3 台清粉机、6 台打麸机。磨辊总接触长度为 3 000 cm,平筛总筛理面积 182 m^2(不含检查筛)。日处理小麦 250 t,磨粉机总平均流量 83.33 k/(cm•24 h),平筛总平均流量 1 373 kg/(m^2•24 h)。该工艺可加工混合小麦(红软麦占 1 5%、红硬麦占 65%、白软麦占 38.0%、白硬麦占 54.0%),净麦容重 742 g/L,灰分

1.70%。生产等级粉时，一号粉出率34.97%，灰分0.50%；二号粉出率37.58%，灰分0.63%，总出粉率72.5%，吨粉电耗69.5 kW·h。

表10-18 八辊磨制粉工艺的各道磨粉机技术特性

系统	齿角/°	齿数/(牙/厘米)	排列	速比	斜度/°	快辊转速/(r/min)
1B	30/65	3.4	D-D	2.6:1	5	540
2B	30/65	4.8	D-D	2.6:1	5	540
3B	35/65	7.0	D-D	2.6:1	8	540
4Bc	35/65	8.60	D-D	2.6:1	10	540
4Bf	35/65	9.6	D-D	2.6:1	10	540
5Bf	35/65	9.6	D-D	2.6:1	10	540
1S	光辊	—	—	1.25:1	—	540
2S	光辊	—	—	1.25:1	—	540
1T	光辊	—	—	1.25:1	—	540
1M	光辊	—	—	1.25:1	—	540
2M	光辊	—	—	1.25:1	—	540
3M	光辊	—	—	1.25:1	—	540
4M	光辊	—	—	1.25:1	—	480
5M	光辊	—	—	1.25:1	—	480
6M	光辊	—	—	1.25:1	—	480
7M	光辊	—	—	1.25:1	—	480
8M	光辊	—	—	1.25:1	—	480
2T	光辊	—	—	1.25:1	—	480

2.采用撞击磨的制粉工艺

采用撞击磨的制粉工艺见图10-19所示，各道磨粉机的技术特性见表10-19。该粉路采用5皮6心1渣2尾2道撞击磨的制粉工艺，使用9台磨粉机、2台8仓式高方平筛、1台筛宽750 mm的清粉机、1台筛宽500 mm的清粉机、5台立式打麸机、4台立式振动圆筛、1台麸皮磨，2台撞击磨。磨辊总接触长度为1 800 cm，平筛总筛理面积144 m^2（不含检查筛）。日处理小麦200 t，平筛总平均流量1 389 kg/(m^2·24 h)。该工艺可加工混合小麦（白软麦占30%、红软麦占30%、白硬麦占40%），净麦面筋质28%，灰分1.8%。生产等级粉时，一号粉出率40%，灰分0.46%；二号粉出率25%，灰分0.70%，三号粉出率5%，灰分0.8%，总出粉率70%，吨粉电耗82 kW·h。

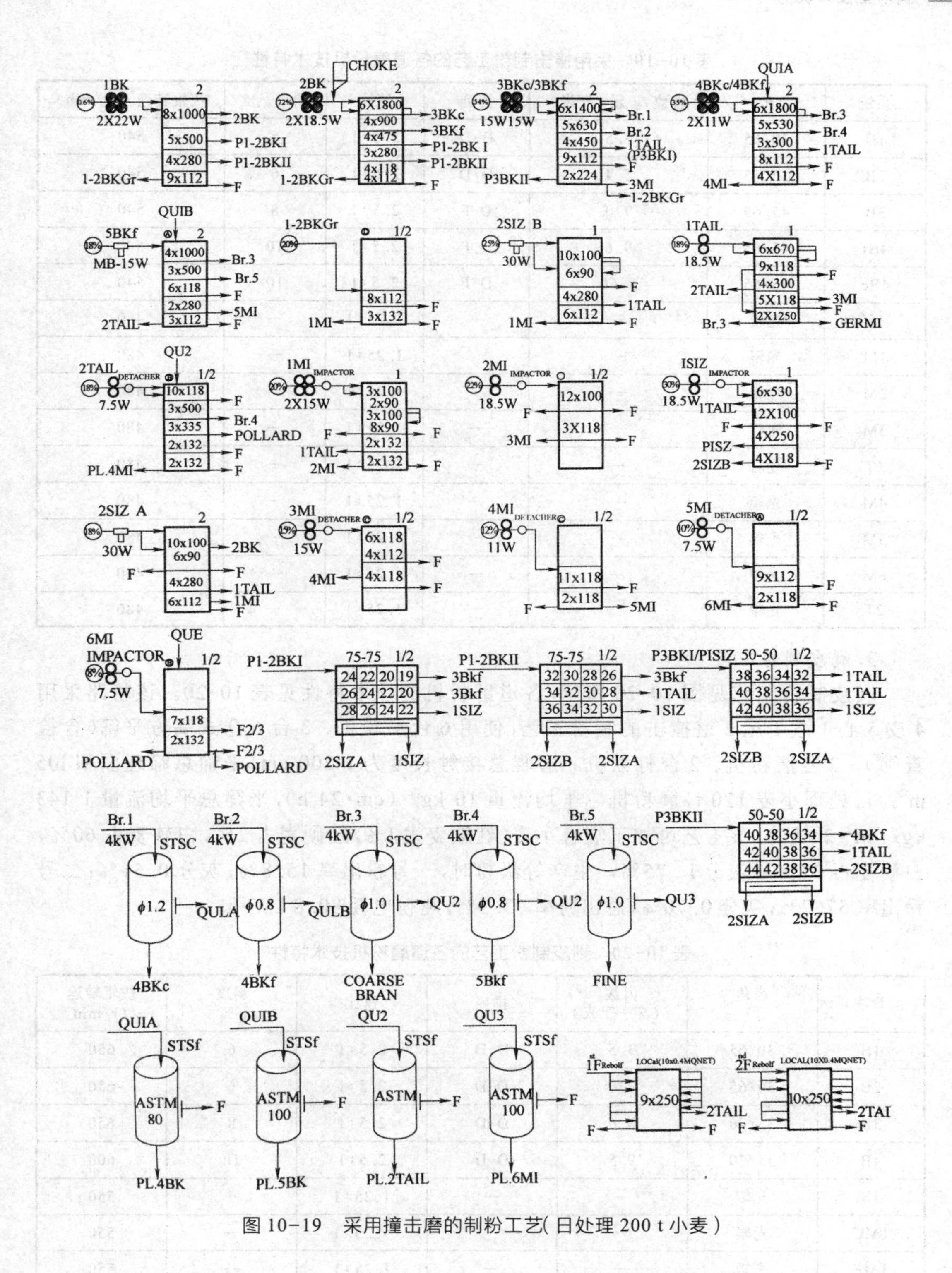

图 10-19 采用撞击磨的制粉工艺(日处理 200 t 小麦)

表 10-19　采用撞击制粉工艺的各道磨粉机技术特性

系统	齿角 /°	齿数 /（牙 / 厘米）	排列	速比	斜度 /%	快辊转速 /（r/min）
1B	30/65	3.5	D-D	2.5∶1	6	540
2B	30/65	5.4	D-D	2.5∶1	6	540
3B	45/65	7.0	D-F	2.5∶1	8	540
4Bf	45/65	9.6	D-F	2.5∶1	10	540
4Bc	45/65	8.60	D-F	2.5∶1	10	540
1S	光辊	—	—	1.25∶1	—	480
1M	光辊	—	—	1.25∶1	—	480
2M	光辊	—	—	1.25∶1	—	480
3M	光辊	—	—	1.25∶1	—	480
1T	光辊	—	—	1.25∶1	—	480
4M	光辊	—	—	1.25∶1	—	480
5M	光辊	—	—	1.25∶1	—	480
6M	光辊	—	—	1.25∶1	—	480
2T	光辊	—	—	1.25∶1	—	480

3. 剥皮制粉工艺

剥皮制粉工艺见图 10-20 所示，各道磨粉机的技术特性见表 10-20。该粉路采用 4 皮 5 心 1 渣 1 尾 2 道撞击的制粉工艺，使用 6 台磨粉机、3 台 6 仓式高方平筛（含检查筛）、2 台清粉机、2 台打麸机。磨辊总接触长度为 1 200 cm，平筛总筛理面积 105 m^2。日处理小麦 120 t，磨粉机总平均流量 10 kg/（cm·24 h），平筛总平均流量 1 143 kg/（m^2·24 h）。该工艺可加工混合小麦（红软麦占 1%，红硬麦占 2%，白软麦占 60%，白硬麦占 37%），灰分 1.75%。生产等级粉时，一号粉出率 15.8%，灰分 0.51%；二号粉出率 57.7%，灰分 0.70%，总出粉率 73.5%，吨粉电耗 80.8 kW·h。

表 10-20　剥皮制粉工艺的各道磨粉机技术特性

系统	齿角 /°	齿数 /（牙 / 厘米）	排列	速比	斜度 /%	快辊转速 /（r/min）
1B	30/65	3.5	D-D	2.5∶1	6	650
2B	30/65	7.0	D-D	2.5∶1	6	650
3B	35/70	8.6	D-D	2.5∶1	8	650
4B	35/70	9.5	D-D	2.5∶1	10	600
1S	光辊	—	—	1.25∶1	—	550
1MC	光辊	—	—	1.25∶1	—	550
1MF	光辊	—	—	1.25∶1	—	550
2M	光辊	—	—	1.25∶1	—	550
3M	光辊	—	—	1.25∶1	—	500

续表

系统	齿角/°	齿数/(牙/厘米)	排列	速比	斜度/%	快辊转速/(r/min)
1T	光辊	—	—	1.25∶1	—	600
4M	光辊	—	—	1.25∶1	—	550
5M	光辊	—	—	1.25∶1	—	500

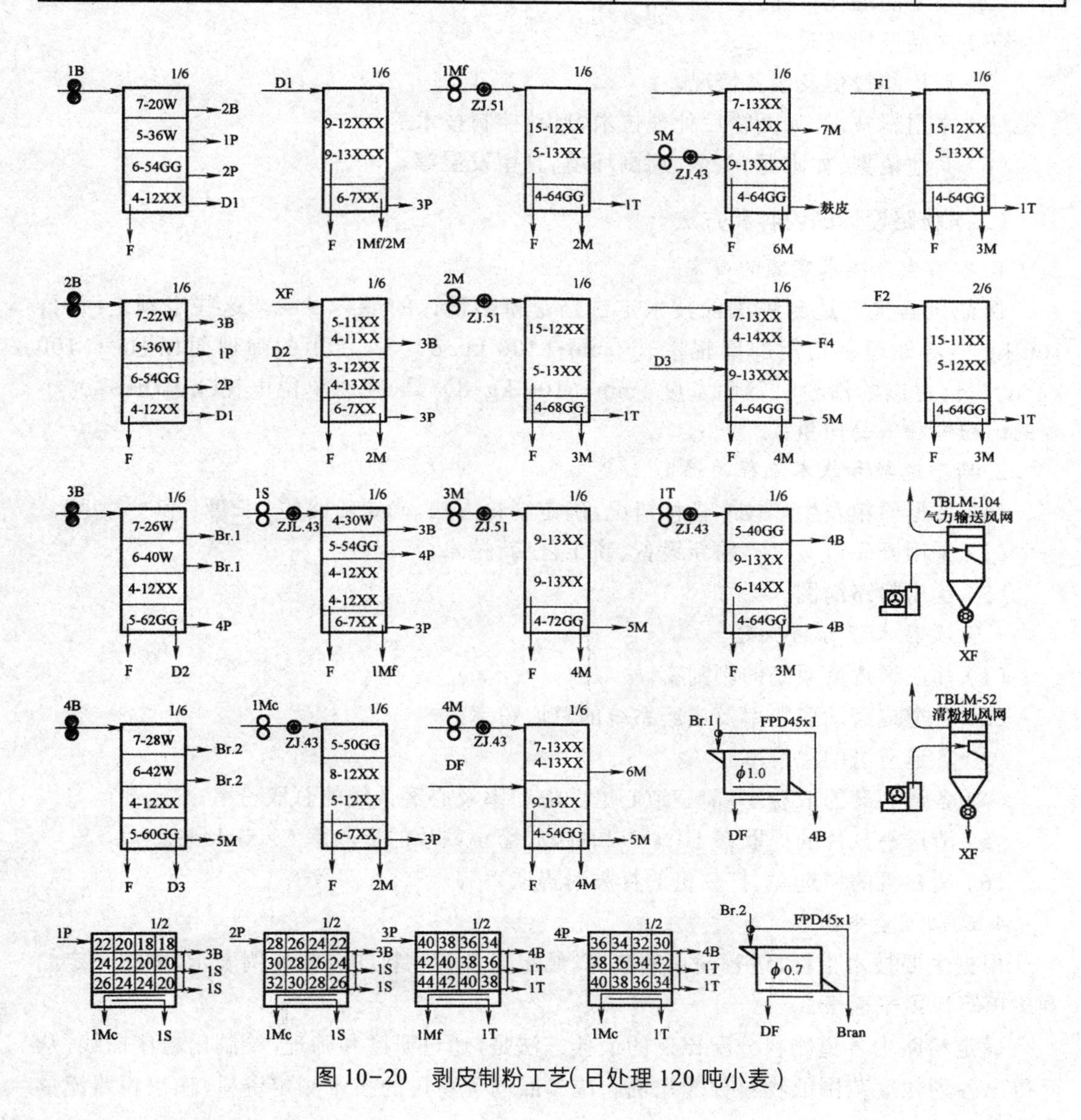

图 10-20　剥皮制粉工艺(日处理 120 吨小麦)

五、制粉工艺流程设计

(一)制粉工艺流程(粉路)的设计

无论是新建粉厂还是老厂技术改造,都需要进行粉路设计。由于制粉工业科学技术的不断进步，消费者对产品质量的要求不断提高，制粉流程也将不断地改进，因此设计工作也是不断发展的。设计中必须考虑应用新的科学技术和新的技术定额，保证生产工艺的先进性和可靠性。

粉路设计的依据如下。

(1) 粉厂规模，以日处理小麦的数量计。

(2) 小麦的理化指标。

(3) 产品结构及质量要求。

(4) 粉厂的投资及设备情况。

(5) 采用新技术，如面粉后处理技术、自动控制技术等。

(6) 其他依据，如水源、气候、周围环境、预留发展等。

(二) 粉路设计的内容和方法

1. 各项生产技术定额的确定

保证日常生产达到先进的技术定额乃是粉路设计的最终目的。这些定额是：每日100 kg小麦处理量占用的磨辊接长 [$mm\cdot(100\ kg\cdot d)^{-1}$]、占用的筛理面积 [$m^2\cdot(100\ kg\cdot d)^{-1}$]、占用的清粉机筛面宽度 [$mm\cdot(100\ kg\cdot d)^{-1}$]、吨粉单位电耗($kW\cdot h\cdot t^{-1}$)、小麦的出粉率和成品质量；

2. 研磨道数和基本流程的确定

(1) 依据原粮及生产技术指标情况，确定制粉方法，确定粉路的"长度"和"宽度"。

(2) 采用既先进又可靠的新设备、新工艺、新技术。

(3) 绘出粉路简图。

3. 主要技术指标的确定

(1) 前三道皮磨系统的剥刮率。

(2) 各道皮磨的取粉率及皮磨系统的总取粉率。

(3) 各道渣磨的取粉率。

(4) 各道心磨的取粉率，前三道心磨的取粉率及心磨系统的总取粉率。

(5) 渣磨小麸片的提取率10%～20%，心磨小麸片的提取率5%～10%。

(6) 清粉机的精选率、打麸机的打麸粉提取率等。

4. 编制流量平衡表

根据主要技术指标，进行简单的核算，结果以各种物料的分配比例表示，并按一定的顺序填写流量平衡表。

确定粉路中各道物料分配比例的最佳方法是，通过研磨和筛理，绘制出粒度曲线，从而得出各种粒度范围的物料分配比例。或参照同类粉厂的技术测定资料，作出粉路流量平衡表。

5. 主要机械设备数量的确定

根据流量平衡表中初定的各道设备的流量以及选定的设备单位流量指标，计算各道磨辊接触长度和平筛的筛理面积，确定所需设备台数。一般情况下，可能有少数设备的单位流量不符合要求或设备总数量超出范围。此时应对物料分配比例、流量平衡表或设备的单位处理量在允许的范围内进行适当调整。

6. 机械设备各项技术参数的确定

如磨粉机磨辊表面的技术特性，粉路中的各种数据等。

7. 绘制粉路图，编写粉路设计说明书

设计粉路时，也可按照所设计的生产能力，算出整个制粉流程所需总的磨辊长度、筛理面积、清粉机筛面总宽度等，然后按比例分配到各系统中。此种方法简明快捷，但需要有丰富的设计经验作为基础。

实际工作中，两种方法可同时并用，效果更佳。

（三）粉路设计举例

1. 设计依据

（1）原料：山东淄博小麦，容重 760 g/L，灰分 1.75%，角质率 40%，白麦占 50%。

（2）产品结构：生产等级粉，主要产品为特一粉，出粉率 70%，灰分 ≤ 0.58%。

（3）生产能力：日处理小麦 160 t。

（4）制粉方法：分级适中的制粉法（改进型）。

2. 主要技术经济指标和主机设备类型

（1）磨粉机单位接触长度：12 mm/（100 kg•d）。

（2）平筛单位筛理面积：0.08 ～ 0.09 m^2/（100 kg•d）。

（3）清粉机单位筛面宽度：1.5 ～ 2.0 mm/（100 kg•d）。

（4）主要设备选型。

根据建设单位的具体情况和建厂总投资，决定采用以下主要设备：FMFQ10×2 磨粉机、FSFG6/4×24C 高方筛、FQFD50×2×3 清粉机。

3. 研磨道数和基本流程

根据原料情况、产品结构、产品质量以及主机设备，决定采用四道皮磨，四皮分粗细、分磨混筛；一道渣磨；七道心磨，一心分粗细，二心分好次，二道尾磨；四道清粉；三皮、四皮打麸的工艺流程。绘出粉路简图。

4. 编制流量平衡表

流量平衡表见表 10-21。

表 10-21 流量平衡表

<table>
<tr><th>系统</th><th>占 1B/%</th><th>2B</th><th>3B</th><th>4Bc</th><th>4Bf</th><th>D1</th><th>D2</th><th>D3</th><th>D4</th><th>Br. 1</th><th>Br. 2</th><th>Br. 3</th><th>DF</th><th>1P</th><th>2P</th><th>3P</th></tr>
<tr><td>1B</td><td>100</td><td>66</td><td></td><td></td><td></td><td>10</td><td></td><td></td><td></td><td></td><td></td><td></td><td></td><td>14</td><td>8</td><td></td></tr>
<tr><td>2B</td><td>66</td><td></td><td>32</td><td></td><td></td><td></td><td>12</td><td></td><td></td><td></td><td></td><td></td><td></td><td>8</td><td>12</td><td></td></tr>
<tr><td>3B</td><td>39</td><td></td><td></td><td></td><td>7</td><td></td><td></td><td>6</td><td></td><td>20</td><td></td><td></td><td></td><td></td><td></td><td></td></tr>
<tr><td>4Bc</td><td>16</td><td></td><td></td><td></td><td></td><td></td><td></td><td></td><td rowspan="2">4</td><td></td><td rowspan="2">9</td><td rowspan="2">9</td><td></td><td></td><td></td><td></td></tr>
<tr><td>4Bf</td><td>12</td><td></td><td></td><td></td><td></td><td></td><td></td><td></td><td></td><td></td><td></td><td></td><td></td></tr>
</table>

续表

D1	10															2
D2	12															1
D3	6															1
D4	4															
Br. 1	20			16									4			
Br. 2	9												1			
Br. 3	9												1			
DF	6															
1P	22		3													
2P	20		1													
3P	8															
4P	9				3											
1S	15		3													2
1M1	20															2
1M2	18															
2M1	16															
2M2	16															
3M	13															
1T	9				2											
4M	10															
5M	9															
2T	10															
6M	9															
7M	8															
合计		66	39	16	12	10	12	6	4	20	9	9	6	22	20	8

系统	4P	1S	1M1	1M2	2M1	2M2	3M	1T	4M	5M	2T	6M	7M	F1、F2	F4	麸皮
1B														2		
2B														2		
3B	4													2		
4Bc											4			2		
4Bf																
D1						6								2		
D2				7										4		
D3						4								1		

续表

D4										3				1		
Br. 1																8
Br. 2																8
Br. 3																
DF											2	2		2		
1P		10	9													
2P		5	11	3												
3P				6		2		2								
4P				2		4		2								
1S	3				1									2		
1M1	2				8									8		
1M2					7			2						9		
2M1							6	1						9		
2M2							7	1						8		
3M								1	6					6		
1T									4		2			1		
4M										6	1			3		
5M											1	5		3		
2T												2		1		7
6M													8	1		
7M														1	7	
合计	9	15	20	18	16	16	13	9	10	9	10	9	8	70	7	23

5. 主要技术指标的确定

根据制粉方法的要求，初拟皮磨系统的剥刮率和取粉率指标见表 10-22。

表 10-22　皮磨系统的剥刮率和取粉率

系统	剥刮率		取粉率	
	占 1B/%	占本道/%	占 1B/%	占本道/%
1B	34	34	4	4
2B	34	51.5	6	9
3B	12	37.5	3	8

6. 主要机械设备数量的确定

根据流量平衡表，计算相应的磨粉机和高方筛的数量。磨粉机的计算和选用见表10-23，高方筛的计算和选用见表10-24，打麸机的计算和选用见表10-25。

表 10-23　磨粉机的计算和选用

系统	流量		设备流量/[kg/(cm·24 h)]			磨辊长度/cm		磨粉机数量
	占1B/%	t/24h	经验流量	设计	实际	计算	选用	
1B	100	160	800～1 200	850	800	160 000/850 = 188	200	1
2B	66	105.6	500～700	500	528	105 600/500 = 211	200	1
3B	39	62.4	300～450	400	312	62 400/400 = 156	200	1
4BC	16	25.6	250～300	280	256	25 600/280 = 91	100	0.5
4Bf	12	19.2	200～300	200.0	192	19 200/200 = 96	100	0.5
1S	15	24	250～350	300	240	24 000/300 = 80	100	0.5
1M1	20	32	250～350	300	320	32 000/300 = 107	100	0.5
1M2	18	28.8	250～350	300.0	288	28 800/300 = 96	100	0.5
2M1	16	25.6	250～300	300	256	25 600/300 = 85	100	0.5
2M2	16	25.6	250～300	300.0	256	25 600/300 = 85	100	0.5
3M	13	20.8	200～250	200.0	208	20 800/200 = 104	100	0.5
1T	9	14.4	200～250	200.0	144	14 400/200 = 72	100	0.5
4M	10	16	150～250	200.0	160	16 000/200 = 80	100	0.5
5M	9	14.4	150～200	150	144	144 000/150 = 96	100	0.5
2T	10	16	150～200	150	160	16 000/150 = 107	100	0.5
6M	9	14.4	150～200	150	144	14 400/150 = 96	100	0.5
7M	8	12.8	150～200	150	128	12 800/150 = 85	100	0.5
合计							2 000	10

表 10-24　平筛的计算和选用

系统	流量		设备流量/[t/(m²·24 h)]			高方平筛		
	占1B/%	/(t/24 h)	经验流量	设计	实际	计算面积/m²	选用仓数/仓	选用台数/台
1B	100	160	9.0～15.0	11	11.4	160/11 = 14.5	2	2/6
2B	66	105.6	7.0～10.0	7.5	7.5	105.6/7.5 = 14.08	2	2/6
3B	39	62.4	4.5～7.5	4.5	4.5	62.4/4.5 = 13.9	2	2/6
4BC	16	25.6	4.0～6.0	3.8	3.7	25.6/3.8 = 6.7	1	1/6
4Bf	12	19.2	3.0～4.0	3.0	2.7	19.2/3.0 = 6.4	1	1/4
D1	10	16	4.0～6.0	4.5	4.6	14/4.5 = 3.6	0.5	0.5/6
D2	12	19.2	3.0～5.0	2.8	2.7	19.2/2.8 = 6.9	1	1/6

续表

系统	流量		设备流量/[t/(m²·24 h)]			高方平筛		
	占1B/%	/(t/24 h)	经验流量	设计	实际	计算面积/m²	选用仓数/仓	选用台数/台
D3	6	9.6	3.0～4.0	3.0	2.7	9.6/3.0=3.2	0.5	0.5/6
D4	4	6.4	2.0～3.0	2.5	1.8	6.4/2.5=2.6	0.5	0.5/6
DF	6	9.6	2.0～3.0	2.0	1.38	9.6/2.0=4.8	1	1/6
1S	15	24	4.0～5.5	5.0	3.4	24/5.0=4.8	1	1/6
1M1	20	32	5.0～7.0	5.0	4.6	32/5.0=6.4	1	1/6
1M2	18	28.8	5.0～7.0	5.0	4.1	32/5.0=5.8	1	1/6
2M1	16	25.6	5.0～6.0	4.5	3.7	25.6/4.5=5.7	1	1/6
2M2	16	25.6	5.0～6.0	4.5	3.7	25.6/4.5=5.7	1	1/6
3M	13	20.8	5.0～6.0	3.5	3	20.8/3.5=5.9	1	1/6
1T	9	14.4	5.0～6.0	2.5	2.1	14.4/2.5=5.8	1	1/6
4M	10	16	4.0～5.0	3.5	4.6	16/3.5=4.6	1	0.5/6
5M	9	14.4	4.0～5.0	3.5	4.1	14.4/3.5=4.1	0.5	0.5/4
2T	10	16	4.0～5.0	3.5	4.6	16/3.5=4.6	0.5	0.5/4
6M	9	14.4	4.0～5.0	3.5	4.1	14.4/3.5=4.1	0.5	0.5/4
7M	8	12.8	4.0～5.0	3.5	3.7	12.8/3.5=3.7	0.5	0.5/4
XF							1	1/6
合计							22	

表10-25 打麸机计算和选用

系统	流量			FFPD45x1产量/(kg/h)	选用型号及台数
	占1B/%	/(t/24 h)	/(kg/h)		
Br.1	20	32	1333	1 300～1 600	2台FFPD45x1
Br.2	9	14.4	600	800～1 000	1台FFPD45x1
Br.3	9	14.4	600	800～1 000	1台FFPD45x1

通过以上计算，确定共使用FMFQ10台，磨辊总接触长度2 000 cm。该粉路日加工小麦160 t，按出粉率70%（粉麸比）计算，则日产面粉112 t。磨粉机总平均流麦80 kg/(cm·24 h)。厘米磨辊时产粉量为2.5 kg/(cm·h)。

通过计算确定使用3台6仓式高方筛和2台4仓式高方筛，筛理面积182 m²，减去面粉检查筛筛理面积28 m²，实际筛理面积154 m²，故筛理设备总平均流量1039 kg麦/(m²·24 h)。选用FSFG6X24高方平筛，每仓筛理面积7 m²。

7. 机械设备各项技术参数的确定

在1皮系统，由于原料中含有少量硬麦，入磨麦水分宜在14.8%左右。为适应1皮磨有较低的单位流量 [800 kg·(cm·24 h)$^{-1}$]，并提取大量的麦渣和麦心，节省动力，磨辊采用齿数 4 牙 / 厘米，D-D 排列，齿角 65°/30°，斜度 5%操作时，1 皮剥刮率为 34%左右，取粉率约 4%。2 皮磨不分粗细，磨辊齿数为 5. 4 牙 / 厘米，磨辊排列钝对钝，斜度 5%，齿角 65°/30°。操作时，2 皮剥刮率为 34%，取粉率 6%左右（占 1 皮）。1 渣磨单位流量适中，为在生产一定数量的面粉的同时，提取较多的粗粒和粗粉，磨辊采用光辊，速比 1. 25∶1。操作时，1 渣取粉率约 14%（占本道）。为保证面粉质量，心磨全部采用光辊，速比 1. 25∶1，前路心磨磨辊转速 550 r/min，后路心磨磨辊转速 450 r/min。各道磨粉机磨辊的技术特性见表 10-26。

表 10-26　各道磨粉机磨辊技术特性

系统	齿角	齿数 /（牙 /cm）	排列	速比	斜度 /%	快辊转速 /（r/min）
1B	30/65	4. 0	D-D	2. 5∶1	5	600
2B	30/65	5. 4	D-D	2. 5∶1	5	600
3B	45/65	7. 1	D-F	2. 5∶1	8	600
4BC	45/65	8. 6	D-F	2. 5∶1	10	600
4Bf	45/65	9. 4	D-F	1. 25∶1	10	550
1S	光辊	—	—	1. 25∶1	—	550
1M1	光辊	—	—	1. 25∶1	—	550
1M2	光辊	—	—	1. 25∶1	—	550
2M1	光辊	—	—	1. 25∶1	—	550
2M2	光辊	—	—	1. 25∶1	—	550
1T	光辊	—	—	1. 25∶1	—	550
3M	光辊	—	—	1. 25∶1	—	550
4M	光辊	—	—	1. 25∶1	—	550
5M	光辊	—	—	1. 25∶1	—	450
6M	光辊	—	—	1. 25∶1	—	450
7M	光辊	—	—	1. 25∶1	—	450
2T	光辊	—	—	1. 25∶1	—	450

8. 绘制正式粉路图

正式的粉路图如图 10-21 所示。

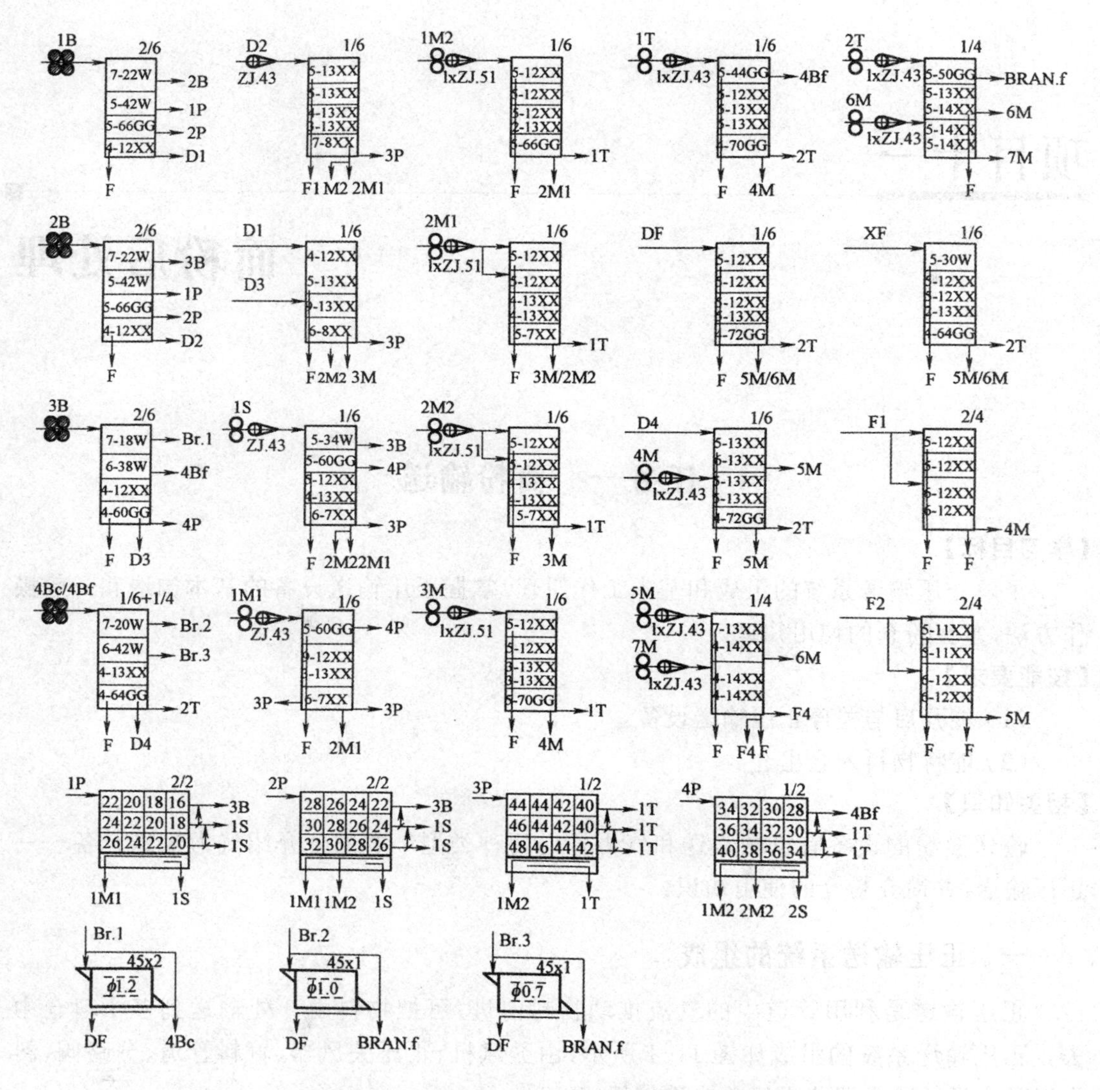

图 10-21 日处理小麦 160 t 等级粉工艺流程图

项目十一

面粉后处理

任务一　面粉输送

【学习目标】

了解正压输送系统的组成和基本工作原理，掌握正压输送设备的基本构造和一般操作方法，掌握粉仓的使用知识。

【技能要求】

（1）能开启与关停正压输送设备。

（2）能将物料入仓出仓。

【相关知识】

输送面粉的设备有机械输送和气力输送两种类型。本部分介绍气力输送设备——正压输送，并简介粉仓的使用知识。

一、正压输送系统的组成

正压输送是利用管道中的气流推动物料前进，可把物料由一处输送到多个料仓中去。正压输送系统的组成如图 11-1 所示，由鼓风机、正压关风器、输料管道、分路阀、料仓以及仓顶的除尘器或吸风除尘系统组成。

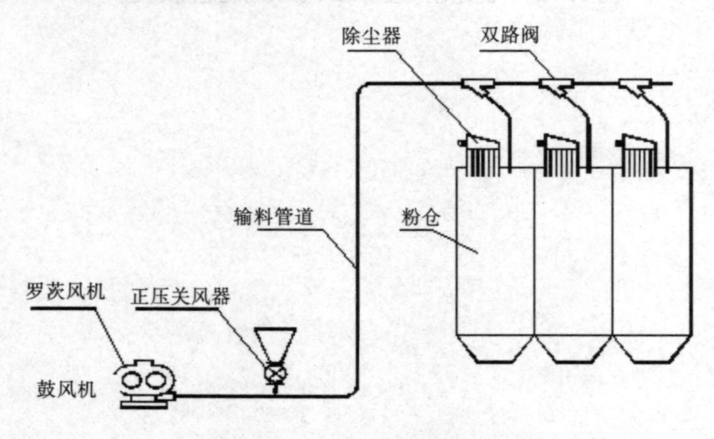

图 11-1　正压输送系统的组成

鼓风机是系统中的动力源。空气被鼓风机压入管道内，在管道中高速流动，面粉由正压关风器喂入管道内，与管道中的气流混合，被气流携带前进。面粉和空气的混合物沿管道一起被送入粉仓内，面粉靠重力沉降下来，空气经除尘器过滤后排入大气。系统中的分路阀起控制物料走向的作用。由于空气是被鼓风机强制吹入管道中，其压力高于外界的大气压，处于正压状态，所以这种输送方式叫作正压输送。

二、正压输送设备及其使用

（一）鼓风机

面粉厂常用的鼓风机有罗茨鼓风机、螺杆式鼓风机。

1. 罗茨鼓风机

（1）罗茨鼓风机的基本构造。罗茨鼓风机有立式和卧式之分。按照转子型式的不同又分双叶式和三叶式两种。图 11-2 是三叶式罗茨鼓风机（卧式）的外形图。

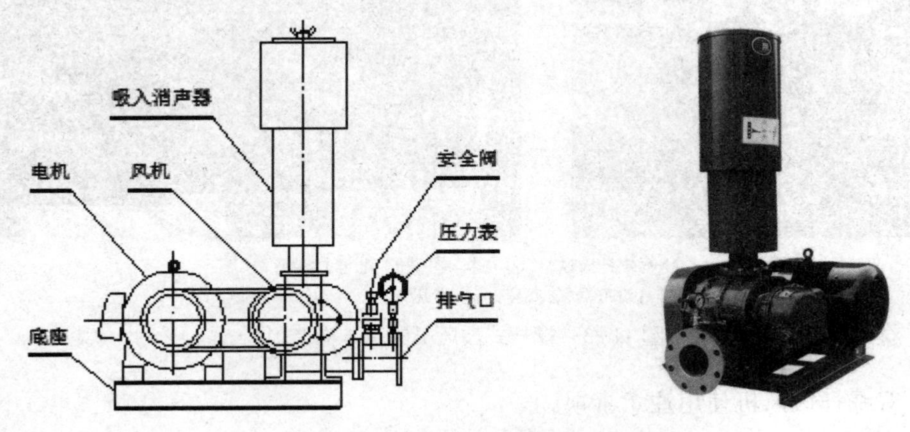

图 11-2　三叶式罗茨鼓风机外形图

罗茨鼓风机由风机、电动机、吸入消声器、安全阀、压力表等部分组成。风机是主要工作部分，依靠内部两个转子的旋转推动空气前进。在风机的进风口安装吸入消声器，起过滤进机空气和降低噪声的作用。出风口安装安全阀、单向阀、压力表等，安全阀可以在空气压力过大时自动泄压，单向阀防止出气管道空气回流，对风机起保护作用。

（2）罗茨风机使用注意事项。

① 罗茨风机在正常运转或启动时，严禁关闭排气口阀门。

② 注意检查安全阀的状态。安全阀的调节螺栓不得随意调整。运转中若出现安全阀频繁开启或持续开启，应立即停机检查。

③ 注意检查压力表的状态及压力指示情况，发现不正常现象应及时报告或停机。

④ 注意检查电源的指示情况。运转中必须注意电流表的读数，发现超载立即停机。

⑤ 注意各滚动轴承、风机壳体、齿轮箱表面的温度，如果感到烫手应立即停机检查。

⑥ 注意倾听机器的运转声音，发现异常声响应停机检查。

⑦ 注意检查传动皮带的状态，发现皮带松弛时应及时张紧。更换皮带时应一次全部

更换。

2. 双螺杆式鼓风机：

（1）螺杆式鼓风机基本构造如图 11-3 所示。螺杆式鼓风机由鼓风机、电动机、吸入消声器、排气消声器、泄压阀、启动卸荷阀、压力表等部分组成。鼓风机是主要工作部分，依靠机壳内部两个相互平行的螺杆式阴阳转子的旋转推动空气沿转子轴向前进，由吸入侧推向排气侧，完成吸气、压缩、排气的过程。在风机的进出风口均安装消声器，起过滤进机空气和降低噪声的作用。出风口安装安全泄压阀、单向阀、压力表等，安全阀可以在排气压力过大时自动泄压，单向阀防止出气管道空气回流，对风机起保护作用。启动卸荷阀是在风机启动时打开，及时卸载风机排气阻力，使风机在低负荷下安全启动，降低启动能耗，保护电机。

① 双螺杆鼓风机；② 电机；③ 进口消声过滤器；
④ 排气消声器（含底座）；⑤ 泄压阀；⑥ 启动卸荷阀

图 11-3　螺杆式鼓风机的基本构造

（2）双螺杆鼓风机使用注意事项。

① 风机启动和运行时严禁将进出口阀门关闭。

② 严禁通过阀门开度来调整风机流量。

③ 定期清理滤清器的灰尘或更换滤清器，避免进口滤网堵塞。

④ 风机的工作环境温度 ≤ 45 ℃，如超过时，要采取措施进行通风降温。

（二）正压关风器

1. 正压关风器的基本构造

正压关风器也称叶轮供料器，其作用是稳定、均匀地向气力输送管道中喂料，并阻止管道中的正压空气从进料口外泄。正压关风器的基本构造如图 11-4 所示。

正压关风器的结构是内部一个旋转的叶轮。叶轮旋转时，将上方进料口处的物料携带到下方，落到机壳底部的排料槽中，被外接的输料管道的正压空气带走。叶轮与机壳间隙很小，能够阻止输料管道的正压空气向上喷冒。

正压关风器工作原理与普通的叶轮式关风器相似，但要更为复杂一些，气密性要求更高一些。图 11-4 是正压关风器的结构图，主要由叶轮、机壳、排料槽构成，另外还有一些辅助的装置均压管、防卡挡板、挡风板等。进料斗内的物料落入叶轮的格室内，随着旋

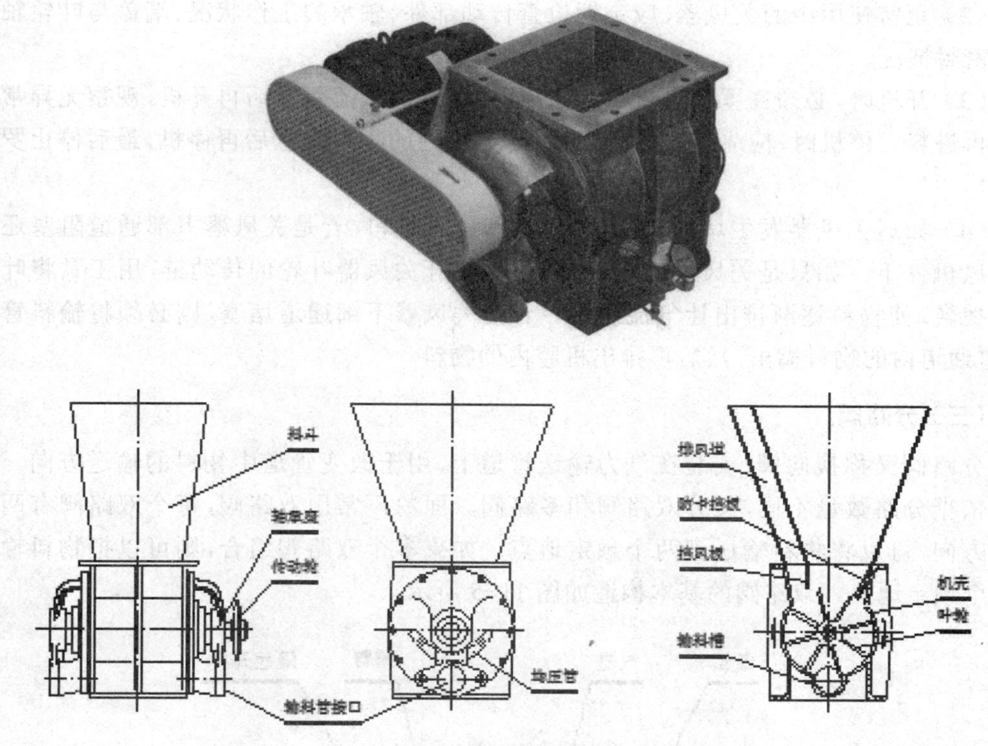

图 11-4 正压关风器的基本构造

转的叶轮被携带到下方，直接落到排料槽内，排料槽与外部的输料管相接，物料被来自输料管的气流吹走。由于排料槽与正压输送管道相接，其内的空气具有较高的压力，使得上行的格室内的空气也呈正压状态，这样将影响上面物料的喂入；而下行的格室内的空气压力低于排料槽的空气压力，影响物料从格室内顺利排出，所以在上行与下行的格室间设一空气通路，称为均压管，使上行格室与下行格室间的压力均衡。另外在上行的格室上方加装一个挡风板，挡风板与料斗的壁形成排风的通道，排风通道与外接的除尘吸风管道相接，将上行的格室内的正压空气吸走，使进料斗内的物料顺利充满格室。在关风器进口处设一防卡挡板，以阻止格室内充填过多物料造成卡堵。

正压关风器的叶轮只能朝一个反向转动，不允许反转。

2. 正压关风器的操作

(1) 初次使用或检修后的正压关风器，开机前应按顺序做如下的工作。

① 检查进料口，不得有异物落入。

② 检查叶轮转动是否灵活，转动时有无异响。叶轮的转动阻力不能过大也不能过小，阻力过大是机件或安装质量有问题，阻力过小则是叶轮与机壳的间隙过大，关风效果不好。

③ 点动电机，检查叶轮的转向是否正确。

④ 启动电机进行空负荷试运转，持续运转时间不少于 0.5 小时。如情况正常，可启动罗茨风机，逐渐地投料运行。

（2）正常使用中的关风器，应定期检查传动部件、轴承的工作状况、端盖与叶轮轴之间的密封情况。

（3）开机时，必须在罗茨风机启动之后、输送管路气流正常后再开机，观察无异常现象后再进料。停机时，应先停止进料，待料斗和机内的物料排空后再停机，最后停止罗茨风机。

（4）如遇关风器发生堵塞，应立即停机和停止进料，若是关风器下部通道阻塞还须将鼓风机停下。如只是关风器叶轮停转，可先脱开关风器叶轮的传动链，用工具将叶轮来回拨转，使物料逐渐排出让气流送走。若是关风器下部通道堵塞，则必须将输料管拆下，将通道内的物料掏出，然后再排出机腔内的物料。

（三）分路阀

分路阀又称换向阀，安装在气力输送管道上，用于改变管道中物料的输送方向。分路阀依据分路数量不同，又分双路阀和多路阀。面粉厂常用双路阀，每个双路阀有两个出口方向，可以将物料输送到两个预定地点。如果多个双路阀组合，则可以把物料输送到多个预定地点。双路阀的基本构造如图 11-5 所示。

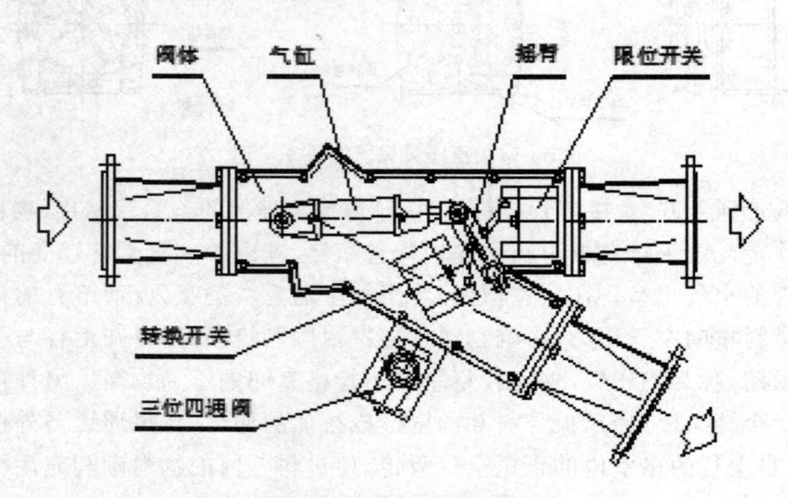

图 11-5　双路阀的基本构造

双路阀主要由阀体、内部的阀芯、外部的气缸以及控制元件组成。阀体为三通形状，有一个进口、两个出口，正常工作时只有一个出口和进口相通，另一个出口被阀芯关闭。转动阀芯，就可以切换两个出口的通、断，从而改变物料的输送方向。阀芯的转动由气缸推动，气缸的动作由电、气控制元件控制。

按照阀芯的型式不同，双路阀有两种型式：翻板阀和旋塞阀。翻板式的特点是结构简单、支路的转向比较平缓、气流阻力较小。旋塞式的特点是气密性好。目前应用较多的是旋塞式双路阀，如图 11-6 所示。

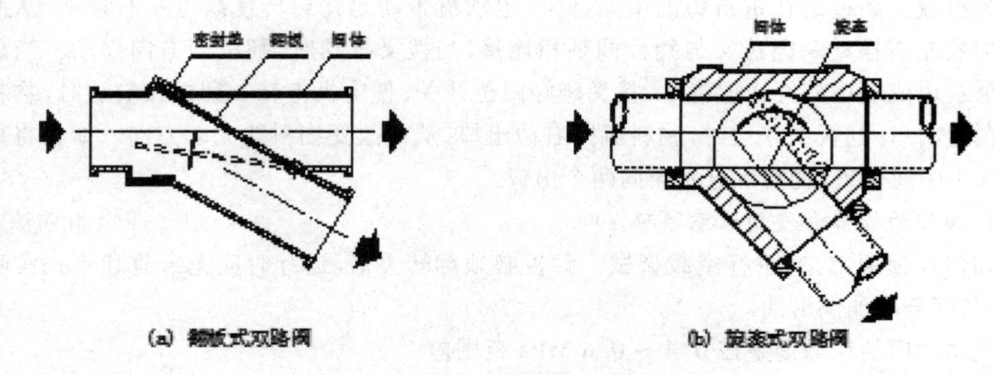

图 11-6 双路阀的结构

(四) 阀门

当需要改变溜管中物料的流向时，就要设置阀门。

1. 阀门的类型和结构

常见的阀门是翻板式阀门，有手动式、电动式和气动式三种，进出口有方形和圆形，出口型式有两出口、三出口和四出口。图 11-7 所示是常用的阀门型式。

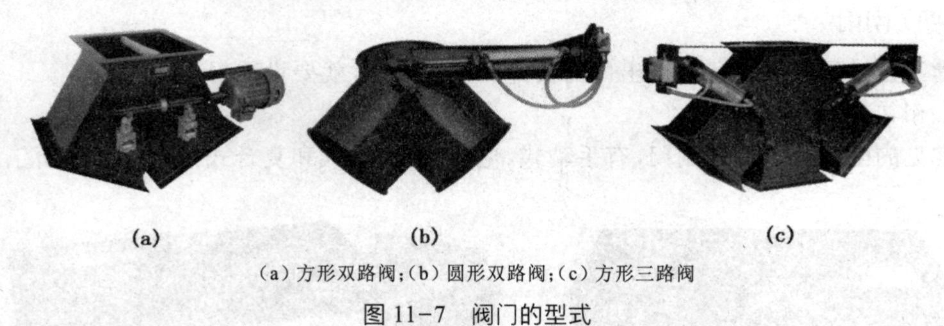

(a) 方形双路阀；(b) 圆形双路阀；(c) 方形三路阀

图 11-7 阀门的型式

手动阀门与电动、气动阀门的不同之处在于：手动阀门是由人工操纵手轮来推动翻板摆动；电动或气动阀门是由电机或气缸驱动翻板摆动。

电动阀门的结构如图 11-8 所示，由阀体、翻板、螺母机构、拨叉、丝杠、限位开关、电

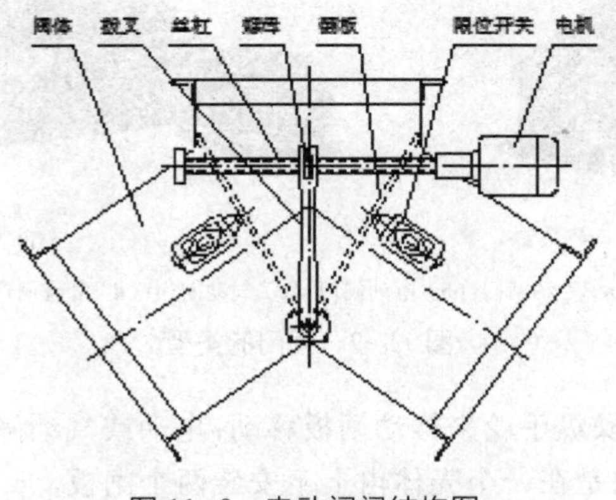

图 11-8 电动阀门结构图

动机等组成。翻板装在进料口的中间部位，电动机带动丝杠旋转使螺母左右移动，从而带动拨叉左右摆动。因拨叉与翻板同轴相连接，当拨叉摆动时，翻板同方向摆动。当翻板摆至左边或右边的终止位置时，拨叉碰触限位开关，使电机停转。翻板在右边时，物料流向左边出口；翻板在左边时，物料流向右边出口，从而改变物料的流动方向。如果将翻板定位于中间位置，物料可分别流向两个出口。

2. 阀门的操作和使用注意事项

阀门在使用前，需进行空载调试。翻板必须翻转灵活，运行时应无卡碰和不正常噪声，传动部分应加润滑油。

气动阀门的压力调整在 0.4 ～ 0.6 MPa 范围内。

操作方法：转动手轮或开启电机、启动气路使翻板翻转，达到开启和关闭进出口或改变料流方向的目的。

阀门在使用一定时间后，应定期对阀门进行维护保养，对各部分应定期检查，尤其注意行程开关，电气路部分。发现损坏零件及时更换，传动部分应定期加润滑油。

如果出现阀板不动作，电动的可能是因为电机、减速机损坏，应及时更换电机或减速机。气动的可能是因为气路出现故障，应检修线路或更换电磁阀。

（四）闸门

当工艺过程要求设备的进出口需要开启或关闭时，就要设置闸门。

1. 闸门的类型和结构

常见的闸门是平面式闸门，有手动式、电动式、气动式和复合式，如图 11-9 所示。

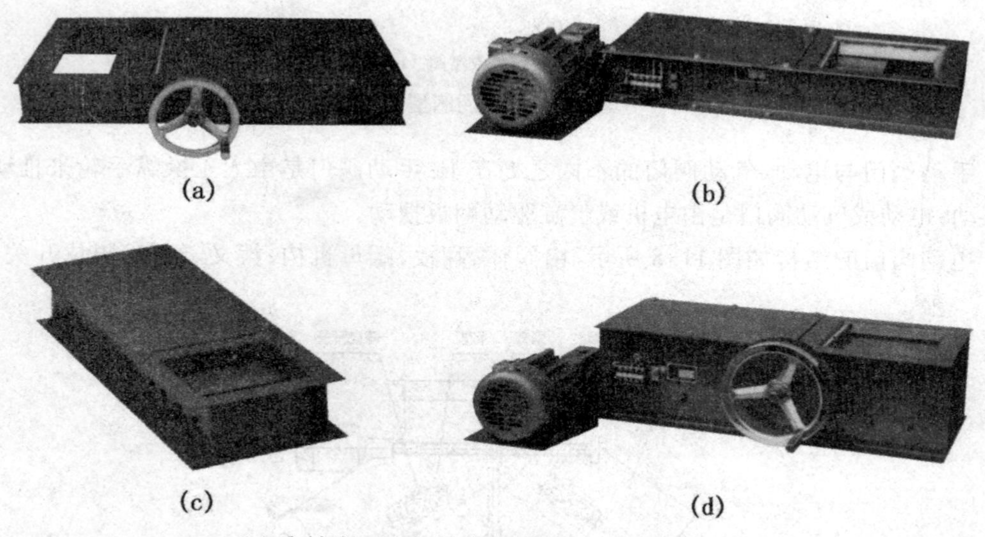

(a) 手动闸门；(b) 电动闸门；(c) 气动闸门；(d) 复合闸门

图 11-9　闸门的类型

手动闸门是由人工操纵手轮来推动闸板移动；电动或气动闸门是由电机或气缸驱动闸板移动；而复合闸门则是在一个壳体内上下安装两个闸板，一个由手动控制，另一个由电动或气动控制。复合闸门的优点在于：当电动或气动部分发生故障时或者需要用闸门控制物料出仓流量时，可以手动进行操作。

电动闸门的结构见图 11-10，闸板下面装一螺母或齿条，与螺母相配的丝杠或与齿条相配的齿轮与减速机相连接，通过丝杠或齿轮的旋转使闸板做往复直线运动，实现闸板的开启／关闭。当闸板运行至左、右极限位置时，触块碰触行程开关，使电机停转。滚轮的作用是承受来自闸板上面的物料压力，减小闸板的运动阻力。

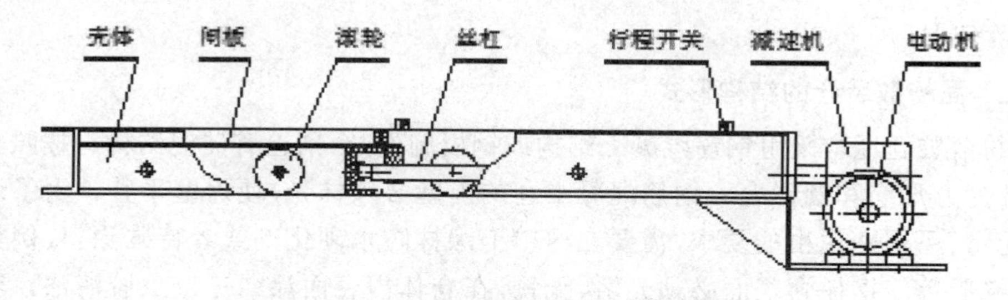

图 11-10　电动闸门结构图

2. 闸门的操作和使用注意事项

闸门在使用前，需进行空载调试。闸板必须在滚轮上灵活移动，运行时应无卡碰和不正常噪声，传动部分应加润滑油。

气动闸门的压力调整在 0.4～0.6 MPa 范围内。

操作方法：转动手轮或开启电机、启动气路使闸板开启、关闭，达到开启和关闭进出口的目的。

闸门在使用一定时间后，应定时对闸门进行维护保养，对各部分应定期检查，尤其注意行程开关、电气路部分。发现损坏零件及时更换，传动部分应定期加润滑油。

如果出现闸板不动作，电动的可能是因为电机、减速机损坏，应及时更换电机或减速机；气动的可能是因为气路出现故障，应检修线路或更换电磁阀。

三、面粉散装仓及使用注意事项

（一）面粉散存的优点

1. 实现面粉的多品种化

一是可以将加工的不同小麦所得到的面粉分别存放、按用户需求分别包装或发放，二是通过不同品种面粉的搭配可获得更多品种的面粉。

2. 节省占地面积

面粉散存仓高度大，比房式仓占地面积小，可节约征地投资。

3. 改善卫生条件

面粉在密闭的管道内输送和在密闭的仓中存放，没有跑、冒、撒、漏现象，更有利于产品和环境的卫生。

4. 提高了包装作业效率

具有散存仓时，可以用高速多功位打包机进行面粉包装，大大提高了工作效率，并可以实现制粉车间三班生产、打包间仅在白班打包。

5. 稳定面粉质量

将不同班组、不同原料生产的面粉集中进行搭配,可减小面粉质量的波动,使出厂的产品质量均衡、稳定。

6. 节省包装费用

配合面粉散装运输车,以散装的形式向用户发放,可完全省略袋装环节,节省了包装费用和劳动力。

(二) 面粉散装仓的结构形式

面粉散装仓通常采用钢筋混凝土结构或钢板制作,个别也有砖混结构。按照仓体的形状,分为方形仓和圆形仓。钢筋混凝土仓的内壁必须抹光,使内壁平整。为了达到不粘粉、无毒、不霉变生虫的要求,需要在内壁上涂抹防水硬化剂或者特殊涂料,例如聚酰胺环氧树脂等。钢板仓表面必须光滑、无锈,在仓体内表面涂二三层虫胶清漆。容量小的打包仓或散装发放仓,可以采用钢板制造,放置于车间内。

散装仓的仓顶应设进料口、进人孔、吸风孔、回风孔和料位孔。在仓顶上设上料位器,在螺旋供料器器进口处设低料位器,以监控仓内面粉的最高料位和最低料位。为便于粉状物料的出仓,避免结拱、流动不均匀、物料滞留等现象的发生,粉仓底部锥斗的坡角(与水平面的夹角)应不小于 70 ,下部应连接振动出仓设备。

当外界气温低、仓内物料温度高时,仓内表面会出现结露现象。结露会造成面粉霉变和腐败,无论钢筋混凝土仓或钢板仓都会出现这种现象。为防止结露现象的发生,需要对仓壁进行隔热(也叫保温)处理。隔热的方法有:仓壁外设保温层、夹层内填隔热材料、直接将仓置于建筑物之内。

粉仓的仓顶还应开设泄爆口,泄爆口上盖以轻质的板材,一旦发生粉尘爆炸时可被冲开泄压,以降低爆炸产生的破坏作用。

(三) 粉仓使用中的问题

1. 吸风

对散装仓吸风主要有两个作用:一是吸走正压输送管道吹入仓内的空气,降低仓内压力,防止含尘空气外溢;二是降低仓内的温度和湿度,防止仓壁表面结露现象的发生。

吸风一般采用集中吸风系统,即多个仓共用一套吸风除尘设备,通过风门控制各个吸口的开或关;也可采用在每个仓的仓顶设置一台插入式布袋过滤器,一对一进行吸风。同时,可在相邻仓之间设置呼吸管,将多个仓连接起来,来缓和平衡某一仓的仓内压力。

吸风对散存仓主要有三个作用:一是缓解由于正压空气的入仓而带来的仓内空气密度增加,以降低仓内压力,保证正压输送的正常运行;二是降低仓内粉尘浓度,起到防爆作用;三是起到降温降湿作用,防止仓顶表面结露现象的发生。散存仓吸风一般采用集中吸风系统,使仓内保持一定的负压,确保正压输送的正常运行和粉尘不外逸;也可采用仓顶设置插入式布袋过滤器,直接吸风除尘。在散存仓吸风的同时,仓顶可设置呼吸管,将相邻仓呼吸管连接,用于缓解某一仓内的压力。小麦粉是一种可燃物质,

2. 及时进行倒仓

粉仓内的面粉压力很大，而且面粉的流散性不好，长时间的存放会造成面粉结块或在仓内结拱。因此当面粉在仓内存放时间较长时，要及时进行倒仓，即通过输送设备从一个仓输送到另一个仓里，使面粉经过出仓、输送和进仓过程而松散开来。

3. 定期进行清仓

粉仓内总是会有少量的面粉黏结在仓壁上或留存在一些死角内，时间长了这些面粉就会发生霉变或生虫，所以大约每隔三个月要对粉仓进行一次清理，并对清理出的面粉用杀虫机处理。

4. 处理粉仓结拱问题

如果仓内面粉出现结拱现象而不能出仓时，可开启仓底破拱气化槽或压缩空气炮（如若配置）气力破拱，也可人工用钢筋或其他物体从面粉上表层向下捅或从仓底的小孔向上捅，一般情况下可顺利解决。从上面处理时，绝对禁止操作人员无防护地直接站在面粉堆上面，以防粉堆突然坍塌造成不测；从下面处理时，要防止面粉突然塌下造成钢筋对人员的伤害。

5. 防爆

面粉是一种可燃有机物，其散存的两个主要危险是着火和粉尘爆炸。体积质量为50 g/m^3 的混合粉尘易引起爆炸，因此在加强粉仓吸风的同时，仓顶一般应设置泄压口，最小泄压面积为1 m^3 容积0.02～0.04 m^2，大仓取大值，小仓取小值。泄压板可选用低惯性轻质材料制作，当仓内压力达到1.5 Pa时泄压板应爆破。因此粉仓在使用中应特别注意以下几点。

（1）仓内以及仓的上下严禁明火，如使用电焊机、打火机、火柴等。若必须动用明火作业时，应等到仓内面粉清理干净、空气中的粉尘沉降干净之后再进行。

（2）在粉仓区域内的电器设备应具备防爆性能，仓内使用吊灯照明时，务必做好灯头保护，防止吊灯碰撞炸裂。

（3）仓顶应设有泄爆口，其上禁止堆放重物。

四、面粉输送系统的操作注意事项

（一）更换面粉品种

在配粉车间，所输送的面粉品种经常发生变化。输送面粉的设备除正压输送系统外，还有机械输送设备，如螺旋输送机、斗式提升机等。机械输送设备内部常有面粉存留，当改变所输送的面粉品种时，这些机内留存的面粉就会混入下一批面粉中，影响下一批面粉的质量。所以在更换面粉品种时要进行“线路清洗”，简称“洗路”，就是在改变面粉品种后，先将少量面粉在输送线路中过一遍，对输送设备“清洗”。这些少量的面粉被当作“不合格”面粉单独处理，然后才转入正常的输送作业。“洗路”作业主要用在由输送低等级面粉改换输送高等级面粉时进行。

（二）选择合理的仓位入仓

对于不设储存仓的配粉车间，因为配粉仓的数量较多，所以有很多条螺旋喂料器连接到配料秤，彼此之间距离很近。如果所要搭配的面粉所处的仓位不当，就会使进入配料秤的面粉集中在秤斗的一侧，使面粉在秤斗内堆积高度过大而影响螺旋喂料器出料，甚至造成堵塞。所以在面粉入仓前，要考虑到配粉方案，选择合适仓位，使可能进行搭配的面粉在进入配料秤时能够在秤斗四周均布。

（三）防止输送管路堵塞

正压输送管路一旦堵塞，将很难处理。防止堵塞的要点之一是保持出口的畅通，之二是停机时管道内不能积存物料。当粉仓即将装满时，如果粉仓内安装的上料位器仍不能给出正确的信号，就会造成“溢仓”，使面粉喷出或堵住输送管道的出口，使输送管道堵塞。所以在清仓时要注意检查和清扫料位器。在输送系统停机时，应保证管道内的物料走空之后再停机。

任务二　配粉与混合设备

【学习目标】

了解配粉的目的和基本方法，掌握配粉设备的基本构造和一般操作方法，熟悉配粉工艺各设备的作用。

【技能要求】

（1）能按要求加入食品添加剂。

（2）能根据配粉要求进行设备操作。

【相关知识】

一、配粉的目的和基本方法

（一）配粉的目的

配粉的目的是将几种不同品质的面粉（称为基础粉）按照适当的比例进行搭配，配制成各种适应食品加工要求的面粉。在配粉的同时还可以添加各种改良剂、营养强化剂等来进一步改善面粉的某些使用特性，更好的满足食品加工要求。另外，配粉还有助于稳定产品质量。

（二）配粉的基本方法和程序

配粉的基本方法是：先将制粉车间生产的不同品质、不同等级的面粉（这些面粉又称为基础粉），通过输送设备送入不同的储存仓内分别存放，需要配粉时，将各种基础面粉从仓内放出，借助计量设备按照一定的比例搭配在一起，并根据需要再加入各种添加剂，经过充分搅拌混合后即成为成品面粉。配粉的基本程序见图 11-11。

二、配粉的主要设备及其作用

（一）仓底振动卸料器

1. 仓底振动卸料器的基本构造

仓底振动卸料器安装在面粉散装仓底部出口处，其作用是通过振动卸料器的振动促

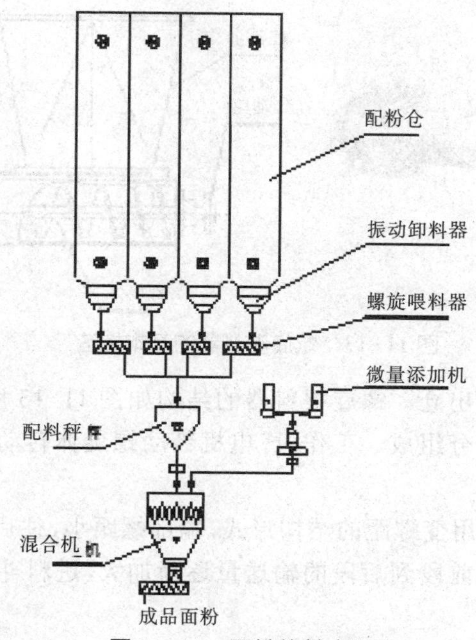

图 11-11 配粉的基本程序

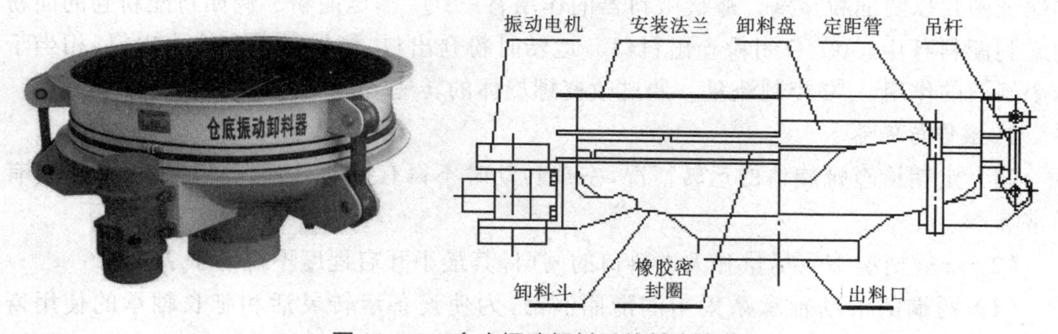

图 11-12 仓底振动卸料器的基本构造

使面粉顺利出仓。仓底振动卸料器的结构见图 11-12，主要由卸料斗、锥形卸料盘和振动电机组成。工作时，振动电机带动卸料斗、卸料盘一起振动，振动力传给仓内的面粉，使面粉变得松散、容易流动，从而顺利出仓。

2. 操作与维护

（1）仓底振动卸料器必须和其下连接的卸料设备同时启、停。当停止卸料或卸料闸门关闭时，千万不能启动电机，否则仓内的物料会振动得更加结实，造成下次出仓困难。

（2）吊杆支点处的橡胶套使用一定时间后会产生老化现象，需要定期更换。

（3）卸料斗与固定法兰间的橡胶密封带使用一段时间后需要更换。

（4）振动电机要定期更换润滑油、清除机体内的污垢等。每年更换一次轴承。

（二）螺旋喂料器

1. 螺旋喂料器的基本构造

螺旋喂料器（也称圆管螺旋输送机）安装在仓底振动卸料器出口下面，通过螺旋喂料

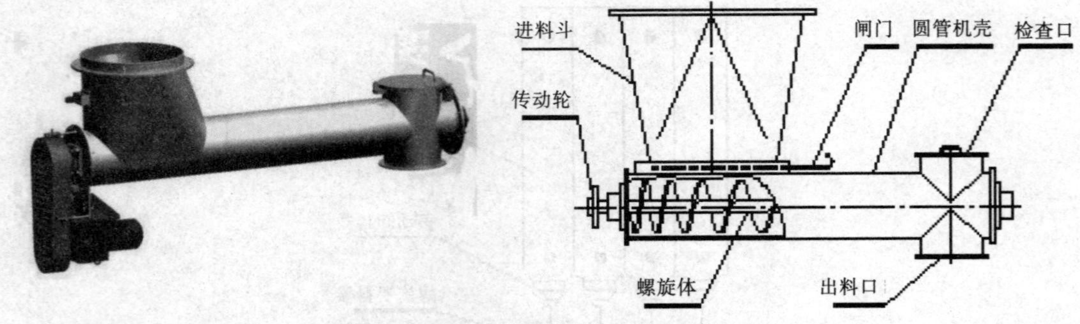

图 11-13　螺旋喂料器的基本构造

器的开启或关停控制面粉出仓。螺旋喂料器的结构如图 11-13 所示，由进料斗、圆管机壳、螺旋体、传动装置等部分组成。工作时，电机带动螺旋体转动，旋转的螺旋体将物料从进料口推向出料口。

螺旋叶片在进料段采用变螺距的结构形式，端部螺距小，往后逐渐变大，直至达到输送段的正常螺距。这样由前段到后段的输送量逐渐加大，进料斗内的物料均匀下落，使出仓均匀。

螺旋喂料器安装在仓底振动卸料器之下，与仓底振动卸料器的出口采用柔性联接，并保证密封以防面粉撒漏。螺旋喂料器的作用有三：① 输送面粉。例如将配粉仓的面粉输送到配料秤中。② 启闭粉仓出料口。运转时粉仓出料，停转时粉仓停止出料，相当于一个闸门的作用。③ 控制流量。通过改变螺旋体的转速，可改变面粉出仓的流量。

2. 操作与保养

（1）定期检查螺旋体的运转情况，空载转动时不得有振动、擦碰等现象；轴承不得有异常响声。

（2）一般情况下应尽量开大进料口的闸门，其最小开启程度不得小于 2/3。

（3）两端的滚动轴承系采用润滑脂润滑，为使设备运转灵活和延长轴承的使用寿命，要定期换油与清洗轴承。

（4）为降低传动时的噪音，减少磨损，须在传动链、链轮处经常加润滑油。

（5）停机前应先关闭仓底振动卸料器、关闭闸门。开机时应先启动螺旋体，待设备运转正常后开启进料门，最后开启仓底振动卸料器。

（6）如果螺旋喂料器发生堵塞，应首先关闭电源，然后查看是否因出料口不通造成堵塞。如果是出料口不通，则应关闭进料闸门，脱开传动电机，清空出料口的面粉，然后人工盘动螺旋轴，一点一点步进式地转动，使其内的面粉逐渐排出。如果不是出料口的问题，那就有可能是机内有异物卡住了螺旋体。用手盘动螺旋轴，根据盘动的感觉判断是否被卡，如果是，可将进料口的连接管拆下或将喂料器整体拆下，从进料口处将异物取出。

（三）配料秤

1. 配料秤的基本构造

配料秤的作用是按照预先设定的重量来称量各种基础粉，将各种面粉按比例进行搭

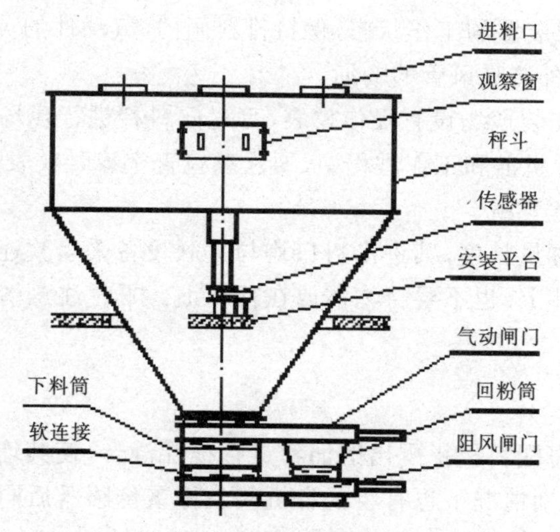

图 11-14 配料秤的基本构造

配。配料秤是配粉工序中的主要设备，结构简单，一般用不锈钢制作，配以称重传感器、料门及其控制机构。配料秤的基本构造如图 11-14 所示。

配料秤由秤斗、斗底放料阀门、阻风阀门、称重传感器等部分组成。料斗是封闭的，顶盖上根据使用需要开多个进料口，进料口与每个配粉仓出口的螺旋喂料器软连接。秤斗的一侧设观察窗，除了用于观察内部情况之外，还可从此处通过人工加入添加剂。秤斗有三条支腿，每个支腿下面安装一个重量传感器，三个传感器共同承受秤斗与斗内物料的重量。秤斗的出口装有气动阀门，控制出料口的启闭，料斗在进料和称量时阀门关闭，称量完成后打开阀门放料。气动阀门的下方，还装有一个阻风阀门，用以隔断来自下面混合机的空气波动，保证配料秤的称量精度。阻风阀门与上面的放料阀门同步工作。当采用闸阀作为放料阀门，由于闸门的闸板在移动过程中会带出一些面粉，在闸板移动区间的下面接一回粉箱，回粉料与主流物料一起进入下面的混合机。因闸门的闸板在开关移动中会带出面粉，目前多采用气密性更好的蝶阀替代插板阀。

配料秤每秤的称量值及配方由操作人员输入计算机，由计算机控制配料秤的工作过程。各个配粉仓下的螺旋喂料器按顺序分别向配料秤进料，称重传感器将秤斗的质量转换成电信号送入计算机，由计算机根据配方控制各个螺旋喂料器的启停，依次将各种面粉和添加剂送入秤斗中。当完成一个批次的进料后，停止进料，打开下料门放料（放入混合机）。物料排空后关闭下料门，开始下一批次的进料。

在秤斗与下方的混合机之间设有回风管，以便让秤斗放料时混合机内排出的空气返回配料秤斗，避免含尘空气溢出机外。

2. 配料秤的操作

（1）启动配料秤时，应待下方的混合机启动并运转正常后再开机。停机时，应等斗内的物料排空、并且螺旋喂料器停止工作后再停机。

（2）配料秤属于电子称量设备，称重传感器是关键部件，要经常进行检查并保持清洁。

（3）经常检查排料装置的工作状态，保持排料闸门、气动件的灵活、可靠。

（4）保持回风管、外接吸风管的畅通。

（5）在配料秤的安装现场设有操作仪表，可对配料秤进行现场操作，如开机停机、配比设定等。配料秤在开机前和工作过程中，要注意检查空载时仪表是否回零。

3. 配料秤使用注意事项

为保证配料秤的称量精度，其进出料口均与关联设备采用软连接。工作时不要将身体或其他物体靠在秤斗上，也不要将物体放在秤斗上。平时注意清扫传感器部位和秤斗上面的灰尘。

（四）混合机

混合机的作用是将配料秤搭配出的面粉进行搅拌混合，使其均匀一致。混合机一般和配料秤配合使用（个别情况下也有将混合机装上称重传感器后同时当作秤使用的），通常安装于配料秤下方，与配料秤协同运行，共同由计算机控制。

混合机一般和配料秤配合使用，通常置于配料秤下方，与配料秤协同运行，共同由计算机控制。生产过程中，混合机始终保持转动状态，当配料秤将一个批次的面粉放入混合机后，混合机开始混合，混合时间一般在 6 秒左右（不包括进料与放料时间）。混合完成后，混合机开启放料门放料。混合机下面需配置面粉缓冲斗，以容纳混合机一次性的放出的物料，其有效容积应大于混合机的一次放料量。混合机内的物料放空后关闭料门，开始下一批次的进料。

常用的混合机有两种类型：螺旋叶带式混合机和双轴浆叶式混合机。

1. 双轴浆叶式混合机

双轴浆叶式混合机的结构见图 11-15。

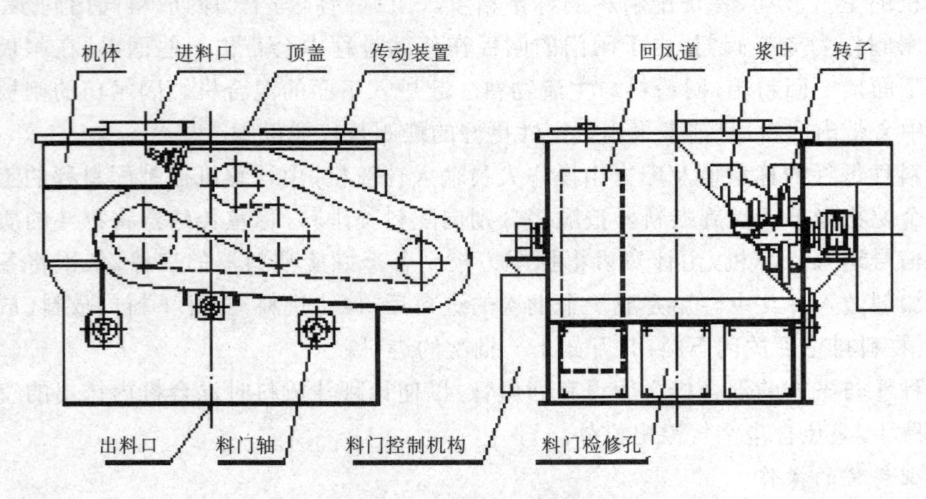

图 11-15　双轴浆叶式混合机结构图

在混合机的机槽内，平行布置着两个转速相同、旋转方向相反的转子，转子上焊有多个倾斜的浆叶。浆叶在旋转中一方面横向翻动物料，一方面推动物料沿转子的轴向运动。由于两个转子的转动方向相反，所以两个转子分别向相反的方向推料。这样机槽内的物料在被翻动的同时也做平面大回环移动。在两个转子的交邻处，两个转子的桨叶均向上运动，此区域的物料被桨叶向上翻动，形成物料间相互交错剪切状态，从而达到快速和均匀混合的效果。

在机体外部的一侧设有回风通道，使机体的上下部相通。放料时，物料快速落入缓冲斗，斗内被排出的空气则经过回风通道回到机槽内，消除了缓冲斗与机槽间的空气压差。

出料门控制由气缸、连杆、摇臂、双连摇杆、联动轴、行程开关等组成。出料门装在联动轴上，联动轴与摇臂连接在一起，摇臂与连杆、连杆与双连摇杆相互交接，气缸往复运动，通过双连摇杆使联动轴转动，从而带动底部的两个出料门开启或关闭。

通过调节转子轴的上下位置，可调节转子与机槽底部的间隙。

2. 螺旋叶带式混合机

(1) 螺旋叶带式混合机的基本结构和工作过程

螺旋叶带式混合机的结构见图11-16，主要由机体、带有螺旋叶带的转子、传动装置、出料门及控制机构组成。

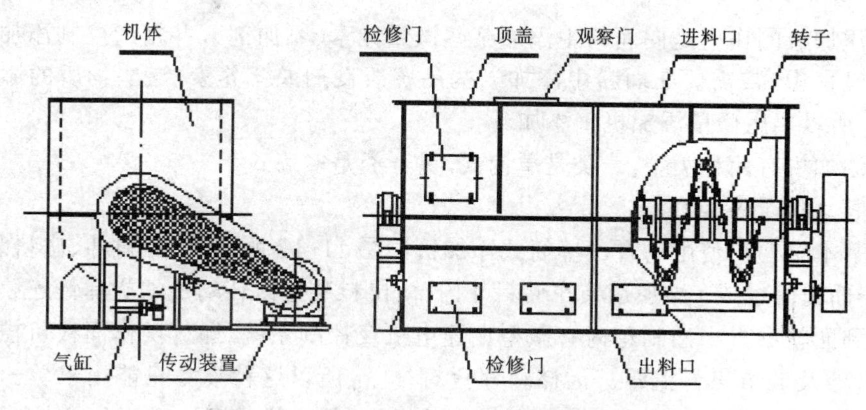

图 11-16　螺旋叶带式混合机的基本构造

面粉从顶盖上的进料口进入，被转动的螺旋叶带推揉和翻动，达到混合均匀的目的。

转子由带状螺旋叶片、轴和活套在轴上的圆环以及支撑杆等组成。叶片分为内、外两圈，分别为左旋和右旋。转子转动时，左旋叶片将物料从一端推向另一端，右旋叶片则使物料向相反方向移动，通过这样不断地翻动和对流，导致物料均匀混合。转子两端在靠近机体内壁处的外叶片撑杆上焊有刮料板，使机体内四角的物料都能得到充分的搅拌。

机体两端部分有内外两层墙板。内外墙板之间的空间和机体上下部相通，在进出料时被物料排出的空气可在此空间循环，不致溢出机外。机体盖上有观察门及两个进料口。

机壳下部出料门框周围装有密封件，门关紧时，机内物料不致漏出，密封条损坏后可更换。必要时可调整门体上的螺母位置，可以使出料门紧贴机壳底部使其密封。

主轴承座底面和机体上的支撑面之间装有两块垫铁，两垫铁之间的接触面为斜面，移动两垫铁，就可以调节轴承座的高度，即调整转子外径和机槽底部的间隙。调整后两垫铁的两端分别由安装在机体上的螺栓顶紧。

出料门的控制机构与双轴浆叶式混合机相似。

3. 使用与保养

（1）启动混合机时，应待下方的输送设备启动并运转正常后再开机；待转子运转正常后再进料。停机时，要等机膛内的物料排空、并且配料秤停止之后再停机。

（2）出料机构应保持运动灵活，并应经常清除积尘。

（3）保持回风通道的畅通。

（4）混合机在正常工作中，机体应平稳，转子无擦碰和不正常的振动。如发现有摩擦声，应调整转子的高度或左右位置。

（5）定期更换各轴承的润滑脂；保持传动链条的润滑并定期清洗；定期为减速机更换机油。

（6）食品添加剂应滞后面粉进入混合机内 2～3 秒加入，以防面粉由配料秤快速放入混合机时形成的强大气流将添加剂由吸风口带走。

（五）微量添加机

微量添加机的作用是向面粉中添加某些微量元素（添加剂），并精确控制添加量。专用粉生产过程中，常需要在面粉中添加一些品质改良剂或营养素，这些物质的添加量通常都很小，所以要用微量添加机来添加。

微量添加机有两种类型，一类是单筒式，另一类是多筒式。

1. 单筒式微量添加机

（1）基本结构与使用场合。单筒式添加机如图 11-17 所示，由储料斗、出料装置、控制箱、操作面板等组成。添加剂装在储料斗内，由出料装置内转动的螺旋弹簧连续、均匀、缓慢地喂到面粉中去。控制箱内有微型调速电机及控制系统，通过操作面板可控制出料装置的启、停及调节出料流量。因储料斗只有一个，所以这种设备只能用于单一品种添加剂的添加。当需要向面粉中添加两种以上的添加剂时，就需要使用两台以上的设备。

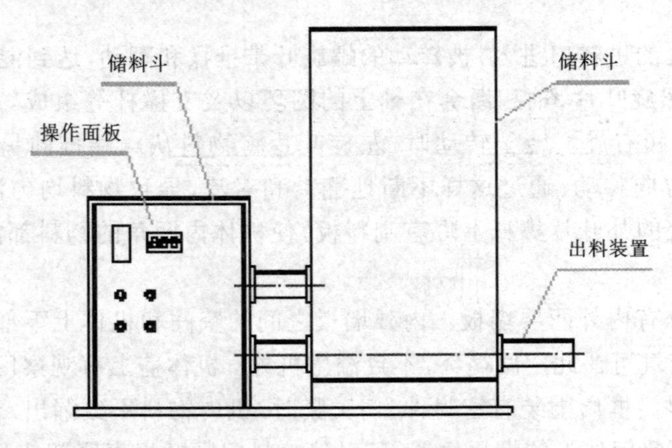

图 11-17　单筒式微量添加机外形

单筒式添加机的工作方式是连续式的，不能用在配粉程序中，而是安装在制粉车间收集面粉的螺旋输送机上面，连续不断地向面粉流中喂入食品添加剂。螺旋输送机在输送的同时将添加剂与面粉搅拌均匀。这种添加机的喂料流量为（0.6～25）g/min。

（2）操作方法与注意事项。① 单筒式的微量添加机一般由人工在现场控制其启动、关停。开机前应检查储料斗内有无食品添加剂、流量指示是否正确、电源指示是否正常。开机后应检查电流的大小、机器运转是否正常、出料是否正常。

② 应在螺旋输送机中的面粉流量接近正常时再启动，面粉流量减小时应及时停机，应与螺旋输送机连锁。

③ 需要改变添加量时，可通过操作面板上的旋钮来调节螺旋弹簧的转速，改变出料流量。

④ 更换食品添加剂品种时，应将储料斗内原先的添加剂清理干净。方法是：停机、断开电源以防误操作；借助工具清出储料斗内的物料；开启喂料装置，快速排出残存的物料；然后停机、倒入新的食品添加剂；调整到设定的流量，然后根据面粉流量开机。

⑤ 某些流散性太差的食品添加剂，会造成出料装置堵塞，所以不能用添加机添加，只能由操作人员手工添加。

2. 多筒式微量添加机

（1）基本结构与使用场合。多筒式添加机如图 11-18 所示，由微量秤、贮料筒、喂料机构、汇集筒组成。各个贮料筒布置在微量秤的周围，每个贮料筒储存一种食品添加剂，由喂料机构喂出。不同贮料筒的食品添加剂按照预先设定好的计算机程序，按次序向微量秤进料，微量秤进行累积式的计量，达到一个批次后秤斗下部蝶阀开启，各种食品添加剂一起倒入面粉混合机中。这种添加机能同时将多种食品添加剂加入面粉中。

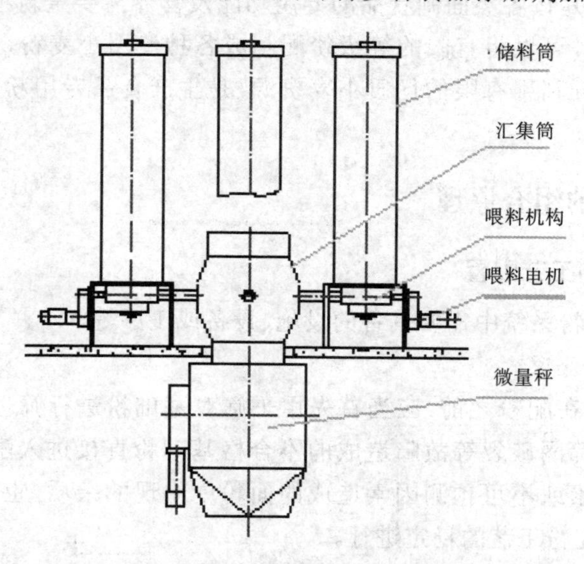

图 11-18　多筒式微量添加机外形

多筒式添加机的工作方式与单筒式添加机不同，是间歇式的工作。一般安装在混合机上部，混合机每处理一个批次的面粉，就同时加入一个批次的食品添加剂，其添加精度高于单筒式的微量添加机。

（2）操作方法与注意事项

① 多筒式微量添加机的工作程序是由计算机控制，正常工作时不需人工干预。

② 更换食品添加剂品种时，应将贮料斗内原先的添加剂清理干净，方法与单筒式的清理方法相同。通过现场的操作箱可以对喂料机构的启、停进行控制。

③ 流散性太差的食品添加剂不能用添加机添加，可以人工借助天平进行称量，然后从人工投料口将添加剂倒入面粉配料秤中。需要注意的是：食品添加剂应滞后面粉进入混合机内 2～3 秒加入，以防面粉由配料秤快速放入混合机时形成的强大气流将食品添加剂由吸风口带走。

任务三　配粉工艺

【学习目标】

了解配粉流程的组合原理，掌握配粉系统的工艺配置，掌握配粉设备常见问题的处理方法。

【技能要求】

（1）能处理配粉工艺中的问题。

（2）能排除计量、混合设备的故障。

【相关知识】

配粉是指将制粉车间生产出的几种不同组分和性状的基础粉，经过合适的比例（配方）混配制成符合一定质量要求的面粉，在混配过程中也可加入食品添加剂对面粉进行修饰，因此，配粉也就是按各类面制食品的专用功能及营养需要重新组合、补充、完善、强化的过程。通过配粉，可以将有限的等级粉配制成各种专用小麦粉，以满足食品专用粉多品种的需要，可充分利用有限的优质小麦资源，是生产食品专用粉和稳定产品质量最完善、最有效的手段。

一、配粉工艺的组合原理

（一）配粉系统的工艺配置

工艺配置是指配粉系统中需要具备的设施、设备或工序等。

1. 面粉入仓前的处理

（1）面粉检查。在配粉之前，应当首先用平筛对基础粉进行筛理检查，以防止制粉过程中因平筛窜仓、筛网破裂等故障造成的不合格基础粉直接进入配粉系统。此外，由于机器故障、人为因素或不可预测因素造成的面粉中出现的杂质，也可以通过检查筛被分离出来，保障整个配粉工艺的稳定进行。

（2）面粉计量。为了掌握每个仓、每种基础粉的数量及了解当班生产的产量、电耗和出粉率，各种基础粉在入仓之前要进行计量。计量工作由中间计量秤完成。

（3）杀虫和磁选。粉在配制过程中要经过较长时间的大批量散装存放，因此在面粉入仓之前，用杀虫机将面粉中的虫卵杀死，避免由于粉仓中面粉温度较高造成害虫在面粉中大量繁殖。杀虫可通过杀虫机来实现。

在基础粉入仓之前，一般设置一道磁选机来除去面粉里混杂的金属杂质。磁选机应放在杀虫机前面，以防止磁性金属物进入杀虫机而损坏设备。

2. 各种功能的粉仓

根据粉仓的存储功能不同，粉仓可分为以下五大类。

（1）储存仓。储存经过检查、计量、杀虫等工序后的各种基础面粉，储存仓需要较大的容量，至少要能容纳 2 ～ 3 天的车间生产量。

（2）配粉仓。储存需要进行配粉的各类基础粉，配粉仓中的面粉可由储存仓转仓而来，也可由车间生产线经过检查、计量、杀虫等工序后直接入配粉仓。配粉仓的容量不要求太大，但仓的个数要能满足基础粉品种数量的需求，一般设 6 ～ 12 个。

（3）打包仓。用于储存需要打包的成品面粉。成品面粉去打包时，面粉输送系统不可能同时向每台打包机送料，因为那样就需要好多套输送装置。所以每台打包机都要设一个备载仓，也叫打包仓，输送系统集中时间向某一打包仓进料，装满后再转向另一打包仓进料。

（4）散装发放仓。专门用于对装散装面粉车供粉的粉仓。如果需要将面粉向面粉散装汽车发放，也要设专门的备载仓，也叫散装发放仓。

（5）辅料仓。用于储存各种用量较大的添加剂、辅助粉如淀粉、谷朊粉等小型粉仓，辅料仓属于配粉仓范畴。有时候也可以将储存仓和配粉仓合并，众多数量的粉仓既是配粉仓，又当储存仓使用。

3. 面粉输送系统

把面粉送入面粉仓的方式有机械输送（采用提升机和螺旋输送机、刮板输送机）、气力吸运和压运等方法。机械输送的优点是节省动力，但不利之处是设备体积大、内部有物料留存死角、输送线路不如气力输送管道灵活，因而较少采用。在气力输送方式中，气力压运的方式更适合配粉间使用，一根输送管道可以任意分出多个卸料点向各个仓进料。因此目前配粉车间最常用的是气力压运（即正压输送）的方法。

4. 配料与混合

（1）配料。配料是配粉的关键工序，配料设备的精度决定着面粉配比的准确度。面粉的配料方式有两种：重量式配料和容积式配料。

重量式配料是利用精确的称量设备（如配料秤），将所要配制的基础粉和添加成分按照工艺配方的比例称量出来，然后一起放入混合机进行混合。重量式配料，精确度较高，缺点是投资较高。

容积式配料是按照体积流量来控制各种基础粉的配比。在每个粉仓下安装一台流量控制装置，如螺旋喂料器、容积式配料器等，根据要求的配比调整好每个喂料器的流量，同时开启各个喂料器，将物料汇集在一条螺旋输送机内，通过螺旋输送机进行混合。微量添加机放置在螺旋输送机上，向面粉中加入食品添加剂。容积式配料投资小、可连续生产，但配料精确度低，适用于配粉要求不太高的工艺。

（2）混合。混合设备的效果决定着面粉混合的均匀度。混合的方式有两种：间歇式混合和连续式混合。

间歇式混合主要通过混合机来实现。这种方式的缺点是混合时间较长，投资高、占地大、检修不便；优点是混合效果好，装卸和排料迅速彻底，便于清理维修和实现自动控制，对微量添加的物质有较好的混合效果。该方式一般和重量式配料相匹配。

连续式混合一般是利用螺旋输送机进行，用以将容积式配料设备搭配的物料进行连续地混合。连续式混合的均匀度较差，尤其对添加万分之一级别的微量元素，螺旋输送机很难将其混合均匀。

5. 面粉打包和散装发放

经配粉工序配制好的成品面粉，即可打包发放，或者散装发放。

在打包前必须经过检查筛，检查筛的作用是筛出面粉在储存中可能形成的粉块。散装发放系统需要设置散装发放仓以及配套的出仓、装车设施，将散装面粉装入散运罐车。

（二）流程的组合

按照面粉入仓、出仓、搭配、混合、发放的作业顺序，将以上的各项工艺配置进行组合与连接，形成图 11-19 所示的流程方框图。

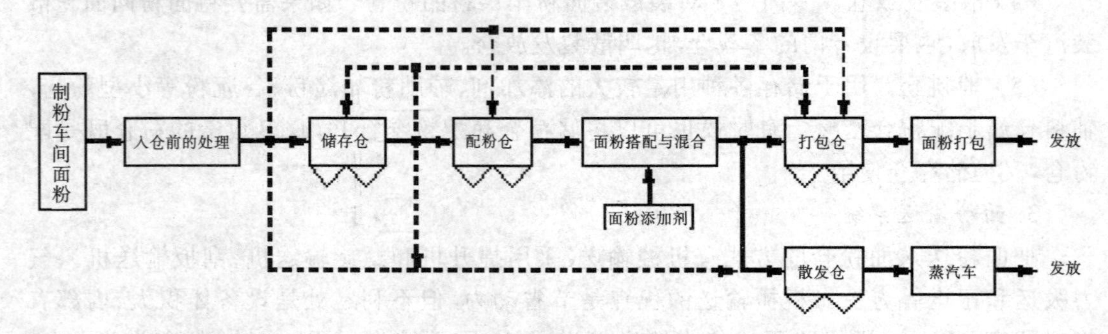

图 11-19　配粉流程方框图

制粉车间来的基础粉，经过入仓前的处理之后，即可进入配粉作业。基础面粉流动的主线是：储存仓→配粉仓→搭配与混合→打包仓或散发仓。除此之外，还要考虑工艺或线路的灵活性：基础面粉除了可以进储存仓，还可以根据需要直接进配粉仓、打包仓和散装发放仓；从储存仓放出的面粉除可以进入配粉仓，还可以直接进打包仓和散装发放仓，另外还要能够返回其他储存仓，实现倒仓功能；配粉仓兼作储存仓时，其出仓的面粉除可以进入打包仓和散装发放仓外，也要能够返回其他配粉仓，实现倒仓。

二、典型的配粉工艺流程

典型的配粉工艺流程图如图 11-20 所示。这是一套较为完善的重量式配粉工艺，具有散存仓、配粉仓、打包仓和散装发放仓。

该工艺中面粉储存仓的仓容较大，可以短期储存一定数量的面粉，同时还设有倒仓功能，防止面粉结块。从制粉间来的面粉可以入储存仓也可以直接入配粉仓进行配粉，或直接进后面的打包仓或散装发放仓；储存仓的面粉可以入配粉仓也可以直接去打包或散装发放。该工艺由于单独设了储存仓，多了一道面粉提升次数，动耗较大。

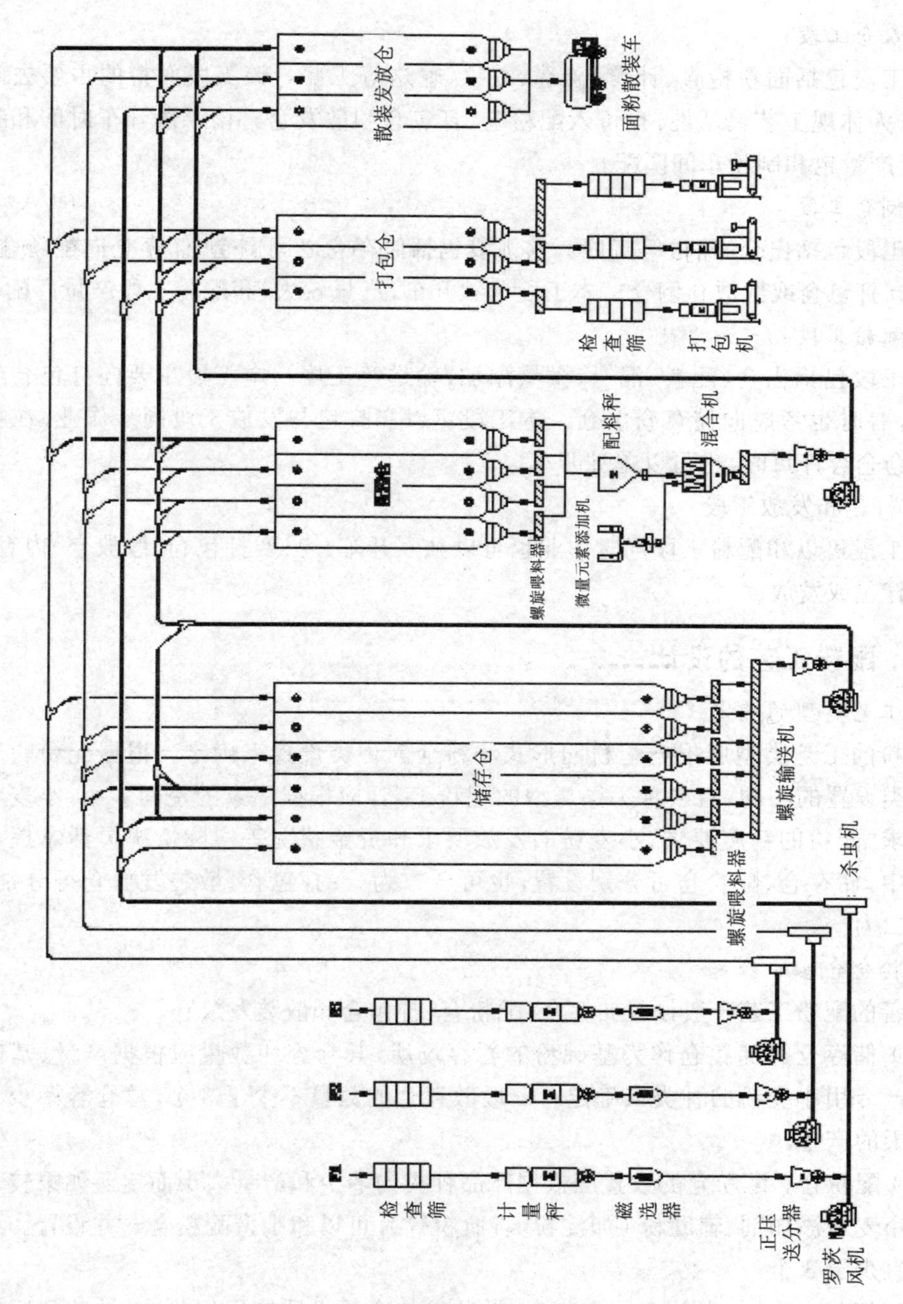

图 11-20 典型的配粉工艺

如果将配粉仓兼作储存仓使用,则减少了一道面粉提升次数,易实现多仓面粉配料混合,节省了投资和动耗。但粉仓不能充分利用楼层空间,仓容受到限制,故仅适于储存量小的配粉车间。

三、配粉的工段划分

配粉工艺主要包含四个工段:

1. 入仓工段

该工段包括面粉检查、计量、磁选、杀虫、输送等工序。该工段面粉的主要去向是进储存仓，为体现工艺灵活性，也可入配粉仓、打包仓和散发仓。该工段开车时间和制粉车间一致，产量也和制粉车间匹配。

2. 倒仓工段

该工段包括出仓、输送等工序。本工段包括储存仓之间倒仓、储存仓向配粉仓倒仓、储存仓向打包仓或散放仓倒仓。本工段单独开车，产量较大，和配粉工段产量匹配。

3. 配粉工段

该工段包括出仓、配料、混合、微量添加、输送等工序。本工段主要向打包仓或散发仓输送，有时也考虑向储存仓倒仓。本工段可以和打包与发放工段同步作业，在打包仓或散放仓仓容许可时，也可以单独开车。

4. 打包和发放工段

该工段可以和配粉工段同时作业也可以独立开车。只要打包仓（散放仓）内有面粉，就可以打包或发放。

四、配粉工艺的设计

1. 工艺类型的确定

配粉的工艺类型应根据配粉的形式和粉仓的种类设置来确定。根据配粉的形式和粉仓种类设置的不同，有多种不同类型的配粉工艺，应根据厂家的空间大小、小麦粉储存量的要求、配粉的精度要求、小麦粉的发放要求和资金状况等实际情况灵活掌握。在实际应用中，储存仓、配粉仓可分别设置，也可合二为一；打包仓、散装发放仓可分别设置，也可合二为一。

2. 粉仓仓容的确定

完善的配粉工艺一般设置储存仓、配粉仓、打包仓和散装发放仓。

（1）储存仓。储存仓作为基础粉的暂存场所，其仓容和数量应根据产量、基础粉种和所生产专用小麦粉的种类来确定。一般散存仓的数量不少于 8 个，总仓容不少于制粉车间 2 天的产量。

（2）配粉仓。配粉仓的设置应根据产品种类的多少和产量大小而定。如果较大批量地添加小麦粉添加剂、辅助粉（如淀粉、谷朊粉等），可以和小型配粉仓一并设置。配粉仓设置不宜少于 3 个。

（3）打包仓、散装发放仓。打包仓、散装发放仓的设置应根据包装、散装的比例和产量而定。

3. 物料输送形式的设计

小麦粉入仓可采用正压输送、负压输送和机械输送。负压输送适宜于物料从几处向一处集中输送，粉仓少的配粉工艺可采用；正压输送适合于一处供料、多处卸料和大流量、长距离的输送。正压输送对输送系统的气密性和供料器的性能要求高，目前小麦粉入仓多用该方式，但设备投资大，能耗较高；机械输送能耗低，稳定性好，适用于卸料点少的输送，该方式在设备中有残留，易生虫，生产中应加强管理。

4. 粉仓的设计

粉仓从功能上分为储存仓、配粉仓、打包仓、散装发放仓等。通常采用钢筋混凝土结构或钢板制作，也有砖混结构。储存仓、配粉仓数量多、容量大，所以常采用钢筋混凝土结构，与车间形成一个整体。

按照仓体的形状，粉仓可分为方形仓和圆形仓。方仓最小内边长 1.5 m，一般为 2.5 ～ 4.0 m；圆仓内径设为 2.5 m 左右较好。仓体的高度以 15 ～ 25 m 较为合适。仓内壁要磨光，以保证内壁平整。为了达到不粘粉、无毒、不霉变生虫的要求，需要在内壁上涂抹防水硬化剂或特殊涂料（如聚酰胺环氧树酯等）。容量小的打包仓和散放仓，可以采用钢板制造，置于车间内。钢板仓表面必需光滑、无锈，在仓体内表面须涂二三层虫胶清漆。散存仓的仓顶应设进料口、进人孔、吸风孔、回风孔和料位孔。在仓顶和仓下斗上设置料位器，以显示散存仓的储存状态。为尽量避免结拱、出料时形成滞留区、流动不均匀等现象的发生，以便于粉状物料的出仓，粉仓的出料斗角度应不小于 70°，下部应和振动出仓设备连接。

五、配粉设备常见问题的处理

（一）仓底振动卸料器

（1）当卸料器卸料能力不足时，可借助调节振动电机偏重块的位置进行微调。偏重块设在电机轴的两端，一端有两块，两偏重块重叠部分越多，则振动力越大，卸料能力越大。当两偏重块全部重合时，振动力最大。偏重块上有尺寸刻度标记，电机两端的偏重块必须根据刻度调到完全一致。

（2）当需要进一步调节卸料能力时，可以调节活化伞与卸料斗的间距。间距大，卸料能力大，间距小，卸料能力小。间距的调节需要更换定距管，调节时必须先将仓内的物料排尽。

（3）如果振动电机的上、下位置不正确，会造成卸料斗上、下振动。可借助固定电机底板上的腰形孔来调整振动电机的固定位置，主要调节其上、下位置。拆卸电机时，作好标记，以便装配时复位。

（二）螺旋喂料器

螺旋喂料器在使用中，可能出现的工艺问题就是堵塞，即螺旋体被物料或异物塞死而停止转动。造成堵塞的原因有两方面，一是有体积较大的异物落入机内，二是因出料口不通使物料在机筒内挤死。

如果螺旋喂料器发生堵塞，应首先关闭电源，然后查看是否因出料口不通造成堵塞。如果是出料口不通，则应关闭进料闸门、脱开传动电机、清空出料口的面粉，然后人工盘动螺旋轴，一点一点步进式地转动，使其内的面粉逐渐排出。如果不是出料口的问题，那就有可能是机内有异物卡住了螺旋体。用手盘动螺旋轴，根据盘动的感觉判断是否被卡，如果是，可将进料口的连接管拆下或将喂料器整体拆下，从进料口处将异物取出。

（三）配料秤

（1）如发现观察窗漏料，应检查窗门是否紧固到位、密封条是否老化或变形、窗门是否变形。

（2）如发现排料门漏料，应检查行程开关的位置是否正常、闸门内部是否正常。如果排料门不动作，则应检查汽缸、供气系统以及电路是否有问题。

（四）混合机

（1）第一次使用前，应先进行空车试运转，机体应平稳，转子无擦碰和不正常的振动，并应观察出料机构工作是否正常。如发现有摩擦声，应调整转子高度或左右位置。

（2）应保持回风通道和吸风管畅通。

（3）使用过程中如发生突然停机，应先切断电源，然后打开出料门，排出机内的物料，完毕后再启动电机。

（4）出料门如有漏料现象，应检查出料门和机壳间密封件的接触情况，如系出料门关闭不严或密封条老化，应调整行程开关的位置或更换密封条。出料机构如不能正常工作，应检查气缸及供气系统有无故障。

（五）微量添加机使用注意事项

对于某些流散性差的食品添加剂，如果使用微量添加机可能会出现喂料不均匀或堵塞现象。这种食品添加剂可以用人工进行添加，即用天平称量后倒入面粉配料秤或混合机中。

任务四　小麦粉品质与专用粉

【学习目标】

了解小麦粉品质，熟悉专用粉类型。

【技能要求】

（1）能对小麦粉进行感官鉴定。

（2）能面团品质进行简单分析。

【相关知识】

一、小麦粉品质

（一）小麦粉的化学组分及特性

1. 淀粉

淀粉是小麦粉的主要组分，约占小麦粉质量的3/4。淀粉是小麦粉的主要营养成分，而且也是决定小麦粉品质的一项关键因素。例如，面条的加工品质和食用品质与淀粉的关系极大。

小麦淀粉以淀粉颗粒的形式存在。小麦在制粉过程中，由于机械的碾压作用，有少量的淀粉外层细胞膜被损伤，从而造成淀粉粒的损伤，这就是破损淀粉。破损淀粉对小麦粉的使用品质有一定的影响：由于破损淀粉的吸水率远高于正常淀粉，所以破损淀粉含量高的小麦粉可以得到更多的面团、制造出更多的产品；制作面包时，破损淀粉能够提供酵母生长所需要的糖分，所以面包粉中要求有一定量的破损淀粉。但破损淀粉过多会使面包的持气能力减弱，导致面包体积的减小；蒸馒头时出现塌架、收缩等现象。

将淀粉加于水中，经过搅拌得到不透明、乳白色的悬浮液，称为淀粉乳。淀粉粒不溶于冷水，若在冷水中不加以搅拌，淀粉乳就沉淀。若把淀粉乳加热，淀粉颗粒吸水膨胀，到达一定温度后（一般 55 ℃以上），淀粉颗粒会大量吸水膨胀而破裂，淀粉乳变成半透明的黏稠的胶体溶液，称为淀粉糊。这种由淀粉乳转变成淀粉糊的现象，称为淀粉的糊化。与淀粉使用品质有很大关系的是糊化后的淀粉性质。

小麦淀粉在各种食品中所起的功能性作用，因配方和加工方法不同而异。例如，在汤中加入少量小麦粉，煮熟后会使汤的黏度增加。冷却后使汤呈软的浓糊状。在馒头、面包等食品中，淀粉颗粒经蒸烤糊化后产生柔软的胶状物，协同面筋共同持气使产品松软可口。在小麦粉挤压熟化食品中，淀粉转化为具有热塑性的塑化物团。

2. 蛋白质与面筋

蛋白质是小麦粉的第二大组分，约占小麦粉质量的 8%～16%（干基）。

蛋白质不仅是人类和动物的重要营养成分，而且小麦蛋白质的质和量在小麦的功能用途中起重要作用。

在小麦粉中加水至含水量高于 35%时，再用手工或机械进行揉合即得到黏聚在一起具有黏弹性的面块，这就是所谓的面团。面团在水中搓洗时，淀粉和水溶性物质渐渐离开面团，最后只剩下一块具有黏合性、延伸性的胶皮状物质，这就是所谓的湿面筋。湿面筋低温干燥后可得到干面筋（又称活性谷朊粉）。在所有谷物粉中，仅有小麦粉能形成强韧黏合的面团。面筋在面团中以细密的网络状分布，能够保持气体从而生产出松软的蒸、烤食品，这是小麦粉具有独特性质的根本原因。面筋复合物由两种主要的蛋白质组成，即醇溶蛋白和麦谷蛋白。被水合后，醇溶蛋白具有黏性、流动性和延展性，而麦谷蛋白具有很强的弹性。

小麦籽粒胚乳中，不同部位的蛋白质的含量和性质是不同的。由里向外，蛋白质的数量逐渐增加，但质量逐渐降低。这是在线选择粉流进行配混生产专用粉技术的理论依据。对于具有一定品质适应性的小麦原料，有选择地提取不同出粉部位的小麦粉并进行合理的混配，可在一定程度上提高和改善成品小麦粉的品质。

3. 其他化学组分

小麦粉中除淀粉和蛋白质之外，其余的物质还有糖类、脂类、酶类、色素、维生素和矿物质。

矿物质在小麦皮层中的含量很高，所以加工精度高的小麦粉中的矿物质含量低。小麦粉经过高温灼烧后，其中的有机物被燃烧挥发，而矿物质残存，成为灰白色的灰烬，称为灰分。灰分是衡量小麦粉加工精度的重要指标。

（二）面团的流变学特性

绝大多数的小麦面制食品，在制作时都要先将小麦粉和成面团，然后再进行相应的加工。不同的面制食品对面团的加工性能有不同的要求，如滚揉、发酵以及机械加工性能等，而这些性能与面团在揉制过程及形成之后所表现出的各种物理特性有关。面团属于半流体，它的一系列特性如揉混特性、延伸特性、发酵特性等属于流变学的范畴。因此，测定小麦粉面团的流变学特性，对生产专用粉原料的选用、小麦及小麦粉搭配方案的确定、选择添加剂对小麦粉进行改良等环节都至关重要。

1. 面团的揉混特性

面团在揉制过程中，不同品质的小麦粉所形成的面团表现出不同的物理特性，如面团的吸水量、耐搅拌或耐揉能力、弹性的大小等，这些特性称为面团的揉混特性。测定面团揉混特性的仪器有粉质测定仪和揉混仪，这里仅介绍粉质测定仪。

粉质测定仪常用于测定小麦粉的吸水量和面团揉混时的稳定性。

粉质测定仪是利用同步电动机带动揉面钵叶片旋转，将加水后的小麦粉进行揉混。随着面团的形成及衰减，其稠度不断变化，用测力计连续测定面团对揉面钵叶片的阻力，并自动记录在座标纸上，绘制出一条阻力与时间关系的特性曲线，即为粉质曲线，见图11-21、图11-22。粉质曲线反映面团揉制过程中搅拌叶片所受到的综合阻力随搅拌时间的变化规律，以作为分析面团内在品质的依据。从加水量及记录下的粉质曲线计算小麦粉吸水率，根据粉质曲线记录下的面团形成时间、稳定时间、弱化度等特性参数来评价面团的强度，进而评价小麦粉的品质。

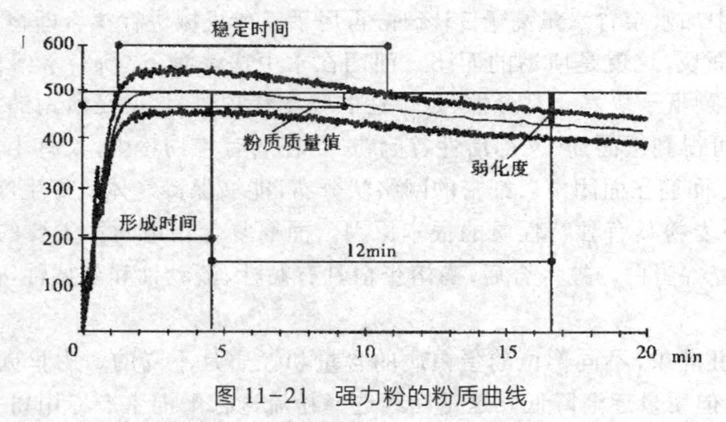

图 11-21　强力粉的粉质曲线

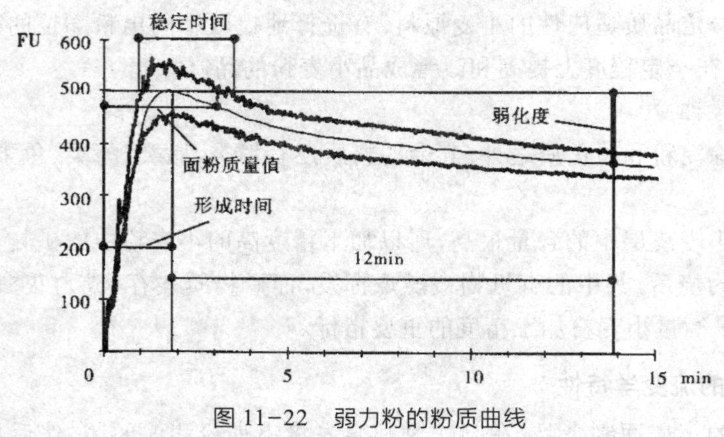

图 11-22　弱力粉的粉质曲线

（1）吸水率。将小麦粉在粉质仪中揉和成最大稠度为500 FU（或BU)的面团，所需的加水量占小麦粉重量(14%湿基)的百分数即为吸水率。FU（或BU)为粉质仪的阻力单位。

吸水率是反映小麦粉蛋白质和破损淀粉含量的重要参数，是衡量小麦粉品质的重要指标。蛋白质有很强的水合能力，它可以吸收其本身重量2倍的水。高筋小麦粉吸水率在60%以上，低筋小麦粉吸水率在56%以下。正常未破损淀粉的吸水量约为淀粉重量的1/3，而破损淀粉的吸水量可达80%～100%。小麦粉中破损淀粉含量越高，其吸水量也越大。

小麦粉的吸水率还影响到面制品的品质、出品率及生产成本。小麦粉的吸水率高，可得到较高的面制品产出率。如制作面包时，吸水率高的小麦粉，制作面包时的加水量大，不仅能提高单位重量小麦粉的面包出品率，而且能做出疏松柔软、存放时间较长的优质面包。

（2）形成时间。形成时间是指开始加水直到面团稠度达到最大时所需的揉混时间。此时间也叫峰值时间。此时的面团外观显得粗糙，面团的流动性最小。

面团的形成时间反映面团的弹性。面筋含量多且筋力强的小麦粉，和面时面团形成时间较长，反之形成时间较短。一般软麦粉面团的弹性差，形成时间短，在1～4 min之间，不适宜作面包。硬麦粉面团弹性强，形成时间在4 min以上。不同食品对面团形成时间的要求差异很大，饼干、糕点为1～2 min，馒头2.5 min，面条4 min，面包7.5 min。

（3）稳定时间。稳定时间是指粉质曲线首次达到500 FU和离开500 FU线所需的时间差值，通常又称稳定性。

稳定时间是衡量小麦粉“内在”品质的重要指标，稳定时间的长短反映面团的耐揉性和强度。稳定时间越长，表明面团的筋力越强，面筋网络越牢固，搅拌耐力越好，面团操作性能好。相反，小麦粉的稳定时间太短，则面筋筋力过弱，持气性差，面包会塌陷、变形。高筋小麦粉理想的稳定时间应在10 min以上，低筋小麦粉的稳定时间要求在1.5～2.5 min之间。稳定时间较长的小麦粉不适宜加工糕点、饼干类食品。

（4）弱化度。弱化度是指曲线峰值中心与峰值过后12 min的曲线中心之间的差值，单位用FU或BU表示。弱化度表明面团在搅拌过程中的破坏速率，反映了面团的面筋强度和对机械搅拌的承受能力。弱化度值越大，表明面筋强度越小，面团越易流变，操作性能差。高筋小麦粉的理想弱化度应小于50 FU，弱筋小麦粉弱化度则大于100 FU。

（5）评价值。评价值是用专用评价尺将粉质曲线形状综合为一个数值来进行评价。它是从曲线最高处开始下降算起，12 min后的评价尺记分。评价值是基于面团形成时间、稳定时间和面团弱化度的综合评价，评价值越高，表示小麦粉筋力越好。一般认为，高筋粉评价值大于65，中筋粉为50～60，低筋粉则小于50。小麦粉评价值大于50时，品质良好。

2. 面团的延伸特性

面团在一定的外力作用下产生变形，其变形的程度与面团本身的延伸性和抗延伸性能有关。延伸性表示面团变形的大小，抗延伸性则表示面团抵抗变形所表现的阻力大小。

测定面团延伸特性的仪器主要有面团拉伸仪和吹泡示功仪，这里仅介绍面团拉伸仪。

拉伸仪的基本原理是将粉质仪制备好的面团揉搓成粗短条，水平夹住短条的两端，用钩挂住短条中部向下拉，设备自动记录面团在拉伸至断裂过程中所受力及延伸长度的变化情况，绘出拉伸曲线。见图 11-23。拉伸曲线反映了面团的流变学特性和小麦粉的内在品质，借此曲线可以评价面团的拉伸阻力和延伸性等性能，指导专用小麦粉的生产和面制食品的加工。

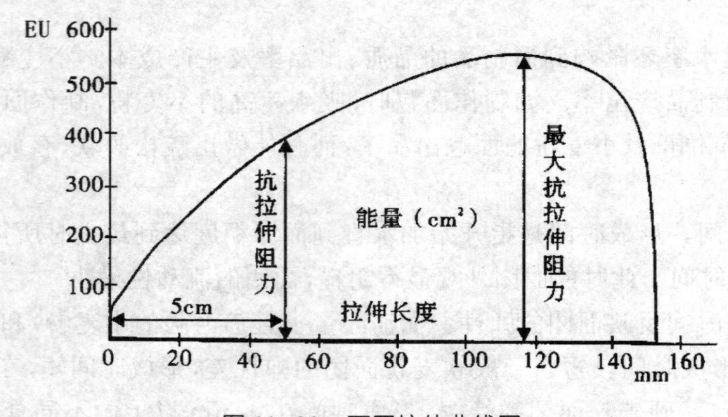

图 11-23　面团拉伸曲线图

（1）拉伸阻力。也称抗延伸性，是指曲线开始后在横坐标上到达 5 cm 位置处曲线的高度，单位用 EU 或 BU 表示。

（2）最大拉伸阻力。是指曲线最高点的高度，单位用 EU 或 BU 表示。

（3）延伸性。也称延展性，是指面团拉伸至断裂时的拉伸长度，亦即拉伸曲线在横坐标上的总长度，单位用 mm 表示。

（4）拉伸能量。是指拉伸曲线与基线（纵、横坐标）所包围的总面积，单位用 cm^2 表示。此面积可用求积仪求出。

（5）拉伸比值。也称形状系数，是指面团拉伸阻力与延伸性之比，单位用 EU/mm 或 BU/mm 表示。

拉伸阻力表明面团的强度和筋力，拉伸阻力大，表明面筋网络结构牢固，面团筋力强，持气能力强。面团只有具有一定的拉伸阻力时，才能保留住面团发酵过程中酵母所产生的 CO_2 气体。若面团拉伸阻力太小，则面团中的 CO_2 气体易冲出气泡的泡壁形成大的气泡或由面团的表面逸出。

拉伸长度表征面团延展特性和可塑性。延伸性好的面团易拉长而不易断裂。它对面团成型、发酵过程中气泡的长大及烘烤炉内面包体积的增大等有影响。

拉伸能量即面团拉伸过程中阻力与长度的乘积，表示拉伸面团时所做的功，它代表了面团从开始拉伸到拉断为止所需要的总能量。强筋力的面团拉伸所需要的能量大于弱筋力的面团。

拉伸比值表示面团拉伸阻力与拉伸长度的关系，它将面团抗延伸性与延伸性两个指标综合起来判断小麦粉品质。拉伸比值小，意味着阻抗性小，延伸性大，即弹性小，流动性大；比值大，则相反。

利用拉伸能量和比值这两项指标，可对小麦粉的食品加工品质进行综合评价。拉伸曲线面积大、比值大小适中的面团，具有最佳的面团发酵和烘焙特性，适宜制作面包。馒头粉要求拉伸比值适宜，能量相对较小；面条粉要求比值适中稍偏小，但面积要大，若拉伸能量小，无论比值大或小，面条的食用品质均不良；饼干粉要求比值较小的小麦粉。

二、专用小麦粉及其分类

所谓专用小麦粉，顾名思义就是专门用于制作某种特定食品的小麦粉，简称专用粉。如专门用于制作面包的面包粉、专门用于制作饺子的饺子粉、专门用于制作蛋糕的蛋糕粉等。

1. 面包类小麦粉

面包粉一般采用湿面筋含量高、筋力强的小麦加工，制成的面团有弹性，可经受成型和模制，能生产出体积大、结构细密而均匀的面包。面包质量与面包体积和小麦粉的蛋白质含量成正比，并与蛋白质的质量有关。为此，制作面包用的小麦粉，必须具有数量多而质量好的蛋白质。

2. 面条类小麦粉

面条粉包括各类湿面、干面、挂面和方便面用小麦粉。一般应选择中等偏上的蛋白质和筋力。小麦粉蛋白质含量过高，面条煮熟后口感较硬，弹性差，适口性低，加工比较困难，在压片和切条后会收缩、变厚、表面变粗。若蛋白质含量过低，面条易流变，韧性和咬劲差，生产过程中会拉长、变薄、容易断裂，耐煮性差，容易糊汤和断条。

3. 馒头类小麦粉

馒头的质量不仅与面筋的数量有关，更与面筋的质量、淀粉的含量、淀粉的类型和灰分等因素有关。馒头对小麦粉的要求一般为中筋粉，粉质曲线稳定时间介于 3～5 min 之间为宜，低于面包粉所要求的稳定时间。馒头粉对白度要求较高，灰分低的小麦粉一般具有比灰分高的小麦粉更高的白度，因此，制作馒头要求小麦粉的灰分要低。

4. 饺子类小麦粉

饺子、馄饨类水煮食品，一般和面时加水量较多，要求面团光滑有弹性，延伸性好、易擀制，不回缩，制成的饺子表皮光滑有光泽，晶莹透亮，耐煮，口感筋道，咬劲足。因此，饺子粉应具有较高的吸水率，面筋质含量在 28%～32%，稳定时间大于 3.5 min，与馒头专用粉类似。太强的筋力，会使得揉制很费力，展开后很容易收缩，并且煮熟后口感较硬。而筋力较弱时，水煮过程中容易破皮、混汤，口感比较黏。

5. 饼干、糕点类小麦粉

（1）饼干粉。

饼干的种类很多，不同种类的饼干要配合不同品质的小麦粉，才能体现出各种饼干的特点。生产饼干要求面筋的弹性、韧性、延伸性都较低，但可塑性必须良好，故而制作饼干必须采用低筋和中筋的小麦粉，小麦粉粒度要细。

（2）糕点粉。

糕点种类很多，中式糕点配方中小麦粉占40%～60%，西式糕点中小麦粉用量变化较大。大多数糕点要求小麦粉具有较低的蛋白质含量、灰分和筋力。因此，糕点粉一般采用低筋小麦加工。

（3）糕点馒头粉。

我国南方的“小馒头”不同于通常的主食馒头，一般作为一种点心食用，具有一定甜味、口感松软、组织细腻。要求小麦粉的面筋含量、灰分要低。

除以上所述的几种专用粉外，其他的专用粉还有很多种，如拉面用小麦粉、自发粉、营养保健类小麦粉、冷冻食品用小麦粉、预混合小麦粉等。

项目十二

计量与包装

任务一　计量

【学习目标】

通过学习和训练，了解面粉厂常用计量设备的操作方法，会操作主要的计量设备。

【操作技能】

能开停计量设备。

【相关知识】

一、粮食加工厂计量设备应用分类

计量工作是现代面粉厂生产中数字管理的重要依据，是工厂管理的基础依据。

计量方法一般可分为容积式计量与重量式计量。容积式计量即以物料占用体积来换算物料重量；重量式计量是直接称取物料质量。前者主要用于原料的处理过程，后者则用于原料及成品的计量。

粮食加工厂计量设备类型按工作原理分为机械式和电子式；按称量过程分为连续式和间歇式；按功能分为单工位和多工位；按工艺性质分为原料秤（毛麦秤）、一皮秤（净麦秤）、打包秤（成品包装秤）。各类计量设备都可以进行流量大小的调节。

具体如下。

（1）面粉厂原粮收购，一般都配备电子轨道衡计量设备（也称汽车秤），小厂一般配备磅秤。大型厂可配备皮带秤、轨道称重小车或动态料斗称重及容重测定系统等。

（2）面粉厂打包工序，都配备电子式称重计量设备或机械式称量设备，包装后的复检则采用台秤或自动检斤装置进行。

（3）副产品打包，大多数面粉厂麸皮打包均采用电子式或机械式称量计量设备，也有采用简易称量法进行称量的，即料斗加台秤组合。

（4）工艺过程中的称量有毛麦秤（原粮秤）、净麦秤（一皮秤），多为电子连续式计量设备；面粉添加剂称量多为容积式称量；面粉混合配料的计量则多为电子计量装置；而打包工序中应用的则是间歇式电子称重设备和机械式自动定量秤。

二、计量设备的性能与要求

计量设备的性能有四个，分别是稳定性、灵敏性、不变性、正确性。

1. 稳定性

稳定性是指秤的示值部分(如计量杠杆、横梁、指针、传感器)受力后，离开平衡位置，但能在受力撤销后恢复到原来平衡位置的性能。

2. 灵敏性

灵敏性即灵敏度，是指对荷重感受的灵敏程度。灵敏度高的衡器，其荷重略有变化即能反映出来。电子秤可反映出最大称量 1/1 500 ～ 1/1 000 的质量变化。

3. 不变性

不变性是指对同一物体连续重复称量，各次所得结果其误差应符合有关规定范围。

4. 正确性

正确性是指在不同的使用场合其误差应符合相应的国家标准所规定的范围。

这四个性能相互制约，又相互联系，一般情况是，秤的灵敏性好，秤的稳定性就差；秤的稳定性好，秤的不变性就差。作为生产部门应用计量设备主要是要求设备的正确性、稳定性好，但检验部门则要求秤的灵敏度和不变性好。总之，计量已成为自动化生产必不可少的组成部分，在一定程度上能够反映出制粉工艺的先进性、合理性和准确性。

为了保证计量设备的计量性能，对计量设备必须进行定期鉴定。

三、常用计量设备

(一) 电子汽车衡

电子汽车衡属于电子秤的一种，分固定式和移动式两种。固定式电子汽车衡一般只具备称重功能，活动式电子汽车衡除具备称重功能外，还能对所称重的散包装物料进行自动卸料。面粉厂一般采用固定式电子汽车衡，进行原粮接收称重。常用规格为 30 吨、50 吨、60 吨。汽车衡全套配有：显示屏、打印机等，可进行全过程记录。

电子汽车衡的结构，视其是否带有基坑，分为基坑式和无基坑式两种。基坑式一般要进行基础施工，无基坑式结构简单，安装容易，秤体两端建有一定的坡道，可节省基础施工。大多数粮食加工企业都采用无基坑式电子汽车衡。

(二) 电子秤

电子秤也称电子累计料斗秤，又称非连续累计式自动秤，它是将一批物料分成不连续的载荷序列并确定该序列中每个载荷的质量，然后将这些质量累加成物料的总质量。电子累计料斗秤的机械结构一般由贮料斗(上料斗)、称量斗、放料斗(下料斗)组成。控制部分由称重传感器、称重显示控制器、电气控制回路等组成。

工作时，贮料斗中的物料经给料机构进入称量斗中，当称量斗内物料达到预先确定的量时，执行机构(一般为气动原件，也有采用电动推杆的)关闭给料门，而后进行自动称量、显示。称重完毕后，若此时放料斗内具有容纳物料的足够空间，料位器发出信号，秤中控制器便驱动称量斗上的放料门，将物料自动排入放料斗，此时，一次称重过程完成，系统自动进入下一称重循环。

电子秤的特点是采用三点悬挂电子计量系统，不受震动影响，称重误差小，重复读数可靠。称重结果可以数字显示，便于称重结果的远距离传送，易于集中控制和自动控制，并能与其他控制设备进行通讯。全电子式的电子秤（杠杆系统），具有反应速度快、结构简单、体积小、重量轻等优点，且稳定性和可靠性好、寿命长、维修方便、易于实现生产过程自动化。

电子累计料斗秤外形如图 12-1 所示，电子秤结构如图 12-2 所示。

1. 出料斗；2. 称量筒；3. 机架；4. 回风管；5. 进料斗；6. 气缸；7. 控制仪

图 12-1 电子秤

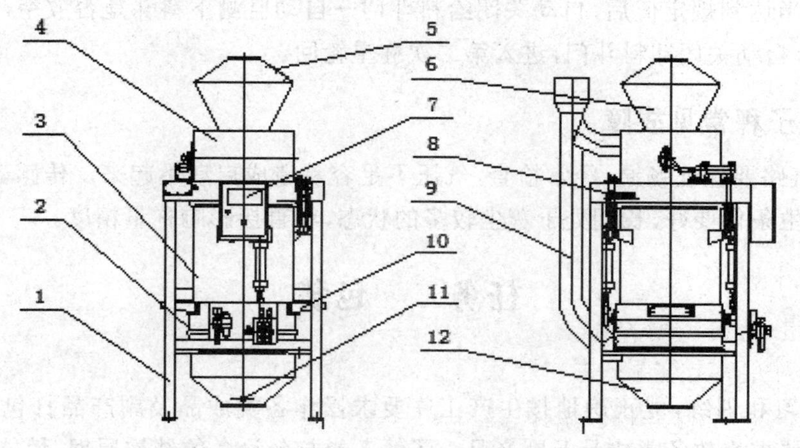

1. 秤架；2. 软联接；3. 称重料斗；4. 给料机构；5. 观察窗；6. 上暂存斗；7. 控制箱；
8. 传感器；9. 自循环风管；10. 校秤台；11. 料位器；12. 下暂存斗

图 12-2 电子秤

（三）电子包装秤

电子包装秤是面粉厂用来进行各类成品及副产品的灌装与包装的主要设备。应用时，计量与打包设备结合，能够精确计量各类产品，其形式有累计称量（累计料斗）和连袋称量（边灌料边称重）两种，计量准确，操作简单。其结构如图 12-3 所示。

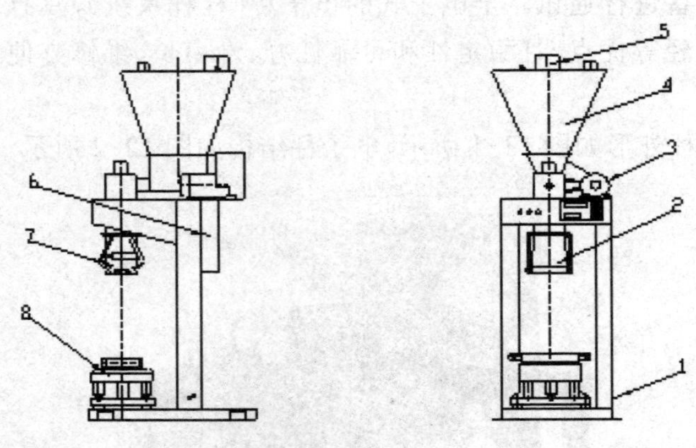

1. 电源入线孔；2. 称重机构；3. 电机；4. 进料斗；5. 进料口；
6. 电器箱；7. 夹袋机构；8. 打包台

图 12-3　电子包装秤

四、计量设备的操作

电子秤操作步骤如下：

（1）在确认电源、气源符合技术要求的条件下（电压、气压），按一下控制箱上的电源启动按钮，使整机接通电源。

（2）当确定工作参数正确时，可以按一下仪表表面上的启动键，使秤进入工作状态。

（3）秤进入工作状态后，按以下顺序工作：秤自动打开给料器的门→物料直接流到称重料斗→当达到规定值后，自动关闭给料斗门→自动监测下料斗是否放空，如已放空，则自动卸料，自动关闭卸料斗门，进入第二次称重轮回。

五、电子秤常见故障

电路、气路要保证畅通，经常检查，气压不足容易造成启动不起来。传感器线路要定期检查。卫生条件要好，长期处于灰尘较多的状态，将直接影响称量精度。

任务二　包装

【学习目标】

通过学习和训练，能正确地按生产工序要求操作各类成品及副产品打包机械；能按照仓库存放要求堆放各类成品及副产品。了解各类打包设备的结构原理、性能特点。

【技能要求】

能开停操作和调整各类包装设备。

【相关知识】

一、打包工序的分类

面粉厂的包装一般分为面粉成品包装与麸皮副产品包装。

（一）按打包产品种类分类

1. 面粉成品包装工艺

面粉成品包装一般有两种情况，即有配粉和无配粉两种。有配粉系统（一般为大、中型面粉厂）的打包工序比较稳定，一般一个时段只打一种类型的面粉，打包与生产可以不同步，一般生产车间需全天工作而打包车间只需白天工作，而且大多数面粉厂都采用一台多工位打包机进行各类面粉的打包，另外再配备一组小包装打包系统。此工艺节省人力、设备利用率高、占用空间小、工人劳动强度小。

在没有配粉系统的情况下（多为中、小型面粉厂），面粉打包通常配备 2 ～ 3 台打包机，每台打包机各打一个品种的面粉，打包工序与生产工序同时进行。如等级粉工艺中，特一粉、特二粉、标准粉都需配备一台打包机。此工艺设备多、占用空间大、用人多、劳动强度也大。

2. 麸皮包装与其他副产品包装

麸皮包装一般采用大包装。包装设备有机械式和电子式，也有用料斗箱加磅秤组合的简易设备。麸皮包装一般与面粉包装分开，以防麸皮撒落影响面粉质量。

其他副产品包装主要包括次粉包装与各清理工序的下脚料包装。搞好次粉、下脚料包装有利于车间卫生和提高经济效益。

（二）按工艺形式分类

目前小麦粉包装主要采用两种工艺形式：半自动包装技术和全自动包装技术。

半自动包装的工艺流程为：自动给料→自动称量→人工套袋→人工辅助充填→人工辅助封口、缝包→自动输送→人工辅助堆包。

全自动包装的工艺流程为：自动给料→自动称量→自动套袋→自动充填→自动封口、缝包→自动输送→机器人码垛堆包。

前者在技术上、操作上已日趋成熟，工作性能基本可靠，但是这类工艺形式需要人工完成部分操作工序。由于人工取袋、套袋速度有限，对产量较高的小麦粉生产线来说，常需配备 2 套以上包装机组，且需要配备取袋、套袋等工序的操作人员。后者包括自动取、套袋全部自动化，达到无人化的全自动包装工艺要求，具有生产效率高、人工成本低的优点。

二、打包设备

（一）概述

目前粮食加工厂打包设备已逐步发展为称量与打包一体化的计量包装设备，称量部分大都采用先进的电脑控制，分累计计量和连袋称重计量两种。计量精度高、操作简单、

2干净卫生是计量打包发展的主要方向。打包部分也由过去单纯灌包发展到目前的夹袋、灌包、揉实、吸风全自动过程。打包与缝口的衔接紧凑，无须搬动，大大降低了工人的劳动强度。

（二）机械式打包机

机械式打包机适用于小型面粉加工厂和饲料厂，能与定量自动秤、缝包机等设备配套使用。该设备具有体积小、密封性好等特点。

1. 结构

主要由机架、螺旋推进器、升降滑板、托板、制动机构、电气系统、除尘装置等部件组成。其结构如图 12-4 所示。

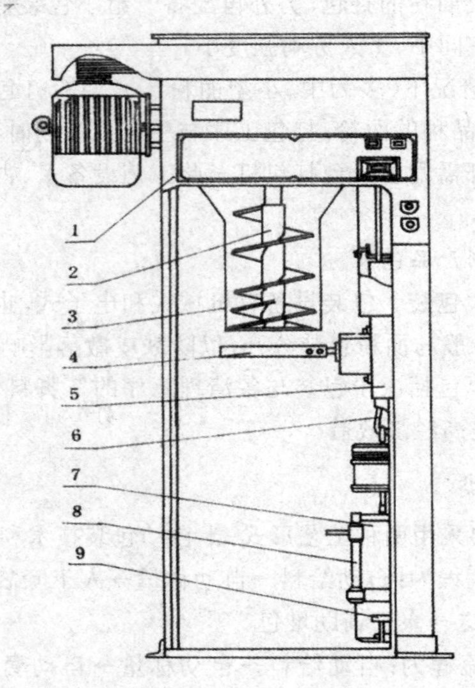

1. 机架；2. 螺旋压缩机构；3. 立管；4. 升降滑板；
5. 托板；6. 制动机构；7. 电器装置；8. 立轴；9. 制动板

图 12-4 机械式打包机

2. 使用方法

① 使用人员必须阅读使用说明书，了解打包机的性能，掌握操作技术，方可操作。

② 按下启动开关，电机应按照箭头所示方向旋转（逆时针），不得顺时针旋转。

③ 托板可自动开启、关闭。

④ 当包装袋内物料达到数量后，踏动制动踏板，升降滑板下滑，然后再将空包装袋套入料筒上。

⑤ 打包机带有电源指示灯和工作指示灯。电源指示为红色，工作指示灯为绿色。

⑥ 每班之后应登记计数器数据与打扫灰尘，保持清洁卫生。

（三）电子类打包机（充填机）

1. 电子类小包装系统

（1）结构。小包装系统由喂料机构、称重机构、夹袋装置、电子控制系统、小包台或传送带组成。其结构见图 12-5。

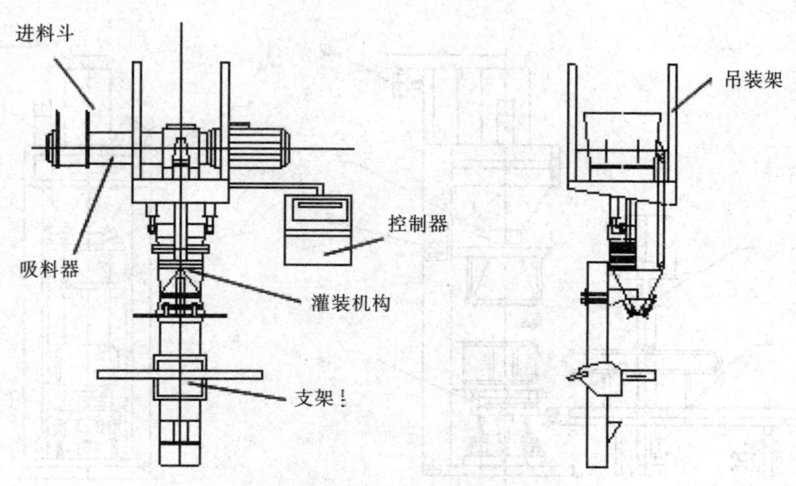

图 12-5 小包装结构

（2）特点与适用范围。双螺旋喂料器适用于多种粉料不同重量的包装，完全的电子秤量方式，新一代粉状物料灌装机，采用先进的三个传感器称重技术，称量筒为无壳体园筒，其特点是连袋称重，卸料装置带有压力平衡装置，动作部件少，控制器专门针对粉状物料设计，操作简单方便。

（3）工作过程。喂料器向称量筒进行快、慢两步喂料，达到指定量后喂料器停止，物料由卸料装置装入袋中。

（4）操作方法。① 打开电器箱上的电源总开关。

② 打开气源开关。

③ 打开输送机启动开关。

④ 查阅有关参数：查阅中文显示屏显示的相应数字有无变动。

⑤ 所有参数无误，按“运行”键，机器进入工作状态，在出料口套上袋子然后触动夹袋开关，夹子自动合上。此时如果料位到位即开始自动放料、称重、掂实、振袋、放袋、输送连续工作。

（5）使用注意事项。① 称重传感器为精密器件，注意不要用力拉夹袋机构，以免造成传感器的损坏和不必要的经济损失。

② 在称量快结束时，不得有任何物体接触称量斗（包括包装袋），否则将影响计量精度。

③ 该设备的机壳要与保护地线相接，不得与三相四线制的零线相接。

④ 注意吸风大小，保证计量精度和除尘效果。

2. 25 kg 包装电子称量粉状定量填充机

25 kg 包装电子称量粉状定量填充机由主机、称量机构、振袋输送机构、缝口机、输送机五大部分组成。主机由动力头、机架、供排料系统、电气系统、仪表系统、气动系统等组成。其结构如图 12-6 所示。

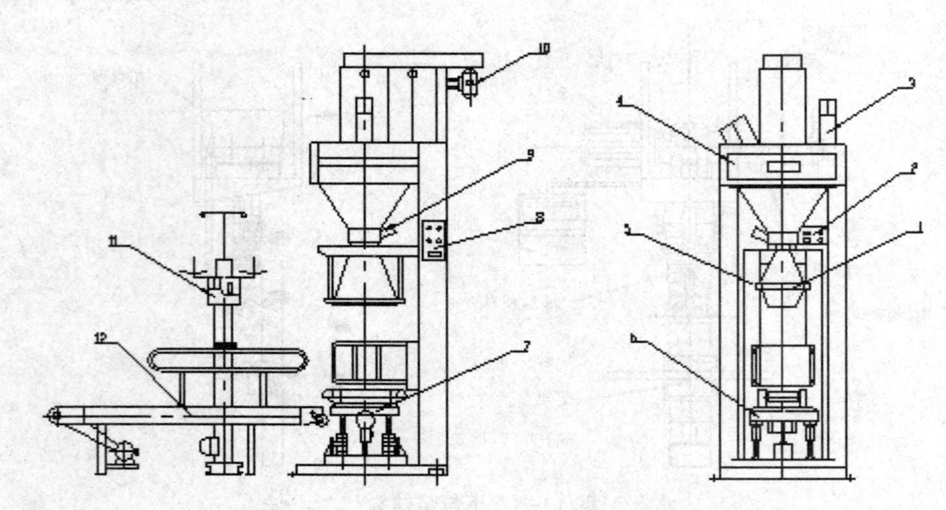

1. 夹袋系统；2. 控制器；3. 出气孔；4. 主机；5. 称重机构；6. 振袋输送机构；
7. 振动接料台；8. 操作板；9. 吸尘管；10. 主电机；11. 缝口机头；12. 输送机

图 12-6　25 kg 包装类电子称量粉状定量填充机

称量机构：由内机架、传感器系统、夹袋机构组成。

振袋输送机构：由辊筒、输送带、升降气缸、振动电机及升降振动台组成。

缝口机采用：GK2-1 工业缝纫机。由 A027114-B14 电机驱动，缝口速度 6 m/min，针距 4 mm，缝口高度由辊筒、输送带、齿轮、减速机等组成。

使用时要注意电源、气源的稳定和正常。气源供气压力 $P \geqslant 0.6$ MPa，供气量 $Q \geqslant 0.25\ m^3/min$。

3. 麸皮电子称量定量填充机

（1）主要结构。本机由供料机构，夹带机构，机架，电子称重控制仪表组成。另外还可以配置拍袋机构、输送带和缝口机。

供料机构：由出料桶、供料门、电机、绞龙等部件组成。

夹袋机构：由锥桶、夹骨、气缸等部件组成。

拍袋机构：由电磁阀、气缸、左右拍板、铰链等组成。

机架：由内、外机架组成，主机架作为供料机构的支撑件，内机架作为夹袋机构和传感器支承。

电子称重控制仪表：由单片机组成计算机系统及继电器控制的配电子箱组成。

输送机构：由辊筒、输送带、齿轮减速机等组成。

（2）适用范围及技术参数。设备采用电子编程技术，能实现自动打包，自动计袋、自动计量班产的要求，主要用于麸皮的计量与打包。

整机功率、电源：1.2 kW，380 V/220 V，50 Hz

最大灌装量：50 kg

灌装速度：2 袋 / 分

灌装精度：± 0.3%

气源要求：$P \geqslant 0.6$ MPa　$Q \geqslant 302\ m^3/h$

（3）应用注意事项。

① 为保证计量精度，在设置定量和完成值时，必须保证添称有足够的时间。

② 称量快要结束时，不得有任何物质接触称重斗（包括包装袋），否则将影响计量精度。

③ 设备的机壳要与保护地线相接，不得与三相四线制中的零线相接。

④ 经常注意吸风的大小，保证计量精度。

4. 四工位打包机组

粮食加工厂应用的多工位打包机，目前主要是四工位。应用多工位打包机以后，可以集中打包，从而缩短打包时间，提高打包效率，大大降低了工人的劳动强度。

（1）结构。四工位打包机组是国产设备。主要由送料机构、称重机构、转位机构、振袋机构、缝口机构、输送带和电器柜七部分组成。其结构见图 12-7 所示

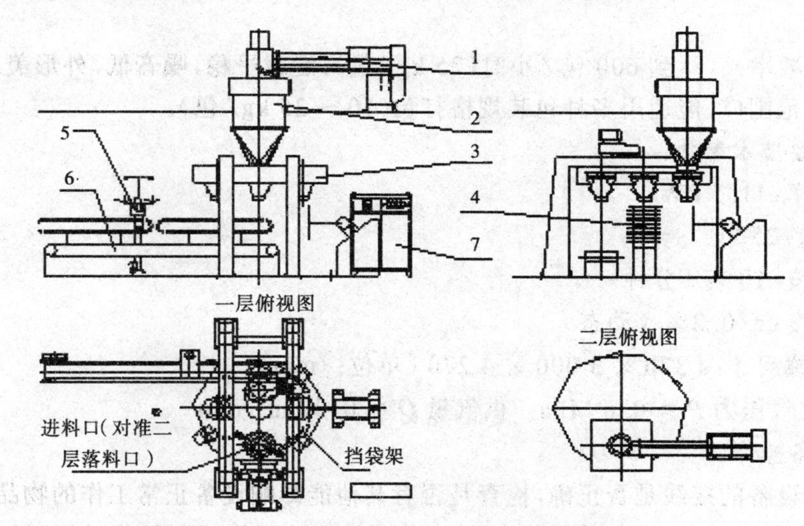

1. 送料机构；2. 称重机构；3. 转位机构；4. 振袋机构；
5. 缝口机；6. 输送机；7. 电器柜

图 12-7　四工位打包机组

送料机构由松粉绞面杆、大小绞龙及大小电机组成。

称重机构由兜料门、秤斗、传感器系统组成。兜料门和秤斗的开、合由气缸驱动。

转位机构由机架、固定盘、旋转盘、减速机和夹袋机构组成，由气动和电气组合控制。

振袋机构由振动器、箱体、偏心轮、袋拍、电机组成。

输送机构由辊筒、输送带和减速机组成。

缝口机采用 CK35-2C 工业缝纫机。

（2）工作过程。该设备采用了先进的电子控制系统。夹袋、送料、称重、灌装、转位、振袋、放袋、输送全部

由程序自动控制。设备的每个工位的工作时间为6秒，在前5秒的时间里，夹袋、称重、灌装、振袋、放袋、输送、缝口同时进行，转位时间为1秒。

设备的主要工作机构是吊装在机架上的转盘，转盘下有四个带有夹袋机构的灌装口。工作过程中，转盘每次旋转90°，相应每个灌装口均与一定的工位对应。随着转盘的转动，每个灌装口均按套空袋→灌装及振袋→振袋→放袋四个工位循环运行。工位的每次转换动作均由操作人员套空袋后按下气动开关后启动，当空袋转到第二个工位并锁定后，自动秤将已称好的面粉灌入，控制系统启动振袋器进行振袋；在第三个工位再次振袋；至第四个工位时，已夯实的面袋落在输送带上，送至缝口机位置缝口。

（3）该机组的特点。

① 具有自动计量、快速夹袋、自动放料、充填振袋、自动转换、自动开缝包、自动断线、输送等连续打包功能。

② 全电脑控制，是名副其实的光、电、机一体化的设备。自动化程度高，可靠性好，操作维修方便。

③ 该机组配有吸风除尘罩和圆锥式清粉器，粉尘不外溢和便于清理积粉，卫生条件好。

④ 生产效率高，达到600包/小时（25 kg/包），运载平稳，噪音低，外形美观。

⑤ 称重范围广，能适用多种包装规格打包（10～25 kg/包）。

（4）主要技术参数。

整机功率：11.5 kW

灌 装 量：25 kg

灌装速度：10袋/分钟

灌装精度：± 0.2%（动态）

主机外廓尺寸：4 370 × 3 000 × 4 270（单位：/mm）

气源：供气压力 $P \geqslant 0.6$ MPa　供气量 $Q \geqslant 0.32$ m^3/min

（5）设备操作。

① 检查设备的接线是否正确，检查是否有其他能影响设备正常工作的物品挂在设备上，如果有将其取下（检查工作十分重要，尤其在第一次开机或隔很长时间开机时更应该注意）。检查无误后合上电器柜中的自动开关，拨动电源旋转开关，电源指示灯亮，设备供电成功。如果指示灯不亮，说明气源压力不足，应检查气源的供给是否正常。如果报警指示灯亮，应检查开关Q1、Q2及热保护继电器FR6、FR8、FR10是否正常。如果急停指示灯亮，应检查急停按钮。

② 开启F800称重仪表，检查各插头是否接通。

③ 将控制开关旋到“自动”“加料”档，按“启动”，系统开始工作。

④ 系统加料完成，仪表显示稳定，即可套袋并拨动夹子附近的手柄使气缸动作，夹住面袋；将手迅速拿开，机器自动转位并灌装。

⑤ 重复上述步骤不断灌装即可。

⑥ 灌装完的面袋从传送带送出，踩住脚踏板启动缝口机。缝口完毕，松开脚踏板，封口机即停转。

（6）设备故障处理方法：

现象一：报警灯亮：

解决办法：检查电机的热保护是否跳闸，如果经常跳闸，请检查电机是否过载或更换合适容量的热保护。

现象二：正常启动，在套上面袋后机器不转动：

解决办法：请先检查转动盘电机 M2 是否正常，如果电机没问题，请检查 PLC 的 101、102、103 三个输入点的灯是否全亮。

现象三：设备喂料，电机不加料：

解决办法：检查“加料”开关是否打开，秤门是否关闭。重新启动如果仍不能给料，请检查称重仪表是否达到一段、二段。如果达到一段，小给料电机将停转，达到二段，小给料电机也将停转。如果几种情况都正常，请检查喂料电机是否损坏，接线是否短路。

现象四：设备启动后不停旋转：

解决办法：第一步，检查转盘上的两个行程开关是否正常。如果损坏，请更换。第二步，行程开关的位置不正确，调整它们的位置。

5. 吨包电子包装秤

吨包电子包装秤采用毛重式的称重计量方式，集装袋悬挂在称重平台上，大流量的进料装置可对集装袋进行快速的物料充填。主要结构包括：给料装置、称重平台、升降机构、挂－脱袋／夹袋装置、充气／回风装置、钢结构框架、称重控制柜等。其结构见图 12-8 所示。

（1）给料装置。采用双速弧形门结构，依靠物料的自重下落，实现粗、细双速加料。粗、细进料易于控制，可独立进行调整。此外，再结合预置点参数的修改，可保证粗、细加料量的最佳比例，从而确保系统在保证精度的前提下提高包装速度。

（2）称重平台。称重平台采用综合精度高、长期稳定性好和耐冲击的 SB 型称重传感器，辅以专用传力连接机构，具有过载、限位等多重功能，有效地保证了料袋重量 100% 地传递到称重传感器上，而不产生任何其他方向的分力，使其具有良好的机械自动复位性能。

（3）升降机构。固定在称重平台上。具体包括二只气动升／降机构、四只导向机构等。根据实际充填状况，可将称量中的料袋在某个时点上下升降数次，以保证最佳的填充效果。另一方面，当称重完毕时，将重袋下降至地面或地面的托盘上，亦即将料袋的上部悬挂状态转变为袋底的托起状态，从而便于自动松开袋口、吊带自动脱钩等工序的执行。

（4）挂－脱袋／夹袋装置。挂－脱袋／夹袋装置包括脱袋／夹袋机构和挂钩等，固定在升降机构的气缸底部并施力于称重平台上。具有空袋上袋时手动悬挂吊带、气动方式夹紧袋口，重袋落袋时自动松解袋口、吊带自动脱钩等功能。

（5）充气／回风装置。集空袋充气与称重充填时回风功能于一体，具体包括气动蝶

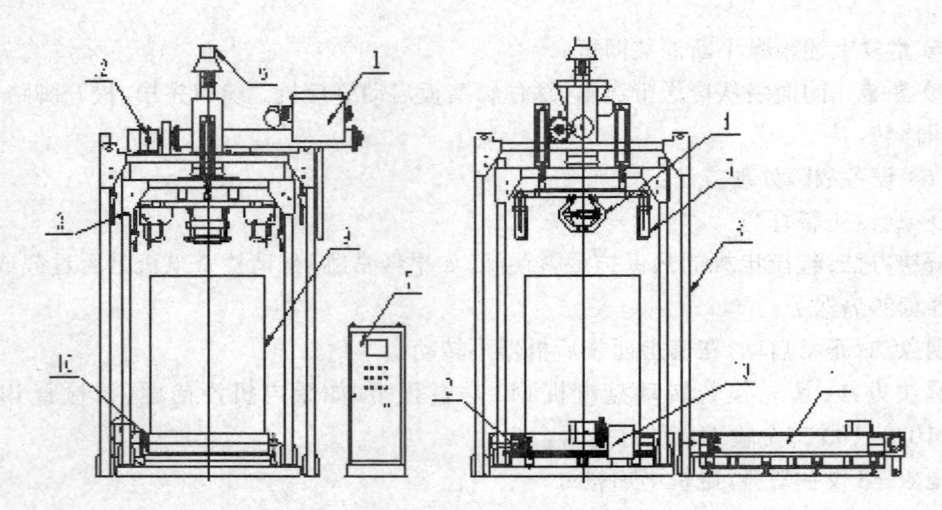

1. 给料装置；2. 称重平台；3. 升降机构；4. 脱袋／夹袋机构；5. 挂钩；6. 吸风口；
7. 称重控制柜；8. 钢结构框架；9. 包装袋；10. 秤体输送带；11. 移出输送带；12. 电动机

图 12-8　吨包电子包装秤

阀、回风／充气管路、风机等。风机为粉尘防爆电机。

（6）钢结构框架。采用碳钢结构，具有足够的强度及刚度，用以固定整个包装秤的称重平台。

（7）称重控制柜（粉尘防爆控制柜）。具体包括工业称重终端、通信电缆、开关电源、继电器等，控制着整个吨包系统的动作。其中矩阵式触摸显示屏，一方面可实时显示包装线的工作状态，另一方面可按操作权限对包装线的参数进行设置，并有帮助菜单进行提示，人机对话功能强，操作界面更加灵活。

吨包电子包装秤工作流程。

（1）物料从储料仓经过下料溜管，流入进料装置腔体。

（2）操作工人悬挂吊耳，随后将吨包袋套入夹袋装置，按动旁边的套袋按钮，将吨包袋袋口夹紧。

（3）气动提升机构工作，吨包袋上升；同时充气管路打开，对吨包袋进行充气。

（4）充气完毕，自动打开除尘管路。工业称重终端（以下简称终端）发出给料装置开门信号，弧形门全部打开，物料在重力作用下快速流入秤斗，简称粗加料。

（5）称重传感器将秤斗内的物料重量转换成电信号，发送给终端。在粗加料过程中，当加料量到了设定的某个点时，可以让提升机构下降后再提升，如此往复数次，以使料袋振实。

（6）当物料达到某一预定值时，终端发出慢速进料信号，双位弧形门关小，物料以较小的流速（量）流入秤斗，简称细加料。

（7）当达到最终切断重量时，终端发出停止加料信号，弧形门完全处于关闭状态，此时空中的飞料要经过一段时间才能全部落入吨包袋。

（8）最后料袋落至输送机，夹袋自行松开，吊耳自动脱钩，料袋落入输送机输送至下一工序。

(9)在每次称量结束后,终端都会按照预定的程序决定是否需要进行自动落差补偿;每次称量开始前,终端亦会按照预定的程序决定是否需要自动清零。下次称量重复(1)～(9)的称量过程。

【包装机操作规程】

打包机接通电源后,控制仪表将在一秒后正常显示,按下仪表的运行键,运行指示灯点亮,设备进入运行状态。

在每次挂袋之前必须观察仪表的称重值是否为零,若不为零则按下扣重键,使称重值归零,否则将影响称重精度。

包装袋挂好后,当料仓内的面粉到一定位置时(即黄色的料位指示灯亮),喂料绞龙开始工作,因此在喂料的过程中不要碰包装袋和夹袋机构,否则将影响称重精度。

称重结束后,振袋机构开始动作,在松袋时要用手扶好包装袋,避免撒面。

在打包机运行的过程中必须经常检测每袋面粉的重量是否符合要求,并及时调整完成值数据。

仪表参数含义及修改方法:完成值即目标值,可以根据实际要求来修改,一段是中喂料值,一般大包装设定在04.600～05.000之间,小包装在03.000～03.500之间;二段是慢喂料值,一般大包装设定在01.400～02.000之间,小包装在01.000～00.800之间;振量是当一袋面粉到设定值时,振袋机构开始工作,大包装设定在06.000,小包装不需要设定。振动是振袋次数,其中的个位数是加料完成后振袋次数,十位数是中间振袋次数。大包装设定在23即可。班计数可按输入键归零。

以上参数调整方法:首先按组别/记忆键,在组别01下面出现一条光标然后按方向键〈〉将光标移至要修改的数下面,再按+ -键修改,修改完成后必须再按一次组别/记忆键,将已经修改的数据存入仪表中,光标消失即可。

常见故障和处理方法:

A. 仪表在运行状态时运行指示灯亮不夹袋,则查夹袋行程开关(5号继电器)和电磁阀。

B. 称重忽高忽低则查一段值和二段值数偏低以及下料口上端排气口是否通畅。

C. 在喂料过程中突然停机且红色的变频故障指示灯亮说明绞龙口堵死或是喂料绞龙和搅拌轴的轴承损坏。

缝口机每天及时加油,在加油之前必须先清理卫生。

三、缝包机

缝口机是粉料成品袋封口的专用设备,粮食加工厂一般配用工业缝纫机,常用的类型有:FFKB-A型、GK35-2C等设备。缝包机一般由缝包、输送两部分组成,

(一)缝口机结构

缝口机的特点是体积小,重量轻,便于中、小型厂使用。全部传动机构均置于机体内部,以防止粉尘污染。该机主要由机体、线盘、齿轮箱、绕线架、提升机构、输送带、控制机构、传动机构、靠板等组成。其结构见图12-9。

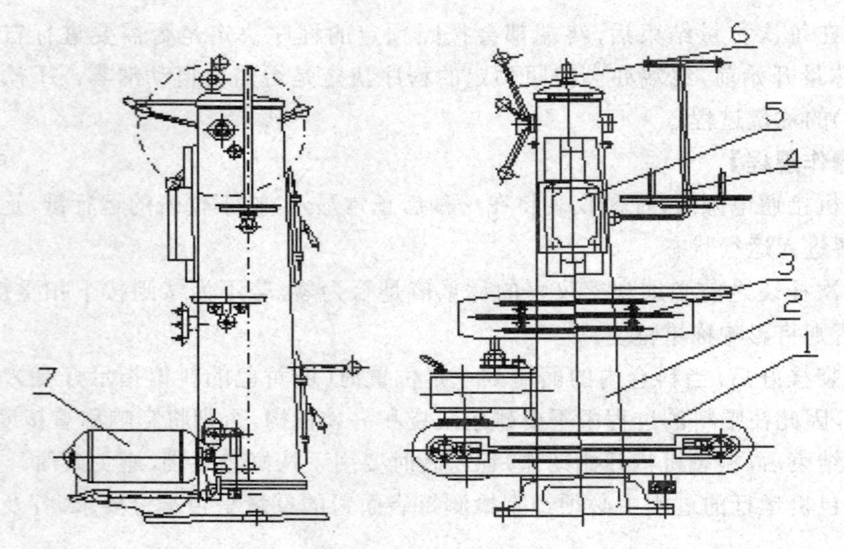

1. 输送带；2. 机架；3. 靠板；4. 架线器；5. 机头；6. 调接手柄；7. 电机

图 12-9 缝口机

（二）缝口机的工作过程

缝口机工作时，由电动机带动皮带轮通过机体内齿轮减速。缝口时，踩动踏脚板使摩擦轮闭合带动立轴旋转，立轴上部的绳轮带动缝口机工作，而机体下部的齿轮箱则带动输送带运转，包装袋在输送带的驱动下慢慢地通过缝口机将包装袋口缝好。

（三）缝口机性能特点

（1）配备双机头，机头与机架采用挂接形式，当其中一机头发生故障时，可在 2 min 内转换成另一机头工作。

（2）输送部分采用行星齿轮减速器传动，结构简单，体积小，传动效率高，

（3）减速器、电动机、平衡装置等均装在机体内，外形整洁美观，运转安全可靠。

【配粉包装工段操作规程】

一、基本要求

（1）进入工作场所严格遵守《配粉打包工行为规范》，爱护环境，妥善处理各种废弃物；要树立安全观念，严禁违章作业，同时做好职业危害的防护；

（2）工作现场严禁吸烟，防止引发火灾和粉尘爆炸；

（3）工作现场明火作业必须严格遵守明火作业的相关规定；

（4）必须配戴相应的防护用品才能进入可能造成职业危害的工作场所，防止粉尘、噪音和辐射等对人体产生危害。

（5）作业完成后应立即离开可能造成职业危害的工作场所，以避免职业伤害。

二、配粉系统开机前的准备

（1）检查各设备是否完好，设备周围应无其他物品。

（2）检查各设备开关是否处于自动位置。

（3）确认配粉仓、打包仓上班所剩面粉品种以及空仓确认检查。

（4）分解“配粉通知单”确定配粉比例、倒仓面粉品种。

（5）配粉班长认真填写“配粉打包开机前检查记录”。

三、配粉系统开机

（1）倒仓：根据配粉需要，创建倒仓任务，而后开启任务，首先确认出入仓正确后，再开启变频器投料，把基粉倒入配粉仓。

（2）根据生产计划和配方创建和编辑配粉任务。

（3）检查微量喂料机存放的添加剂品种和数量。

（4）检查批量称和微量添加称是否空称，不为空称时要检查原因，确认品种后汇报相关领导，根据要求做出处理。

（5）启动该系统设备。

（6）随时检查配料过程是否正常。如果出现异常，必须查清原因，根据实际情况汇报相关领导，根据要求处理出现异常情况下配出的面粉。

（7）在运行过程中应检查。

① 设备运转是否正常。

② 检查倒仓、配粉出入仓、添加剂品种是否正确。

③ 除尘系统检查：反吹系统压力表示数是否正常，除尘器阻力是否正常。

（8）如果配粉，必须先配样粉，待品控通知合格后才能大批量配粉。

（9）遵守添加剂操作规程。

四、配粉系统关闭

配粉工作完成应确认批量称和微量称以及混合机下物料空以后，可以进行停机。

五、当班班长应认真填写“配粉交接班记录表”

具体内容包括：出入仓号、出入仓时间、品种、配粉比例、数量等内容。

六、打包系统开机前准备工作

（1）检查各设备是否完好，设备周围应无其他物品。

（2）检查各设备开关是否处于自动位置。

（3）根据配粉数量和品种，领取相应的包装物和标签。

（4）做好标签日期和批次的打印工作。

（5）确认打包仓中面粉和包装物、标签、批次一一对应。

七、打包系统开机

（1）首先接头粉，要求每台打包机接5袋（25千克／袋），特殊要求的按通知执行。做好接头粉回机再处理工作；按接头粉规定执行。

(2) 通知品管部取样化验,面粉合格后方可开始打包;

(3) 通知成品库打包品种、批次。

(4) 打完一个品种,要清空打包仓。

八、关闭打包系统

更换产品时,要清除上一次生产所用的原料、进行设备清理、更换原料、包装材料和标签,然后重复上述操作。

九、系统运行中检查

(1) 打包过程中必须抽检成品重量,打包工人认真填写"打包机校称记录表",根据打包重量要求判断是否合格,有异常情况向班长报告,并及时处理。

(2) 异物控制检查,断针必须找全每一部分,做好处理记录,有异常的必须前后5袋面粉过筛处理,地面打扫干净,落地粉过筛作为饲料粉处理。而后再开始换新针进行打包。磁选和检查筛处理见11.1～11.4之规定。

(3) 当班班长做好打包品种、数量记录,和成品库做好入库交接,并认真填写"交料单"。

(4) 添加剂领用数量和添加数量要记录在"配粉工段生产记录表"中,交接清楚。

十、设备的管理和维护

(1) 磁选每班清理一次,做好《磁选清理记录》。

(2) 检查筛每月检查一次,并记录检查情况。

(3) 检查筛筛上物每班清理一次,并做好记录。有异常情况及时通知班长,班长根据情况做出处理,像有麸片要及时通知班长,有异物须查出来源并向上一级领导汇报,根据领导安排做出处理。

(4) 与面粉接触的设备清理要严格控制,斗提机底座、刮板、绞龙每周清理一次,基粉仓、打包仓、配粉仓根据仓壁粘粉情况(仓壁和仓底有无积粉),组织清理,一并做好记录。

参考文献

[1] 陈志成．食品法规与管理 [M]．北京：化学工业出版社，2005.

[2] 张殿印．环保知识 400 问 [M]．北京：冶金工业出版社，2004.

[3] 朱天钦．制粉工艺与设备 [M]．成都：四川科学技术出版社，1997.

[4] 王肇慈．粮油食品卫生检测 [M]．北京：中国轻工业出版社，2001.

[5] 朱永义，郭祯祥，等．谷物加工工艺与设备 [M]．北京：科学出版社，2002.

[6] 李庆龙．粮食科学基础 [M]．武汉：湖北科学技术出版社，1995.

[7] 许启贤．国家职业资格培训教程 职业道德 [M]．北京：蓝天出版社，2000.

[8] 任光利．小麦制粉手册 [M]．北京：北京理工大学出版社，1999.

[9] 郭贞祥．小麦加工技术 [M]．北京：化学工业出版社，2003.

[10] 彭建恩．制粉工艺与设备 [M]．北京：中国财政经济出版社，1999.

[11] 彭建恩．制粉工艺与设备 [M]．北京：中国财政经济出版社，2002.

[12] 彭建恩．制粉工艺与设备 [M]．成都：西南交通大学出版社，2005.

[13] 林聚英．通风除尘与气力输送 [M]．北京：中国财政经济出版社，1999.

[14] 赵云发．小麦制粉实用操作技术 [M]．银川：宁夏人民出版社，1991.

[15] 李根成．制粉工艺与设备 [M]．北京：中国商业出版社，1994.

[16] 田建珍．小麦专用粉生产技术 [M]．郑州：郑州大学出版社，2004.

[17] 王威．工业生产自动化 [M]．北京：科学出版社，2003.

[18] 曹辉，霍罡．可编程序控制器系统原理及应用 [M]．北京：电子工业出版社，2003.

[19] 胡瑞谦．质点在绕水平轴等速旋转平面型叶片上运动的分析 [J]．农业机械学报，1980（4）.

[20] 朱松明，吴春江．物料在叶片式抛送器内的运动 [J]．浙江农业大学报，1994，20（4）.

[21] 陆林，李耀明．虚拟样机技术及其在农业机械设计中的应用 [J]．中国农机化，2004，（4）.

[22] 华南工学院，上海化工学院．流体力学－风机及泵 [M]．中国建筑工业出版社，1980.

[23] 朱维兵，晏静江．虚拟祥机技术在振动筛动力学分析中的应用 [J]．钻采工艺，2005，28（3）.

[24] 包金宇，廖文和，薛善良．虚拟样机技术初探 [J]．机械制造与自动化，2003，（6）：1-3，6.

[25] 祖旭，黄洪钟，张旭．虚拟祥机技术及其发展 [J]．农业机械学报，2004，35（2）：168-171.

[26] 周成，王静学，马增奇．虚拟样机技术及其在农机产品开发中的应用 [J]．现代化

农业，2004，(11)：30-32.
[27] 权威，王净莹．Pro/ENGINEER wildfire 中文版实例教程 [M]．清华大学出版社，2005.
[28] 彭飞，李腾飞，康宏彬．小型制粒机喂料器参数优化与试验 [J] 农业机械学报，2016，47(2)
[29] 宋德玉．可编程序控制器原理及应用系统设计技术．北京：冶金工业出版社，1999.
[30] 廖常初．可编程序控制器应用技术．重庆：重庆大学出版社，1992.
[31] 齐兵建，苏东民．小麦粉品质与专用粉生产．北京：中国商业出版社，2000.
[32] 毛广卿，刘玉兰，王志山，等．粮食输送机械与应用．北京：科学出版社，2003.
[33] 黄远东．面粉气力压运技术．北京：中国商业出版社，1994.
[34] 宫相印．食品机械与设备．北京：中国商业出版社出版，2000.
[35] 王风成，李东森主．制粉工培训教程(初级 中级 高级)[M]．北京：中国轻工业出版社，2007.
[36] 李东森．制粉工培训教程(技师 高级技师)[M]．北京：中国轻工业出版社，2011.